高等职业教育系列教材
制冷与空调/制冷与冷藏专业

制冷与空调设备

主　编　魏　龙
副主编　田　茹
参　编　常新中　刘　杨
主　审　傅　璞

机 械 工 业 出 版 社

本书针对高等职业技术教育的特点，从实用性出发，将制冷压缩机、制冷设备、空调设备、泵与风机及相关实训的经典内容与最新成果进行了优化组合，是一本课程改革综合化教材。

全书共分7章，内容包括：制冷压缩机、制冷系统热交换设备、节流机构与辅助设备、制冷机组、空气调节设备、空气调节机组、冷媒水和冷却水系统设备。本书适用学时为60~80（含实训），少学时的教学可根据需要删去部分内容。

本书可作为高等职业技术院校制冷与空调、制冷与冷藏、供热通风与空调工程等专业教材，以及相关行业岗位培训教材，也可供相关专业的工程技术人员参考。

本书配有电子课件，凡使用本书作为教材的教师可登录机械工业出版社教材服务网 www.cmpedu.com 下载。咨询邮箱：cmpgaozhi@sina.com。咨询电话：010-88379375。

图书在版编目（CIP）数据

制冷与空调设备/魏龙主编.—北京：机械工业出版社，2012.2（2024.8重印）
高等职业教育系列教材.制冷与空调、制冷与冷藏专业
ISBN 978-7-111-37199-1

Ⅰ.①制… Ⅱ.①魏… Ⅲ.①制冷装置—高等职业教育—教材②空气调节设备—高等职业教育—教材 Ⅳ.①TB65

中国版本图书馆CIP数据核字（2012）第011386号

机械工业出版社（北京市百万庄大街22号 邮政编码100037）
策划编辑：张双国 责任编辑：刘良超 张双国 程足芬
版式设计：霍永明 责任校对：刘秀芝
封面设计：马精明 责任印制：张 楠
北京中科印刷有限公司印刷
2024年8月第1版第8次印刷
184mm×260mm · 17.75印张 · 435千字
标准书号：ISBN 978-7-111-37199-1
定价：43.00元

电话服务 网络服务
客服电话：010-88361066 机 工 官 网：www.cmpbook.com
010-88379833 机 工 官 博：weibo.com/cmp1952
010-68326294 金 书 网：www.golden-book.com
 机工教育服务网：www.cmpedu.com

前　言

随着社会的不断进步，国民经济的快速发展，人民生活水平的不断提高，制冷与空调技术显示出越来越重要的作用，已广泛应用于工业、农业、商业、国防、医药卫生、建筑工程、生物工程、宇宙开发及人民生活等各个领域。

我国制冷与空调行业的发展有两个显著特点：一是社会需求持续增长；二是新技术、新设备的应用和更新不断加快。这意味着今后需要大量的掌握新技术、新设备的高级技能型、应用型制冷与空调专业的人才。

作为高等教育的重要组成部分，高等职业技术教育旨在培养在生产、建设、管理、服务第一线工作的高素质技能型人才，其显著特征是具有应用多种知识和技能解决现场实际问题的能力，即技术应用能力。为实现这一宏观培养目标，专业课程设置需要做出相应的调整，课程内容的优化、组合和重构也势在必行。

打破传统课程结构的封闭性，进行课程门类相对集中的综合化是目前高职教学改革的重要手段之一。通过综合，减少了课程间的重复内容，避免了知识的相互割裂和脱节，突出了专业能力的培养，促进了理论与实践、基础与专业之间的紧密结合，有利于学生综合能力的培养。

近几年，许多高职院校的制冷与冷藏（空调）技术、供热通风与空调工程技术专业在分析人才知识、能力和素质结构，构建教学内容和课程体系时，不约而同地将“制冷压缩机”、“制冷设备”、“空调设备”、“泵与风机”整合为“制冷与空调设备”一门课程，但与之相配套的教材建设还相对滞后。

本书是将制冷与空调设备的经典内容及最新成果，按照知识、能力、素质的内在联系和人的认识规律，按照教学的科学性、自然适应性、可接受性和循序渐进性等教育教学规律优化组合而成。

在编写方面，本书力求体现以下特点：

1）编写目标明确，不刻意强调知识的系统性、理论性和完整性，而是根据高等职业教育制冷与空调专业学生就业的岗位工作特点，以能力培养为根本出发点，内容的选取和编排既满足专业理论的需要又突出基本技能的训练，文字表达上力求简单易懂。

2）淡化理论和公式推导，强调从基本概念、基本结构入手，突出对制冷与空调设备的工作原理、结构特点的理解和应用。教材内容深浅适中，符合高等职业教育的教学规律和特点，可教性和可学性较强。

3）理论阐述简明扼要，突出基本理论、基本概念、基本结构和基本方法，侧重于基础知识、基本理论在实际应用中的分析讨论，所举实例与工程实际结合较好，有利于启发学生分析和解决工程实际问题的思路、方法，培养相应的能力。

4）在强调实用性、典型性的同时，充分重视内容的先进性。尽可能地反映与制冷空调设备关联的新标准、新技术、新设备、新工艺、新方法的应用和发展。

5）加强实训。在充分考虑实训条件要求的情况下，在主要章节安排了相关的实训内容，以锻炼学生的实际动手操作能力。

6）每章之前有学习导引，每章之后有思考与练习题，且配有多媒体课件，以使学习者对各部分内容有一个整体的把握，同时也有利于学生的自主学习和教师教学。

本书由魏龙任主编，田茹任副主编。具体的编写分工为：魏龙编写绪论、第 1 章、第 3 章、第 4 章；田茹编写第 2 章；刘杨编写第 5 章；常新中编写第 6 章、第 7 章。

傅璞主审了本书，提出了许多宝贵的修改意见。房桂芳做了大量的文字和插图的处理工作。在本书编写过程中，得到了戴路玲、张国东、冯飞、蒋李斌、刘其和、曾焕平、李强、黄建、滕文锐等的大力帮助，在此表示衷心的感谢。

限于编者的经验和水平，书中难免存在不妥之处，恳请广大师生和同行批评指正，以使本书在教学实践中日臻完善。

编　者

目　　录

绪　论

制冷与空气调节（简称空调）技术是由于社会生产和人民生活的需要而产生和发展的，它的发展又促使了社会生产和科学技术的进步。根据使用要求的不同，制冷与空调技术分为制冷和空调两大领域。所谓制冷，是指从低于环境温度的空间或物体中吸取热量并将其转移给周围环境的过程。为了达到这一目的，就应不断地将该物体或空间的热量以及由外界传入的热量转移到外界环境中去。这是一个非自发的过程，需要消耗外界能量进行补偿。为实现这一过程所需要的机器和设备称为制冷机。制冷机中使用的工作介质称为制冷剂，制冷剂在制冷机中循环流动。所谓空调，是指使房间或封闭空间的空气温度、湿度、洁净度和气流速度等参数达到给定要求。制冷领域的主要任务是实现某一空间的温度和湿度目标以及生产对工艺介质的温度要求；空调领域的主要任务是以室内人员或工艺过程为对象，着眼于制造使人感到舒适的室内气候环境以及制造符合工艺过程所要求的生产环境。

制冷与空调技术是两个密切相关的学科，空气调节是制冷技术的重要应用方面之一。随着社会的不断进步，国民经济的快速发展，人民生活水平的不断提高，制冷与空调技术显示出越来越重要的作用，已广泛应用于工业、农业、商业、国防、医药卫生、建筑工程、生物工程、宇宙开发及人民生活等各个领域。

美国机械工程师学会将空调制冷技术列为20世纪20项最重大工程技术成就之一（位列第10位）。

1. “制冷与空调设备”课程的性质、任务和内容

“制冷与空调设备”课程是制冷与空调专业的一门重要专业课。它担负着培养学生具有制冷与空调设备使用、选型和技术改造的能力，要求学生能掌握常用制冷与空调设备的工作原理、性能、整体结构、适用范围、特点及选型等方面的技术，并为后续课程的学习储备必要的知识，也为今后从事实际工作打下良好的基础。

制冷与空调行业使用的设备种类繁多，且各自具有不同的性能和特点。本课程主要介绍常用的制冷与空调设备，包括：制冷压缩机、制冷系统热交换设备、节流机构与辅助设备、空气调节设备、空气调节机组、冷媒水和冷却水系统设备。

2. 常用的制冷与空调设备

人工制冷方法中，在普通制冷温度范围内（120K以上），利用液体汽化来实现的人工制冷（称为蒸气制冷）方法使用得最广泛。其制冷机有蒸气压缩式制冷机、吸收式制冷机、蒸气喷射式制冷机，前一种制冷机消耗机械能，后两种制冷机消耗热能。本课程主要介绍蒸气压缩式制冷机和一般空气调节过程中使用的设备。

（1）制冷压缩机　制冷压缩机是制冷系统的一个组成部分，当制冷剂气体流过此压缩机时，压力提高，容积缩小。制冷压缩机是蒸气压缩式制冷循环的动力，它由原动机（如电动机）拖动而工作，它除了及时抽出蒸发器内的蒸气，维持低温低压外，还通过压缩作用提高制冷剂蒸气的压力和温度，创造将制冷剂蒸气的热量向外界环境介质转移的条件，即将低温低压制冷剂蒸气压缩至高温高压状态，以便能用常温的空气或水作冷却介质来冷凝制冷剂蒸气。制冷压缩机是制冷装置中最主要的设备，通常称为主机或“心脏”。

常用的制冷压缩机有活塞式、螺杆式、离心式、滚动活塞式、涡旋式等。

（2）制冷系统热交换设备　热交换设备是实现两种（或两种以上）温度不同的流体间相互传热的设备，又称换热器。制冷系统中的制冷剂就是在热交换设备中实现吸收热量和放出热量的。因此，热交换设备在制冷系统中起着重要的作用，传热效果的好坏直接影响制冷机的性能。

制冷系统中的热交换设备包括冷凝器、蒸发器和一些其他换热器，如回热器、过冷器及中间冷却器等。

（3）节流机构　节流机构与制冷压缩机、冷凝器、蒸发器并称为蒸气压缩机式制冷系统的四大基本部件。它是用来使制冷剂液体由冷凝压力节流降压至蒸发压力的热力设备，并同时起控制进入蒸发器制冷剂流量的作用，以适应制冷负荷的变化。

常用的节流机构有毛细管、热力膨胀阀、电子膨胀阀、手动节流阀、浮球调节阀和节流孔板等。

（4）制冷系统辅助设备　对蒸气压缩式制冷系统，除了必要的四大基本部件外，通常还需要设置一些辅助性的设备，对制冷剂进行储存、分离与净化；对润滑油进行分离与收集，从而改善系统的运行条件，提高系统运行的安全性和经济性。由于它们不是制冷系统必需的部件，因此通常称为制冷系统辅助设备。

制冷系统常用的辅助设备有润滑油的分离与收集设备、制冷剂的储存及分离设备、制冷剂的净化设备和安全设备。

（5）空气调节设备　对于空调系统来说，一个空气调节的全过程是由空气处理过程及送入房间的空气状态变化过程组成的。为了实现这些过程就要采用不同的空气调节设备。

常用的空气调节设备有空气加热与冷却设备、空气加湿与除湿设备、空气净化设备和空气调节通风设备。

（6）空气调节机组　空气调节机组主要用于集中式和半集中式空调系统中，它是将多种空气调节设备组合在一起的空调设备，可以对空气进行加热、冷却、加湿、除湿等多种处理。

目前，集中式空调系统中常用的空气调节机组有组合式空调机组和整体式空调机组，半集中式空调系统中常用的空气调节机组有风机盘管机组和诱导器机组。

（7）冷媒水和冷却水系统设备　在制冷与空调系统中，常常通过水作为载冷剂或冷却剂来实现热量的传递，因此水系统是制冷与空调系统一个重要的组成部分。

常用的冷媒水和冷却水系统设备有离心式水泵、冷却塔、集水器、分水器、膨胀水箱、放气装置及其他管路附件。

3. 制冷与空调设备的发展概况

人类最早的制冷方法是利用自然界存在的冷物质如冰、深井水等进行制冷。我国早在周朝就有了用冰的历史，到了秦、汉朝，冰的使用就更进了一步，到了唐朝已开始生产冰镇饮料并已有了冰商。

利用天然冷源严格说还不是人工制冷，现代人工制冷技术是从19世纪中叶开始发展起来的。

1834年，在伦敦工作的美国人波尔金斯（Perkins）成功试制了第一台用乙醚为制冷剂、闭式循环的手摇式压缩制冷机，并正式申请了专利。这台机器可看做是蒸气压缩式制冷机的雏形。

空气制冷机的发明比蒸气压缩式制冷机稍晚。1844年，美国人高里（Gorrie）发明了空气循环式制冷机，并于1851年获得美国专利。这台制冷机是世界上第一台制冷和空调用的空气制冷机。1862 年，英国人基尔发明了封闭循环的空气制冷机，并获英国专利。

1859 年，法国人卡列（Carre）制成了第一台氨吸收式制冷机，并申请了原理专利。

1910 年左右，马利斯·莱兰克（Maurice Lehlanc）在巴黎发明了蒸气喷射式制冷机。

在各种形式的制冷机中，蒸气压缩式制冷机发展得较快。从 1872 年美国人波义耳（Boyle）发明了氨压缩机，1874 年德国人林德（Linde）制造第一台氨制冷机后，蒸气压缩式制冷机在工业上获得了较普遍的使用。之后，作为蒸气压缩式制冷机的核心部件——制冷压缩机有了较大的发展。

1922 年，由美国人开利（Carrier）设计、以四氯化碳为制冷剂的离心式制冷机组，在美国开利建筑公司和德国一家制造公司的通力合作下试制成功；稍后，由瑞士勃朗-波弗利公司生产了世界上第一台氨离心式制冷机。1934 年，美国开利公司制造出以 R11 为制冷剂的新型空调用离心式制冷机。1938 年日本清凉公司开始制造以 R113 为制冷剂的封闭型离心式制冷压缩机。20 世纪 70 年代，美国特兰公司制造了 R113 空调离心式冷水机组。

1926 年，美国通用电气公司研制成功第一台全封闭活塞式制冷压缩机。

20 世纪 30 年代，美国 Vilter 公司生产出了滚动活塞式制冷压缩机。1965 年在日本，滚动活塞式制冷压缩机开始用于家用空调器。到 20 世纪 70 年代以后，滚动活塞式制冷压缩机用于中型冷藏与空调方面已日趋成熟。20 世纪 80 年代滚动活塞式制冷压缩机迅速进入家用电冰箱所代表的小型低温应用领域，进而向单元式空调机所代表的大型领域发展。日本于 1980 年将装有卧式滚动活塞式制冷压缩机的电冰箱投入市场，而美国通用电气公司于 1985 年开始生产冰箱用滚动活塞式制冷压缩机。20 世纪 80 年代中期，双缸滚动活塞式制冷压缩机作为单元空调用制冷压缩机已开始部分付诸实际应用。

20 世纪 40 年代，瑞典 SRM 公司首先将螺杆式压缩机实用化。20 世纪 60 年代初，以氨为制冷剂的喷油开启螺杆式制冷压缩机开始被用于制冷行业。20 世纪 70 年代中期，荷兰 Grasso-SeaCon BV 公司成功地把单螺杆式压缩机研制成型号为 MS10 的制冷压缩机后，很快在中小型制冷空调和热泵装置上得到应用。20 世纪 70 年代末至 20 世纪 80 年代初，日本三菱公司相继推出了几种汽车空调用螺杆式制冷压缩机。1983 年，日本大金公司率先生产了半封闭单螺杆喷油式制冷压缩机。此后，日本三菱公司生产出了喷制冷剂单螺杆制冷压缩机。20 世纪 90 年代，三菱公司开发出了大冷量半封闭单螺杆式制冷压缩机。

1972 年，由美国 ADL 公司研制出的远洋海轮超导氦气涡旋压缩机，标志着涡旋式压缩机进入实用化，而空调用涡旋式制冷压缩机于 1981 年在日本商品化，1985 年在美国商品化。进入 20 世纪 90 年代，涡旋式制冷压缩机的系列化产品相继问世。日本松下电器公司生产出用于家用空调的小型全封闭涡旋式制冷压缩机，东芝公司推出了列车空调用涡旋式制冷压缩机。美国开利公司则在冷水机组上并联使用涡旋式制冷压缩机，以提高整机制冷量。1999 年，美国谷轮（Copeland）公司推出了数码涡旋式制冷压缩机，使空调器不必使用昂贵的变频控制器就能实现制冷量在 10% ~100% 范围内的无级调节。最近，美国谷轮公司开发出了喷气增焓涡旋式制冷压缩机，用以解决空调器在寒冷地区冬季制热时制热量不足、效率低下、排气温度过高等问题。

随着制冷机的不断发展，制冷剂的种类也逐渐增多，从早期的空气、二氧化碳、乙醚到氯甲烷、二氧化硫、氨等。1929 年，美国通用电气公司米杰里（Midgley）发现了氟利昂制冷剂 R12，使得压缩式制冷机发展得更快。20 世纪 50 年代，压缩式制冷机开始使用共沸混合制冷剂，20 世纪 60 年代开始应用非共沸混合制冷剂。直至 20 世纪 80 年代，淘汰消耗臭氧层物质 CFC 问题正式被公认以前，以各种卤代烃为主的制冷剂的发展已达到相当完善的地步。

19 世纪后半叶，纺织工业的迅速发展使空调技术面临着巨大的挑战，解决纺织厂车间内的温度、湿度、气流速度和洁净度问题成了当务之急。当时，工程师克勒默（Cramer）负责设计和安装了美国南部三分之一纺织厂的空调系统，申请了 60 项专利。空调系统中，已开始采用集中处理空气的喷水室，装置了净化空气的过滤设备等。空气调节的英文名称（Air Conditioning）就是他在 1906 年正式定名的。

享有“空气调节之父”美誉的美国人开利于 1901 年创建了第一所暖通空调实验室，提出了若干实践验证理论的计算方程式。1902 年，他设计和安装了彩色印刷厂的全年性空气调节系统。后来，他又将喷嘴和挡水板设置到喷水室内，改善了温、湿度控制的效果，使全年性空调系统能够满意地应用于 200 种以上不同类型的工厂。1911 年 12 月，开利对空气调节的研究出现了新的飞越，他得出了空气干球温度、湿球温度和露点温度的关系，以及空气显热、潜热和焓值之间关系的计算公式，绘制了湿空气的焓湿图。这也是空气调节发展史上的一个重要里程碑。

20 世纪后半叶，制冷和空调产业获得了前所未有的高速发展。制冷已成为全球保证食物保藏供应的基本手段，而空调则是当今社会达到工作及生活环境舒适要求的必要手段。从工业生产方面看对制冷工艺的依赖程度也越来越大，如电子工业和化学工业必须利用它来实现计算机芯片的制造和各种化工合成物的生产。

当然也应清楚地看到，在制冷和空调产业高速发展的同时，随之带来的问题也是不能回避的现实，主要问题有三个：① 如何实现 CFC 和 HCFC 的替代，以免大气臭氧层继续遭受破坏；② 如何进一步提高设备和系统的效率以减少能源消耗；③ 企业在全球竞争的白热化中如何脱颖而出。

针对以上问题，各企业纷纷加大产品的研发力度，采用新技术、新材料、新工艺、新工质，使制冷与空调设备在制造工艺、可靠性、舒适性和噪声控制等方面都取得了令人瞩目的进展。随着新技术、新材料、新工艺的研究和应用，高效、节能的新设备不断出现。特别在热交换设备和空气净化设备方面，研制和开发新产品活动一直十分频繁。过去在热交换设备中主要运用间壁式换热器，其中以管式换热器用得最为广泛。为了强化传热、提高单位面积换热量，使换热器的结构紧凑，各种新型的翅化式热交换管已广泛地用于制冷与空调装置的各种换热器中，例如采用绕金属丝的翅化管、36 翅的低螺纹管、超热流 C 管和各种热管式换热器等，有效地增大了传热面积、提高了传热系数、节省了金属耗材、减少了设备体积。在空气净化设备中，人们对空气质量的要求越来越高，空气过滤器和空气发生器的应用日益广泛。计算机技术的发展，也推动了制冷与空调技术的蓬勃发展，尤其是在动态仿真优化、辅助设计、辅助测试、自动控制、集成制造和生产工艺管理等方面计算机技术的应用。此外，家用电冰箱和空调器等家用电器的绿色化、智能化、网络化、信息化等，都预示着制冷与空调技术更加美好的未来。

我国制冷工业起步较晚，在 1949 年前基本上没有制造制冷机的能力。1949 年，全国冷库总容量只有 35000t，相当于现有一个城市的拥有容量。空调技术的应用起步并不太迟，1931 年，上海纺织厂安装了带喷水室的空气调节系统，其冷源为深井水。随后在一些电影院和银行也实现了空气调节，几座高层建筑物先后设置了全空气式的空调系统。

新中国成立后，我国的制冷与空调行业得到了飞速发展。20 世纪 50 年代，我国主要仿制苏、美活塞式制冷压缩机，20世纪60年代开始自行设计和制造高速多缸活塞式制冷压缩机，1958年试制成功1163kW的离心式制冷压缩机，1971年试制成功螺杆式制冷压缩机。在20世纪50年代，组合式空调机组已应用于纺织工业，1966年我国研制成功了第一台风机盘管机组。经过几十年的努力，目前国内形成了有一定基础的科研、教学、设计、生产体系；在制冷机方面，具有制造活塞式、螺杆式、离心式、滚动活塞式、涡旋式等蒸气压缩式制冷机以及蒸气喷射式、吸收式等制冷机的能力；在空调系统方面，能独立设计、制造和装配多种空调系统，如高精度的恒温恒湿洁净室、地下除湿、人工气候室以及大型公共建筑和高层建筑的空调系统等。

20世纪90年代初期，我国制冷空调行业各类生产企业只有217家，工业年产值65亿元人民币；1999年，全行业有一定规模的企业有近600家，工业年产值487.9亿元人民币；2005年，全行业（包括家用、工商用等）的年产值已接近2300亿元人民币，出口额在50亿美元以上，已发展成为世界第二大制冷空调设备的消费市场和第一大生产国。截至2008年年底，全行业规模以上生产企业约为1000多家，全行业（包括空调器和冰箱生产企业）工业总产值约为3070亿元人民币，出口产值约为750亿元人民币。2009年，我国制冷空调全行业的工业总产值约为3250亿元人民币。2010年，我国制冷空调全行业全年实现了较高的增长幅度，工业总产值约为4200亿元人民币。据相关资料分析，在经历了一段较长时间的高速增长后，在未来的几年内，我国许多制冷与空调企业面临着新一轮的经营体制转变和产品结构调整等问题，因此行业的年增长率会较过去的高峰时期有所回落，但仍会保持在15%左右（仍将高于全国工业增长平均速度）。经过必要的调整之后，中国的制冷空调行业必将迎来新的发展机遇，向着世界制冷空调制造业的强国迈进。

4. “制冷与空调设备”课程的学习要求和方法

“制冷与空调设备”是一门理论性和实践性均非常强的课程，学习的基本要求如下：

1）掌握活塞式制冷压缩机、螺杆式制冷压缩机的基本结构、工作原理、热力性能、主要零部件的作用及结构特点；掌握其他制冷压缩机的基本结构和工作原理，了解其他制冷压缩机的主要结构形式和特点。

2）掌握主要热交换设备的种类、传热特性、工作原理、结构特点及适应范围。

3）掌握常用节流机构的工作原理、基本结构、性能特点及适应范围。

4）了解制冷系统辅助设备的作用、工作原理、结构特点及适应范围。

5）掌握空调系统主要设备和机组的工作原理、结构特点、性能和适应范围。

6）掌握离心泵的基本结构、工作原理及工作性能，了解冷媒水和冷却水系统其他设备的作用、工作原理及结构特点。

7）能看懂制冷与空调设备的结构图。

8）会查阅有关制冷与空调设备的标准、图表、规范手册、产品说明书等资料。

9）具有根据使用要求选用制冷与空调设备的初步能力。

10）了解制冷与空调设备的现状和发展趋势。

为了学好本课程，建议按以下方法进行学习：

1）切实掌握有关课程的相关知识。本课程教学与“工程制图”、“热工与流体力学基础”、“制冷原理”、“机械基础”等课程密切相关。

2）必须理论联系实践进行学习。本课程理论内容较多，实践性强，应结合实训内容，通过动手拆装设备、到生产企业参观及观看录像等手段，达到事半功倍的效果。

第1章　制冷压缩机

学习导引

制冷压缩机即制冷剂压缩机，是决定蒸气压缩式制冷（热泵）系统能力大小的关键部件，对系统的运行性能、噪声、振动、维护和使用寿命等有着直接的影响。

制冷压缩机在系统中的作用在于：抽吸来自蒸发器的制冷剂蒸气，并提高其温度和压力后，将它排至冷凝器。在冷凝器中，高压过热制冷剂蒸气在冷凝温度下放热冷凝。而后通过节流元件，降压后的气液混合物流向蒸发器，在那里制冷剂液体在蒸发温度下吸热沸腾，变为蒸气后进入压缩机，从而实现了制冷系统中制冷剂的不断循环流动。由此可见，制冷压缩机相当于系统中的"心脏"。

1. 学习要求

本章的重点是活塞式制冷压缩机与螺杆式制冷压缩机的基本结构、热力性能、主要零部件的作用与结构特点及其他制冷压缩机的基本结构和工作原理。通过本章的学习应达到以下要求：

1）了解制冷压缩机的分类、应用范围及名义工况。

2）掌握活塞式制冷压缩机的基本结构、工作原理与分类；了解我国活塞式制冷压缩机的形式及基本参数。

3）了解活塞式制冷压缩机实际工作循环与理论工作循环的差别；能正确计算活塞式制冷压缩机的输气量、制冷量、功率和效率；能正确分析影响输气量、容积效率及排气温度的主要因素。

4）了解活塞式制冷压缩机的运行特性曲线及运行界限，会使用运行特性曲线图。

5）掌握活塞式制冷压缩机主要零部件的作用及结构特点；了解活塞式制冷压缩机的典型产品及特性。

6）掌握螺杆式制冷压缩机的基本结构、工作原理及特点；了解螺杆式制冷压缩机的内容积比及附加功损失。

7）能正确计算螺杆式制冷压缩机的输气量、功率和效率；能正确分析影响容积效率的主要因素。

8）了解螺杆式制冷压缩机的运行特性曲线，会使用运行特性曲线图。

9）掌握螺杆式制冷压缩机主要零部件的作用及结构特点；了解螺杆式制冷压缩机的典型产品及特性。

10）掌握单螺杆式制冷压缩机的基本结构和工作原理；了解单螺杆式制冷压缩机的结构参数；了解单螺杆式制冷压缩机能量和内容积比的调节原理与结构；了解单螺杆式制冷压缩机的典型产品及特性。

11）掌握离心式、滚动活塞式及涡旋式制冷压缩机的基本结构和工作原理。

12）了解离心式制冷压缩机的分类、主要零部件及应用范围；了解滚动活塞式制冷压缩机和涡旋式制冷压缩机的主要结构形式和特点。

13）能看懂制冷压缩机的结构图。

14）会查阅制冷压缩机的相关资料、图表、标准、规范、手册等，具有一定的运算能力。

15）具有根据使用要求选用制冷压缩机的初步能力。

16）能够正确拆装活塞式制冷压缩机和螺杆式制冷压缩机。

2. 本章难点

1）活塞式制冷压缩机热力性能的相关参数计算理论性较强，掌握起来有一定难度，应结合例题与习题加强练习。

2）活塞式、螺杆式及离心式制冷压缩机的结构复杂，零部件较多，仅通过看结构简图而掌握其总体结构有一定难度，应结合拆装实训，通过拆装观察制冷压缩机的具体实物帮助理解。

1.1 制冷压缩机的分类、应用范围及名义工况

1.1.1 制冷压缩机的分类

制冷压缩机的分类方法很多，主要有以下几种。

1. 按工作原理分类

制冷压缩机按工作原理可分为容积型和速度型两类。

（1）容积型压缩机　在容积型压缩机中，一定体积的气体先被吸入气缸里，继而在气缸中其体积被强制压缩，气体压力升高，当达到一定压力时气体便被强制地从气缸排出。可见，容积型压缩机的吸、排气过程是间歇进行，其流动并非连续稳定的。

容积型压缩机按其压缩部件的运动特点可分为两种形式：往复活塞式（简称活塞式）和回转式。而后者又可根据其压缩机的结构特点分为滚动活塞式（又称滚动转子式）、滑片式、螺杆式（包括双螺杆式、单螺杆式）、涡旋式等。

（2）速度型压缩机　在速度型压缩机中，气体压力的升高是由气体的速度转化而来的，即先使气体获得一定的速度，然后将气体的动能转化为压力能。可见，速度型压缩机中的压缩过程可以连续地进行，其流动是稳定的。制冷装置中应用的速度型压缩机主要是离心式制冷压缩机。

图1-1所示为制冷压缩机的分类和结构示意简图。

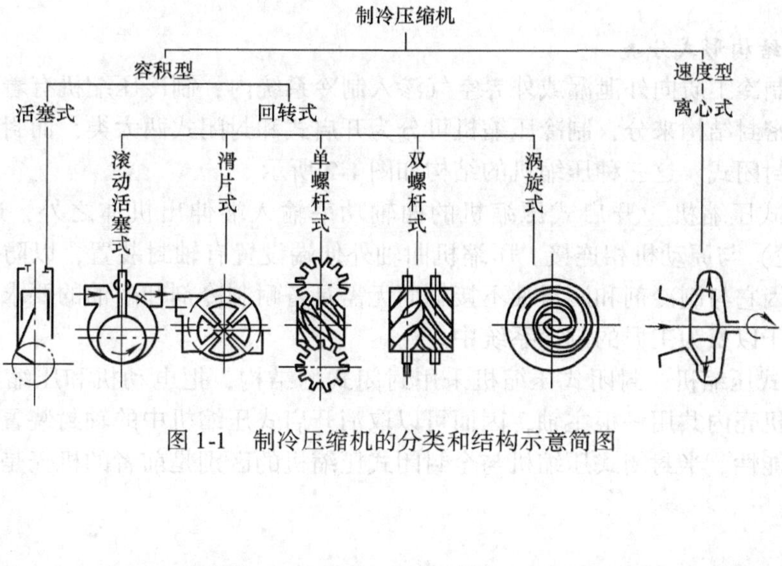

图1-1　制冷压缩机的分类和结构示意简图

2. 按使用的制冷剂种类分类

根据制冷剂种类的不同，制冷压缩机可分为有机制冷剂压缩机和无机制冷剂压缩机两大类。有机制冷剂有氟利昂和碳氢化合物，常用的有机制冷剂有 R22、R404A、R134a、R407C、R410A、R600a、R290 等；常用的无机制冷剂有 R717（氨）、R744（二氧化碳）等。不同制冷剂对压缩机材料和结构的要求不同。氨对铜有腐蚀性，氨压缩机中不允许使用铜质零件（磷青铜除外）；设计和制造氟利昂制冷压缩机时，必须充分考虑氟利昂制冷剂渗透性强，对有机物质有溶胀作用的特点；二氧化碳压缩机用于跨临界的制冷循环，因此排气压力高达 11MPa，是传统制冷压缩机的 5～10 倍，故对压缩机的密封性和可靠性等提出了高要求；由于碳氢化合物易燃、易爆，因而碳氢化合物制冷压缩机的安全性有严格的要求。

3. 按使用的蒸发温度范围分类

对于单级制冷压缩机，一般可按其使用的蒸发温度范围分为高温、中温和低温压缩机三种，但在具体蒸发温度区域的划分上并不统一。使用的蒸发温度范围与制冷压缩机的种类、规格和使用的制冷剂有关。例如，国家标准 GB/T 10079—2001《活塞式单级制冷压缩机》规定的压缩机使用范围见表 1-1 和表 1-2。该标准适用于有机制冷剂（R22、R134a、R404A、R407C、R410A 等）和无机制冷剂（R717），气缸直径不大于 250mm 的单级活塞式全封闭、半封闭、开启式制冷压缩机。但该标准不适用于以下产品中的压缩机：家用冷藏箱和家用冻结箱；运输用及特殊用途制冷空调设备。

表 1-1　有机制冷剂压缩机使用范围

类　型	吸入压力饱和温度/℃	排出压力饱和温度/℃		压 力 比
		高冷凝压力	低冷凝压力	
高温	-15～12.5	25～60	25～50	≤6
中温	-25～0	25～55	25～50	≤16
低温	-40～-12.5	25～50	25～45	≤18

表 1-2　无机制冷剂压缩机使用范围

类　型	吸入压力饱和温度/℃	排出压力饱和温度/℃	压 力 比
中、低温	-30～5	25～45	≤8

4. 按密封结构形式分类

为了防止制冷工质向外泄漏或外界空气渗入制冷系统内，制冷压缩机有着相应的密封结构。从采用的密封结构来分，制冷压缩机可分为开启式和封闭式两大类，而封闭式又可分为半封闭式和全封闭式。这三种压缩机的结构如图 1-2 所示。

（1）开启式压缩机　开启式压缩机的曲轴功率输入端伸出机体之外，通过传动装置（联轴器或带轮）与原动机相连接。压缩机曲轴外伸端设置有轴封装置，以防泄漏。若原动机是电动机，因它与制冷剂和润滑油不接触而无需具备耐制冷剂和耐油的要求。因此，开启式压缩机可用于以氨为工质的制冷系统中。

（2）封闭式压缩机　封闭式压缩机采用封闭式的结构，把电动机和压缩机连成一个整体，装在同一机壳内共用一根主轴，因而可以取消开启式压缩机中的轴封装置，避免了由此产生泄漏的可能性。半封闭式压缩机与全封闭式压缩机的区别是前者的机壳是可拆式法兰联

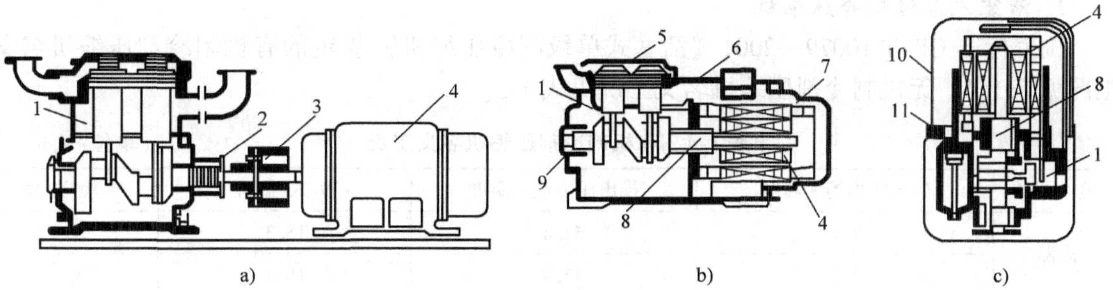

图 1-2　制冷压缩机的密封结构形式

a）开启式　b）半封闭式　c）全封闭式

1—压缩机　2—轴封　3—联轴器　4—电动机　5、7、9—可拆卸的密封盖板

6—机体　8—曲轴　10—焊封的罩壳　11—弹性支撑

接，以便维修时拆卸；后者的机壳分为两部分，压缩机与电动机装入后，壳体两部分用焊接法焊死。全封闭式压缩机露在机壳外表的只有一些吸、排气管，工艺管以及其他（如喷液管）必要的管道、输入电源接线柱和压缩机支架等。

无论是半封闭式还是全封闭式的制冷压缩机，由于氨含有水分时会腐蚀铜，因而都不能用于以氨为工质的制冷系统中。但是，基于 CFC 和 HCFC 的替代和扩大天然制冷剂氨的使用的需要，采用能与氨制冷剂隔离的屏蔽式电动机的半封闭式压缩机已研制成功并获得运用。

1.1.2　制冷压缩机的应用范围

制冷压缩机的结构、尺寸不同则工作原理不同，其制冷能力也不同。不同情况下应选用合适的配套的制冷压缩机。表 1-3 给出了目前各类制冷压缩机的大致应用范围及其制冷量大小。

表 1-3　各类制冷压缩机的大致应用范围及其制冷量大小

形式＼用途	家用冷藏箱冻结箱	房间空调器	汽车空调	住宅用空调器和热泵	商用制冷和空调	大型空调
活塞式	100W				200kW	
滚动活塞式	100W			10kW		
涡旋式		5kW			70kW	
螺杆式					150kW	2000kW
离心式						350kW 及以上

1.1.3　名义工况

制冷压缩机的性能参数（如制冷量、轴功率、性能系数）均与工况有关。为了比较、选用和设计，有必要规定统一的工况。通常，在名义工况下进行比较。名义工况是用来标明制冷压缩机工作能力的温度条件，即铭牌制冷量和轴功率的工况。不同类别制冷压缩机有不同的名义工况。下面列出了活塞式单级制冷压缩机、螺杆式制冷压缩机、全封闭涡旋式制冷压缩机的名义工况。

1. 活塞式单级制冷压缩机

国家标准 GB/T 10079—2001《活塞式单级制冷压缩机》规定的有机制冷剂压缩机名义工况见表 1-4，无机制冷剂压缩机名义工况见表 1-5。

表 1-4 有机制冷剂压缩机名义工况 （单位:℃）

类型	吸入压力饱和温度	排出压力饱和温度	吸入温度	环境温度
高温	7.2	55.4①	18.3	35
	7.2	48.9②	18.3	35
中温	−6.7	48.9	18.3	35
低温	−31.7	40.6	18.3	35

注：表中工况制冷剂液体的过冷度为0℃。

① 为高冷凝压力工况。

② 为低冷凝压力工况。

表 1-5 无机制冷剂压缩机名义工况 （单位:℃）

类型	吸入压力饱和温度	排出压力饱和温度	吸入温度	制冷剂液体温度	环境温度
中低温	−15	30	−10	25	32

2. 螺杆式制冷压缩机

国家标准 GB/T 19410—2008《螺杆式制冷压缩机》规定的名义工况见表 1-6。

表 1-6 螺杆式制冷压缩机及机组名义工况 （单位:℃）

<table>
<tr><th>类型</th><th>吸气饱和（蒸发）温度</th><th>排气饱和（冷凝）温度</th><th>吸气温度②</th><th>吸气过热度②</th><th>过冷度</th></tr>
<tr><td>高温（高冷凝压力）</td><td rowspan="2">5</td><td>50</td><td rowspan="2">20</td><td rowspan="2">—</td><td rowspan="5">0</td></tr>
<tr><td>高温（低冷凝压力）</td><td>40</td></tr>
<tr><td>中温（高冷凝压力）</td><td rowspan="2">−10</td><td>45</td><td rowspan="3">—</td><td rowspan="3">10 或 5①</td></tr>
<tr><td>中温（低冷凝压力）</td><td rowspan="2">40</td></tr>
<tr><td>低温</td><td>−35</td></tr>
</table>

① 用于 R717。

② 吸气温度适用于高温名义工况，吸气过热度适用于中温、低温名义工况。

表 1-6 适用的制冷剂为 R717、R22、R134a、R404A、R407C、R410A 和 R507A。采用其他制冷剂（如 R290、R1270 等）的压缩机及压缩机组可参照执行。

3. 全封闭涡旋式制冷压缩机

国家标准 GB/T 18429—2001《全封闭涡旋式制冷压缩机》规定的名义工况见表 1-7。

表 1-7 全封闭涡旋式制冷压缩机名义工况 （单位:℃）

类型	吸气饱和（蒸发）温度	排气饱和（冷凝）温度	吸气温度	液体温度	环境温度
高温	7.2	54.4	18.3	46.1	35
中温	−6.7	48.9	4.4	48.9	35
低温	−31.7	40.6	4.4	40.6	35

全封闭涡旋式制冷压缩机使用范围如下：

（1）高温型　蒸发温度为 -23.3~12.5℃，冷凝温度为27~60℃，压力比≤6.0。

（2）中温型　蒸发温度为 -23.3~0℃，冷凝温度为27~60℃。

（3）低温型　蒸发温度为 -40~-12.5℃，冷凝温度为27~60℃。

1.2 活塞式制冷压缩机

1.2.1 活塞式制冷压缩机的基本结构、工作原理与特点

活塞式制冷压缩机的生产和使用历史较长，是目前应用最广的一种制冷压缩机。它是靠由气缸、气阀和在气缸中作往复运动的活塞所构成的可变工作容积，来完成制冷剂气体的吸入、压缩和排出过程的。

1. 基本结构

活塞式制冷压缩机虽然种类繁多，结构复杂，但其基本结构和组成的主要零部件都大体相同，包括机体、曲轴、连杆组件、活塞组件、气缸及吸、排气阀等。

活塞式制冷压缩机的基本结构如图1-3所示。圆筒形的气缸，顶部设置着吸、排气阀，与活塞共同构成可变工作容积。连杆的大头与曲轴的曲柄销连接，小头通过活塞销与活塞连接。当曲轴在原动机驱动下旋转时，通过曲柄销、连杆、活塞销的传动，活塞即在气缸中作往复直线运动。吸、排气阀的阀片被气阀弹簧压在阀座上，靠阀片两侧气体的压力差自动开启，控制着制冷剂气体进、出气缸的通道。

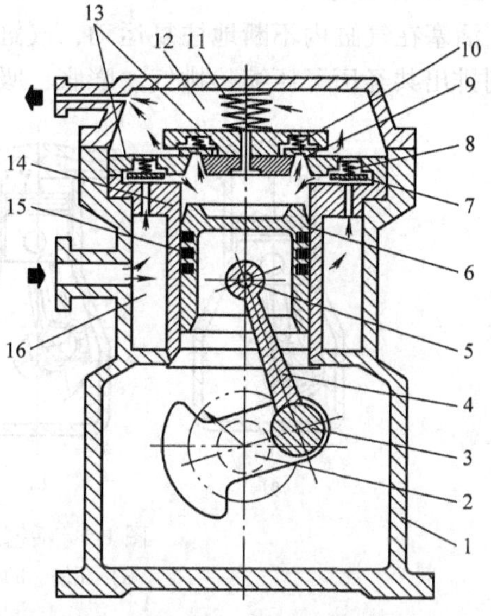

图1-3　活塞式制冷压缩机的基本结构

1—机体　2—曲轴　3—曲柄销　4—连杆　5—活塞销　6—活塞　7—吸气阀片　8—吸气阀弹簧　9—排气阀片　10—排气阀弹簧　11—安全弹簧　12—排气腔　13—气阀　14—气缸　15—活塞环　16—吸气腔

活塞式制冷压缩机的气缸布置形式有卧式、直立式和角度式三种类型，如图1-4所示。卧式制冷压缩机的气缸轴线呈水平布置，其管道布置和内部结构的拆装维修比较方便，多属大型低速压缩机。直立式制冷压缩机的气缸轴线与水平面垂直，用符号Z表示。这类压缩机占地面积小，活塞重力不作用在气缸壁面上，因而气缸和活塞的磨损较小；机体主要承受垂直的拉压载荷，受力情况较好，因而形状可以简单些，基础尺寸也可以小些。但大型直立式制冷压缩机的高度大，必须设置操作平台，安装、拆卸和维护管理均不方便，因而极少采用此种布置方式；即使是中小型压缩机，除单、双缸外，也很少采用直立式的。角度式制冷压缩机的气缸轴线在垂直于曲轴轴线的平面内具有一定的夹角。其排列形式有V形、W形、Y形、S形（扇形）、X形等。角度式制冷压缩机具有结构紧凑、质量小、动力平衡性好、便于拆装和维修等优点，因而在现代中、小型高速多缸压缩机中得到广泛应用。

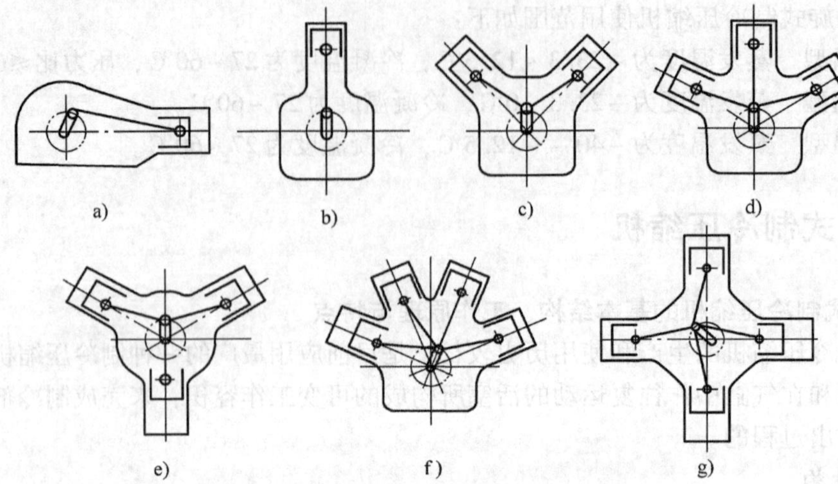

图 1-4 活塞式制冷压缩机的气缸布置形式

a）卧式 b）直立式 c）V形 d）W形 e）Y形 f）S形 g）X形

2. 工作原理

活塞在气缸内不断地往复运动，气缸内的气缸容积和气体压力也不断地变化，气体从吸入到排出共经历了压缩、排气、膨胀、吸气四个过程，如图 1-5 所示。

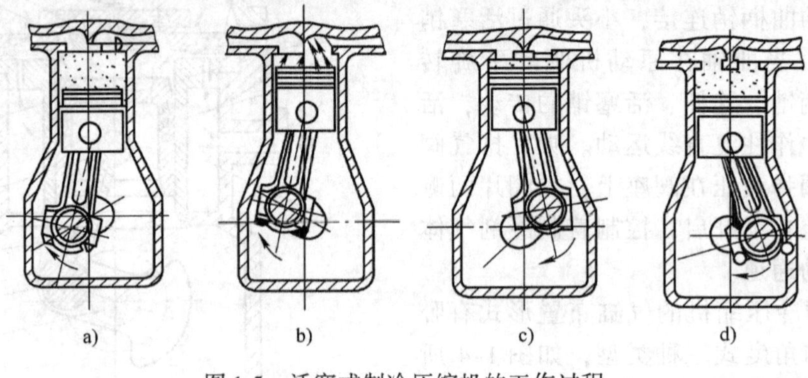

图 1-5 活塞式制冷压缩机的工作过程

a）压缩 b）排气 c）膨胀 d）吸气

（1）压缩过程　当活塞处于最下端位置（称为内止点或下止点）时，气缸内充满了从蒸发器吸入的低压制冷剂蒸气，吸气过程结束。活塞在曲轴—连杆机构的带动下开始向上移动，此时吸气阀关闭，气缸工作容积逐渐减小，气缸内的气体受压缩，温度和压力逐渐升高；当气缸内气体的压力升至略高于排气腔中气体的压力时，排气阀开启，开始排气。气体在气缸内从吸气时的低压升高到排气压力的过程称为压缩过程。

（2）排气过程　活塞继续向上运动，气缸内的高温高压制冷剂蒸气不断地通过排气管流出，直到活塞运动到最高位置（称为外止点或上止点）时排气过程结束。气体从气缸向排气管输出的过程称为排气过程。

（3）膨胀过程　活塞运动到上止点时，由于压缩机的结构及制造工艺等原因，气缸中仍有一些空间，该空间的容积称为余隙容积。排气过程结束时，在余隙容积中的气体为高压气体。活塞开始向下移动时，排气阀关闭，吸气腔内的低压气体不能立即进入气缸，此时余隙容积内的高压气体因容积增加而压力下降，直至气缸内气体的压力降至稍低于吸气腔内气体的压力即将开始吸气过程时为止，此过程称为膨胀过程。

（4）吸气过程 膨胀过程结束时，吸气阀开启，低压气体被吸入气缸中，直到活塞到达下止点的位置。此过程称为吸气过程。

完成吸气过程后，活塞又从下止点向上止点运动，重新开始压缩过程。如此周而复始，循环不已。曲轴每旋转一周，活塞往复运行一次，可变工作容积中将完成一个包括膨胀、吸气、压缩、排气四个过程在内的工作循环，将蒸发器内的低压蒸气吸入，使其压力升高后排入冷凝器，完成吸入、压缩和输送制冷剂的过程。

活塞在气缸内由上止点运动至下止点（或由下止点运动至上止点）所移动的距离，称为活塞行程，用 S 表示。显然它等于曲轴回转半径 r 的两倍，即 $S=2r$。

3. 特点

活塞式制冷压缩机的主要优点有：① 能适应较广阔的压力范围和制冷量要求；② 热效率较高，单位制冷量耗电量较少，特别是偏离设计工况运行时更为明显；③ 对材料要求低，多用普通钢铁材料，加工比较容易，造价较低廉；④ 技术上较为成熟，生产使用上积累有丰富的经验；⑤ 装置系统比较简单。

上述优点使活塞式制冷压缩机在中、小制冷量范围内，成为制冷压缩机中应用最广、生产批量最大的机型。但活塞式制冷压缩机也有不足之处，主要缺点是：① 因受到活塞往复惯性力的影响，转速不能过高，因此单机输气量大时，机器显得很笨重；② 结构复杂，易损件多，维修工作量大；③ 由于受到各种力、力矩的作用，运转时振动较大；④ 输气不连续，气体压力有波动。

1.2.2 我国活塞式制冷压缩机的形式和基本参数

我国对活塞式单级制冷压缩机和活塞式单机双级制冷压缩机的系列形式及基本参数都有具体的规定。

1. 活塞式单级制冷压缩机

我国国家标准 GB/T 10079—2001《活塞式单级制冷压缩机》规定的活塞式压缩机气缸布置形式见表1-8，基本参数见表1-9。

表1-8 活塞式压缩机气缸布置形式

<table>
<tr><th rowspan="2" colspan="2">压缩机类型</th><th colspan="5">缸 数</th></tr>
<tr><th>2</th><th>3</th><th>4</th><th>6</th><th>8</th></tr>
<tr><td colspan="2">全封闭</td><td>V形角度式或B形并列式</td><td>Y形角度式</td><td>X或V形角度式</td><td></td><td></td></tr>
<tr><td colspan="2">气缸直径小于70mm的单级半封闭式压缩机</td><td>Z形直立式</td><td>Z形直立式或W形角度式</td><td>V形角度式</td><td></td><td></td></tr>
<tr><td colspan="2">70mm气缸直径的单级半封闭式压缩机</td><td>V形角度式或直立式</td><td>W形角度式</td><td>扇形或V形角度式</td><td>W形角度式</td><td>S扇形角度式</td></tr>
<tr><td rowspan="4">开启式</td><td>100mm气缸直径</td><td rowspan="3">V形角度式或直立式</td><td rowspan="4"></td><td>扇形或V形角度式</td><td rowspan="3">W形角度式</td><td rowspan="4">S扇形角度式</td></tr>
<tr><td>125mm气缸直径</td><td rowspan="2">V形角度式</td></tr>
<tr><td>170mm气缸直径</td></tr>
<tr><td>250mm气缸直径</td><td></td><td></td><td></td></tr>
</table>

表 1-9 活塞式压缩机基本参数

类别	缸径/mm	行程/mm	转速范围/r·min^{-1}	缸数/个	容积排量（8缸）最高转速/r·min^{-1}	排量/m^3·h^{-1}	最低转速/r·min^{-1}	排量/m^3·h^{-1}
半封闭式	48、55、62		1440	2				
	30、40、50、60			2、3、4				
	70	70	1000～1800	2、3、4、6、8	1800	232.6	1000	129.2
		55				182.6		101.5
开启式	100	100	750～1500	2、4、6、8	1500	565.2	750	282.6
		70				395.6		197.8
	125	110	600～1200	4、6、8	1200	777.2	600	388.6
		100				706.5		353.3
	170	140	500～1000		1000	1524.5	500	762.3
	250	200	500～600	8	600	2826	500	2355

活塞式单级制冷压缩机型号表示方法如下：

（1）压缩机型号表示方法

□ □ □ □

- 冷凝压力：高冷凝压力用G表示，低冷凝压力不表示
- 行程：用阿拉伯数字表示，单位为mm
- 制冷剂：R22、R134a等用F表示，R717用A表示
- 缸数和缸径：用阿拉伯数字表示，缸径单位为cm

（2）压缩机组型号表示方法

□ □-□ □

- 使用温度范围：高温用G表示，中温用Z表示，低温用D表示
- 使用电动机功率：用阿拉伯数字表示，单位为kW
- 压缩机型号
- 压缩机类别：全封闭用Q表示，半封闭用B表示，开启式不表示

型号标记示例：

示例1　812.5A110G，表示8缸扇形角度式布置，气缸直径为125mm，制冷剂为R717，行程为110 mm的高冷凝压力压缩机。

示例2　Q24.8F50-2.2D，表示2缸V形角度式布置，气缸直径为48mm，制冷剂为氟利昂，行程为50 mm，配用电动机功率为2.2kW，低温用全封闭式压缩机。

示例3　B47F55-13Z，表示4缸扇形（或V形）角度式布置，气缸直径为70mm，制冷剂为氟利昂，行程为55 mm，配用电动机功率为13kW，中温用低冷凝压力半封闭式压缩机。

示例4　610F80G-75G，表示6缸W形角度式布置，气缸直径为100 mm，制冷剂为氟利昂，行程为80 mm，配用电动机功率为75kW，高温用高冷凝压力开启式压缩机。

目前，国内有些生产厂家仍习惯沿用老的压缩机型号表示方法，即

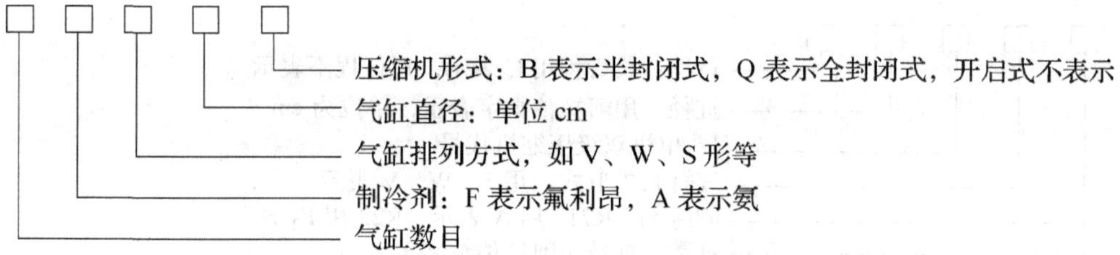

型号标记示例：

示例 1　8FS10，表示 8 缸，制冷剂为氟利昂，气缸排列成扇形，气缸直径为 100mm，开启式压缩机。

示例 2　3FW5B，表示 3 缸，制冷剂为氟利昂，气缸排列成 W 形，气缸直径为 50mm，半封闭式压缩机。

2. 活塞式单机双级制冷压缩机

我国机械行业标准 JB/T 5446—1999《活塞式单机双级制冷压缩机》规定的活塞式单机双级制冷压缩机气缸布置形式和高低压缸数配比见表 1-10，基本参数见表 1-11。

表 1-10　活塞式单机双级制冷压缩机气缸布置形式和高低压缸数配比

缸　数	4		6		8	
缸数配比	高压级	低压级	高压级	低压级	高压级	低压级
	1	3	2	4	2	6
形式	S、V 形角度式		W 形角度式		S 形角度式	

表 1-11　活塞式单机双级制冷压缩机基本参数

缸径/mm	行程/mm	转速范围 /r · min^{-1}	缸数比	容积排量					
				最高转速 /r · min^{-1}	排量/m^3 · h^{-1}		最低转速 /r · min^{-1}	排量/m^3 · h^{-1}	
					高压级	低压级		高压级	低压级
70	70	1000 ~ 1800	2/6	1800	58. 2	174. 6	1000	32. 3	96. 9
	55				45. 7	137		25. 4	76. 2
100	100	750 ~ 1500		1500	141	424	750	70. 7	212
	80				113	339		56. 5	170
	70				98. 7	296. 8		49. 5	148. 4
125	110	600 ~ 1200		1200	194	583	600	97. 1	296. 4
	100				177	530		88. 3	265
170	140	500 ~ 1000		1000	381	1143	500	191	572

注：1/3、2/4 单机双级压缩机的容积排量可按此表推算。

活塞式单机双级制冷压缩机型号表示方法如下：

(1) 压缩机型号有下述两种表示方法

第一种：

□ □ □ □ □ □

- 行程：长行程用C表示，短行程不表示
- 缸径：用阿拉伯数字表示，单位为cm
- J：单机双级压缩机代号
- 气缸布置形式：用S、W、V表示
- 制冷剂：R717用A表示，R22用F_2表示
- 缸数：缸数用阿拉伯数字表示

第二种：

□ □ □ □ □

- 行程：长行程用C表示，短行程不表示
- 缸径：用阿拉伯数字表示，单位为cm
- 缸数：缸数用阿拉伯数字表示
- T或S：单机双级压缩机代号
- 制冷剂：R717用A表示，R22用F_2表示；氨氟通用不表示，机组使用R22工质时用F_2表示

（2）压缩机组型号表示方法

□ □

- 压缩机型号
- JZ：压缩机组代号

型号标记示例：

示例1　8ASJ12.5C，制冷剂为氨，表示8缸S形布置，气缸直径为125mm，行程为110mm的单机双级压缩机。

示例2　T810C，表示8缸布置，气缸直径为100 mm，行程为100 mm，氨氟通用的单机双级压缩机。

示例3　JZS812.5，表示8缸布置，气缸直径为125 mm，短行程的单机双级压缩机。

1.2.3 活塞式制冷压缩机的热力性能

1. 工作循环

活塞式制冷压缩机的工作循环是指活塞在气缸内往复运动一次，气体经一系列状态变化后又回到初始吸气状态的全部工作过程。

（1）理论工作循环　为了便于分析压缩机的工作状况，作如下简化和假设：

1）无余隙容积。余隙容积是指活塞运行至外止点时气缸内剩余的容积。无余隙容积即排气过程终了时气缸中的气体被全部排尽。

2）无吸、排气压力损失。吸、排气压力损失是指气体流经吸、排气阀时，因需克服由阀件和气流通道所造成的阻力而产生的压力降。

3）吸、排气过程中无热量传递，即气体与气缸等机件之间不发生热交换。

4）在循环过程中气体没有任何泄漏。

5）气体压缩过程的过程指数为常数。通常把压缩过程看做等熵过程。

凡符合以上假设条件的工作循环称为压缩机的理论工作循环。单级活塞式压缩机的理论工作循环如图1-6所示。图1-6a为活塞运动时气缸内气体压力与容积的变化。一个理论工作循环分吸气、压缩、排气三个过程。吸气过程用平行于V轴的水平线4－1表示，因为气体在恒压p_0下进入气缸，直到充满气缸的全部容积为止。压缩过程用曲线1－2表示，气体

在气缸内的容积由 V_1 压缩至 V_2，压力则从 p_0 上升至 p_k。排气过程用平行于 V 轴的水平线 2－3 表示，因为气体在恒压 p_k 下被全部排出气缸。

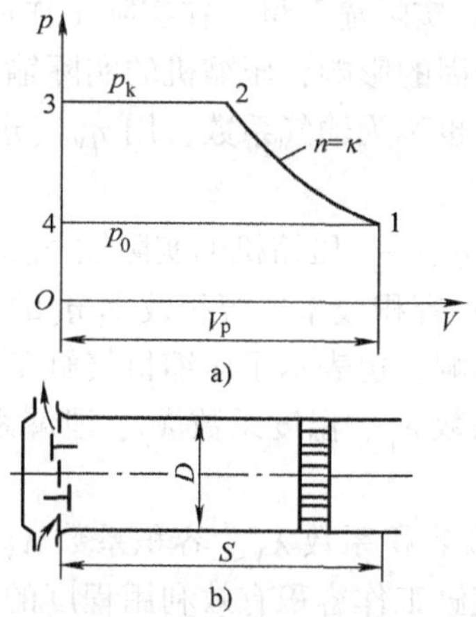

图 1-6 单级活塞式压缩机的理论工作循环
a）p-V 图 b）压缩机示意图

（2）实际工作循环 在分析压缩机的理论工作循环中曾作了一系列的假设，而在实际工作循环中，问题就远非这么简单。为了了解压缩机实际工作循环，一般采用示功仪来测量气缸内气体体积和压力的变化关系，如图 1-7 所示。由于图中曲线所包围的面积表示耗功的大小，因此又称为示功图。由于实际压缩机中不可避免地存在余隙容积，当活塞运动到外止点时，余隙容积内的高压气体留存于气缸内，活塞由外止点开始向内止点运动时，吸气阀在压差作用下不能立即开启，首先存在一个余隙容积内高压气体的膨胀过程，当气缸内气体压力降到低于吸气管内的压力 p_0 时，吸气阀才自动开启，开始吸气过程。由此可知，压缩机的实际工作循环是由膨胀、吸气、压缩、排气四个工作过程组成的。图 1-7 中的 3′－4′表示膨胀过程，4′－1′ 表示吸气过程，1′－2′表示压缩过程，2′－3′表示排气过程。同图 1-6 相比，实际循环多一个膨胀过程。除此之外，在吸、排气时存在压力损失和压力波动，在整个工作过程中气体同气缸、活塞间有热量交换，同时通过气缸与活塞之间的间隙及吸、排气阀还有气体泄漏。因此，实际压缩机的工作过程要复杂得多。

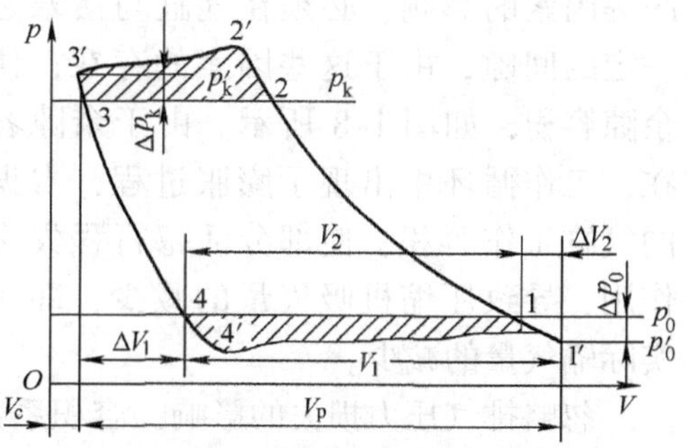

图 1-7 单级活塞式压缩机的实际工作循环

2. 性能参数及其计算

（1）输气量及容积效率 压缩机在单位时间内经过压缩并输送到排气管内的气体，换算到吸气状态的容积，称为压缩机的容积输气量，简称输气量（或排量）。

1）理论输气量。在理论工作循环时，压缩机的理论输气量等于单位时间内的理论吸气量。设压缩机内、外止点之间气缸工作室的容积为 V_p，显然有

$$V_p = \frac{\pi}{4} D^2 S \tag{1-1}$$

式中 V_p——气缸工作容积，单位为 m^3；

D——气缸直径，单位为 m；

S——活塞行程，单位为 m。

假定压缩机有 i 个气缸，转速为 n，则压缩机的理论输气量为

$$q_{Vt} = 60inV_p = 47.12inSD^2 \tag{1-2}$$

式中 q_{Vt}——压缩机的理论输气量，单位为 m^3/h；

i——压缩机的气缸数；

n——压缩机的转速，单位为 r/min。

2）实际输气量。在实际工作循环中，由于余隙容积、气阀阻力、气体热交换、泄漏损失等原因的影响，压缩机的实际输气量必定小于理论输气量。两者的比值称为压缩机的容积效率，也称为输气系数，用 η_V（$\eta_V<1$）表示。则实际输气量可表示为

$$q_{Va}=\eta_V q_{Vt} \tag{1-3}$$

式中 q_{Va}——压缩机的实际输气量，单位为 m^3/h。

3）容积效率。容积效率 η_V 的大小反映了实际工作过程中存在的诸多因素对压缩机输气量的影响，也表示了压缩机气缸工作容积的有效利用程度。通常容积效率可用容积系数 λ_V、压力系数 λ_p、温度系数 λ_T、泄漏系数 λ_L 的乘积来表示，即

$$\eta_V=\lambda_V\lambda_p\lambda_T\lambda_L \tag{1-4}$$

① 容积系数 λ_V。容积系数 λ_V 反映了压缩机余隙容积的存在对压缩机输气量的影响，是表征气缸工作容积有效利用程度的系数。由于安装压缩机的气阀须留出一定空隙，活塞到达外止点时也不可能与气缸盖完全贴紧，同时在装配压缩机时，为了保证活塞在工作时因热膨胀等因素的影响，必须在气缸与活塞之间保留一定的间隙，由于这些因素的存在，便产生了余隙容积，如图 1-8 所示。由于余隙容积的存在，工作循环中出现了膨胀过程，占据了一定的气缸工作容积，使部分活塞行程失去了吸气作用，导致压缩机吸气量的减少，即压缩机的实际输气量的减少。

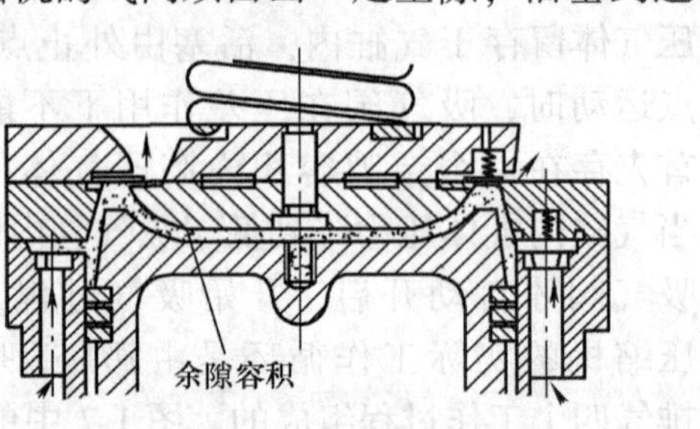

图 1-8 气缸内的余隙容积（活塞位于外止点时）

忽略排气压力损失的影响，容积系数 λ_V 可表示为

$$\lambda_V=1-c\left[\left(\frac{p_k}{p_0}\right)^{\frac{1}{m}}-1\right] \tag{1-5}$$

式中 c——相对余隙容积，它等于余隙容积 V_c 与气缸工作容积 V_p 之比，即 $c=V_c/V_p$，一般中小型活塞式制冷压缩机取 2% ~4%；

m——膨胀过程指数，一般氨压缩机取 1.10 ~1.15，氟利昂压缩机取 0.95 ~1.05；

p_k——冷凝压力（即名义排气压力），单位为 MPa；

p_0——蒸发压力（即名义吸气压力），单位为 MPa。

由式（1-5）知，容积系数 λ_V 主要与相对余隙容积 c、压力比 p_k/p_0 及膨胀过程指数 m 有关。

相对余隙容积 c 越大，λ_V 越小，因此在加工和运行条件许可的情况下，应尽量减少压缩机的余隙容积。

压力比 p_k/p_0 越大，λ_V 越小，气体排气温度升高，当压力比大到一定程度时，甚至可使 $\lambda_V=0$，因此为保证压缩机具有一定的容积效率，单级活塞式制冷压缩机的最大压力比应受到一定的限制。从压缩机的经济性和可靠性考虑，氨压缩机的压力比一般不得超过 8，氟利昂压缩机的压力比不得超过 10。

膨胀过程指数 m 的数值与制冷剂的种类和膨胀过程中气体与壁面间的热交换情况有关。在压缩机运行时，增强对气缸壁的冷却，如水冷或强迫风冷，膨胀过程指数 m 增大，λ_V 增大。

② 压力系数 λ_p。压力系数 λ_p 反映了由于吸气阀阻力的存在致使实际吸气压力 p_0' 小于吸

气管中的压力 p_0，从而造成吸气量减少的程度。压力系数 λ_p 可用下式计算：

$$\lambda_p = 1 - \left[\frac{(1+c)\Delta p_0}{\lambda_V p_0}\right] \tag{1-6}$$

式中　Δp_0——吸气压力损失，通常，氨压缩机的 $\Delta p_0 = (0.03 \sim 0.05)p_0$，氟利昂压缩机的 $\Delta p_0 = (0.05 \sim 0.10)p_0$。

吸气阀处于关闭状态时的弹簧力对压力系数 λ_p 的影响较大。弹簧力过强，会使吸气阀提前关闭和 Δp_0 太大，降低 λ_p；反之，弹簧力过弱，会使吸气阀延迟关闭，吸入气缸的气体又部分地回流至吸气管内，造成 λ_p 下降。

③ 温度系数 λ_T。温度系数 λ_T 表示吸气过程中气体从气缸壁等部件吸收热量造成体积膨胀，从而造成吸气量减少的程度。吸入气体与壁面的热交换是一个复杂的过程，与制冷剂的种类、压力比、气缸尺寸、压缩机转速、气缸冷却情况等因素有关。λ_T 的数值通常用经验公式计算。

中、小型开启式制冷压缩机的温度系数为

$$\lambda_T = 1 - \frac{T_2 - T_1}{740} \tag{1-7}$$

式中　T_1——吸气温度，单位为 K；

T_2——排气温度，单位为 K。

小型全封闭式制冷压缩机的温度系数为

$$\lambda_T = \frac{T_1}{aT_k + b\theta} \tag{1-8}$$

式中　T_1——吸气温度，单位为 K；

T_k——冷凝温度，单位为 K；

θ——蒸气在吸气管中的过热度，$\theta = T_1 - T_0$，T_0 为蒸发温度，单位为 K；

a——压缩机的温度随冷凝温度而变化的系数，$a = 1.0 \sim 1.15$，随压缩机尺寸的减少而增大，根据经验，家用制冷压缩机 $a \approx 1.15$，商用制冷压缩机 $a \approx 1.10$；

b——表示吸气量减少与压缩机对周围空气散热的关系系数，$b = 0.25 \sim 0.8$，制冷量越大，压缩机壳体外空气作自由运动时，b 值取较大值。

压缩机的冷凝温度 T_k 下降或蒸发温度 T_0 上升，气缸及气缸盖冷却良好时，都能使 λ_T 增大，从而提高气缸容积的利用率。

④ 泄漏系数 λ_L。泄漏系数 λ_L 反映压缩机工作过程中因泄漏而对输气量的影响。压缩机的泄漏主要是由于活塞环与气缸壁之间的密封不严，吸、排气阀关闭不及时或不严密，造成制冷剂蒸气从高压侧泄漏到低压侧，从而引起输气量的下降。

必须指出，从气缸中泄漏的热蒸气还会增加压缩机吸入蒸气的温度、排气温度和内置电动机定子绕组温度，降低了压缩机的性能、工作可靠性和耐久性。

泄漏量的大小与压缩机的转速、活塞环结构、气阀密封面的精度、磨损程度、润滑状态以及压力差大小等因素有关。一般推荐 $\lambda_L = 0.97 \sim 0.99$。

一般情况下，对压缩机容积效率 η_V 影响较大的是容积系数 λ_V 和温度系数 λ_T，而压力系数 λ_p 和泄漏系数 λ_L 则因其数值较大而且数值变化范围较小，对容积效率 η_V 的影响是比较小的。所以，可以把影响 λ_V 和 λ_T 的主要因素看做影响压缩机容积效率 η_V 的主要因素。

在压缩机的形式、结构尺寸、转速、冷却方式及制冷剂种类已确定的情况下，容积效率主要取决于运行工况（或压力比）。实际运行中，压缩机的运行工况是有变动的，因而容积效率将随之发生变化。

容积效率 η_V 的数值可用分别计算 λ_V、λ_p、λ_T、λ_L 四个系数，再代入式（1-4）的方法求出。但通常为了简化计算，可采用经验公式计算或从有关容积效率的特性曲线图查取。下面介绍一些可供计算时应用的经验公式。

对于单级高速多缸压缩机，转速 n 大于 720r/min，相对余隙容积 $c=3\%\sim4\%$，则

$$\eta_V = 0.94 - 0.085\left[\left(\frac{p_k}{p_0}\right)^{\frac{1}{n}} - 1\right] \tag{1-9}$$

式中 p_k——冷凝压力，单位为 MPa；

p_0——蒸发压力，单位为 MPa；

n——制冷剂的压缩过程指数，对于 R717，$n=1.28$，对于 R22，$n=1.18$。

对于双级压缩系统中使用的高速多缸压缩机，高压级和低压级的 η_V 值可分别用下列公式计算：

$$\eta_{Vg} = 0.94 - 0.085\left[\left(\frac{p_k}{p_m}\right)^{\frac{1}{n}} - 1\right] \tag{1-10}$$

$$\eta_{Vd} = 0.94 - 0.085\left[\left(\frac{p_m}{p_0 - 0.01}\right)^{\frac{1}{n}} - 1\right] \tag{1-11}$$

式中 p_m——中间压力，单位为 MPa；

n——制冷剂的压缩过程指数，数值与式（1-9）相同。

（2）制冷量　制冷压缩机热力循环的性质与其工作条件有关，压缩机吸入气体的压力与比体积及压缩终了时的压力，取决于制冷循环的温度条件。因此，制冷压缩机输气量的大小，不能直接反映其使用价值。压缩机的工作能力有必要直观地用单位时间内所产生的冷量——制冷量 Φ_0 来表示，单位为 kW，它是制冷压缩机的重要性能指标之一。

$$\Phi_0 = \frac{q_m q_0}{3600} = \frac{\eta_V q_{Vt} q_v}{3600} \tag{1-12}$$

式中 q_m——压缩机的实际质量输气量，$q_m = q_{Va}/v_1$，单位为 kg/h；

q_{Va}——压缩机的实际容积输气量，单位为 m^3/h；

v_1——压缩机吸气状态制冷剂蒸气的比体积，单位为 m^3/kg；

q_0——制冷剂在给定工况下的单位质量制冷量，单位为 kJ/kg；

η_V——压缩机的容积效率；

q_{Vt}——压缩机的理论输气量，单位为 m^3/h；

q_v——制冷剂在给定工况下的单位容积制冷量，单位为 kJ/m^3。

必须指出，一台压缩机在不同的运行工况下，每小时产生的冷量是不相同的。通常，在压缩机铭牌上标出的制冷量是指该机名义工况下的制冷量。当制冷剂和转速不变时，对于同一台制冷压缩机，不同工况下的制冷量可根据其理论输气量 q_{Vt} 等于定值的条件按以下方法换算。

若一台压缩机在已知工况 A 和 B 时的制冷量分别为 Φ_{0A} 和 Φ_{0B}，即有

$$\Phi_{0A}=\frac{\eta_{VA}q_{Vt}q_{vA}}{3600} \qquad \Phi_{0B}=\frac{\eta_{VB}q_{Vt}q_{vB}}{3600}$$

联立以上两式，可得不同工况下的制冷量换算公式为

$$\Phi_{0B}=\Phi_{0A}\frac{\eta_{VB}q_{vB}}{\eta_{VA}q_{vA}} \tag{1-13}$$

式中 Φ_{0A}、Φ_{0B}——A、B工况下的制冷量，单位为kW；

η_{VA}、η_{VB}——A、B工况下的容积效率；

q_{vA}、q_{vB}——A、B工况下的单位容积制冷量，单位为kJ/m^3。

（3）功率和效率　压缩机实际工作过程与理论工作过程的区别会影响到它的功耗，如吸排气时的压力损失、运动机械的摩擦、压缩过程偏离等熵过程等，均使压缩机的功耗增大。下面分析影响压缩机功耗的各种因素，从中找出提高效率的途径。

1）指示功率和指示效率。直接用于气缸中压缩制冷工质所消耗的功称为指示功。单位时间内实际循环所消耗的指示功，称为压缩机的指示功率。理论循环中压缩1kg制冷剂所消耗的等熵理论功w_{ts}与实际循环中所消耗的功w_i的比值，称为压缩机的指示效率，用η_i表示：

$$\eta_i=\frac{w_{ts}}{w_i}=\frac{q_m w_{ts}}{q_m w_i}=\frac{P_{ts}}{P_i} \tag{1-14}$$

式中 P_{ts}——等熵功率，压缩机按等熵压缩理论循环工作所需的理论功率，单位为kW；

P_i——指示功率，单位为kW。

制冷压缩机的指示效率η_i，是从动力经济性角度来评价压缩机气缸内部热力过程的完善程度。顺流开启式制冷压缩机中的η_i可按以下经验公式计算：

$$\eta_i=\frac{T_0}{T_k}+b(T_0-273) \tag{1-15}$$

式中 T_0——蒸发温度，单位为K；

T_k——冷凝温度，单位为K；

b——系数，对于立式氨压缩机，$b=0.001$，对于立式氟利昂压缩机，$b=0.0025$。

对于小型氟利昂压缩机，η_i的数值范围为0.65～0.80；对于家用全封闭式压缩机，η_i的数值范围为0.60～0.85，其中较低值在压力比较大的工况下采用。

指示效率与压力比及转速有关，压力比越大，指示效率越低；中低速活塞式制冷压缩机的指示效率高于高速活塞式制冷压缩机的指示效率。

计算时，根据压缩机的形式和使用的制冷剂类型，指示效率η_i也可由有关图表查取。

2）轴功率、摩擦功率和机械效率。轴功率是输入压缩机曲轴的功率，用P_e表示。轴功率P_e等于用于克服摩擦的功率P_m与指示功率P_i之和，即

$$P_e=P_i+P_m \tag{1-16}$$

式中 P_m——摩擦功率，单位为kW。

摩擦功率P_m主要由两部分组成：往复摩擦功率和旋转摩擦功率。前者是活塞、活塞环与气缸壁间的摩擦损失，后者包括轴承、轴封的摩擦损失及驱动润滑油泵的功率。由于活塞和活塞环在气缸壁上的滑动速度大而且得不到充分润滑，因此，一般情况下往复摩擦功率约占总摩擦功率的60%～70%。主轴承、连杆轴承和轴封的润滑条件较好，其摩擦损失和润滑油泵功率一起约占总摩擦功的30%～40%。但是，随着压缩机各轴承直径的加大和转速

的提高，旋转摩擦功率亦迅速增加，有的甚至超过了往复摩擦功率。

机械效率用于考虑摩擦功率的影响，用 η_m 表示。机械效率的计算式为

$$\eta_m = \frac{P_i}{P_e} = \frac{P_i}{P_i + P_m} \tag{1-17}$$

冷凝温度一定时，压缩机的机械效率 η_m 具有随着压力比 ε 的增长而下降的趋势，这是因为压力比增大，指示功率减少而摩擦功率几乎保持不变的缘故。

提高 η_m 可以从以下几方面着手：① 选用合适的气缸间隙，对主轴承和连杆进行优化设计，适当减少活塞环数；② 选用合适的润滑油，调节其温度，使润滑油在各种工况下维持正常的黏度；③ 加强曲轴、曲轴箱等零件的刚度，合理提高其加工和装配精度，降低摩擦表面的粗糙度等。

活塞式制冷压缩机的机械效率一般在 0.8 ~ 0.9 之间。在活塞式制冷压缩机系列产品中，不同气缸数目的压缩机所配置的轴封和润滑用油泵，出于通用化的原因不能按比例改变其功率，因此缸数较多的压缩机用于润滑的油泵功率相对低些。

3）轴效率。轴效率是衡量压缩机轴功率有效利用程度的指标，又称等熵效率，用 η_e 表示。轴效率的计算式为

$$\eta_e = \frac{P_{ts}}{P_e} = \frac{P_{ts}}{P_i}\frac{P_i}{P_e} = \eta_i\eta_m \tag{1-18}$$

轴效率 η_e 一般在 0.6 ~ 0.7 之间，它反映压缩机在某一工况下运行时的各种损失。

4）配用电动机功率。确定制冷压缩机所配用的电动机功率时，还应考虑压缩机与电动机之间的连接方式及压缩机的类型。对于开启式压缩机，如果用带传动，应考虑传动效率 η_d = 0.9 ~ 0.95；如果用联轴器直接传动时，则不必考虑传动效率。对于封闭式压缩机，因电动机与压缩机共用一根轴，不必考虑传动效率问题。

制冷压缩机所需要的轴功率是随工况的变化而变化的，选配电动机功率时，还应考虑到这一因素，并应有一定的裕量，以防意外超载。如果压缩机本身带有能量卸载装置，可以空载起动，则电动机的功率可按运行工况下压缩机的轴功率，再考虑适当裕量（10% ~ 15%）选配。

还应指出，在吸气通过电动机的封闭式压缩机中，由于电动机线圈获得了较好的冷却，它的实际功率可比名义值大，因此，该电动机的名义功率可取得比一般开启式压缩机的电动机的功率小些（约小 30% ~ 50%）。

开启式压缩机由外置电动机通过传动装置带动运转，其动力经济性往往由轴效率 η_e 衡量。而在封闭式压缩机中，内置电动机的转子直接装在压缩机主轴上，其动力经济性用电效率 η_{el} 衡量。电效率 η_{el} 是等熵功率 P_{ts} 与电功率 P_{el} 的比值，即

$$\eta_{el} = \frac{P_{ts}}{P_{el}} = \frac{P_{ts}}{P_e}\frac{P_e}{P_{el}} = \eta_e\eta_{mo} \tag{1-19}$$

式中 η_{mo}——电动机效率。

单相和三相的内置电动机在名义工况下，其电动机效率 η_{mo} 的范围一般在 0.60 ~ 0.95 之间，对大功率电动机取上限、小功率电动机取下限。单相与三相比较，则单相电动机的 η_{mo} 较差。

（4）性能系数 COP 和能效比 EER　性能系数 COP 是制冷量和输入功率之比。

对于开启式压缩机，$COP=\Phi_0/P_e$；

对于封闭式压缩机，$COP=\Phi_0/P_{el}$。

封闭式压缩机的Φ_0/P_{el}也可称为能效比EER，它的单位为W/W，使用时要注意。

例 有一台8缸压缩机，气缸直径$D=100$mm，活塞行程$S=70$mm，转速$n=960$ r/min，其实际工况为$t_k=30$℃，$t_0=-15$℃，按饱和循环工作，使用氨制冷剂。试计算压缩机实际制冷量，并确定压缩机配用电动机的功率。

解：1）计算压缩机的理论输气量q_{Vt}。

$$q_{Vt}=47.12inSD^2=47.12\times8\times960\times0.07\times0.1^2\text{m}^3/\text{h}=253.32\text{m}^3/\text{h}$$

2）将制冷循环表示在lg$p$-h图上（见图1-9），从氨的饱和状态热力性质图（或表）上查得下列参数$h_1=1363.141$kJ/kg；$h_2=1598.84$kJ/kg；$h_4=h_5=264.787$kJ/kg；$p_k=1.169$MPa；$p_0=0.23636$MPa；$v_1=0.50682\text{m}^3/\text{kg}$；$t_2=102$℃。

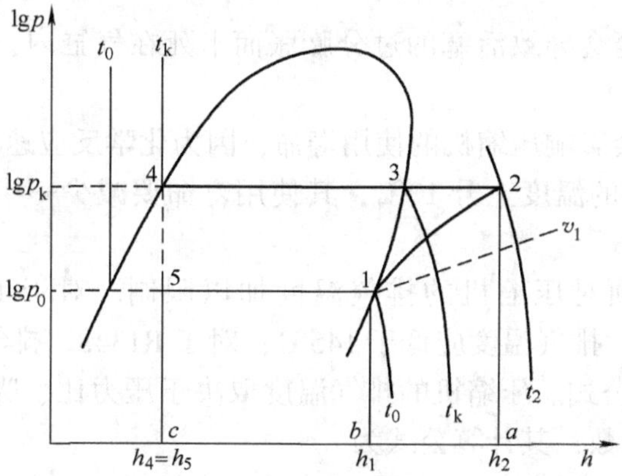

图1-9 例图

3）计算单位容积制冷量q_v。

$$q_v=\frac{q_0}{v_1}=\frac{h_1-h_5}{v_1}=\frac{1363.141-264.787}{0.50682}\text{kJ/m}^3=2167.15\text{kJ/m}^3$$

4）计算容积效率η_V。由式（1-9）得

$$\eta_V=0.94-0.085\left[\left(\frac{p_k}{p_0}\right)^{\frac{1}{n}}-1\right]=0.94-0.085\left[\left(\frac{1.169}{0.23636}\right)^{\frac{1}{1.28}}-1\right]=0.729$$

5）计算压缩机的实际制冷量Φ_0。

$$\Phi_0=\frac{\eta_V q_{Vt} q_v}{3600}=\frac{0.729\times253.32\times2167.15}{3600}\text{kW}=111.2\text{kW}$$

6）计算压缩机的理论功率。

$$P_{ts}=q_m w_{ts}=\frac{\eta_V q_{Vt}}{v_1}(h_2-h_1)=\frac{0.729\times253.32}{0.50682\times3600}\times(1598.84-1363.141)\text{kW}=23.86\text{kW}$$

7）计算压缩机的轴功率P_e。

$$P_e=\frac{P_{ts}}{\eta_i\eta_m}=\frac{23.86}{0.65}\text{kW}=36.71\text{kW}$$

若电动机与压缩机直接连接时，$\eta_d=1$。配用电动机的功率应不小于

$$P = 1.1\frac{P_e}{\eta_d} = 1.1 \times \frac{36.71}{1}\text{kW} = 40.38\text{kW}$$

（5）压缩机的排气温度 排气温度在压缩机运行中是一个重要参数，必须严格控制。

1）排气温度过高的危害性。制冷压缩机的排气温度过高会引起压缩机的过热，它对活塞式制冷压缩机的工作有严重的影响。排气温度过高的危害性主要表现在以下几个方面：

① 排气温度过高，将使容积效率降低和轴功率增加；润滑油黏度降低，使轴承和气缸、活塞环产生异常磨损，甚至会引起烧毁轴瓦和气缸拉毛的事故。

② 过高的压缩机排气温度促使制冷剂和润滑油在金属的催化下出现热分解，生成对压缩机有害的游离碳、酸类和水分。酸类物质会腐蚀制冷系统的各组成部分和电气绝缘材料。水分会堵住毛细管。积炭沉聚在排气阀上，既破坏了其密封性，又增加了流动阻力。积炭使活塞环卡死在环槽里，失去密封作用。剥落下来的炭渣若被带出压缩机，会堵塞毛细管、干燥器等。

③ 压缩机的过热甚至会导致活塞的过分膨胀而卡死在气缸内，以及封闭式压缩机内置电动机的烧毁。

④ 排气温度过高也会影响压缩机的使用寿命，因为化学反应速度随温度的升高而加剧。一般认为，电气绝缘材料的温度上升10℃，其使用寿命要减少一半。这一点对全封闭式压缩机显得特别重要。

上述分析表明，必须对压缩机的排气温度加以限制。对于R717，排气温度应低于150℃；对于R22、R502，排气温度应低于145℃；对于R134a，排气温度应低于130℃。

2）排气温度的计算公式。压缩机的排气温度取决于压力比、吸排气阻力损失、吸气终了温度和多变压缩过程指数，其计算公式为

$$T_2 = T_1\left[\varepsilon(1+\delta_0)\right]^{\frac{n-1}{n}} \tag{1-20}$$

式中 T_2——压缩机的排气温度，单位为K；

T_1——压缩机吸气终了温度，单位为K；

ε——压力比，$\varepsilon = \frac{p_k}{p_0}$，$p_k$为冷凝压力，$p_0$为蒸发压力；

δ_0——吸、排气相对压力损失，$\delta_0 = \frac{\Delta p_0}{p_0} + \frac{\Delta p_k}{p_k}$，$\Delta p_0$为吸气压力损失，$\Delta p_k$为排气压力损失；

n——多变压缩过程指数，近似取制冷剂的等熵指数。

3）降低排气温度的主要措施。从式（1-20）可知，要降低制冷压缩机的排气温度，必须从吸气终了温度（T_1）、压力比（ε）、相对压力损失（δ_0）以及多变压缩过程指数（n）等几个方面去考虑。

① 设计时要限制压缩机单级的压力比。高压力比应采用多级压缩中间冷却的办法来实现。在运行中，要防止冷凝压力过高、蒸发压力过低等故障。降低吸、排气阻力实际上也起到了减小气缸中实际压力比的作用。

② 加强对压缩机的冷却，削弱对吸入制冷剂的加热，以降低吸气终了制冷剂的温度和多变压缩过程指数是降低排气温度的有效途径，例如缩小排气腔与吸气腔之间的分割面；气缸盖上设置冷却水套；吸气管外包以隔热层等。

③ 在封闭式压缩机中，提高内置电动机的效率、减少电动机的发热量对降低排气温度具有重要作用。

④ 在低温制冷压缩机中，为了降低排气温度，可采用直接向吸气管喷入液态制冷剂的方法。

⑤ 在同样的蒸发温度 T_0 和冷凝温度 T_k 时，不同的制冷剂有不同的排气温度，例如 R134a 的排气温度低于 R22 的排气温度，因而合理地选用制冷剂是控制排气温度的重要方法。

综合看来，影响压缩机排气温度的因素是多方面的。为了确保制冷机的安全运行，应根据运行中的具体情况，采取相应的措施，以降低压缩机的排气温度。

3. 运行特性

（1）运行特性曲线　制冷压缩机的运行特性曲线是说明某种型号压缩机在规定的工作范围内运行时，压缩机的制冷量和功率随工况变化的关系曲线。

一台制冷压缩机在转速 n 不变的情况下，其理论输气量是不变的。但由于工作温度的变化，使用不同制冷剂，其单位质量制冷量 q_0、单位指示功 w_i 及实际质量输气量 q_m 都要改变，因此，制冷压缩机的制冷量 Φ_0 及轴功率 P_e 等性能指标就要相应地改变。

制冷压缩机制造厂对其制造的各种类型的制冷压缩机，都要在试验台上，针对某种制冷剂和一定的工作转速，测出不同工况下的制冷量和轴功率，并据此画出压缩机的运行特性曲线，附在产品说明书中，以供使用者参考。

运行特性曲线的纵坐标为制冷量或轴功率，横坐标为蒸发温度，一种冷凝温度对应一条曲线。通常，一张运行特性曲线图上绘有 3～4 条曲线，对应 3～4 种冷凝温度。利用这种关系曲线可以很方便地求出制冷压缩机在不同工况下的制冷量和轴功率。图 1-10 所示为开启活塞式制冷压缩机的运行特性曲线。它们的运行特性曲线虽各异，但其随工况变化的基本规

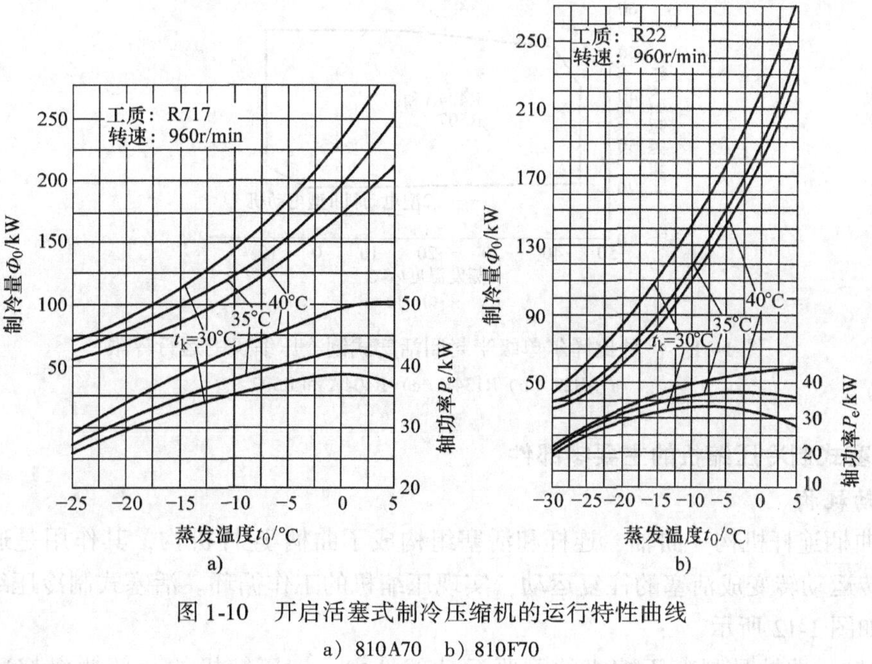

图 1-10　开启活塞式制冷压缩机的运行特性曲线

a）810A70　b）810F70

律是相同的。由运行特性曲线可见，当蒸发温度 t_0 一定时，随着冷凝温度 t_k 的上升，制冷量 Φ_0 减少，而轴功率 P_e 增大；当冷凝温度一定时，随着蒸发温度的下降，制冷量减少，而轴功率先增大后减少，有一个最大值存在，达到最大轴功率时的压力比约等于3。

应注意，对于半封闭式制冷压缩机和全封闭式制冷压缩机，运行特性曲线一般是反映蒸发温度与同轴电动机输入电功率之间的关系，这样能比较直观的反映总耗电量，对用户有较实用的参考价值。

（2）运行界限　运行界限是制冷压缩机运行时蒸发温度和冷凝温度的界限。图1-11表明不同型号电动机对一种比泽尔公司生产的单级半封闭活塞式制冷压缩机运行界限的影响。采用1型电动机的制冷压缩机有更宽广的运行界限。由于制冷剂的热物理性质的区别，运行界限中的冷凝温度和蒸发温度的范围也不相同，以R134a的冷凝温度为最高（80℃），R22次之（63℃），R404A和R507最低（55℃）；但就最低蒸发温度而言，R404A、R507和R22的最低蒸发温度又低于R134a。

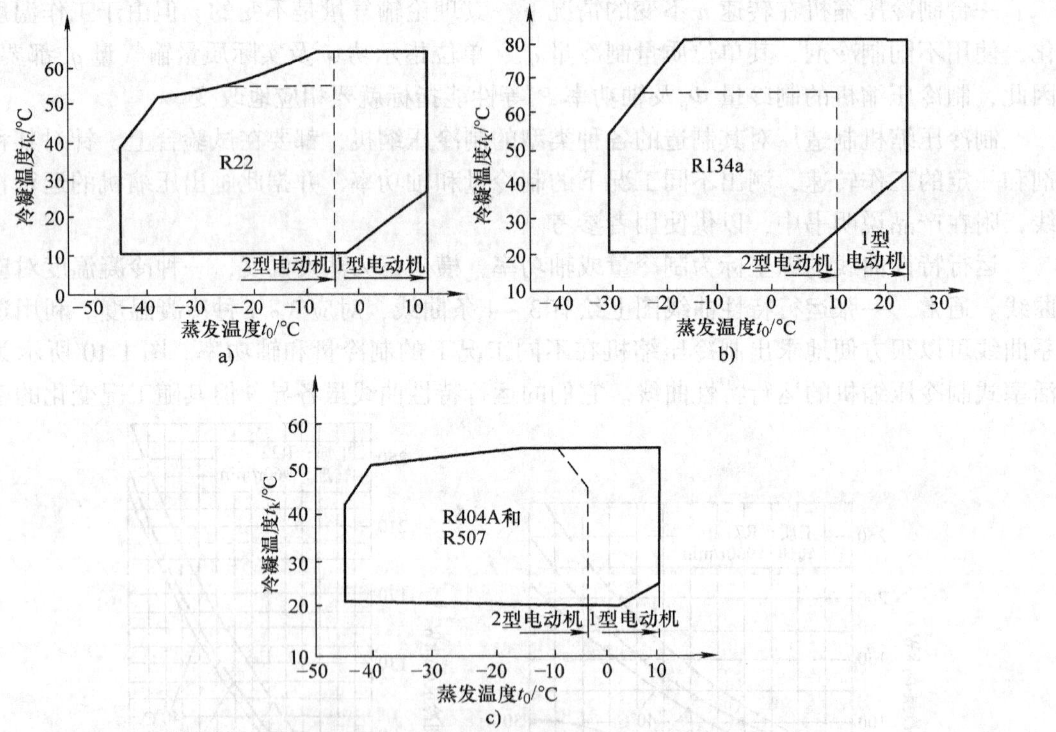

图1-11　一种比泽尔单级半封闭活塞式制冷压缩机的运行界限

a）R22　b）R134a　c）R404A和R507

1.2.4　活塞式制冷压缩机的主要零部件

1. 驱动机构

（1）曲柄连杆机构　曲轴、连杆和活塞组构成了曲柄-连杆机构，其作用是通过连杆将曲轴的旋转运动转变成活塞的往复运动，实现压缩机的工作循环。活塞式制冷压缩机的曲柄连杆机构如图1-12所示。

1）曲轴。曲轴是制冷压缩机的重要运动部件之一，压缩机的全部功率都通过曲轴输入。曲轴受力情况复杂，要求有足够的强度、刚度和耐磨性。活塞式制冷压缩机曲轴的基本结构形式有曲柄轴、偏心轴和曲拐轴 3 种，如图 1-13 所示。

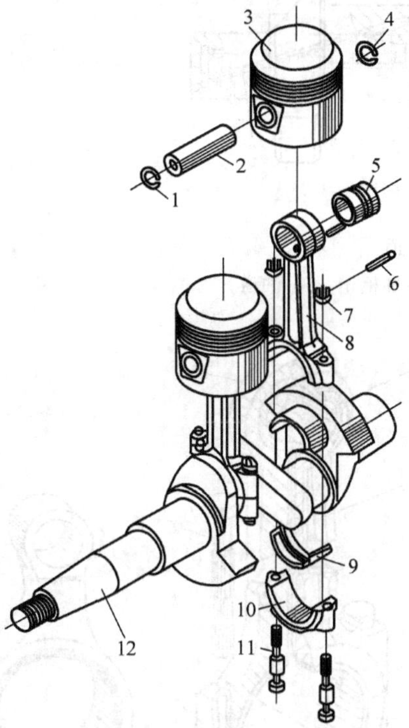

图 1-12　活塞式制冷压缩机的曲柄连杆机构

1、4—弹簧挡圈　2—活塞销　3—活塞　5—连杆小头衬套　6—开口销　7—连杆螺母　8—连杆　9—连杆大头轴瓦　10—连杆大头盖　11—连杆螺栓　12—曲轴

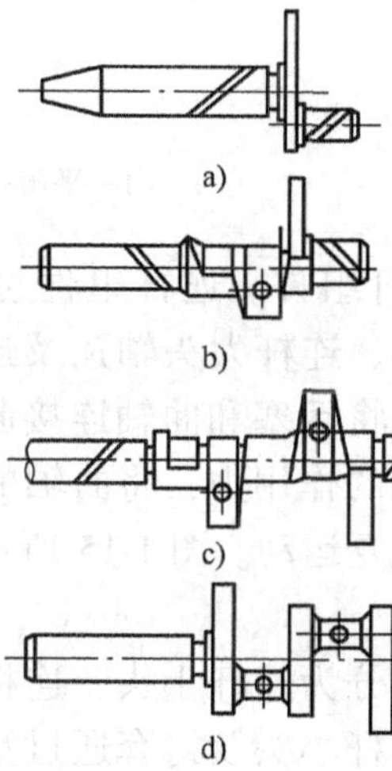

图 1-13　曲轴的结构形式

a）曲柄轴　b）单偏心轴颈偏心轴　c）双偏心轴颈偏心轴　d）曲拐轴

曲柄轴由主轴颈、曲柄和曲柄销三部分组成。因为只有一个主轴承，因而曲轴的长度比较短，但曲柄轴为悬臂支承结构，只宜承受很小的载荷，一般用于功率很小的制冷压缩机，如滑管式全封闭压缩机中。

在小型的、曲柄半径小的压缩机中，为了简化结构，便于安装大头整体式的连杆，其主轴采用偏心轴的结构，即曲柄销两侧无曲柄。它利用增大曲柄销直径的办法来增加它与主轴颈的重叠度，以满足主轴的强度和刚度的需要。图 1-13b 所示曲轴仅有一个偏心轴颈，只能驱动单缸压缩机，此时压缩机的往复惯性力无法平衡，振动较大。图 1-13c 所示曲轴有两个方位相差 180°的偏心轴颈，用于有两个气缸的压缩机。偏心轴在小型全封闭压缩机中得到广泛的应用，与之相配的连杆大多数是铝合金连杆。

曲拐轴由一个或几个以一定错角排列的曲拐组成，每个曲拐由主轴颈、曲柄和曲柄销三部分组成。此曲轴的连杆大头必须是剖分式，每个曲柄销上可并列安装 1 ~ 4 个连杆。活塞行程较大时常用这类轴。曲轴的一端（轴颈较长端）称为功率输入端，通过联轴器或带轮与电动机连接；另一端称为自由端，用来带动油泵。曲轴除传递动力作用外，通常还起输送润滑油的作用。如图 1-14 所示，曲轴内部钻有油道，从油泵出来的润滑油经油道 5 输送到主轴颈和连杆轴颈等部位，润滑各摩擦表面。为了消除或减轻压缩机的振动，在曲柄上装

(铸)有平衡块，起到全部或部分平衡旋转质量、往复质量惯性力及其力矩的作用。

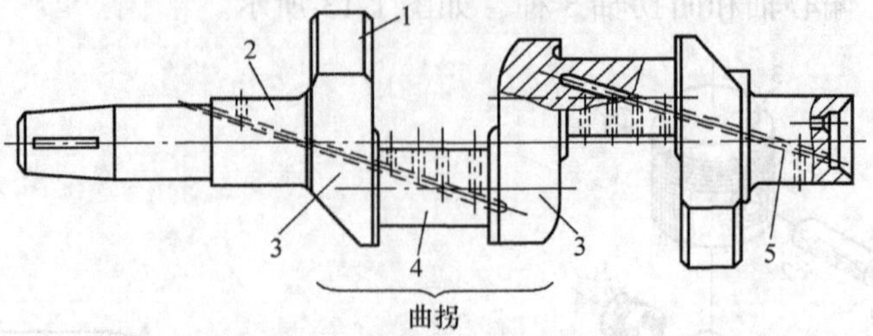

图 1-14 曲轴的输油道

1—平衡块 2—主轴颈 3—曲柄 4—曲柄销 5—油道

2）连杆组件。连杆组件包括连杆小头衬套、连杆体、连杆大头轴瓦及连杆螺栓等。连杆的作用是将活塞和曲轴连接起来，传递活塞和曲轴之间的作用力，将曲轴的旋转运动转变为活塞的往复运动。图 1-15 所示连杆为典型的连杆组件。

连杆可分为连杆小头、连杆大头和连杆体三部分。连杆小头及衬套通过活塞销与活塞连接，工作时作往复运动。连杆大头及大头轴瓦与曲柄销连接，工作时作旋转运动。连杆大小头之间的杆身（连杆体），工作时作垂直于活塞销平面的往复与摆动的复合运动。

连杆小头一般均做成整体式。现代高速压缩机中，连杆小头广泛采用简单的薄壁圆筒形结构。小头与活塞销相配合的支承表面，除了小型压缩机的铝合金连杆外，通常都压有衬套。衬套材料一般采用锡磷青铜合金、铁基或铜基粉末冶金等。

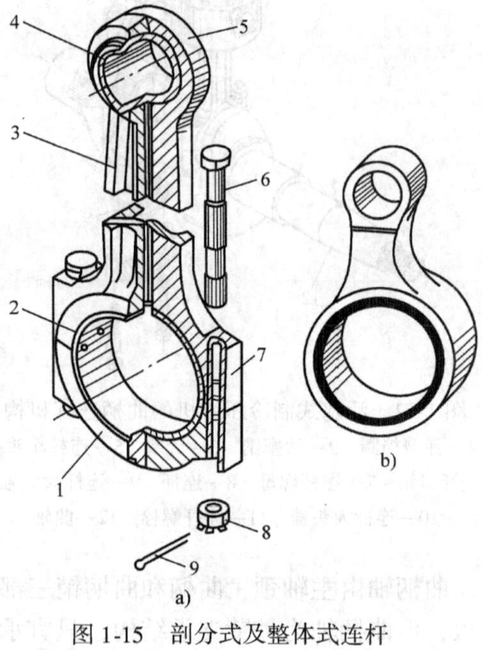

图 1-15 剖分式及整体式连杆

a）剖分式连杆 b）整体式连杆

1—连杆大头盖 2—连杆大头轴瓦 3—连杆体 4—连杆小头衬套 5—连杆小头 6—连杆螺栓 7—连杆大头 8—螺母 9—开口销

连杆大头有剖分式和整体式两种。整体式连杆大头仅用于曲柄轴或偏心轴结构的压缩机中，为小型封闭式压缩机广泛采用。剖分式连杆的大头可剖分开，便于和曲拐轴连接时装拆。剖分式连杆大头又分为直剖式和斜剖式两种。直剖式如图 1-12 和图 1-15a 所示，其剖分面垂直于连杆中心线，连杆大头刚性好，易于加工，且连杆螺栓不受剪切力的作用，但是它的大头横向尺寸大，为了能使活塞连杆通过气缸装卸，这种结构形式限制了曲柄销直径的增大。斜剖式连杆大头如图 1-16 所示，在拆除大头盖后连杆大头横向尺寸将大大减小，便有可能增大曲轴的曲柄销直径，以提高曲轴的刚度，而且既方便装拆，又便于活塞连杆组件直接从气缸中取出。但由于斜剖式连杆大头加工复杂，故不如直剖式应用广泛。剖分式连杆大头内孔与大头盖是单配加工的，不具备互换性，靠固定搭配的定位装置方向记号来确保大头内圆的正确形状。

为改善连杆大头与曲柄销之间的摩擦性能，大头孔内装有耐磨轴套或轴瓦。整体式连杆大头搪孔中要压入轴套，只有连杆材料为铝合金时才可以用本身材料作为轴承材料。现代高速活塞式制冷压缩机的剖分式连杆大头中一般均镶有薄壁轴瓦。

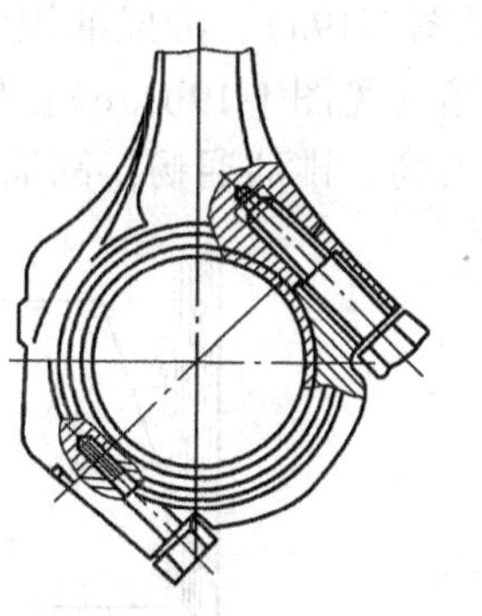

图1-16　斜剖式连杆大头

连杆体截面形状有工字形、圆形、矩形等。有些连杆体中心钻有油道，以便润滑油能由大头经油道输送到小头，润滑衬套。

3）活塞组。活塞组由活塞体、活塞环（气环、油环）及活塞销组成。典型的活塞组如图1-17所示。

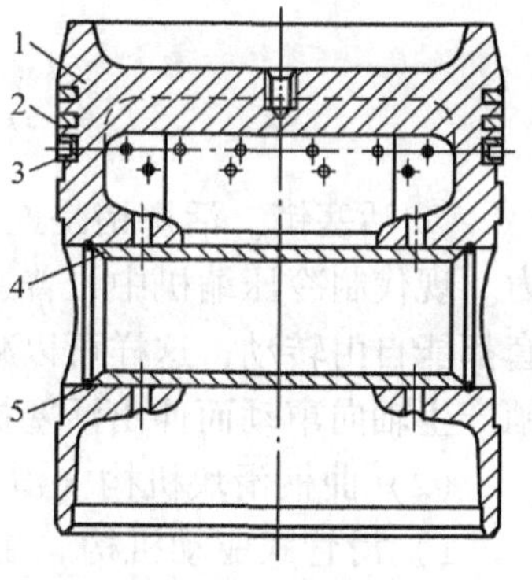

图1-17　典型的活塞组
1—活塞体　2—气环　3—油环
4—活塞销　5—弹簧挡圈

① 活塞体。活塞体简称活塞。我国系列压缩机的活塞一般采用筒形活塞。筒形活塞通常由顶部、环部和裙部三部分组成。活塞上面的封闭圆筒部分称为顶部，顶部与气缸及气阀构成可变的工作容积。设置活塞环的圆柱部分称为环部。环部下面为裙部，裙部上有销座孔供安装活塞销用。

活塞的材料一般采用灰铸铁和铝合金。灰铸铁活塞强度高、价廉、耐磨，而且热膨胀系数小，大多用于不采用活塞环的全封闭压缩机中。但是灰铸铁活塞密度大，运行时惯性力大，不适用于现代高速多缸制冷压缩机。铝合金的密度小、导热性好、耐磨性好，便于硬模铸造。目前高速多缸制冷压缩机均采用铝合金活塞。

② 活塞环。活塞环可分为气环和油环两种。气环的作用是保持气缸与活塞之间的密封性，防止在压缩时高压气体向低压部分泄漏。油环的作用是刮去附着于气缸壁上的多余的润滑油，并使壁面上的油膜分布均匀。

气环的密封原理如图1-18所示。气环有一个开口，在自由状态时，其外径大于气缸的直径。由于气环本身弹力的作用，装入气缸后，对气缸壁产生一个压力，缸壁产生一个反作用力，从而形成第一密封面。活塞向上运动时，由于气体压力和惯性力的作用，把气环推向一边，使端面形成密封，也就是第二密封面。制冷压缩机由于气缸工作压力不太高，活塞两侧压差不大，一般用二或三道气环。转速高、缸径小和采用铝合金活塞的压缩机可以只用一道气环。

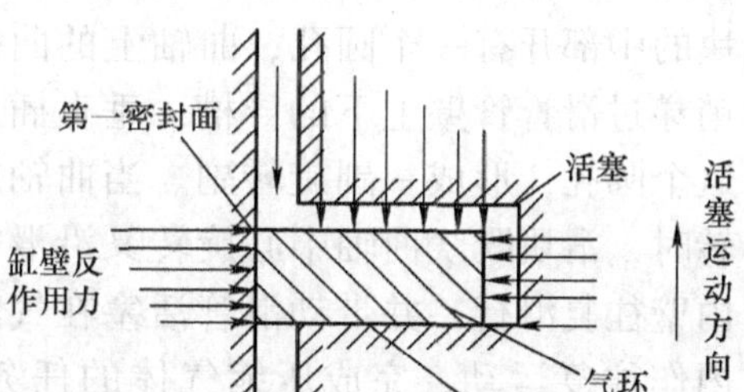

图1-18　气环的密封原理示意图

为使活塞环本身具有弹性，环中必须开有切口。同一活塞上的几个活塞环在安装时，应使切口相互错开，以减少漏气量。

为了避免润滑油过多地进入气缸，一般在气环的下部设置油环。油环有斜面式和槽式两种结构形式。油环的刮油及布油作用如图1-19所示。斜面式油环在活塞上行时起布油作用

（见图 1-19a），形成油楔以利于润滑和冷却，下行时将油刮下，经活塞的环槽回油孔流入曲轴箱（见图 1-19b、c）。槽式油环由于具有两个刮油工作面（见图 1-19d），与气缸壁的接触压力高，排油通畅，刮油效果好，被广泛应用于国产中、小型压缩机中。

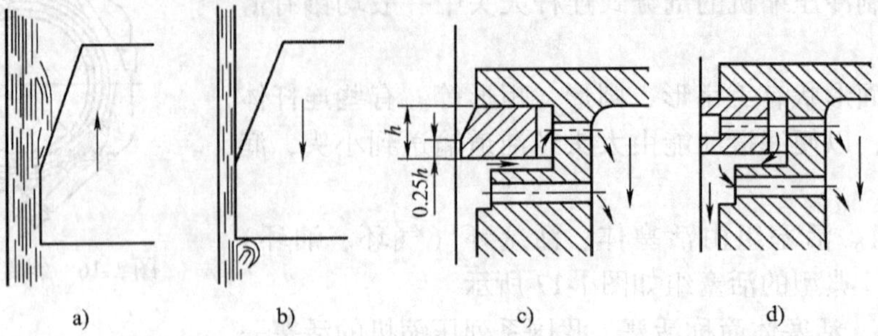

图 1-19 油环的刮油及布油作用

a）布油 b）刮油 c）斜面式油环 d）槽式油环

③ 活塞销。活塞销是连接连杆和活塞的零件，一般均制成中空圆柱结构，以减少惯性力。现代制冷压缩机中，普遍采用浮式活塞销的连接方法，即活塞销相对销座和连杆小头衬套都能自由转动，这样可以减小摩擦面间的相对滑动速度，使磨损减小且均匀。为防止活塞销产生轴向窜动而伸出活塞擦伤气缸，通常在销座两端的环槽内装上弹簧挡圈。

（2） 曲柄滑块机构（滑管式和滑槽式）

1） 滑管式驱动机构。在小型的（功率一般小于 400W，最大不超过 600W） 单缸全封闭制冷压缩机中，有时为了简化压缩机的结构，采用滑管式驱动机构来代替曲柄连杆机构，如图 1-20 所示。驱动机构中无连杆，曲轴为曲柄轴，中空的活塞与滑管焊接成相互垂直的丁字形整体，滑块为一个圆柱体，可在滑管内滑行，滑块的中部开有一个圆孔，曲轴上的曲柄销穿过滑管管壁上下的导槽，垂直插入这个圆孔，形成一副旋转副。当曲轴旋转时，滑块既绕曲轴中心旋转又沿滑管内壁往复滑行，并带动滑管活塞在气缸内作往复运动，完成压缩气体的任务。活塞不设活塞环，因而必须严格控制活塞与气缸之间的间隙，以保证缸内气体向外的泄漏以及润滑油向缸内的渗漏均较小。其材料应强度高、耐磨性好、热膨胀系数小。由于无连杆，曲柄滑管驱动机构结构简单、紧凑，有利于加工和装配。

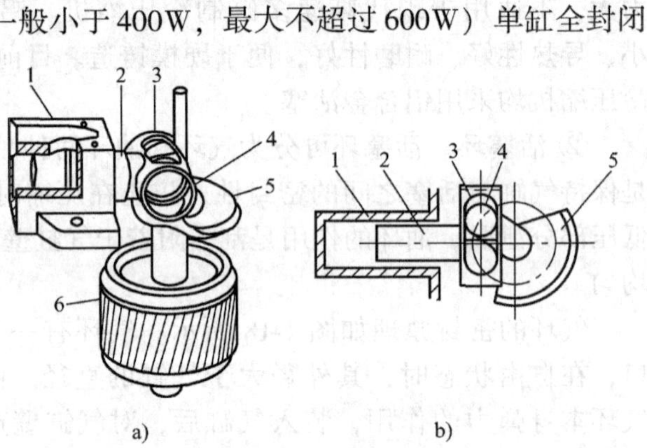

图 1-20 滑管式驱动机构

a）结构图 b）运动机构示意图

1—气缸 2—活塞 3—滑管 4—滑块 5—曲柄轴 6—电动机

2）滑槽式驱动机构。滑槽式驱动机构也是一种无连杆的往复活塞式驱动机构，其工作原理如图 1-21 所示。图中的止转框架 4 相当于滑管式驱动机构中的滑管，但止转框架上的滑槽表面为平面，因而在滑槽中滑动的滑块表面也是平面，而非滑管式驱动机构中的圆柱表面。图中所示的滑槽式驱动机构带动的活塞有 4 个，每个止转框架的两侧装两个，构成对置式。两个框架相互垂直。当曲轴旋转时，曲柄销带动滑块运动，因为止转框架与活塞刚性地连接在一起，只能在活塞中心线的方向运动，从而限制滑块只能作垂直方向和水平方向的运动而不能转动，这一点与滑管式驱动机构中的滑块的运动是相同的。曲轴旋转使活塞往复运动，完成压缩机的工作循环。

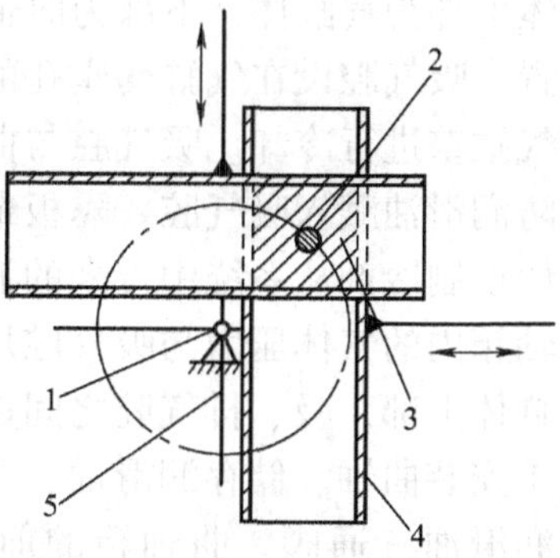

图1-21 滑槽式驱动机构示意图
1—曲轴 2—曲柄销 3—滑块 4—止转框架 5—活塞杆

(3) 斜盘式驱动机构 斜盘式制冷压缩机活塞的往复运动是靠一个固定在主轴上的斜盘来驱动的。按斜盘与活塞的结合方式的不同，斜盘式驱动机构分为旋转斜盘式和摆动斜盘式两种。

旋转斜盘式简称斜盘式，如图1-22a所示。旋转斜盘2固定在主轴1上，双向作用的活塞3通过滚珠4和滑履5嵌在斜盘的四周。当主轴带动斜盘旋转时，滑履沿固定的轨迹在斜盘上滑动，随着滑履在斜盘上位置的改变，通过滚珠推动活塞在气缸内作往复运动。

摆动斜盘式简称摆盘式，如图1-22b所示。带有斜面的斜转体6固定在主轴1上，摆盘9靠在斜转体的斜面上，形成一定的倾角，且通过双球头连杆7与活塞3铰接，气缸均布在摆盘的同一侧，原动机驱动主轴及斜转体推动摆盘摆动，通过连杆带动活塞在气缸内作往复运动。

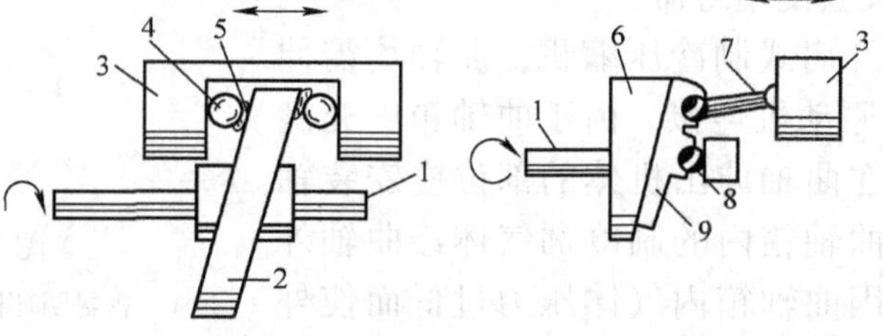

图1-22 斜盘式驱动机构示意图
a）旋转斜盘式 b）摆动斜盘式
1—主轴 2—斜盘 3—活塞 4—滚珠 5—滑履 6—斜转体 7—双球头连杆 8—定位钢球 9—摆盘

2. 机体部件

(1) 机体及气缸套 机体是支承压缩机全部质量并保持各部件之间有准确的相对位置的部件。机体包括气缸体和曲轴箱两部分。机体的外形主要取决于压缩机的气缸数和气缸的布置形式。根据气缸体上是否装有气缸套，机体可分为无气缸套式和有气缸套式两种。无气缸套机体的气缸工作镜面直接在机体上加工而成，结构简单，如图1-23所示，在小型立式制冷压缩机及大多数的全封闭压缩机中被广泛应用。

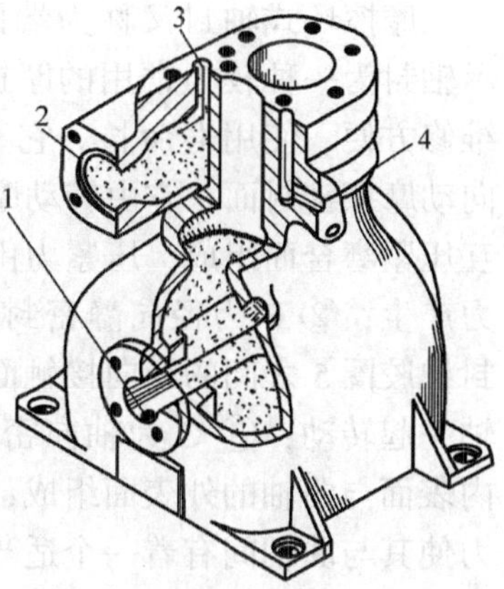

图1-23 无气缸套的机体结构
1—油孔 2—吸气腔 3—吸气通道 4—排气通道

在气缸尺寸较大（内径$D\geqslant70$mm）的高速多缸压缩机系列中常采用气缸体和气缸套分开的结构形式，这样可以简化机体的结构，便于铸造，气缸镜面磨损时，只需要更换气缸套即可。

图1-24所示为采用气缸套的8缸角度式压缩机机体。机

体上部为气缸体，下部为曲轴箱。气缸体上有 8 个安装气缸套的座孔，分成两列，呈扇形布置。吸气腔设在气缸套座孔的外侧，流过的制冷剂可对气缸壁进行冷却。吸气腔与曲轴箱之间由隔板隔开，以防润滑油溅入吸气腔。隔板最低处钻有均压回油孔，以便由制冷剂从系统中带来的润滑油流回曲轴箱，并使曲轴箱内的气体压力与吸气腔压力保持一致。排气腔在气缸体上部，吸、排气腔之间由隔板隔开。曲轴箱主要用于安装曲轴、储存润滑油、安放油冷却器、油过滤器和润滑油三通阀。曲轴箱的前、后端有安装主轴承的座孔，两侧有检修用的窗孔。曲轴箱内壁设有多个加强肋，用以提高强度和刚度。这种机体外形平整、结构紧凑，气缸冷却主要靠水冷却，冷却效果较好。国内、外高速多缸的活塞式制冷压缩机的机体多采用这种形式。

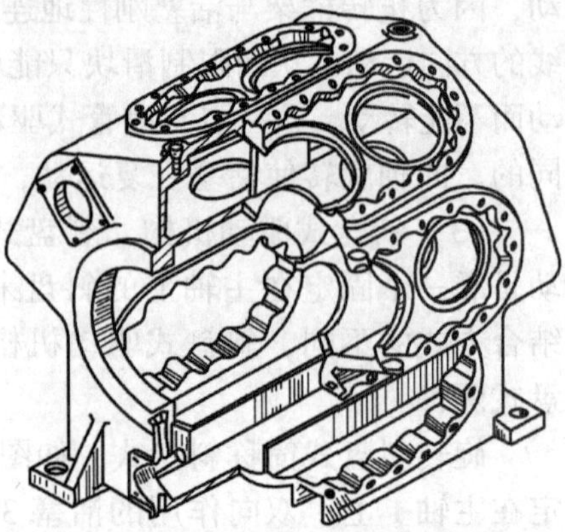

图 1-24　8 缸角度式压缩机机体

气缸套呈圆筒形。图 1-25 所示的气缸套在我国高速多缸制冷压缩机系列中被广泛采用。气缸套采用优质耐磨铸铁铸造，也可对工作表面进行多孔性镀铬和离子氮化处理，以延长其使用寿命。

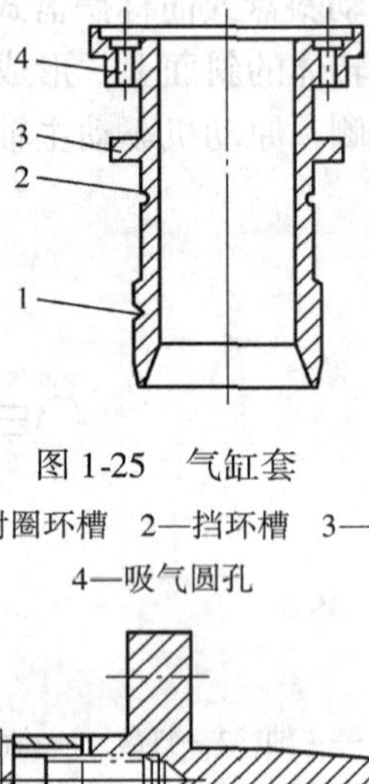

图 1-25　气缸套

1—密封圈环槽　2—挡环槽　3—凸缘　4—吸气圆孔

(2) 轴封　对于开启式制冷压缩机，曲轴均需伸出机体（曲轴箱）与原动机连接。由于曲轴箱内充满了制冷剂气体，因此在曲轴伸出机体的部位应安装轴封。它的作用是防止曲轴箱内的制冷剂气体经曲轴外伸端间隙漏出，或者因曲轴箱内气体压力过低而使外界空气进入。对轴封要求结构简单、密封可靠、使用寿命长、维修方便。轴封主要有波纹管式和摩擦环式两种。波纹管式轴封因密封性较差，容易损坏，目前基本已被摩擦环式所替代。

摩擦环式轴封又称为端面摩擦式轴封。图 1-26 所示轴封为一种较为常用的摩擦环式轴封，其结构简单、维修方便、使用寿命长。它有 3 个密封面：① A 为径向动摩擦密封面，它由转动摩擦环 2 和静止环 3 的两相互压紧磨合面组成，压紧力由弹簧 7 和曲轴箱内气体压力产生；② B 为径向静密封面，它由转动摩擦环与密封橡胶圈 5 之间的径向接触面组成，靠弹簧压紧，并与轴一起转动；③ C 为轴向密封面，它由密封橡胶圈的内表面与曲轴的外表面组成，因密封橡胶圈的自身弹性力使其与曲轴间有着一个适当的径向密封弹力。当曲轴有轴向窜动时，密封橡胶圈与轴间可以有相对滑动。

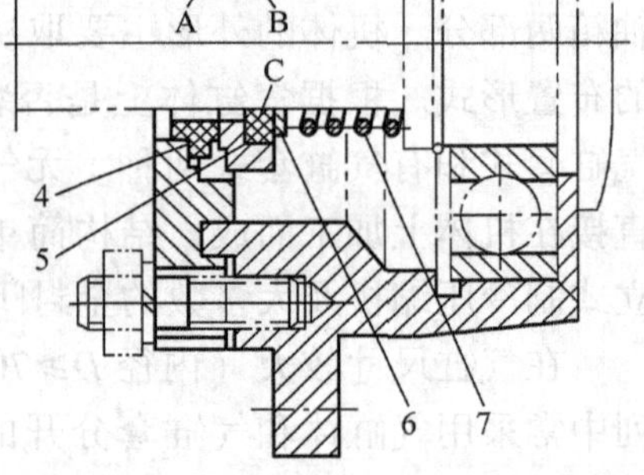

图 1-26　摩擦环式轴封的结构

1—端盖　2—转动摩擦环　3—静止环　4—垫片
5—密封橡胶圈　6—弹簧座圈　7—弹簧

径向动摩擦密封端面 A 是轴封装置的主端面。主轴旋转时，该端面会产生大量摩擦热和磨损，为此必须考虑密封端面 A 的润滑和冷却，使其在摩擦面上形成油膜，减少摩擦和磨损，增强密封效果。因而安装轴封的空间要有润滑油的循环并设置进、出油道，以保证端面润滑和冷却。通常，为延长这种端面摩擦式轴封的使用寿命，允许端面 A 有少量的油滴泄漏，但需要设置回收油滴的装置。

3. 气阀

气阀是活塞式制冷压缩机的重要部件之一，它的作用是控制气体及时地吸入与排出气缸。气阀性能的好坏直接影响压缩机的制冷量和功率消耗。阀片的使用寿命更是关系到压缩机连续运转期限的重要因素。

活塞式制冷压缩机使用的气阀都是受阀片两侧气体压力差控制而自行启闭的自动阀，它主要由阀座、阀片、气阀弹簧和升程限制器四部分组成。如图 1-27 所示，阀座 1 上开有供气体通过的通道。阀座上设有凸出的环状密封边缘 5（称为阀线），阀片 2 是气阀的主运动部件，当阀片与阀线紧贴时则形成密封，气阀关闭。气阀弹簧 3 的作用是迫使阀片紧贴阀座，并在气阀开启时起缓冲作用。升程限制器 4 用来限制阀片的开启高度。

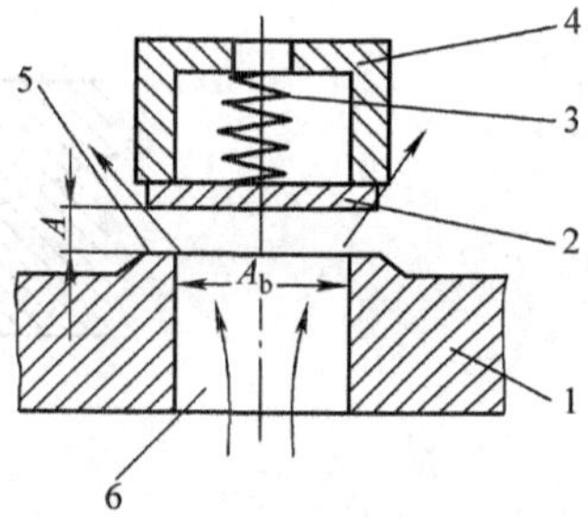

图 1-27　气阀组成示意图

1—阀座　2—阀片　3—气阀弹簧　4—升程限制器　5—阀线　6—阀座通道

气阀的工作原理是：当阀片下面的气体压力大于阀片上面的气体压力、弹簧弹力以及阀片重力之和时，阀片离开阀座，上升到与升程限制器接触为止（即所谓气阀全开），气体便通过气阀通道。当阀片下面的气体压力小于阀片上面的气体压力、弹簧弹力及阀片重力之和时，阀片离开升程限制器向下运动，直到阀片紧贴在阀座的阀线上时，即关闭了气阀通道，使气体不能通过，这样完成了一次启闭过程。应该指出：吸气阀是靠压缩机吸气腔与气缸内的压差而动作，排气阀是靠压缩机排气腔与气缸内的压差而动作。

气阀的结构形式也是多种多样的，最常见的有刚性环片阀和簧片阀两种。

（1）刚性环片阀　刚性环片阀是目前应用最广泛的一种气阀。我国缸径在 70mm 以上的中、小型活塞式制冷压缩机系列均采用这种气阀。刚性环片阀采用顶开吸气阀阀片调节输气量，并利用排气阀盖兼作安全盖。图 1-28 所示为刚性环片阀的典型结构，图示是气缸套和吸、排气阀组合件。吸气阀座与气缸套 25 顶部的法兰是一个整体，法兰端面上加工出两圈凸起的阀座密封线。环状吸气阀片 17 在吸气阀关闭时贴合在这两圈阀线上。两圈阀线之间有一个环状凹槽，槽中开设若干均匀分布的与吸气腔相通的吸气孔 1。吸气阀的阀盖（升程限制器）与排气阀的外阀座 13 做成一体，底部开有若干沉孔，设置有若干个吸气阀弹簧 16。吸气阀布置在气缸套外围，不仅有较大的气体流通面积，而且便于设置顶开吸气阀片式的输气量调节装置。排气阀的阀座由内阀座 14 和外阀座 13 两部分组成。环状排气阀片 4 与内、外阀座上两圈密封线相贴合，形成密封。阀盖 5 底部开有若干沉孔，设置有若干个排气阀弹簧 12。内、外阀座之间的通道形状与活塞顶部形状吻合，当活塞运动到上止点位置时，内阀座刚好嵌入活塞顶部凹坑内，因而使压缩机的余隙容积减小。外阀座安装在气缸套的法兰面上，内阀座与阀盖（升程限制器）5 用中心螺栓 11 联接，阀盖又通过 4 根螺栓 3 与外阀座联成一体，这个阀组也被称为安全盖（又称假盖）。安全盖的阀盖 5 上装有安全弹簧 8（又称假盖弹簧），弹簧上部再用气缸盖压紧。安全弹簧装好后产生预紧力。当气缸内进入过量液体，在气缸内受到压缩而产生高压时，安全盖在缸内高压的作用下克服安全弹簧力而升起，使液体从阀座打开的周围通道迅速泄入排气腔，使气缸内的压力迅速下降，从而保护了压缩机。当活塞到达止点位置后往回运动时，安全盖在安全弹簧弹力的作用下回复原位而正常工作。

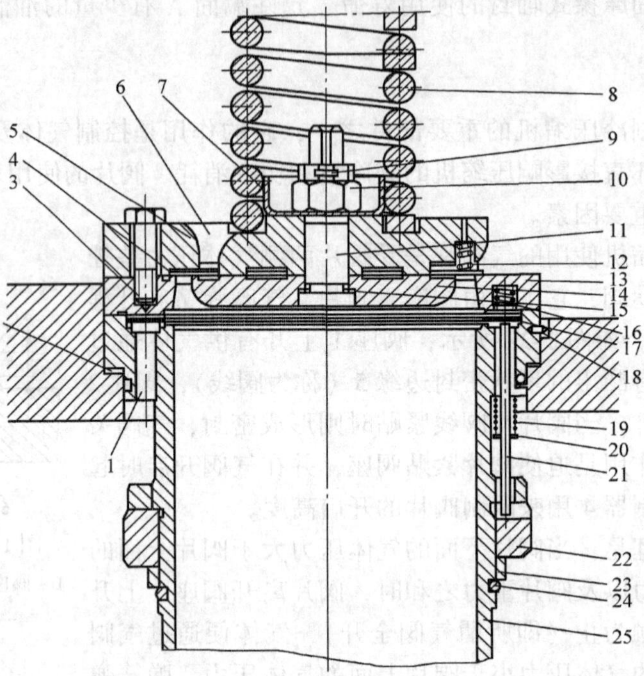

图 1-28　气缸套和吸、排气阀组合件

1—吸气孔　2—调整垫片　3—螺栓　4—排气阀片　5—阀盖　6—排气孔　7—钢碗　8—安全弹簧　9—开口销　10—螺母　11—中心螺栓　12—排气阀弹簧　13—外阀座　14—内阀座　15—垫片　16—吸气阀弹簧　17—吸气阀片　18—圆柱销　19—顶杆弹簧　20—开口销　21—顶杆　22—转动环　23—垫圈　24—弹性圈　25—气缸套

有些 100、170 系列压缩机的外阀座固定在气缸套法兰上，仅由内阀座及阀盖作为安全盖，如图 1-29 所示。

刚性环片阀的阀片结构简单，易于制造，工作可靠，但由于阀片较厚，运动质量较大，冲击力较大，且阀片与导向面间有摩擦，阀片启闭难以做到迅速、及时，而使气体在气阀中容易产生涡流，增大损失。因此，刚性环片阀适用于转速低于 1500r/min 的压缩机。

（2）簧片阀　簧片阀也称舌簧阀或翼状阀。阀片的一端固定在阀座上，另一端可以在气体压差的作用下上下运动，以达到启闭的目的。阀片由厚度为 0.1 ~ 0.3mm 的优质弹性薄钢片制成，因此质量小、冲击小、启闭迅速，适用于小型高速制冷压缩机。我国全封闭式及 50 系列压缩机多采用这种气阀。

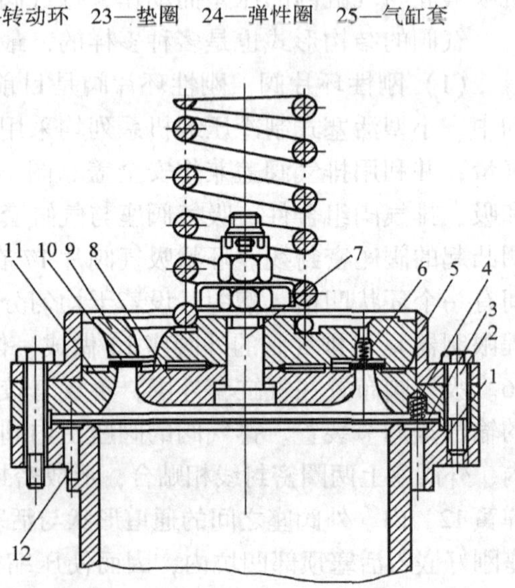

图 1-29　气缸套与气阀组

1—吸气阀座　2—螺栓　3—吸气阀片　4—吸气阀弹簧　5—导向环　6—排气阀弹簧　7—中心螺栓　8—内阀座　9—阀盖　10—排气阀片　11—外阀座　12—吸气孔

图1-30所示为吸、排气簧片阀组。吸气阀片7为舌形，装在阀板6的下侧，其一侧靠两个销钉8定位而紧夹在阀板和气缸体之间，另一侧（即舌尖部分）为自由端，它置于气缸体一个相应的凹槽中，凹槽的高度限制了簧舌的升程。阀板上4个呈菱形布置的小孔是吸气通道。吸气阀片上的长方形孔作排气通道及减小阀片刚度之用。排气阀片5装在阀板的上侧，其形状为弓形，两端用螺钉1将缓冲弹簧片4、升程限制器2和阀片一起固定在阀板上。升程限制器是向上翘曲的，其弯曲度和阀片全开时的弯曲形状一致。

簧片阀阀片的形状取决于阀座上气流通道和阀片固定的位置，常用簧片阀阀片的形状如图1-31所示。图中，1～9为吸气阀片，10～13为排气阀片。

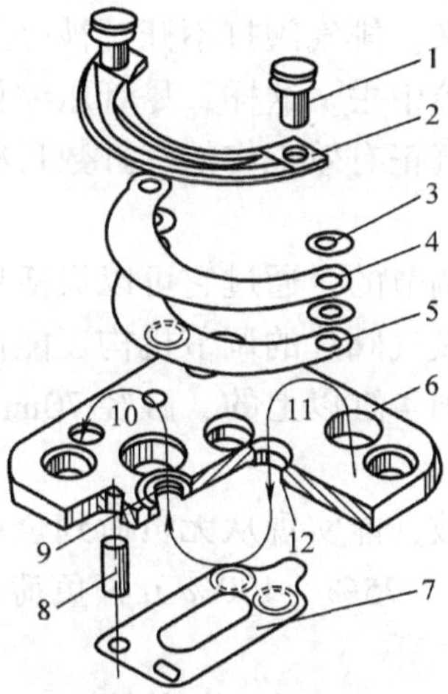

图1-30 吸、排气簧片阀组

1—螺钉 2—升程限制器 3—垫圈 4—缓冲弹簧片 5—排气阀片 6—阀板 7—吸气阀片 8—销钉 9、12—阀线 10—排气流向 11—吸气流向

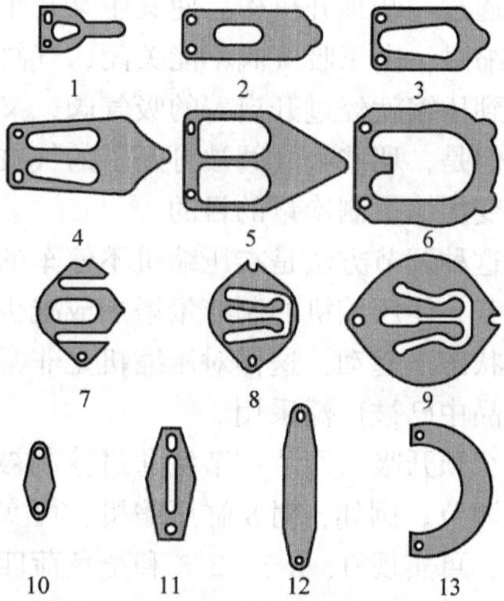

图1-31 常用簧片阀阀片的形状

4. 能量调节装置

（1）设置能量调节装置的目的 制冷系统中设置能量调节装置有以下两个目的：

1）制冷系统的制冷量是根据其工作时可能遇到的最大冷负荷选定的，但制冷机运行时，受使用条件（如冷负荷）的变化以及工况变化（如冷凝压力的变化）的影响，需要的制冷量随之变化，因而制冷压缩机配有能量调节装置，以适应上述变化。

2）对于采用毛细管作节流元件的制冷机，停机时高压侧和低压侧的压力自动平衡，制冷压缩机再次起动时不必克服吸、排气压力之差；而在采用膨胀阀作为节流元件的制冷机中，停机时高压侧和低压侧的压力并不自动平衡，此时应设卸载装置，使压缩机在起动过程中能把输气量调到零或尽量小的数值，以便使电动机能在最小的负荷状态下起动。

（2）常用的能量调节方式 活塞式制冷压缩机常用的能量调节方式主要有以下几种：

1）压缩机间歇运行。压缩机间歇运行是最简单的能量调节方法，在小型制冷装置中被广泛采用。它是通过温度控制器或低压压力控制器双位自动控制压缩机的停车或运行，以适应被冷却空间制冷负荷和冷却温度变化的要求。当被冷却空间温度或与之对应的蒸发压力达到下限值时，压缩机停止运行，直到温度或与之相对应的蒸发压力回升到上限值时，压缩机重新起动投入运行。压缩机间歇运行方式，实质上是将压缩机在运行时产生的制冷量与被冷却空间在全部时间内所需制冷量平衡。

间歇运行使压缩机的开、停比较频繁，对于制冷量较大的压缩机，频繁地开、停还会导致电网中电流较大的波动，此时可将制冷量较大的压缩机改为若干台制冷量较小的压缩机并联运行，需要制冷量变化时，停止一台或几台压缩机的运转，从而使每台压缩机的开停次数减少，对电网的不利影响降低。这种多机并联间歇运行的方法在全封闭式或半封闭式压缩机中得到广泛采用。

2）全顶开吸气阀片。这种能量调节方式是采用专门的调节机构将压缩机的吸气阀阀片强制顶离阀座，使吸气阀在压缩机工作全过程中始终处于开启状态。在多缸压缩机运行中，如果通过一些顶开机构，使其中某几个气缸的吸气阀一直处于开启状态，则这几个气缸在进行压缩时，由于吸气阀不能关闭，气缸中压力建立不起来，排气阀打不开，被吸入的气体没有得到压缩就经过开启着的吸气阀，又重新排回到吸气腔中去。这样，尽管压缩机依然运转着，但是，那些吸气阀被打开了的气缸不再向外排气，真正有效工作的气缸数目减少了，达到改变压缩机制冷量的目的。

这种调节方法是在压缩机不停车的情况下进行能量调节的，通过它可以灵活地实现上载或卸载，使压缩机的制冷量增加或减少。另外，全顶开吸气阀片的调节机构还能使压缩机在卸载状态下起动，这样对压缩机是非常有利的。它在我国 4 缸以上的、缸径 70mm 以上的系列产品中已被广泛采用。

全顶开吸气阀片调节法通过控制被顶开吸气阀的缸数，能实现从无负荷到全负荷之间的分段调节。例如，对 8 缸压缩机，可实现 0、25%、50%、75%、100%五种负荷；对 6 缸压缩机，可实现 0、1/3、2/3 和全负荷四种负荷。

压缩机吸气阀片被顶开后，它所消耗的功仅用于克服机械摩擦和气体流经吸气阀时的阻力。因此，这种调节方法经济性较高。

3）旁通调节。一些采用簧片阀或其他气阀结构的压缩机不方便用顶开吸气阀片来调节输气量，有时可采用压缩机排气旁通的办法来调节输气量。旁通调节的主要原理是将吸、排气腔连通，压缩机排气直接返回吸气腔，实现输气量调节。

4）关闭吸气通道的调节。通过关闭吸气通道的方法使吸气腔处于真空状态，气缸不能吸入气体，也就没有气体排出，从而可达到气缸卸载调节的目的。这种方法没有气体的流动损失，因此比顶开吸气阀的方法效率高，但必须保证吸气通道关闭严密，一旦有泄漏存在，将会造成气缸在高压比下运行，会使压缩机过热，这是十分危险的。图 1-32 所示为关闭吸气通道的气缸卸载方法。当线圈 1 通电时，铁心 2 被吸起，打开了高压通道 3，使控制活塞 7 紧紧地堵住了吸气通道口，阻止了制冷剂的吸入，气缸处于卸载状态（见图 1-32a）。当线圈电源被切断时，高压通道被关闭，控制活塞在弹簧力的作用下向上升起，打开了吸气通道，压缩机处于工作状态（见图 1-32b）。

5）变速调节。改变原动机的转速从而使压缩机转速变化来调节输气量是一种比较理想的方法，汽车空调用压缩机和双速压缩机就是采用这种方法的。双速压缩机的电动机分 2 级或 4 级运转，以达到转速减半的目的，但这种电动机结构复杂、成本高，推广受到了限制。近些年来，以变频器驱动的变速小型全封闭制冷压缩机系列产品已面市，它的电动机转速通过改变输入电动机的电源频率而改变，其特点是可以连续无级调节输气量，且调节范围宽广、节能高效，虽然价格偏高，但考虑运行特性和经济性，目前仍获得较大的推广。

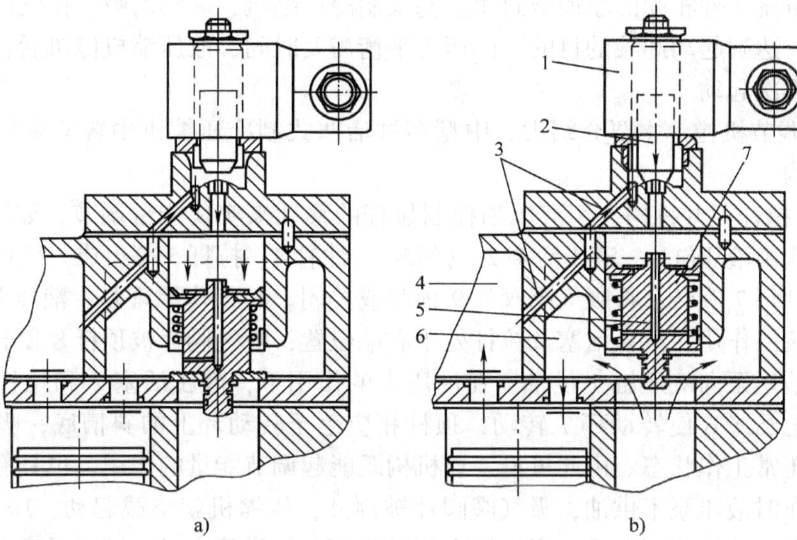

图 1-32　关闭吸气通道的调节

a）气缸卸载　b）气缸工作

1—线圈　2—铁心　3—高压通道　4—排气腔　5—压力平衡通道　6—吸气腔　7—控制活塞

6）起动卸载。为降低起动时电动机的负荷，应采用起动卸载的方法。图 1-33 所示为一台半封闭活塞式制冷压缩机的起动卸载装置。刚起动时，润滑油的油压尚未达到要求的数值，液压活塞 4 在弹簧 7 的推动下向右移动，微小的吸、排气腔压力之差即可将截止阀 8 打开，吸气腔与排气腔通过小孔 10 相连通，实现起动卸载。电动机短时间运转后，油压上升至规定的数值，高压液压室内的润滑油经高压油通道 3 到达液压活塞 4 的右侧，使其向左移动并将截止阀 8 关闭，排气腔内的气体不再与吸气腔中的气体直接连通，排气腔内气体压力逐渐升高，顶开单向阀 5，进入冷凝器。

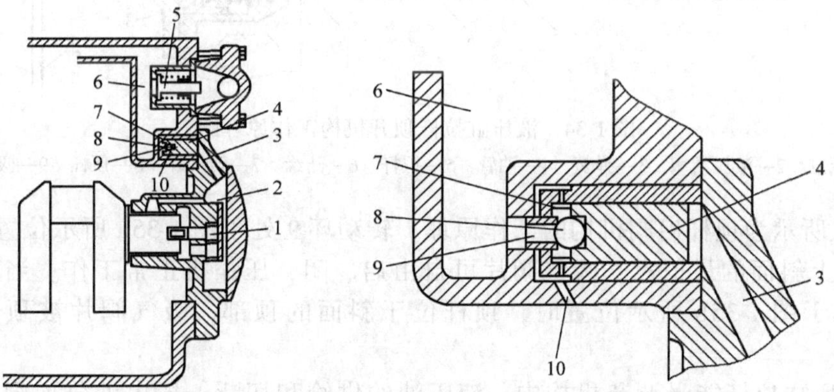

图 1-33　一台半封闭活塞式制冷压缩机的起动卸载装置

1—油泵　2—高压液压室　3—高压油通道　4—液压活塞　5—单向阀

6—排气腔　7—弹簧　8—截止阀　9—高压气孔　10—小孔

采用油泵供油润滑的开启活塞式制冷压缩机，其起动卸载方法可采用顶开吸气阀片的方法。与毛细管节流元件相配的小型全封闭活塞式制冷压缩机，起动前吸、排气压力已通过毛细管自动平衡，达到起动卸载的目的。因压力平衡需要时间，故压缩机停机后，必须等待一段时间，才能再次起动。

（3）能量调节机构　主要介绍大、中型多缸活塞式制冷压缩机中普遍采用的全顶开吸气阀片调节机构。

1）液压缸拉杆顶开机构。用液压油控制拉杆的移动来实现能量调节，如图 1-34 所示。液压缸拉杆机构由液压缸 1、液压活塞 2、弹簧 3、油管 4、拉杆 5 等组成。该机构动作可以使气缸外的转动环 7 旋转，将吸气阀阀片 9 顶起或关闭。其工作原理是：液压泵不向油管 4 供油时，因弹簧的作用，液压活塞及拉杆处于右端位置，吸气阀片被顶杆 8 顶起，气缸处于卸载状态。若液压泵向液压缸 1 供油，在油压力的作用下，液压活塞 2 和拉杆 5 被推向左方，同时拉杆上凸缘 6 使转动环 7 转动，顶杆相应落至转动环上的斜槽底，吸气阀阀片关闭，气缸处于正常工作状态。由此可见，该机构既能起调节能量的作用，也具有卸载起动的作用。因为停车时液压泵不供油，吸气阀阀片被顶开，压缩机就空载起动，压缩机起动后，液压泵正常工作，油压逐渐上升，当油压力超过弹簧 3 的弹簧力时，液压活塞动作，使吸气阀阀片下落，压缩机进入正常运行状态。

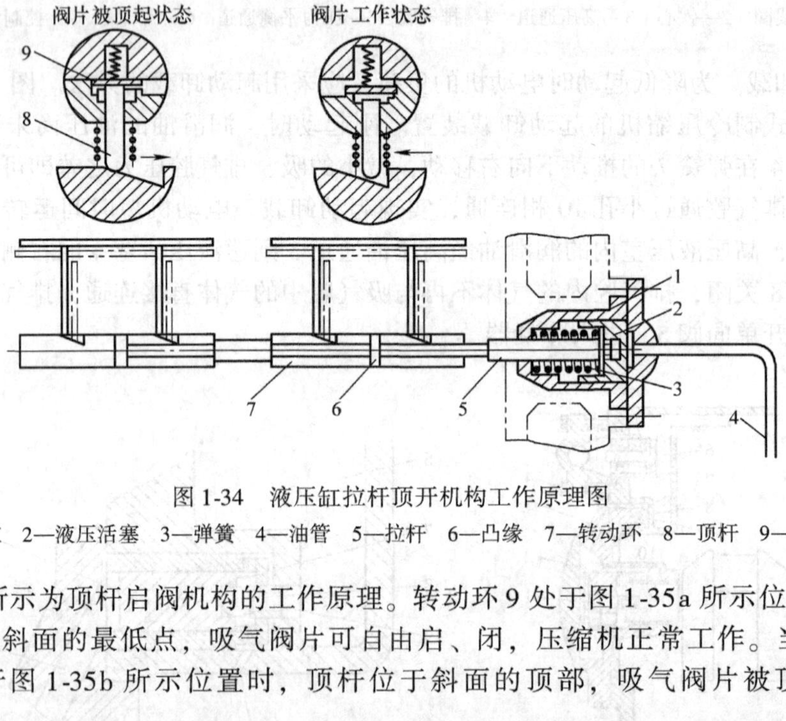

图 1-34　液压缸拉杆顶开机构工作原理图

1—液压缸　2—液压活塞　3—弹簧　4—油管　5—拉杆　6—凸缘　7—转动环　8—顶杆　9—吸气阀片

图 1-35 所示为顶杆启阀机构的工作原理。转动环 9 处于图 1-35a 所示位置时，顶杆 6 处于转动环上斜面的最低点，吸气阀片可自由启、闭，压缩机正常工作。当转动环在拉杆推动下处于图 1-35b 所示位置时，顶杆位于斜面的顶部，吸气阀片被顶开，压缩机卸载。

这种液压缸拉杆能量调节机构中，液压油的供给和切断一般由油分配阀或电磁阀来控制。

图 1-36 所示为 8 缸压缩机压力润滑系统中的手动油分配阀。阀体上有 4 个配油管、一个进油管（接轴封）、一个回油管（接曲轴箱）和一个压力表接管（接曲轴箱）。4 个配油管分别与 4 对气缸的 4 个卸载液压缸相连，回油管与曲轴箱相连。阀芯 7 将阀体内腔分隔为回油腔和进油腔，通过手柄 15 转动阀芯，可使配油管与回油腔或进油腔接通。当与回油腔

接通时，图 1-34 中的液压活塞 2 被弹簧 3 推向右侧，气缸处于卸载状态；当与进油腔接通时，图 1-34 中的液压活塞 2 被从液压泵来的液压油推向左侧，气缸处于正常工作状态。油分配阀刻度盘上有 0、1/4、1/2、3/4、1 五个数字，表示输气量的 5 个档次，将操作手柄分别调到对应位置即表示气缸投入工作的对数。

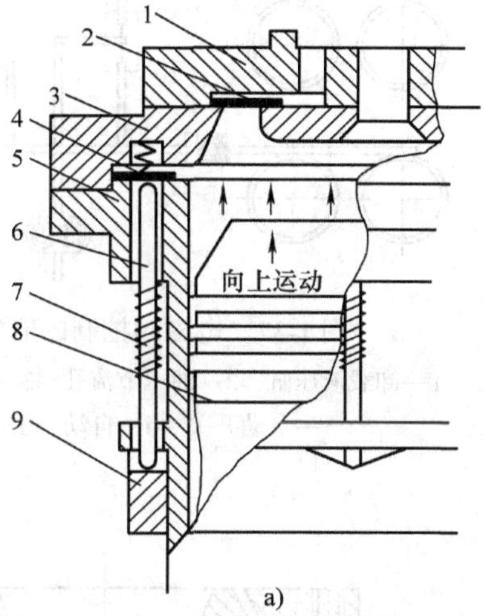

图 1-35　顶杆启阀机构的工作原理

a）正常工作状态　b）吸气阀片顶开状态

1—阀盖　2—排气阀片　3—排气阀座　4—吸气阀片　5—气缸套　6—顶杆　7—弹簧　8—活塞　9—转动环

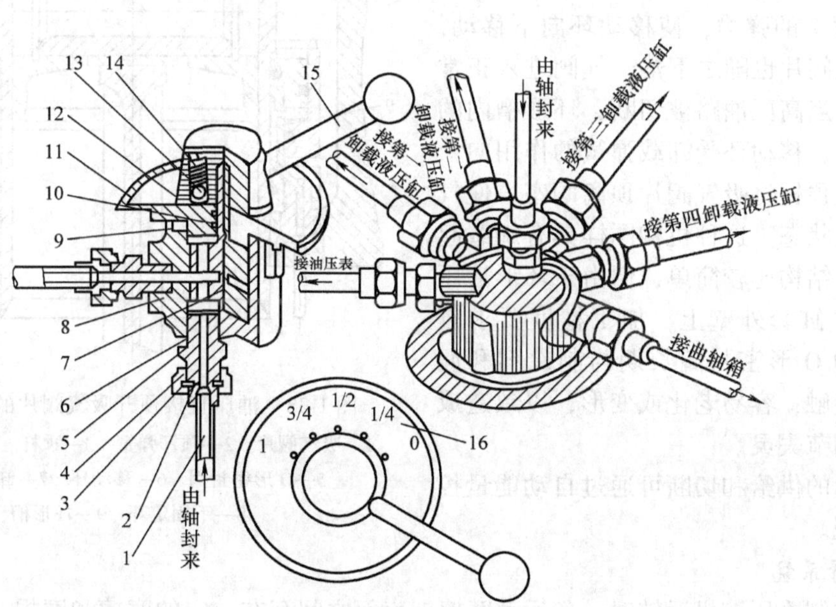

图 1-36　手动油分配阀

1—油管　2、5—接头　3、6—垫片　4—接头螺母　7—阀芯　8—阀体　9、10—密封圈　11—阀盖　12—定位板　13—钢球　14—弹簧　15—手柄　16—刻度盘

电磁阀控制是利用不同的低压压力继电器操作电磁阀，以控制卸载液压缸的供油油路的通断。如图 1-37 所示，液压泵供应的液压油经节流调节装置后分别接通卸载液压缸和电磁

阀。如果电磁阀关闭，液压油进入卸载液压缸，使液压活塞左移，带动气缸套上的转动环转动，气阀顶杆下降，吸气阀片投入正常工作。否则，若电磁阀开启，油路与回路相通后阻力很小，液压油必经此通路回至曲轴箱，而卸载液压缸中的液压活塞在弹簧力的作用下处于右端位置，这组气阀处于卸载状态。

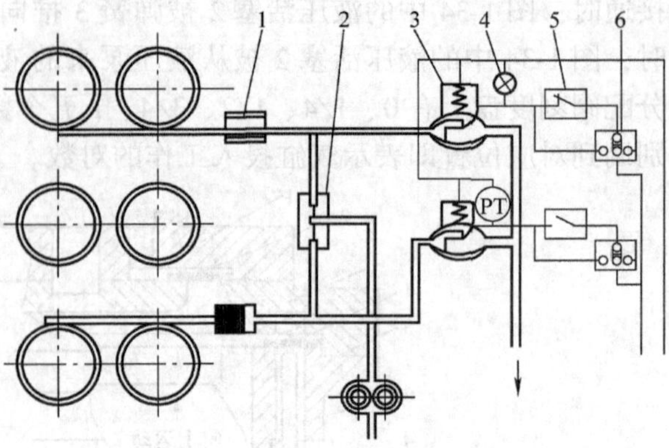

图 1-37 电磁阀控制的能量调节装置

1—卸载液压缸 2—油压节流孔 3—电磁阀 4—指示灯 5—自动开关 6—自动、手动转换开关

2）油压直接顶开吸气阀片调节机构。这种调节机构由卸载机构和能量控制阀两部分组成，两者之间用油管连接。卸载机构是一套液压传动机构，它接受能量控制阀的操纵，及时地顶开或落下吸气阀片，达到能量调节的目的。

图 1-38 所示为油压直接顶开吸气阀片的调节机构。它是利用移动环 6 的上下滑动，推动顶杆 3，以控制吸气阀片 1 的位置。当润滑系统的高压油进入移动环 6 与上固定环 4 之间的环形槽 9 时，由于油压力大于卸载弹簧 7 的弹力，使移动环向下移动，顶杆和吸气阀片也随之下落，气阀进入正常工作状态。当高压油路被切断，环形槽内的油压消失时，移动环受卸载弹簧的作用向上移动，通过顶杆将吸气阀片顶离阀座，使气缸处于卸载状态。这种机构同样具有卸载起动的特点，结构比较简单，但由于环形液压缸安装在气缸套外壁上，加工精度要求较高，所有的 O 形密封圈长期与制冷剂和润滑油直接接触，容易老化或变形，以致造成漏油而使调节失灵。

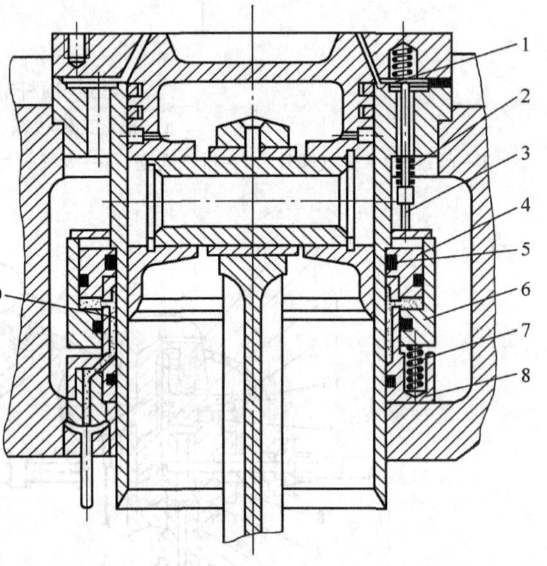

图 1-38 油压直接顶开吸气阀片的调节机构

1—吸气阀片 2—顶杆弹簧 3—顶杆 4—上固定环 5—O 形密封圈 6—移动环 7—卸载弹簧 8—下固定环 9—环形槽

液压油的供给和切断可通过自动能量控制阀来实现。

5. 润滑系统

活塞式制冷压缩机运转时，各运动摩擦副表面之间存在一定的摩擦和磨损。除了零件本身采用自润滑材料之外，在摩擦副之间加入合适的润滑剂可以减小摩擦、降低磨损。润滑对压缩机的性能指标、工作可靠性和耐久性有着重大的影响。润滑不良除了会使压缩机过热、零件磨损加剧外，严重时可引起轴瓦烧毁、活塞在气缸里咬死，也可能引起窜油、液击等事故。因此，润滑系统是压缩机正常运转必不可少的部分。压缩机中需要润滑的摩擦面主要有气缸镜面—活塞（包括活塞环）、活塞销座—活塞销、连杆小头—活塞销、连杆大头—曲柄销、轴封摩擦环、前后轴瓦—曲轴主轴颈、油泵传动机构等。这些摩擦面和输油机构一起组成了压缩机的润滑系统。

（1）润滑的作用 制冷压缩机的润滑是保证压缩机长期、安全、有效运转的关键。润滑的作用是：

1）使润滑油在作相对运动的零件表面间形成一层油膜，从而降低压缩机的摩擦功和摩擦热，减少摩擦表面的磨损量，提高压缩机的机械效率、运转可靠性和耐久性。

2）对摩擦表面起冷却和清洁作用。润滑油可带走摩擦热量，使摩擦零件表面的温度保持在允许的范围内，还可带走磨屑，使磨屑由过滤器清除。

3）起协助密封作用。润滑油充满于活塞与气缸镜面的间隙中和轴封的摩擦面之间，可增强密封效果。

4）利用压力润滑系统中的液压油，可以作为操纵能量调节机构的动力。

（2）润滑方式 活塞式制冷压缩机的润滑方式可分为飞溅润滑和压力润滑两大类。

1）飞溅润滑。飞溅润滑是利用连杆大头或甩油盘随着曲轴旋转，把润滑油溅起甩向气缸壁面，引向连杆大小头轴承、曲轴主轴承和轴封，保证摩擦表面的润滑。图1-39所示为一个典型的采用飞溅润滑的立式两缸半封闭压缩机。其连杆大头装有溅油勺1，将曲轴箱中的油溅向气缸镜面，润滑活塞与气缸内壁的摩擦表面；另外，曲轴靠近电动机的一端还装有甩油盘2，将油甩起并收集在端盖的集油器4内，通过曲轴中心油道3流至主轴承和连杆轴承等处进行润滑。

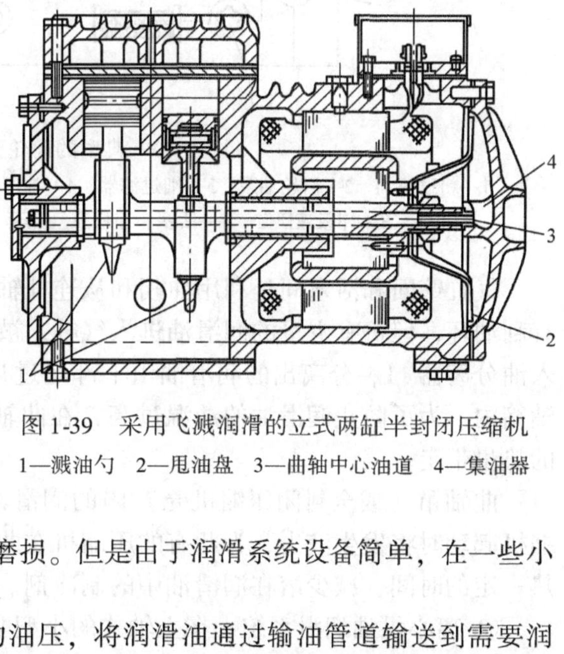

图1-39 采用飞溅润滑的立式两缸半封闭压缩机
1—溅油勺 2—甩油盘 3—曲轴中心油道 4—集油器

飞溅润滑的特点是不需设置油泵，也不用安装润滑油过滤器，循环油量很小，对摩擦表面的冷却效果较差，油污染较快，零件易磨损。但是由于润滑系统设备简单，在一些小型半封闭和小型开启式压缩机中仍有应用。

2）压力润滑。压力润滑是利用油泵产生的油压，将润滑油通过输油管道输送到需要润滑的各摩擦表面，润滑油压力和流量可按照给定要求实现，因而油压稳定，油量充足，还能对润滑油进行过滤和冷却处理，故润滑效果良好，大大延长了压缩机的使用寿命，提高了可靠性和安全性。在我国的中、小型制冷压缩机系列和一些非标准的大型制冷压缩机中均广泛采用压力润滑方式。根据油泵作用原理的不同，压力润滑系统分为齿轮油泵和离心供油两种润滑系统。

① 齿轮油泵润滑系统。对于大、中型制冷压缩机，因其载荷大，需要充分的润滑油润滑各摩擦副并带走热量，故常用齿轮油泵压力润滑系统。如图1-40所示，曲轴箱中的润滑油通过粗过滤器1被齿轮油泵2吸入，提高压力后经细过滤器3滤去杂质后分成三路：一路进入曲轴自由端轴颈里的油道，润滑主轴承和相邻的连杆轴承，并通过连杆体中的油道输送到连杆小头轴衬和活塞销；第二路进入轴封10，润滑和冷却轴封摩擦面，然后从曲轴功率输入端主轴颈上的油孔流入曲轴内的油道，润滑主轴承和相邻的连杆轴承，并经过连杆体中

的油道去润滑连杆小头轴衬和活塞销；第三路进入能量调节机构的油分配阀 7 和卸载液压缸 8 以及油压差控制器 5，作为能量调节控制的液压动力。

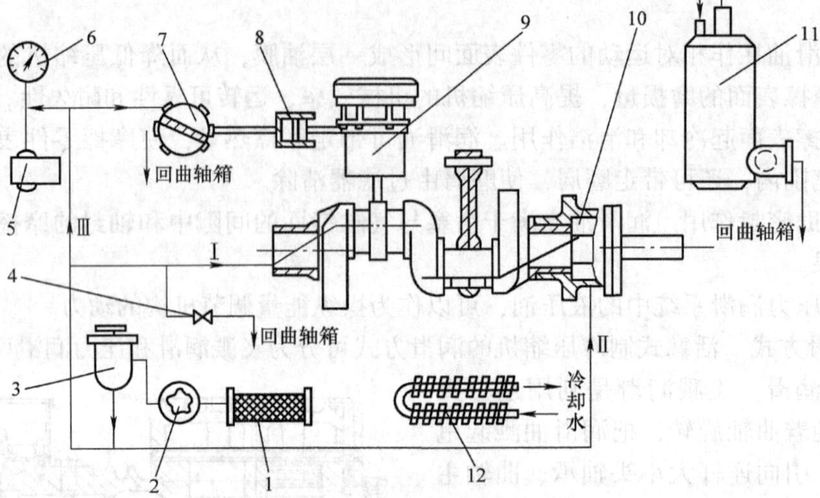

图 1-40　典型的齿轮油泵压力润滑系统简图

1—粗过滤器　2—齿轮油泵　3—细过滤器　4—油压调节阀　5—油压差控制器　6—压力表　7—油分配阀　8—卸载液压缸　9—活塞、连杆及气缸套　10—轴封　11—油分离器　12—油冷却器

气缸壁面和活塞间是利用曲拐和从连杆轴承甩上来的润滑油进行润滑的。活塞上虽然装有刮油环，但仍有少量的润滑油进入气缸，被压缩机排出的气体带往排气管道。排出气体进入油分离器 11，分离出的润滑油由下部经过自动回油阀或手动回油阀定期放回压缩机的曲轴箱内。为了防止润滑油的油温过高，在曲轴箱还装有油冷却器 12，依靠冷却水将润滑油的热量带走。

曲轴箱（或全封闭压缩机壳）内的润滑油，在低的环境温度下溶入较多的制冷剂，压缩机起动时将发生液击，为此有的压缩机在曲轴箱内还装有油加热器，在压缩机起动前先加热一定的时间，减少溶在润滑油中的制冷剂。

② 离心供油润滑系统。在立轴式的小型全封闭制冷压缩机中，广泛采用离心供油机构。图 1-41a 是利用钻在立轴下端的偏心油道 5 作为泵油机构，润滑油从底部经过滤网进入立轴中的两个偏心孔道，在离心力的作用下分别流向副轴承 6、主轴承 2 和连杆大头 4 处。螺旋油道 3 可帮助润滑油不断上升。由于受到轴颈直径的限制，油泵的供油压力不可能很高，一般仅为几百到数千帕。当需要较高油压时，可采用两级偏心油道结构，如图 1-41b 所示。当压缩机无下轴承时（内置电动机下置的情况），可在主轴下端装上延伸管 10，如图 1-41c 所示，它仅为一中空吸油管。主轴旋转时，吸油管内的润滑油被甩向管壁，管中心的压力变低，油被吸入并继续甩向管壁，油沿管壁上升，并借助主轴上的螺旋油道继续向上输送至全部摩擦副。吸油管上部侧面设有排气孔 9。排气孔在管内凸出内壁，以防沿壁面上升的润滑油从此处甩出。从油中逸出的制冷剂蒸气则从此孔排出，以防油路中进入气体降低润滑效果。图 1-41d 所示为一种叶片离心泵，它在主轴下端设一风扇状的螺旋叶片，当主轴高速旋转时，借助叶片的推力和离心力向上输送润滑油，排气孔设在主轴上端，从此处排出润滑油

中逸出的制冷剂蒸气。离心供油的主要优点是结构简单、加工容易、无磨损、无噪声。

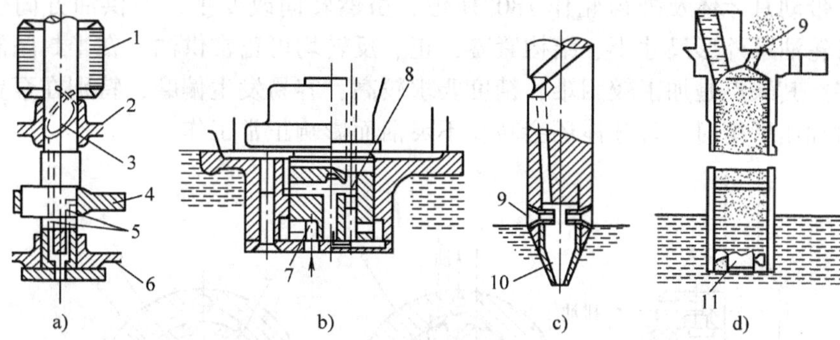

图 1-41　全封闭压缩机的离心供油机构

a）偏心式　b）两级偏心式　c）延伸管式　d）叶片式

1—电动机　2—主轴承　3—螺旋油道　4—连杆大头　5—偏心油道　6—副轴承　7—第一级偏心油道　8—第二级偏心油道　9—排气孔　10—延伸管　11—螺旋叶片

（3）润滑设备　润滑设备主要包括齿轮油泵、润滑油滤清器、油压调节阀和油三通阀。

1）齿轮油泵。齿轮油泵的作用是不断地吸取曲轴箱内的润滑油，并把它提高压力后输向各摩擦表面。目前，制冷压缩机常用齿轮油泵有外啮合齿轮油泵、月牙形内啮合齿轮油泵和内啮合转子式齿轮油泵三种。齿轮油泵一般安装在压缩机曲轴和自由端，由曲轴通过连接块带动油泵的主动轮旋转。

① 外啮合齿轮油泵。它的工作原理如图 1-42 所示。油泵的壳体内有两个互相啮合的同直径外齿轮，齿轮与壳体内腔之间具有很小的径向间隙和端面间隙，所以，齿间凹谷与泵体内壁形成许多储油空间。当曲轴带动主动齿轮 3 旋转时，这些空间随之移动，于是，充满空间的润滑油就从吸油腔 2 一侧被连续送到排油腔 5 一侧。中间相互啮合的齿面实际上就是吸油腔与排油腔之间的密封面。当齿间凹谷与对应齿轮进入完全啮合，形成一个密封空间时，为避免其中留存的润滑油受到强烈地挤压，在壳体端面上开有卸压槽 4，以便让留存的润滑油由此泄出。这种泵工作可靠，寿命长，又由于齿数多，具有油压波动小的优点。但它只能单方向运转，不能倒转，否则，就会交换吸、排油腔位置，其输送的润滑油也要反相。因此，在开启式压缩机初次运转时，要注意外啮合齿轮泵的转向。对于使用三相电动机的封闭式压缩机，由于电动机转向无法判别，若不采取专门措施（如相位控制装置等），则不能使用外啮合齿轮油泵。

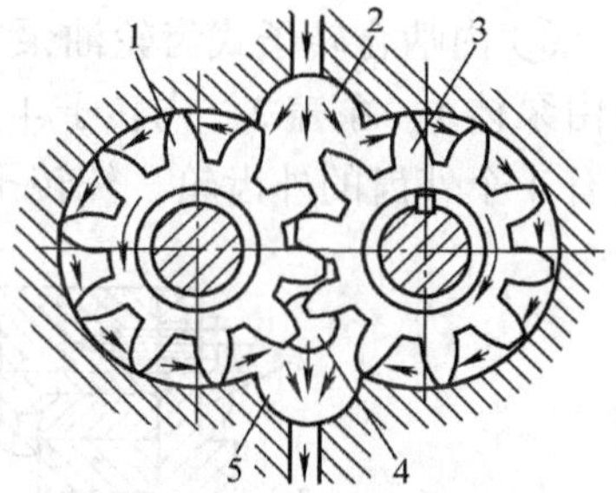

图 1-42　外啮合齿轮油泵的工作原理

1—从动齿轮　2—吸油腔　3—主动齿轮　4—卸压槽　5—排油腔

② 月牙形内啮合齿轮油泵。这种油泵的特点是正转和反转时都能按原定的流向供油。如图 1-43 所示，它由外齿轮 1、月牙体 2、内齿轮 3、泵体 4 及泵盖 5 组成。曲轴旋转时通过连接块带动内齿轮转动，内齿轮又带动中间的外齿轮旋转，月牙体介于内、外两齿轮之间，与内、外齿轮的齿间构成输油通道。在接近排油口时，内、外齿轮开始啮合，齿间润滑油即由排油口排出。因为在月牙体背面有一个定位机构，允许在泵盖上的半圆槽内作 180°

转动，泵盖内设有弹簧、钢珠。使月牙体和外齿轮紧靠内齿轮，当机器反转时，利用油的黏滞摩擦作用，带动月牙体及外齿轮作180°换位，虽然转向改变了，但供油方向仍不变。月牙形内啮合齿轮油泵外形尺寸小、结构紧凑，正、反转均可正常供油，在半封闭制冷压缩机中采用得较多。其缺点是加工较困难，精度要求较高，容易发生偏磨，特别在泵盖弹簧力不能和曲轴轴封油压平衡时，月牙体还会转动不灵活而影响正常工作。

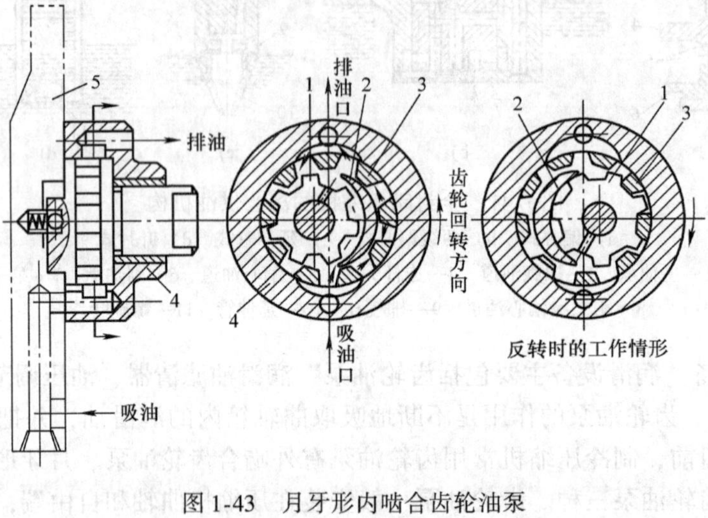

图1-43 月牙形内啮合齿轮油泵

1—外齿轮 2—月牙体 3—内齿轮 4—泵体 5—泵盖

③ 内啮合转子式齿轮油泵。内啮合转子式齿轮油泵简称转子泵，如图1-44所示。它主要由泵体1、泵盖2、内转子4、外转子5、换向圆环6等组成。由图中可以看出，内转子是具有4个外齿的外齿轮，外转子是具有5个内齿的内齿轮。

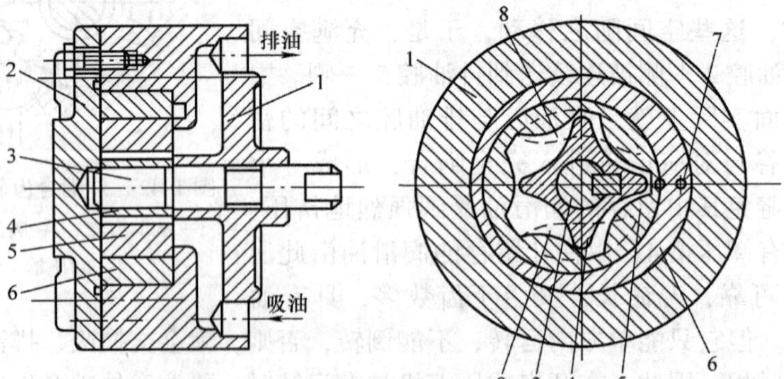

图1-44 内啮合转子式齿轮油泵

1—泵体 2—泵盖 3—传动轴 4—内转子 5—外转子 6—换向圆环 7—定位销 8—排油口 9—吸油口

换向圆环加工有偏心孔，外转子安置其中。换向圆环偏心孔的轴线与外转子的轴线重合，而换向圆环的外圆柱面轴线则与内转子的旋转中心重合。内、外转子保持一定的偏心距。其工作原理如图1-45所示。转子泵的端盖上开有吸油孔和排油孔。内转子通过传动块由曲轴带动旋转，外转子则依靠与内转子的啮合，在与泵轴呈偏心的壳体内旋转。随着内、外转子的旋转，内、外转子之间齿隙容积发生变化和移动，不断将润滑油吸入和排出。

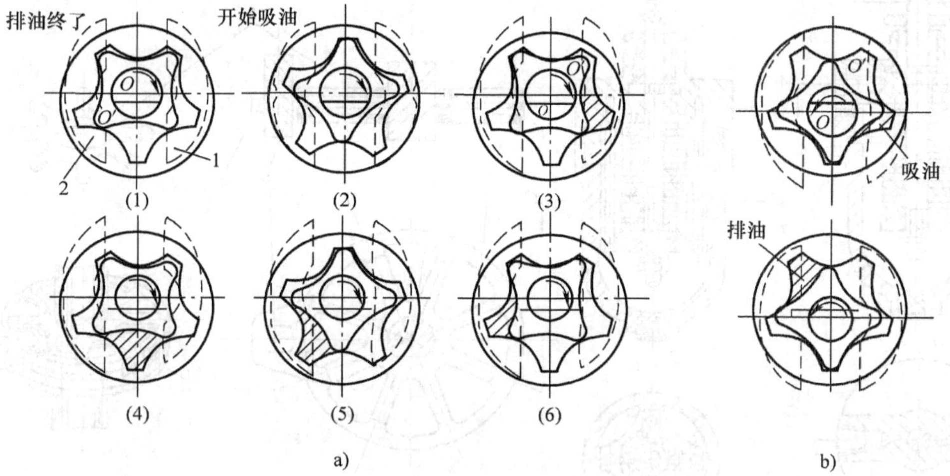

图1-45 内啮合转子式齿轮油泵的工作原理

a）正转 b）反转

1—端盖上的吸油孔 2—端盖上的排油孔

转子泵的特点是：结构紧凑，内、外转子可采用粉末冶金模压成形，加工简单，精度高，使用寿命长。当曲轴反向旋转时，外转子的偏心方位随之发生180°的移位，使其几何中心移到内转子中心的正上方（图1-45b），故该油泵也能不受转向的限制而照常工作。但由于转子泵的齿数少，因此油压波动较大，只宜在高转速压缩机中使用。

2）润滑油过滤器。润滑油过滤器的作用是滤去润滑油里的杂质，如金属磨屑、型砂、润滑油分解的氧化物及结焦等，使润滑油清洁纯净，保护输油管路通畅以及保护摩擦表面不致被擦伤、拉毛，减轻磨损，延长润滑油的使用期限。

制冷压缩机中的润滑油过滤器有粗滤和细滤两种，一般粗滤器装在油泵前，主要防止较大的铁屑等杂质进入油泵，细滤器装在油泵后。粗滤器常采用孔眼尺寸小于0.6mm×0.6mm的金属滤网制作，有的还装有磁性元件以吸引润滑油中的铁屑。它一般装在曲轴箱中，并浸入润滑油内。粗滤器必须定期清洗，以保持良好的过滤效果。细滤器多采用金属片式，其结构如图1-46所示，由主片1和中间片5交替叠装在心轴2上，四周用螺栓压紧，两主片之间的间隙就是中间片的实际厚度（0.05～0.10mm）。润滑油从外部通过片间间隙进入滤芯内部后，由出油口送至各输油管道。润滑油中的杂质被缝隙挡住，定期转动滤芯上的手柄，刮片4会将积存于缝隙中的污物刮除，使细滤器保持良好的过滤效果。

3）油压调节阀。在压力润滑系统中，其吸、排油压力差应为0.06～0.15MPa。若是压缩机设有输气量调节装置，此值应提高到0.15～0.3MPa。油压差的计算可由油压读数减去蒸发压力求得。油压大小的调节可以利用油压调节阀来调节。油压调节阀安装在压缩机曲轴的自由端主轴承座上，主轴承座兼作调节阀阀座。

油压调节阀如图1-47所示，它由阀芯1、弹簧2、阀体3和调节阀杆4组成。阀芯的下侧空间与液压油相通，右侧空间与曲轴箱相通。阀芯由弹簧压在阀座上，改变弹簧力大小能改变工作时阀芯的开启度，从而调节压缩机的油压。若油压偏低，则顺时针旋转调节阀杆，

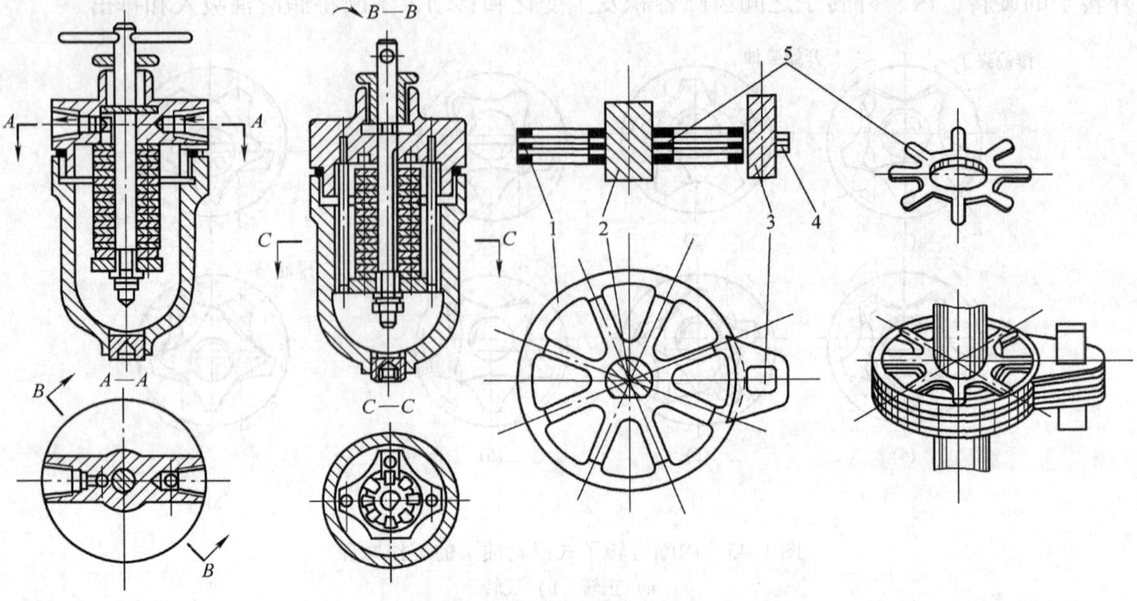

图 1-46 金属片式细滤器

1—主片 2—心轴 3—定轴 4—刮片 5—中间片

以增大弹簧力，减少阀芯的开启度；若油压太高，则应逆时针旋转调节阀杆，使弹簧力减小，阀芯开启度增大。调整油压调节阀时应同时观察油压表和吸气压力表，看油压差是否达到要求。现在，有些制冷压缩机上装有油压差表，可以直接读出润滑油压力与吸气压力差。此外，压缩机上往往还装有油压差控制器，当油压差低于规定数值时，它就控制压缩机进行保护性停车。

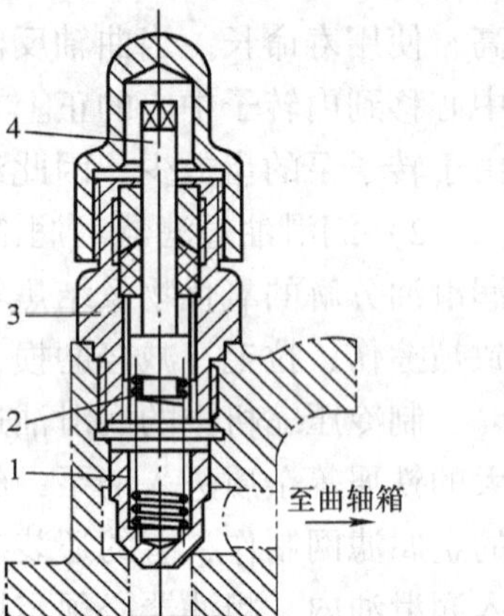

图 1-47 油压调节阀

1—阀芯 2—弹簧 3—阀体 4—调节阀杆

4）油三通阀。油三通阀是为润滑油的注入、排放及更换操作而设置的。它安装在油泵下方的曲轴箱端面上，位于曲轴箱油面以下。油三通阀的转盘上标有“运转”、“加油”、“放油”三个工作位置，可按需要将手柄转到指定位置进行相应的操作。

（4）冷冻机油

1）冷冻机油的性能要求。冷冻机油用于润滑制冷压缩机的各摩擦副，它是压缩机能够长期高速有效运行的关键。在工作时，有一部分冷冻机油通过制冷压缩机的气缸随制冷剂一道进入冷凝器、膨胀阀和蒸发器，这就要求冷冻机油不仅具备一般润滑剂的特性，而且还应适应制冷系统的特殊要求，对制冷系统不应产生不良影响。表 1-12 为制冷系统各部件对冷冻机油的性能要求。从表中可以看出，为了确保制冷系统的正常运行，冷冻机油必须具备优良的与制冷剂共存时的化学稳定性，有极好的与制冷剂的互溶性、良好的润滑性、优良的低温流动性，无蜡状物絮状分离、不含水、不含机械杂质，具有优良的绝缘性能。可见，对冷冻机油的性能要求不仅很全面而且很严格。因此，冷冻机油是制冷系统专用的一种润滑油，不能用普通润滑油来替代。

表 1-12　制冷系统各部件对冷冻机油的性能要求

制冷系统部件	对冷冻机油的性能要求	制冷系统部件	对冷冻机油的性能要求
压缩机	1）与制冷剂共存时具有优良的化学稳定性 2）有良好的润滑性 3）有极好的与制冷剂的互溶性 4）对绝缘材料和密封材料具有优良的适应性 5）不含机械杂质 6）有良好的抗泡沫性	膨胀阀	1）无蜡状物絮状分离 2）不含水 3）不含机械杂质
冷凝器	有优良的与制冷剂的相溶性	蒸发器	1）有优良的低温流动性 2）无蜡状物絮状分离 3）不含水 4）有极好的与制冷剂的互溶性

2）冷冻机油的品种与规格。目前，制冷压缩机中所使用的冷冻机油主要有矿物油、合成烃油、脂类油和聚醚油。

① 矿物油或合成烃型冷冻机油。我国国家标准 GB/T 16630—1996《冷冻机油》规定的冷冻机油均为矿物油或合成烃油，主要适用于氨、CFC 和 HCFC 为制冷剂的压缩机。按 GB/T 16630—1996 的规定，这类冷冻机油产品的每个品种按质量确定等级。L—DRA/A 和 L—DRA/B 定为一等品，L—DRB/A 和 L—DRB/B 定为优等品，产品的应用见表 1-13。

表 1-13　我国冷冻机油各品种的应用

GB/T16630—1996 规定的品种	ISOVG 黏度分类	主要组成	蒸发器操作温度	制冷剂类型	典型应用
L—DRA/A	N22、N46、N68	深度精制矿物油（环烷基油、石蜡基油或白油），合成烃油	高于 -40℃	氨、CO_2	开启式。普通制冷压缩机
L—DRA/B	N32、N46			氨、CFC、HCFC 及其为主的混合物	半封闭。普通制冷压缩机；冷冻、冷藏设备；空调
L—DRB/A	N32	深度精制矿物油、合成烃油	低于 -40℃	CFC，HCFC，以 HCFC 为主的混合物	全封闭。冷冻、冷藏设备；电冰箱
L—DRB/B	N15、N32、N46、N56	合成烃油			

注：全封闭式的空调压缩机和热泵可用 ISO—L—DRC 油（我国尚未标准化）。

② 聚醚油和脂类油。随着新型制冷剂的替代和发展，由于矿物油和无氯卤代烃类制冷剂无法相溶，近年来开发出了许多新型合成冷冻机油。其中，聚醚油和脂类油已得到了较多的使用。聚醚油以环氧乙炔—环氧丙烷共聚醚（PAG）的综合性能较合适，不仅适用于汽车空调 R134a 系统，也适用于 R22 系统。它有很好的润滑性、低流动点、良好的低温流动性，并且和多数橡胶有良好的兼容性。缺点是吸水性强，和矿物油不相溶，以及需要添加抗氧化剂来改善其化学和热力稳定性。多元醇酯类油（POE）是继 PAG 后推出的适用于 HFC 制冷剂的一种脂类合成油，它和 HFC 制冷剂能相溶，耐磨性好、吸水性比 PAG 弱、两相分

离温度高。POE 油虽有较好的热稳定性，但在热和氧的作用下，氧化变质的温度下降很多，氧化物大部分是小分子的酸性物质。表 1-14 给出了部分脂类油合成油的主要性能。

表 1-14 部分脂类油合成油的主要性能

型　号	运动黏度/$mm^2 \cdot s^{-1}$		闪点/℃	凝固点/℃	不同温度（℃）时与 R134a 的溶解度
	40℃	100℃			
ACD—22AW	20.5	4.4	240	-63	-65（70%）
ACD—32AW	32.1	5.8	252	-55	-64（70%）
RL—22H	18.9	4.2	—	-52	-44～>80（10%）
RL—32H	33.7	5.9	—	-46	-42～>80（10%）
RL—22S	20.9	4.5	—	-53	-17～>80（10%）
RL—32S	32.0	5.6	—	-46	-8～>80（10%）

3）冷冻机油的选择。压缩机的形式、运行条件、压缩的工质对冷冻机油的选用都有影响。开启式制冷压缩机所用润滑油的工作条件较为缓和，加之可以经常换油，所以一般使用质量等级较低的 L—DRA/A 级冷冻机油；半封闭制冷压缩机一般使用 L—DRA/B 级冷冻机油；润滑油在全封闭制冷压缩机内工作条件苛刻，一般选用质量等级较高的 L—DRB 油。

不同的制冷剂对油的作用不同。氨与矿物油的互溶性很差，而大部分卤代烃制冷剂与矿物油互溶性很好，溶油后黏度会下降，所以卤代烃制冷机用油的黏度比氨制冷机用油的黏度高。HFC 类制冷剂与矿物油不相溶，与 PAG 润滑油有限溶解，与 POE 润滑油完全互溶。CFC、HCFC、HC 类制冷剂大多选用矿物油，HFC 类制冷剂大多选用合成油，如 POE 和 PAG 润滑油。

对于冷冻机油的黏度选择可参照表 1-15 进行。大中型的多缸、高速（活塞平均线速度在 3m/s 以上）、负荷较大的制冷压缩机应选较高黏度油；小型、微型或低速（活塞平均线速度在 2m/s 以下）的制冷压缩机应选低黏度油。

表 1-15 冷冻机油的黏度选用表

蒸发温度	制冷剂	用油部位	ISO 黏度级
-18℃以上	氨	气缸、轴承	N46
-18℃以上	氟利昂	气缸、轴承	N46
-18～-40℃	氨	气缸、轴承	N22、N32
-18～-40℃	氟利昂	气缸、轴承	N22、N32、N46
-40～-80℃	氟利昂	气缸、轴承	N22、N32
-80℃以下	氟利昂	气缸、轴承	N15

1.2.5 典型产品及特性

1. 开启活塞式制冷压缩机

开启活塞式制冷压缩机的曲轴一端伸在机体外，它通过联轴器或带轮与原动机相连接。曲轴伸出部位装有轴封装置以防止泄漏。开启活塞式制冷压缩机的原动机独立，不接触制冷压缩机内的制冷剂和润滑油，因而无需采用耐油和耐制冷剂的措施。如果原动机为电动机，只需使用普通的电动机。在无电力供应的场合，开启活塞式制冷压缩机可由内燃机驱动，从而使其在汽车等移动式运载工具的制冷系统中得到广泛的应用，如冷藏车，汽车空调等。

开启活塞式制冷压缩机除了制冷剂和润滑油比较容易泄漏这一最大缺点外，尚有质量大、占地面积大及噪声大等缺点。因此，开启活塞式制冷压缩机中，除了用氨作为工质或不用电力驱动的情况下保持其独占地位外，在小型制冷压缩机中的应用已逐渐减少。而在低温冷藏库、冻结装置、远洋渔船、化学工业中，中型开启活塞式高速多缸压缩机还是得到普遍的采用。

（1）812.5A100型开启活塞式制冷压缩机　812.5A100型开启活塞式制冷压缩机是我国自行设计、制造的125系列活塞式制冷压缩机之一，其结构如图1-48所示。该机以氨为制冷剂，结构形式为8缸、扇形、单作用、逆流式，相邻气缸中心线夹角为45°，气缸直径为125mm，活塞行程为100mm，当转速为1160r/min时，考核工况下的制冷量为295.5kW。812.5A100型开启活塞式制冷压缩机结构紧凑、外形体积小，动力平衡性能良好，振动小，运转平稳。

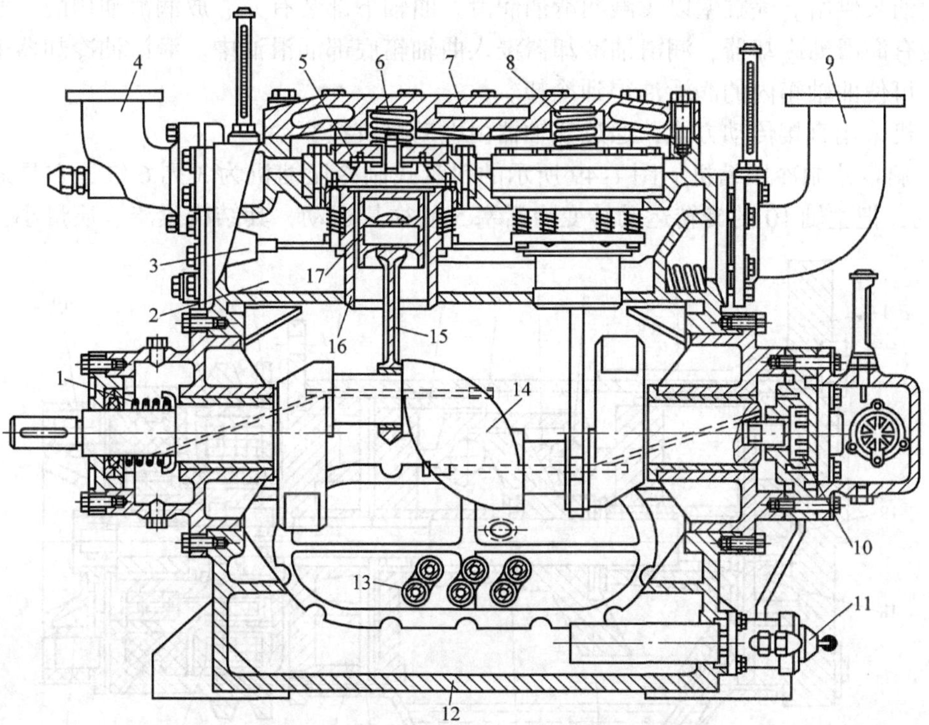

图1-48　812.5A100型开启活塞式制冷压缩机

1—轴封　2—吸气腔　3—液压缸拉杆机构　4—排气管　5—气阀组件　6—安全弹簧　7—水套　8—气缸盖　9—吸气管　10—油泵　11—油三通阀　12—曲轴箱　13—油冷却器　14—曲轴　15—连杆　16—气缸套　17—活塞

压缩机的机体为整体铸造结构。排气腔顶部端面用气缸盖封闭，气缸盖上设有冷却水套，用冷却水冷却。机体的两端安装有吸、排气管。曲轴箱两侧的窗孔用侧盖封闭，侧盖上装有油面指示器和油冷却器，分别用来检测油量及冷却润滑油。

压缩机采用两曲拐错角为180°、用球墨铸铁铸造的曲轴，由两个主轴承（滑动轴承）支承。平衡块与曲柄铸成一体，每个曲柄销上装配4个工字型连杆。各个连杆小头部位通过活塞销带动一个铜硅铝合金的筒形活塞，使之在气缸内作往复运动。活塞上装有两道气环和一道刮油环，其顶部呈凹陷形，与排气阀的形状相适应，以减少余隙容积。环片气阀按图1-28所示结构进行布置。低压蒸气从吸气管9经过滤网进入吸气腔2，再从气缸上部凸缘处的吸气阀进入气缸，经压缩的气体通过排气阀进入排气腔再经排气管4排出。吸、排气腔之间设有安全阀，排气压力过高时，高压气体顶开安全阀后回流至吸气腔，保护机器零件不致损坏。气缸套的中部周围设有顶开吸气阀阀片的顶杆和转动环，转动环由液压缸拉杆机构控制，用以调节压缩机的排气量和起动卸载之用。

轴封采用摩擦环式机械密封装置，设置在前轴承座里，运转时轴封室内充满润滑油，用以润滑摩擦面并起油封和带走热量的作用。

压缩机采用压力润滑，由曲轴自由端带动转子式内啮合齿轮油泵10供油，润滑油从曲轴箱底部经金属网式粗滤器进入油泵，然后经过金属片式细滤器清除杂质后，从曲轴两端进入润滑油道，润滑两端主轴承、轴封、各连杆大头轴承和活塞销等。控制能量调节机构的动力油也由油泵供给。气缸壁以飞溅润滑油润滑。曲轴下部装有充、放润滑油用的三通阀。曲轴箱内装有润滑油冷却器，润滑油冷却器浸入曲轴箱底部润滑油中。润滑油冷却器中通入冷却水时，可使曲轴箱内的润滑油得到冷却。

压缩机采用直接传动方式，通过联轴器由电动机直接驱动。

（2）斜盘式制冷压缩机　图1-49所示的斜盘式制冷压缩机为3列6缸，它是通过斜盘16的转动，把主轴10的旋转运动转变为活塞5的往复运动，其结构紧凑、质量小，在汽车

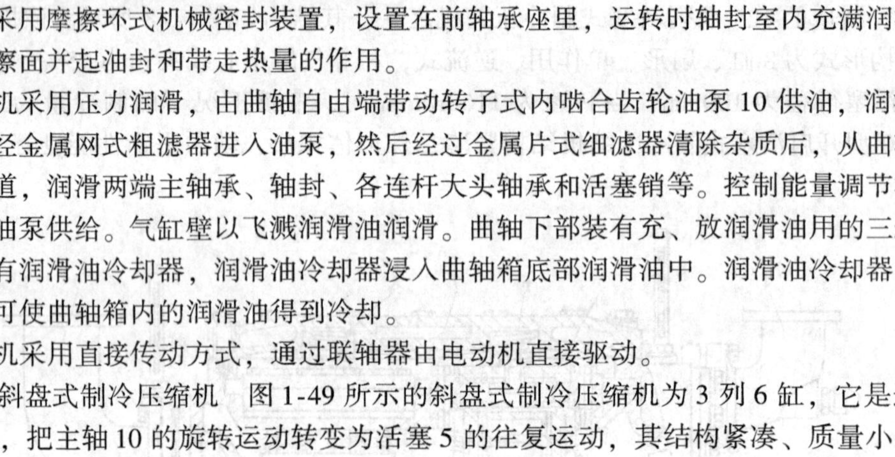

图1-49　汽车空调用斜盘式制冷压缩机

1、7—气缸盖　2、6—气缸　3—滚珠　4—滑履　5—活塞　8—V带轮　9—离合器线圈
10—主轴　11—离合器　12—轴封　13—密封圈　14、20—阀板
15—推力轴承　16—斜盘　17—吸油管　18—轴承　19—油泵

空调中有较多的应用。主轴通过电磁离合器11和带轮8与原动机相连。当车内温度超过设定值时，离合器线圈9通电，离合器在电磁力作用下吸合，空调器工作。车内温度降至低于设定值时，离合器线圈断电，离合器打开，主轴停止转动。

斜盘转一圈，6个气缸各完成一个循环，因而输气量较大，又省去了连杆，使结构很紧凑。气缸盖上有阀板，等宽度的条状排气阀片固定在阀板上。压缩机每一侧有3片吸气阀片，它们固定在同一块钢板上，从而使结构简化，且阀片上具有良好的应力分布。对于汽车空调器，这一点是特别重要的，因为汽车空调器的转速范围很大，会使作用在阀片上的气体推力大幅度地变化，导致气阀受力状况的恶化。主轴的一端设有油泵19，它通过吸油管17将机壳底部的润滑油抽入泵内，加压后送至各摩擦副，斜盘旋转时产生的离心力也将沾在斜盘表面的润滑油飞溅至需要润滑的地点。受环境的影响，汽车空调器的冷凝温度是很高的，因此需选用冷凝压力不会太高的制冷剂。

（3）S812.5型制冷压缩机　S812.5型制冷压缩机是一种开启式单机双级制冷压缩机，其结构如图1-50所示。S812.5型制冷压缩机的气缸呈扇形排列，缸径为125mm，活塞行程为100mm，气缸数为8个（高压缸和低压缸数分别为2个和6个）。高、低压级容积比范围为1∶3、1∶2、1∶1。

压缩机机体的高、低压级吸气腔和高、低压级排气腔分别铸出。与这4个腔室相应的吸、排气截止阀，吸、排气管，吸、排气用温度计及压力表也各为4个。高压级缸套下部与曲轴箱隔板配合处用O形橡胶圈密封，以使高压级吸气腔不与曲轴箱串气。

压缩机低压级的气阀弹簧采用弹力较小的软弹簧，以改善低压下吸气阀的工作能力。

压缩机采用内啮合转子式油泵，用电动机直接驱动，油泵安装于曲轴箱下部，使泵室沉浸在润滑油中，机器在吸气压力较低的工况下工作时，仍能保证正常工作。

高压级的连杆小头采用滚针轴承。因为高压级负荷形式不同于单级压缩机或低压级气缸，其活塞销总是紧压在连杆小头上，没有载荷转向，因此难于形成油膜，故采用衬套则润滑不良不能正常工作。

2. 半封闭活塞式制冷压缩机

半封闭活塞式制冷压缩机的电动机和压缩机装在同一机体内并共用同一根主轴，因而不需要轴封装置，避免了轴封处的制冷剂泄漏。半封闭活塞式制冷压缩机的机体在维修时仍可拆卸，其密封面以法兰联接，用垫片或垫圈密封，这些密封面虽属静密封面，但难免会产生泄漏，因而被称为半封闭式压缩机。

（1）6F型半封闭活塞式制冷压缩机　图1-51所示为一台6F型半封闭活塞式制冷压缩机。制冷剂经吸气管吸入后流经电动机时对其冷却，然后进入气缸，在气缸中被压缩后从排气腔排出。6F型半封闭活塞式制冷压缩机使用的制冷剂为R22和R134a，用于空调和蒸发温度为中温的场合。

6F型半封闭活塞式制冷压缩机的曲轴为曲拐轴，支承在一对滑动轴承上，滑动轴承的轴瓦上覆盖着具有高耐磨性能的合金。电动机转子悬臂支承在曲轴的右端，并同时起飞轮的作用。由于采用了表面硬化处理的曲轴、镀铬的活塞环和优质的活塞销，并使用加大尺寸的油泵，使得运动件的磨损减少。气阀阀片为舌簧阀片，阀片的形状与活塞顶部的形状相配合，减少了余隙容积。

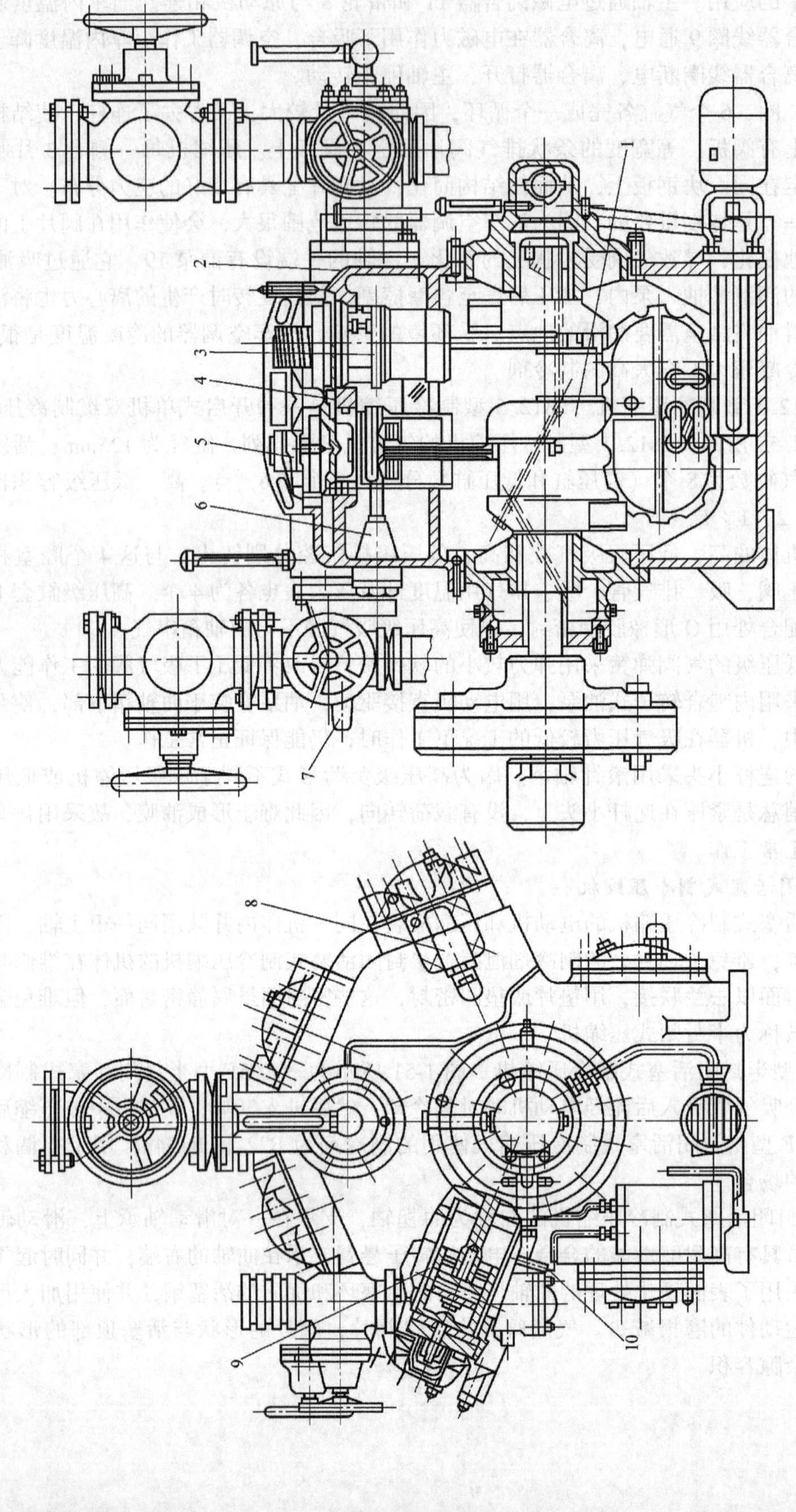

图1-50 S812.5型制冷压缩机

1—曲轴 2—机体 3—高压级气阀缸套组件 4—低压级气阀缸套组件 5—安全盖 6—能量调节部件 7—放空阀 8—安全阀 9—高压级连杆活塞 10—油压调节阀

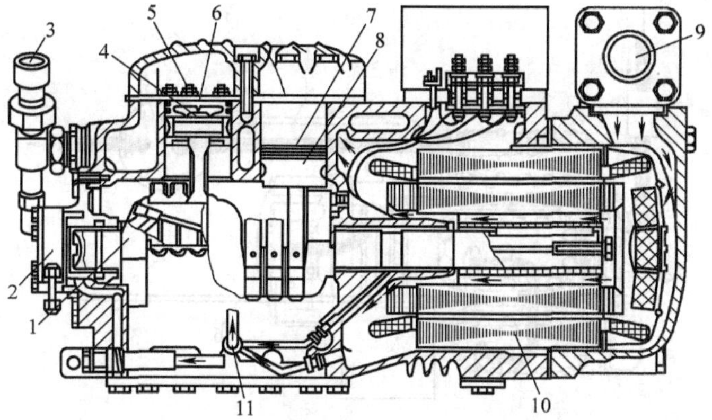

图 1-51 6F 型半封闭活塞式制冷压缩机

1—曲轴 2—油泵 3—排气管 4—连杆小头 5—气阀 6—阀板
7—活塞环 8—活塞 9—吸气管 10—电动机 11—回油系统

（2）带 CIC 系统的半封闭制冷压缩机 用于 R22 大制冷量低温制冷的 4 缸和 6 缸半封闭制冷压缩机，为了降低排气温度，除了使用风扇外，还使用喷注液态 R22 的方法进行喷液冷却。实现喷液冷却的机构称为 CIC 系统，它由控制模块、温度传感器、喷嘴和脉冲喷射阀组成，如图 1-52 所示。安装于排气腔上的温度传感器 6 测量排气温度，若排气温度超过限定值，控制模块 2 指令喷液，液态制冷剂呈雾状喷出。排气温度降至限定值以内时，控制模块发出指令，喷液停止。配有风扇和 CIC 系统的半封闭制冷压缩机的运行界限得到扩充，蒸发温度可达 -50℃。

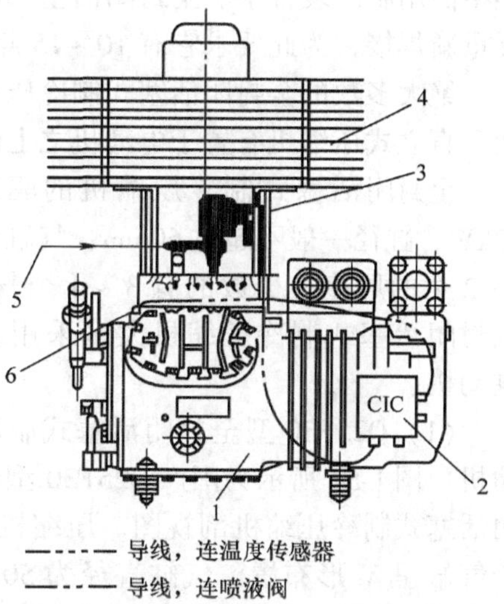

图 1-52 带 CIC 系统的半封闭制冷压缩机

1—压缩机 2—控制模块 3—脉冲喷射阀
4—散热片 5—喷嘴 6—温度传感器

（3）半封闭活塞式单机双级制冷压缩机 与开启式制冷压缩机相同，半封闭活塞式制冷压缩机也有单机双级产品。图 1-53 所示的半封闭活塞式单机双级制冷压缩机有 4 个低压缸和两个高压缸。来自蒸发器的制冷剂经吸气管过滤器进入低压缸，压缩后与具有中间压力的低温制冷剂两相流混合，使低压缸排气温度降低。混合后的制冷剂流经电动机，对它进行冷却后进入高压缸，被压缩后排入油分离器中，分离出来的润滑油从回油管返回曲轴箱，高压气体流向冷凝器。这样，保证了内置电动机得到足够的冷却，其曲轴箱处于中间压力下运行。这种压缩机可在很低的蒸发温度下工作，并且在压力比达到一定数值后，其容积效率可超过单级压缩机的容积效率。

3. 全封闭活塞式制冷压缩机

全封闭活塞式制冷压缩机是将整个压缩机电动机组支承在一个全封闭的钢制薄壁机壳中的制冷压缩机。全封闭活塞式制冷压缩机外壳上只有吸排气管、工艺管和电源接线柱，非常

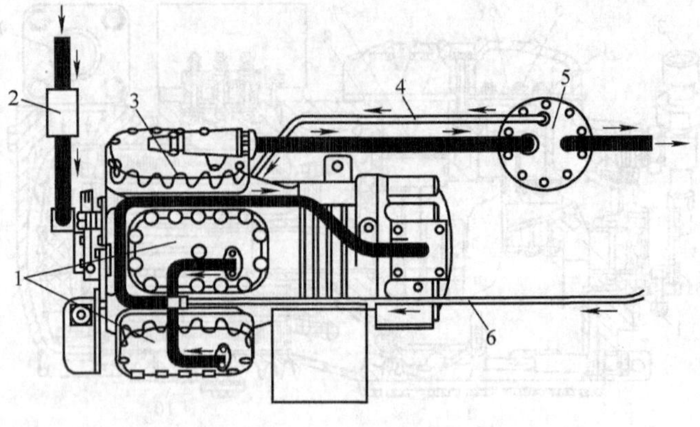

图 1-53　半封闭活塞式单机双级制冷压缩机

1—低压缸　2—吸气管　3—高压缸　4—回油管　5—油分离器　6—制冷剂两相流管道

简洁。压缩机电动机组由内部弹簧支承，振动小、噪声低，广泛应用于家用制冷空调设备和小型商用制冷装置中。全封闭活塞式制冷压缩机密封性好，但维修时需剖开机壳，维修后又要重新焊接，为此要求它有 10～15 年的使用寿命，在此期限内不必拆修。

绝大多数的全封闭活塞式制冷压缩机采用立轴式布置，这样就可以采用简单的离心式供油。直立式压缩机有置于电动机之上的，也有置于电动机之下的。

全封闭活塞式制冷压缩机的驱动功率大多小于 7.5kW，目前最大的驱动功率可达 22kW；缸径一般不超过 60mm；气缸数为 1～2 个的居多，少数的有 3～4 个气缸。全封闭活塞式制冷压缩机大多采用二级电动机。

（1）Q25F30 型全封闭活塞式制冷压缩机　图 1-54 所示为国产 Q25F30 型全封闭活塞式制冷压缩机剖视图。压缩机的 2 个气缸呈 V 形布置，气缸直径为 50mm，活塞行程为 30mm。压缩机的机壳由钢板冲制而成，分上、下两部分，装配完毕后焊死。与半封闭压缩机相比，其结构更紧凑、体积更小、密封性能更好。电动机布置在上部，压缩机布置在下部。气缸体、主轴承座及电动机定子外壳铸成一体，气缸体卧式布置。偏心主轴垂直布置，上部直轴端安装电动机转子，下部偏心轴端安装两个整体式大头的连杆。活塞为筒形平顶结构，因直径较小，活塞上不装活塞环，仅开两道环形槽，使润滑油充满其中，起到密封和润滑作用。吸、排气阀采用带臂柔性环片阀结

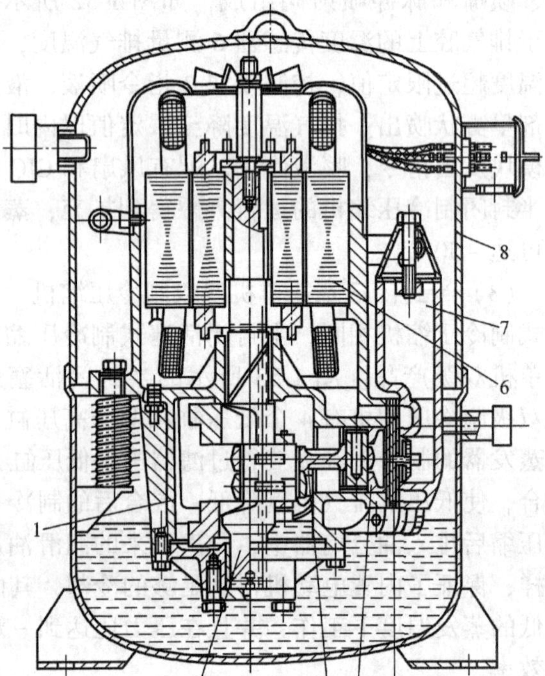

图 1-54　国产 Q25F30 型全封闭活塞式制冷压缩机剖视图

1—机体　2—曲轴　3—连杆　4—活塞　5—气阀
6—电动机　7—排气消声部件　8—机壳

构，阀板由 3 块钢板钎焊而成。主轴下端开设偏心油道，浸入壳底油池内，主轴旋转后产生离心力起泵油的作用，将润滑油连续不断经主轴油道送至主、副轴承及连杆大头等摩擦副进行润滑。活塞与气缸之间的供油是靠润滑了连杆大头的润滑油飞溅进行的。电动机布置在上部，不仅可避免电动机线圈浸泡在润滑油中，还可以利用电动机室内空腔容积作为吸气消声器，且在排气通道上设置有稳压室，故压缩机消减噪声效果较好。为减少机器的振动，采用 3 个弹性减振器支承整个机芯，其减振效果较好。

这种压缩机具有效率高、运转平稳、振动小、噪声低、运行可靠等特点，主要适用于以 R22 为制冷剂的压缩冷凝机组或整体制冷装置（如电冰箱、空调器等）。

（2）滑管式全封闭制冷压缩机　滑管式压缩机对曲轴中心线与活塞中心线的垂直度要求比曲柄连杆机构低，且顶部的间隙可以自由调节，因而加工、装配容易，适合大批量生产，是用在冰箱上的主要压缩机机型。滑管式全封闭制冷压缩机的结构如图 1-55 所示。为了减少活塞和气缸之间的侧向力，其气缸中心线与曲轴中心有一定的偏心距，数值为 0.75～4mm。压缩机的吸、排气阀采用余隙容积极小的舌簧阀，以适应冰箱压缩机蒸发温度低的需要。压缩机的润滑为离心供油管和螺旋供油槽的组合。压缩机机体上铸有降低吸气噪声和排气噪声的空腔膨胀式消声器，它由一个或几个有狭小孔道连通的空腔组成。此外，还有管式消声器，用管子弯曲而成，既有降低排气噪声的作用，也有减少因气流脉动引起的振动的作用。管式消声器弯弯曲曲的形状使它有很好的变形性能，以适应排气温度反复变化导致的热变形，且有利于安装。但是，由于曲柄销以悬臂形式受力，滑块与滑管之间作用的接触压力较大，因而这种结构形式不能用于功率较大和气缸数较多的机型。

（3）滑槽式全封闭制冷压缩机　采用滑槽式驱动机构的全封闭压缩机（Q—F 制冷压缩机）是性能优良的热泵用压缩机，如图 1-56 所示。压缩机上有两个按 90°角度布置的滑槽，带动 4 个活塞。吸气阀装在活塞顶部，排气阀装在气缸盖上，构成压缩机的顺流吸、排气。

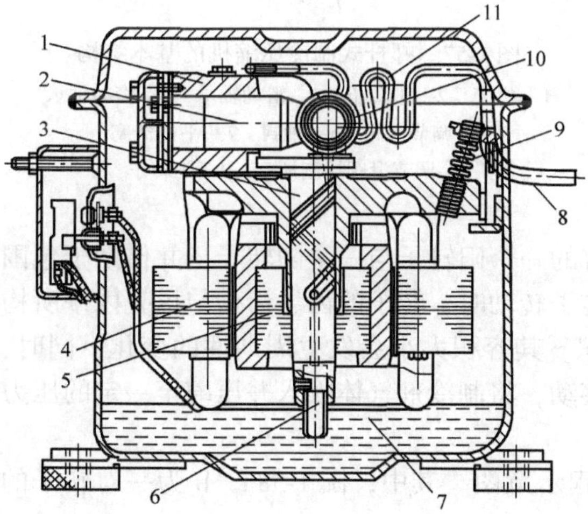

图 1-55　滑管式全封闭制冷压缩机

1—气缸　2—活塞　3—曲轴　4—定子　5—转子　6—吸油管　7—冷冻机油　8—排气管　9—悬挂弹簧　10—滑管　11—管式消声器

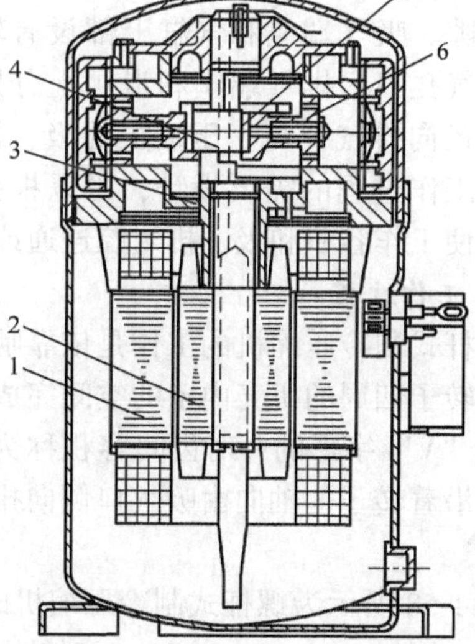

图 1-56　滑槽式全封闭制冷压缩机

1—定子　2—转子　3—主轴承　4—曲轴　5—滑块　6—活塞-滑槽-框架组合件

Q—F 制冷压缩机的优点是：① 作用于气缸上的侧向力小，活塞与气缸的摩擦损失也小；② 顺流布置的吸、排气阀有利于增加气阀的通流面积；③ 吸气阀在低蒸发温度下仍有良好的性能；④“十”字形布置的 4 个气缸使机器紧凑、尺寸小。这些优点的综合效果是：输气量大、能效比较高、振动小。

1.3　螺杆式制冷压缩机

螺杆式制冷压缩机是指用带有螺旋槽的一个或两个转子（螺杆）在气缸内旋转使气体压缩的制冷压缩机。螺杆式制冷压缩机属于工作容积作回转运动的容积型压缩机。按照螺杆转子数量的不同，螺杆式压缩机分为双螺杆式与单螺杆式两种。双螺杆式压缩机简称螺杆式压缩机，由两个转子组成，而单螺杆式压缩机由一个转子和两个星轮组成。

1.3.1　螺杆式制冷压缩机的基本结构和工作过程

1. 基本结构

螺杆式制冷压缩机的基本结构如图 1-57 所示，主要由转子、机壳（包括中部的气缸体和两端的吸、排气端座等）、轴承、轴封、平衡活塞及能量调节装置组成。两个按一定传动比反向旋转又相互啮合的转子平行地配置在呈“∞”字形的气缸中。转子具有特殊的螺旋齿形，凸齿形的称为阳转子，凹齿形的称为阴转子。一般阳转子为主动转子，阴转子为从动转子。气缸的左右有吸气端座和排气端座，一对转子就支承在左右端座的轴承上。转子之间及转子和气缸、端座间留有很小的间隙。吸气端座和气缸上部设有轴向和径向吸气孔口，排气端座和滑阀上分别设有轴向和径向排气孔口。压缩机的吸、排气孔口按其工作过程的需要设计，可以根据需要准确地使工作容积和吸、排气腔连通或隔断。

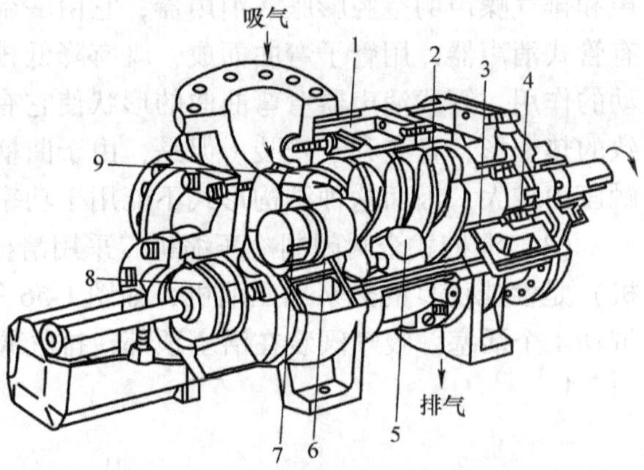

图 1-57　螺杆式制冷压缩机的基本结构

1—机壳　2—阳转子　3—滑动轴承　4—滚动轴承　5—调节滑阀　6—轴封　7—平衡活塞　8—调节滑阀控制活塞　9—阴转子

2. 工作过程

螺杆式制冷压缩机的工作是依靠啮合运动着的一个阳转子与一个阴转子，并借助于包围这一对转子四周的机壳内壁的空间完成的。当转子转动时，转子的齿、齿槽与机壳内壁所构成的呈“V”字形的一对齿间容积称为基元容积。其容积大小会发生周期性的变化，同时，它还会沿着转子的轴向由吸气口侧向排气口侧移动，将制冷剂气体吸入并压缩至一定的压力后排出。

图 1-58 所示为螺杆式制冷压缩机的工作过程示意图。其中，图 1-58a、b 为一对转子的俯视图，图 1-58c、d、e、f 为一对转子的仰视图。

在两转子的吸气侧，如图 1-58a、b 所示的转子上部，齿面接触线与吸气端之间的每个基元容积都在扩大，而在转子的排气侧，如图 1-58d、e、f 所示的转子下部，齿面接触线与排气端之间的基元容积却逐渐缩小。这样，每个基元容积都被从吸气端移向排气端。下面以

图1-58中所示某V形基元容积，说明螺杆式制冷压缩机的工作过程。

（1）吸气过程 齿间基元容积随着转子的旋转而逐渐扩大，并和机壳上的吸气孔口连通，气体通过吸气孔口进入齿间基元容积，称为吸气过程，如图1-58a、b所示。当转子旋转一定角度后，齿间基元容积越过吸气孔口位置与吸气孔口断开，吸气过程结束，如图1-58c所示。值得注意的是，此时阴、阳转子的齿间基元容积彼此并不连通。

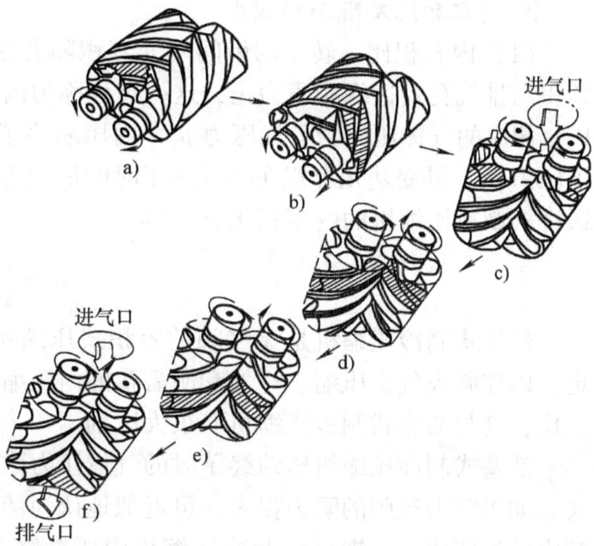

图1-58 螺杆式制冷压缩机的工作过程示意图
a）吸气开始 b）吸气 c）吸气结束
d）压缩 e）压缩结束 f）排气

（2）压缩过程 压缩开始阶段主动转子的齿间基元容积和从动转子的齿间基元容积彼此孤立地向前推进，称为传递过程。转子继续转过某一角度，主动转子的凸齿和从动转子的齿槽又构成一对新的V形基元容积。随着两转子的啮合运动，基元容积逐渐缩小，实现气体的压缩过程，如图1-58d所示。压缩过程直到基元容积与机壳上的排气孔口相连通的瞬间为止，如图1-58e所示。

（3）排气过程 当基元容积开始与机壳上的排气孔口连通时，排气过程开始，如图1-58f所示。由于转子旋转时基元容积不断缩小，压缩后具有一定压力的气体被送到排气腔，此过程一直延续到该容积达到最小时为止。

随着转子的连续运转，上述吸气、压缩、排气过程循环进行，各基元容积依次陆续工作，构成了螺杆式制冷压缩机的工作循环。

由上可知，两转子转向相迎合的一面，气体受压缩，称为高压力区；另一面，转子彼此脱离，齿间基元容积吸入气体，称为低压力区。高压力区与低压力区由两个转子齿面间的接触线隔开。另外，由于吸气基元容积的气体随着转子旋转，由吸气端向排气端作螺旋运动。因此，螺杆式压缩机的吸、排气孔口一般都是呈对角线方式布置的。制冷剂蒸气在螺杆式压缩机中的流动路线如图1-59所示。

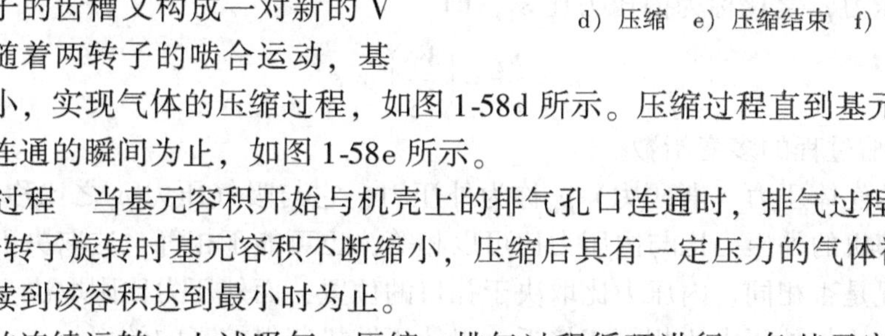

图1-59 制冷剂蒸气在螺杆式制冷压缩机中的流动路线

3. 内容积比及附加功损失

(1) 内容积比　转子的齿间基元容积随着螺杆的旋转容积的缩小而被压缩，直至基元容积与排气孔口边缘相通为止，这一过程称为内压缩过程。基元容积吸气终了的最大容积为 V_1，相应的气体压力为吸气压力 p_1，内压缩终了的容积为 V_2，相应的气体压力为内压缩终了压力 p_2。可变基元容积在吸气终了时的最大容积 V_1 与内压缩终了的容积 V_2 的比值，称为螺杆式制冷压缩机的内容积比 ε_v，即

$$\varepsilon_v = \frac{V_1}{V_2} \tag{1-21}$$

螺杆式制冷压缩机是无气阀的容积式压缩机，吸、排气孔口的启闭完全为几何结构所定，以控制吸气、压缩、排气和所需要的内压缩压力。由于其结构已定，就具有固定的内容积比，这与活塞式制冷压缩机有很大区别。

活塞式制冷压缩机压缩终了时的气体压力取决于排气腔内的气体压力和排气阀的阻力损失。如果略去气阀的阻力损失，可近似地认为活塞式制冷压缩机压缩终了时的压力等于排气腔内的气体压力。螺杆式制冷压缩机内压缩终了压力 p_2 与转子几何形状、排气孔口位置、吸气压力 p_1 及气体种类有关，与排气腔内气体压力 p_d 无关。螺杆式制冷压缩机内压缩终了压力 p_2 与吸气压力 p_1 之比称为内压力比 ε_i，即

$$\varepsilon_i = \frac{p_2}{p_1} = \left(\frac{V_1}{V_2}\right)^n = \varepsilon_v^n \tag{1-22}$$

式中　n——压缩过程的多变指数。

排气腔内的气体压力（背压力）p_d 称为外压力，它与吸气压力 p_1 之比称为外压力比 ε。螺杆式制冷压缩机的外压力比与内压力比可以相等，也可能不相等，这取决于压缩机的运行工况与设计工况是否相同。内压力比取决于孔口的位置，而外压力比则取决于运行工况。一般应力求内压力比与外压力比相等或接近，以使压缩机获得较高的效率。

(2) 附加功损失　当内压缩终了压力 p_2 与排气腔内气体压力 p_d 不相等，基元容积与排气孔口连通时，基元容积中的气体将进行定容压缩或定容膨胀，使气体压力与排气腔压力 p_d 趋于平衡，从而产生附加功损失。下面分三种情况进行讨论：

1) $p_2 > p_d$。当基元容积与排气口相通时，基元容积中的气体产生突然的等容膨胀过程，多消耗了压缩功，如图 1-60a 中的阴影面积所示。

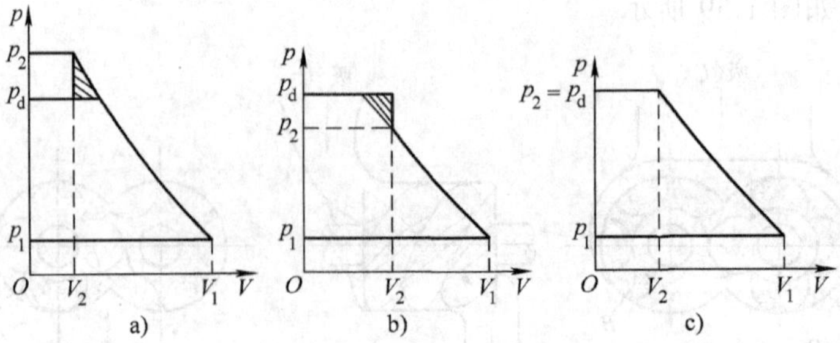

图 1-60　螺杆式压缩机压缩过程 $p-V$ 图

a) $p_2 > p_d$　b) $p_2 < p_d$　c) $p_2 = p_d$

2) $p_2 < p_d$。当基元容积与排气口相通时，由于 $p_2 < p_d$，故开始接通时排气腔中的气体

倒流入基元容积，在基元容积中的气体被等容压缩，使气体压力骤然升到 p_d，然后进行排气过程。多消耗的压缩功如图 1-60b 中阴影面积所示。

3）$p_2=p_d$。在这种情况下，压缩机无额外功消耗，运行的效率最高，如图 1-60c 所示。因此，为了使运行效率最高，必须使内容积比能自动调节，从而使 p_2 始终与 p_d 相等。

4. 特点

就压缩气体的原理而言，螺杆式制冷压缩机与活塞式制冷压缩机一样，同属于容积式压缩机械；就其运动形式而言，螺杆式制冷压缩机的转子与离心式制冷压缩机的转子一样，作高速旋转运动。所以螺杆式制冷压缩机兼有二者的特点。

螺杆式制冷压缩机的主要优点是：① 与活塞式制冷压缩机相比，螺杆式制冷压缩机的转速较高（通常在 3000r/min 以上），又有质量小、体积小、占地面积小等一系列优点，因而经济性较好；② 螺杆式制冷压缩机没有往复质量惯性力，动力平衡性能好，故基础可以很小；③ 螺杆式制冷压缩机结构简单紧凑，易损件少，所以运行周期长、维修简单、使用可靠，有利于实现操作自动化；④ 螺杆式制冷压缩机对进液不敏感，可采用喷油或喷液冷却，故在相同的压力比下，其排气温度比活塞式制冷压缩机低得多，因此单级压力比高；⑤ 与离心式制冷压缩机相比，螺杆式制冷压缩机具有强制输气的特点，即输气量几乎不受排气压力的影响，在较宽的工况范围内，仍可保持较高的效率。

螺杆式制冷压缩机的主要缺点是：① 由于气体周期性地高速通过吸、排气孔口，及通过缝隙的泄漏等原因，使压缩机有很大的噪声，需要采取消声或隔声措施；② 要求精度较高的螺旋状转子，这需要有专用设备和刀具来加工；③ 由于间隙密封和转子刚度等的限制，目前螺杆式制冷压缩机还不能像活塞式制冷压缩机那样达到较高的终了压力；④ 由于螺杆式制冷压缩机采用喷油方式，需要喷入大量油而必须配置相应的辅助设备，从而使整个机组的体积和质量加大。

1.3.2 螺杆式制冷压缩机的热力性能

1. 性能参数及其计算

（1）输气量　螺杆式制冷压缩机输气量的概念与活塞式相同，也是指压缩机在单位时间内排出的气体，换算到吸气状态下的容积。

螺杆式制冷压缩机的理论输气量为单位时间内阴、阳转子转过的齿间容积之和，即

$$q_{Vt}=60(z_1n_1V_1+z_2n_2V_2)C_\phi \tag{1-23}$$

式中　q_{Vt}——理论输气量，单位为 m^3/h；

V_1、V_2——阳转子与阴转子的齿间容积（一个齿槽的容积），单位为 m^3；

z_1、z_2——阳转子与阴转子的齿数；

n_1、n_2——阳转子与阴转子的转速，单位为 r/min；

C_ϕ——扭角系数（转子扭转角对吸气容积的影响程度）。

压缩机两转子的啮合旋转相当于齿轮的啮合传动，因此

$$z_1n_1=z_2n_2 \tag{1-24}$$

又

$$V_1=A_{01}L \qquad V_2=A_{02}L$$

则压缩机理论输气量可写成

$$q_{Vt}=60z_1n_1L(A_{01}+A_{02})C_\phi \tag{1-25}$$

式中　L——转子的螺旋部分长度，单位为 m；

A_{01}、A_{02}——阳转子与阴转子的端面齿间面积（端平面上的齿槽面积），单位为 m^2。

令

$$C_n = \frac{z_1(A_{01}+A_{02})}{D_0^2} \tag{1-26}$$

则压缩机理论输气量可写成

$$q_{Vt} = 60C_n C_\phi n_1 LD_0^2 \tag{1-27}$$

式中 D_0——转子的名义直径，单位为 m；

C_n——面积利用系数，是由转子齿形和齿数所决定的常数。

直径和长度尺寸相同的两对转子，面积利用系数大的一对转子的输气量大，面积利用系数小的输气量小。相同输气量的螺杆式制冷压缩机，面积利用系数大的转子，机器外形尺寸和质量可以小些；但转子的面积利用系数大，往往会使转子齿厚，特别是阴转子的齿厚减薄，降低了转子的刚度，引起加工精度降低，运转时由于气体压力产生的变形增加，也增加了泄漏。因此，在设计、制造转子时，选取面积利用系数时必须全面考虑。几种齿形的面积利用系数见表 1-16。

表 1-16 几种齿形的面积利用系数

齿形名称	SRM 对称齿形	SRM 不对称齿形	单边不对称齿形	X 齿形	Sigma 齿形	CF 齿形
阴阳转子齿数比 $z_2:z_1$	6 : 4	6 : 4	6 : 4	6 : 4	6 : 5	6 : 5
面积利用系数 C_n	0.472	0.52	0.521	0.56	0.417	0.595

当转子的扭转角大到某一数值时，啮合两转子的某个基元容积对，在吸气端与吸气孔口隔断时，其齿在排气端并未完全脱离，致使转子的齿间容积不能完全充气。这一因素对压缩机输气量的影响用扭角系数 C_ϕ 表征。表 1-17 列出了阳转子扭转角 ϕ_1 与 C_ϕ 的对应值。扭角系数是计算输气量、容积效率的基本数据，也是吸、排气孔口设计的基本依据。

表 1-17 阳转子扭转角 ϕ_1 与 C_ϕ 的对应值

扭转角 ϕ_1/(°)	240	270	300
扭角系数 C_ϕ	0.999	0.989	0.971

由于泄漏、气体受热等原因，螺杆式制冷压缩机的实际输气量低于它的理论输气量，其输气量的损失用容积效率表征。当考虑到压缩机的容积效率 η_V 时，其实际输气量 q_{Va} 为

$$q_{Va} = \eta_V q_{Vt} \tag{1-28}$$

（2）容积效率 螺杆式制冷压缩机的容积效率 η_V 一般为 0.75～0.9，小输气量、高压力比的压缩机取小值，大输气量、低压力比的取大值。由于螺杆式制冷压缩机没有余隙容积，所以几乎不存在再膨胀的容积损失，容积效率随压力比增大并无很大的下降，这对制冷用（尤其是热泵用）压缩机是十分有利的。采用不对称齿形和喷油措施均有利于提高容积效率。

影响螺杆式制冷压缩机容积效率主要的因素有如下几个方面：

1）泄漏。气体通过间隙的泄漏，可分为外泄漏和内泄漏两种，前者是指基元容积中压力升高的气体向吸气通道或正在吸气的基元容积中泄漏；后者是指高压力区内基元容积之间的泄漏。外泄漏影响容积效率，内泄漏仅影响压缩机的功耗。

2）吸气压力损失。气体通过压缩机吸气管道和吸气孔口时，产生气体流动损失，吸气压力降低，比体积增大，相应地减少了压缩机的吸气量，降低了压缩机的容积效率。

3）预热损失。转子与机壳因受到压缩气体的加热而温度升高。在吸气过程中，气体受到吸气管道、转子和机壳的加热而膨胀，相应地减少了气体的吸入量，降低了压缩机的容积效率。

上述几种损失的大小与压缩机的尺寸、结构、转速、制冷工质的种类、气缸喷油量和油温，机体加工制造的精度、磨损程度及运行工况等因素有关。因此，在输气量大（全负荷时）、转速较高、转子外圆圆周速度适宜、压力比小、喷油量适宜、油温低的情况下压缩机的容积效率较高。

（3）功率和效率　螺杆式制冷压缩机功率和效率的概念与活塞式制冷压缩机基本相同。

1）功率。

① 压缩机等熵压缩所需理论功率 P_s：

$$P_s = \frac{q_{ma}(h_2 - h_1)}{3600} \tag{1-29}$$

式中　q_{ma}——压缩机的实际质量输气量，单位为kg/h；

$h_2 - h_1$——单位质量等熵压缩理论功，即等熵压缩过程终点和始点的气体焓差，单位为kJ/kg。

② 压缩机的指示功率 P_i 即压缩机用于压缩气体所消耗的功率，可根据同类型压缩机选取指示效率 η_i 来计算确定。螺杆式制冷压缩机的指示效率 η_i 一般为0.8左右。

$$P_i = \frac{P_s}{\eta_i} = \frac{q_{ma}(h_2 - h_1)}{3600\eta_i} \tag{1-30}$$

③ 压缩机的轴功率 P_e 即压缩机指示功率 P_i 和摩擦功率 P_m 之和：

$$P_e = P_i + P_m \tag{1-31}$$

2）效率。

① 等熵效率 η_s。等熵效率用来衡量压缩机中功和能转换的完善程度，表明压缩机运转经济性的好坏。等熵效率等于等熵压缩所需理论功率与压缩机的轴功率之比：

$$\eta_s = \frac{P_s}{P_e} \tag{1-32}$$

目前，螺杆式制冷压缩机的等熵效率范围：低压力比、大输气量时，$\eta_s = 0.82 \sim 0.85$；高压力比、中小输气量时，$\eta_s = 0.72 \sim 0.82$。

② 指示效率（内效率）η_i。指示效率用来评价压缩机内部工作过程的完善程度。由式（1-30）得

$$\eta_i = \frac{P_s}{P_i} \tag{1-33}$$

③ 压缩机的机械效率 η_m。机械效率表征轴承、轴封等处的机械摩擦所引起功率损失的程度，等于指示功率与轴功率的比值，即

$$\eta_m = \frac{P_i}{P_e} \tag{1-34}$$

螺杆式制冷压缩机的机械效率 η_m 通常在0.95～0.98之间。

压缩机的等熵效率 η_s 与指示效率 η_i 之间有如下关系：

$$\eta_s = \frac{P_s}{P_e} = \frac{P_s P_i}{P_e P_i} = \eta_i \eta_m \tag{1-35}$$

影响螺杆式制冷压缩机指示效率的主要因素有：气体的流动损失、泄漏损失及内、外压力比不等时的附加损失。

2. 运行特性曲线

制冷压缩机的制冷量和轴功率随着不同的工况而变化，因此，说明制冷量和轴功率时，必须说明这时的工况。在制冷压缩机的铭牌上记有名义工况制冷量及其轴功率。当偏离名义工况时，螺杆式制冷压缩机的性能可由运行特性曲线查出。图 1-61 所示为几种双螺杆式制冷压缩机的运行特性曲线，其制冷剂为 R717。

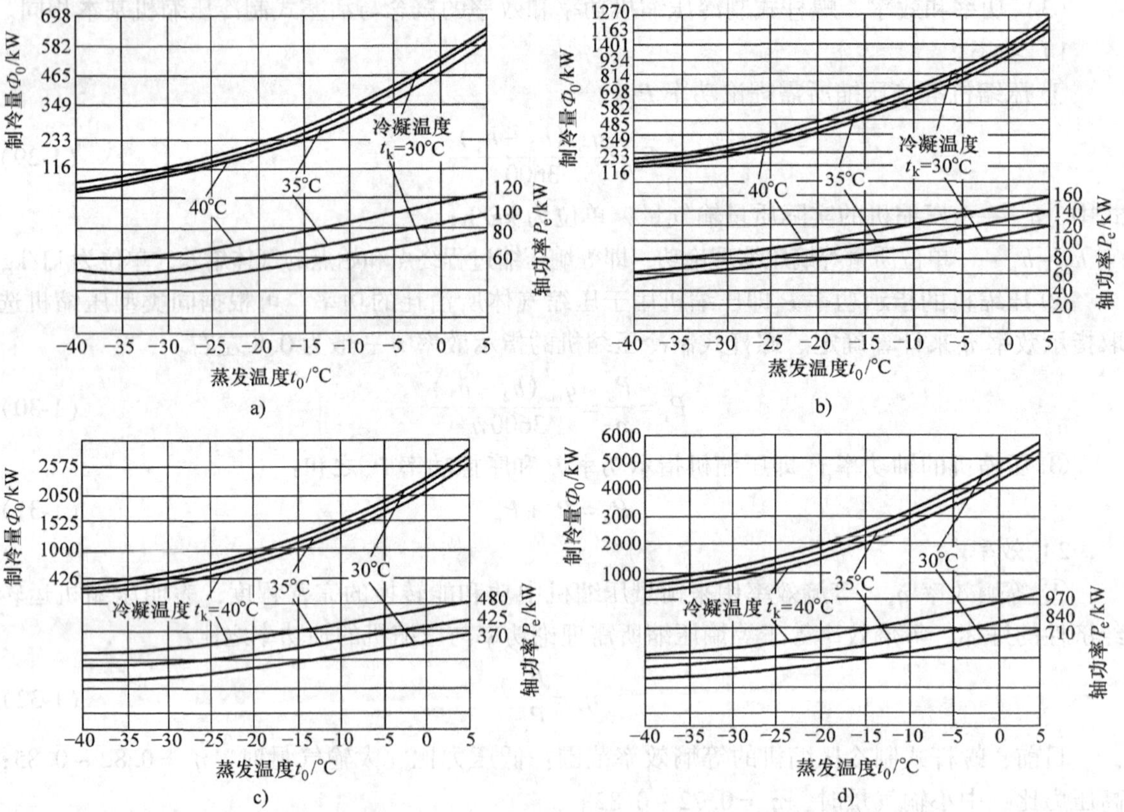

图 1-61　几种双螺杆式制冷压缩机的运行特性曲线

a）LG16A 型　b）LG20A 型　c）LG25A 型　d）LG31.5A 型

1.3.3　螺杆式制冷压缩机的主要零部件

螺杆式制冷压缩机的主要零部件包括机壳、转子、轴承、平衡活塞、轴封及能量调节装置等。

1. 机壳

螺杆式制冷压缩机的机壳一般为剖分式。它由机体（气缸体）、吸气端座、排气端座及两端端盖组成，如图 1-62 所示。

机体是连接各零部件的中心部件，它为各零部件提供正确的装配位置，保证阴、阳转子

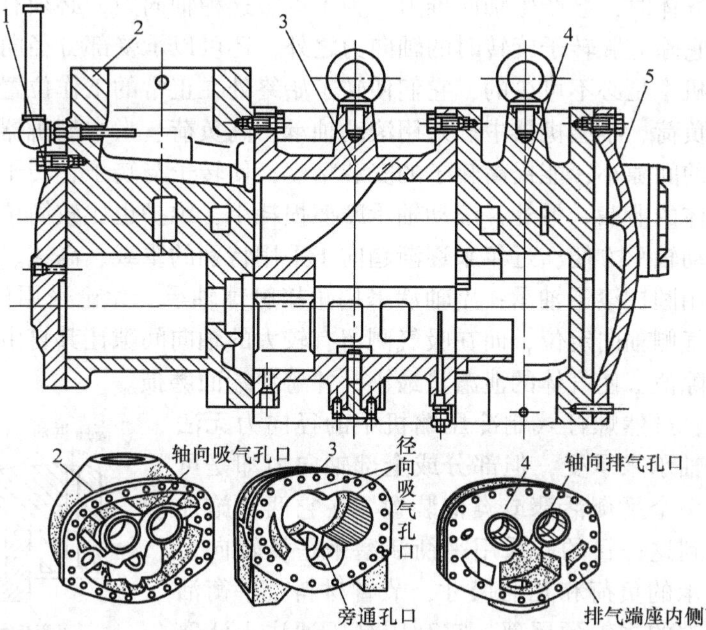

图1-62　机壳部件

1—吸气端盖　2—吸气端座　3—机体　4—排气端座　5—排气端盖

在气缸内啮合，可靠地进行工作。其端面形状为“∞”字形，这与两个啮合转子的外圆柱面相适应，使转子精确地装入机体内。机体内腔上部靠吸气端有径向吸气孔口，它是依照转子的螺旋槽形状铸造而成的。机体内腔下部留有安装移动滑阀的位置，还铸有能量调节旁通口。机体的外壁铸有肋板，可提高机体的强度和刚度，并起散热作用。

吸气端座上部铸有吸气腔，与其内侧的轴向吸气孔口连通，装配时，轴向吸气孔口与机体的径向吸气孔口连通。轴向吸气孔口的位置和形状大小应能保证基元容积最大限度地充气，并能使阴转子的齿开始侵入阳转子齿槽时基元容积与吸气孔口断开，其间的气体开始被压缩。吸气端座中部有安置后主轴承的轴承座孔和平衡活塞座孔，下部铸有能量调节用的液压缸，其外侧面与吸气端盖连接。

排气端座中部有安置阴、阳转子的前主轴承及推力轴承的轴承座孔，下部铸有排气腔，与其内侧的轴向排气孔口连通。

机壳的材料一般采用灰铸铁，如HT200等。

2. 转子

转子是螺杆式制冷压缩机的主要部件。如图1-63所示，转子常采用整体式结构，将螺杆与轴做成一体。转子的毛坯常为锻件，一般多采用中碳钢，如35钢、45钢等；有特殊要求时，也有用40Cr等合金钢或铝合金的。目前，不少转子采用球墨铸铁，既便于加工，又降低了成本。常用的球墨铸铁牌号为QT600-3等。转子精加工后，应进行动平衡校验。

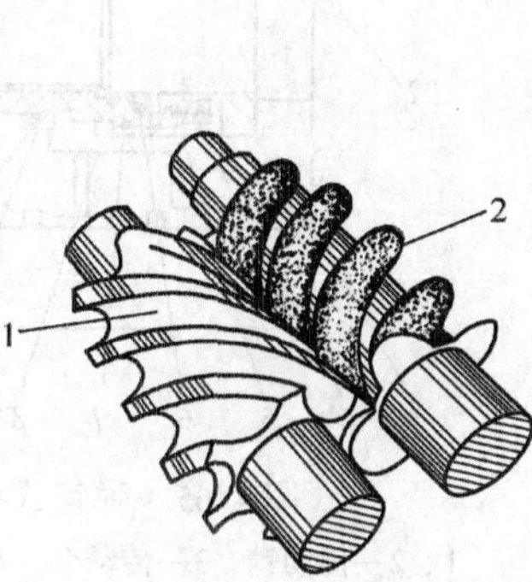

图1-63　转子结构

1—阴螺杆　2—阳螺杆

3. 轴承与平衡活塞

支承阴、阳转子并保证转子高速旋转的轴承称为主轴承。

转子在旋转并压缩气体时，会产生轴向推力，为了克服这种轴向力，必须有推力轴承，这种轴承称为副轴承。它除克服转子旋转时的轴向力之外，还可以承受部分径向力。主、副轴承在螺杆式制冷压缩机中是必不可少的，它们使转子始终处在正常的工作位置。

一般来说，低负荷、小型机器中多采用滚动轴承；高负荷、大中型机器中多采用滑动轴承。由于滚动轴承的间隙小，能提高转子的安装精度，使转子与转子、转子与机壳具有较小的间隙，减少了气体的泄漏。另外，滚动轴承摩擦损耗小，维护也比较简单，而滑动轴承加工和装配都不如滚动轴承方便，近年来逐渐趋向于采用特别的重载、高速、长寿命的滚动轴承。主轴承一般采用圆柱滚子轴承；副轴承采用角接触球轴承。无论采用何种型式的轴承，都应确保转子的排气侧轴向定位，而在吸气侧留有较大的轴向间隙让其自由膨胀，以便保持排气端有较小的间隙值，使气体的泄漏量最小，并避免端面磨损。

值得指出的是，虽然螺杆式制冷压缩机中的径向力无法消除，必须全部由轴承来承受，但部分或全部轴向力却是可以消除的。通常用一个平衡活塞或类似装置，在它两边施加一定的压差，来达到这一目的。采用平衡活塞来平衡轴向力可大大减小推力轴承的负荷和几何尺寸，节省材料。平衡活塞位于阳转子吸气端的主轴颈尾部，它利用高压油注入活塞顶部的油腔内产生的与轴向力相反的压力来平衡轴向力。图1-64 所示为油压平衡活塞的结构。

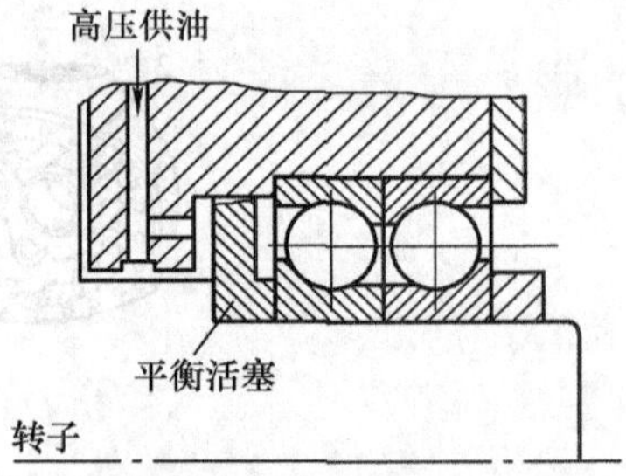

图 1-64 油压平衡活塞的结构

4. 轴封装置

制冷系统的密封至关重要，因此在开启螺杆式制冷压缩机的转子外伸轴处，通常采用密封性能较好的接触式机械密封，并且需向此轴封处供以高于压缩机内部压力的润滑油，以保证在密封面上形成稳定的油膜。机械密封有弹簧式（见图1-65）和波纹管式（见图1-66）两种。必须注意的是，轴封中有关零部件的材料要能耐制冷剂的腐蚀。

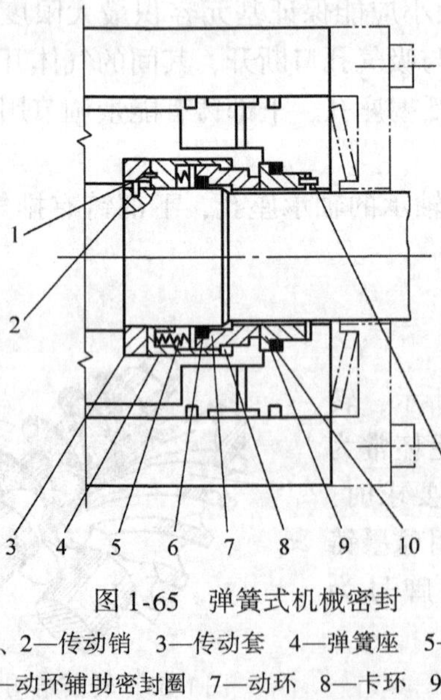

图 1-65 弹簧式机械密封

1、2—传动销 3—传动套 4—弹簧座 5—弹簧 6—动环辅助密封圈 7—动环 8—卡环 9—静环 10—静环辅助密封圈 11—防转销

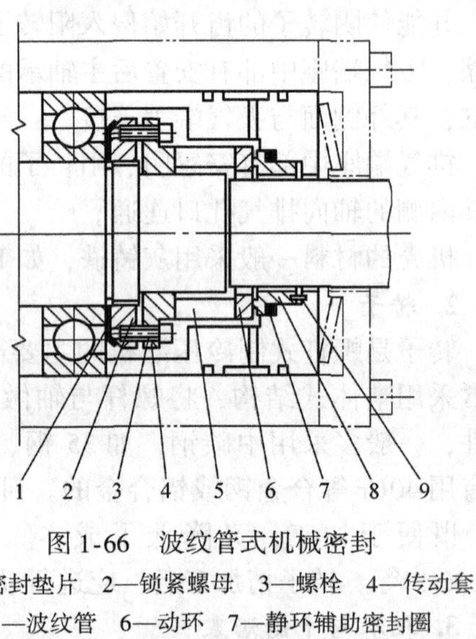

图 1-66 波纹管式机械密封

1—密封垫片 2—锁紧螺母 3—螺栓 4—传动套 5—波纹管 6—动环 7—静环辅助密封圈 8—静环 9—防转销

5. 能量和内容积比调节机构

(1) 能量调节装置 螺杆式制冷压缩机能量调节的方法主要有吸入节流调节、转停调节、滑阀调节、塞柱阀调节、变频调节等。目前使用较多的为滑阀调节、塞柱阀调节和变频调节。

1) 滑阀调节。如图1-67所示，这种调节方法是在螺杆式制冷压缩机的机体上，装一个调节滑阀，滑阀位于机体高压侧两内圆的交点处，且能在与气缸轴线平行的方向上来回滑动。

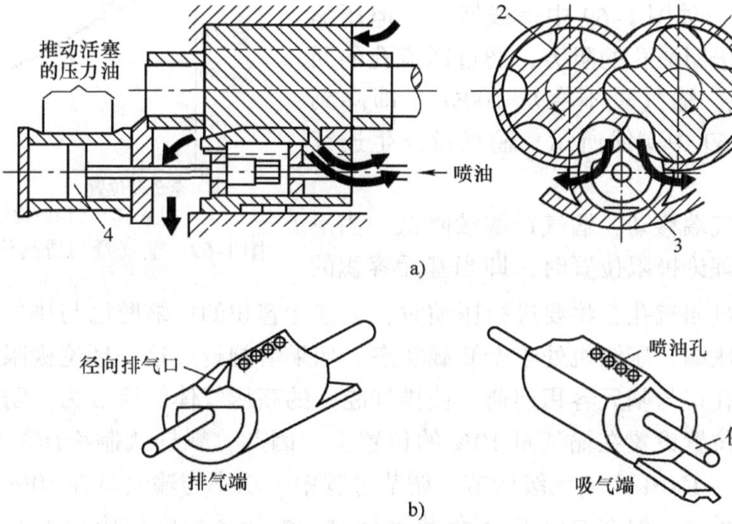

图1-67 滑阀调节

a) 滑阀工作示意图 b) 滑阀结构示意图

1—阳转子 2—阴转子 3—滑阀 4—油压活塞

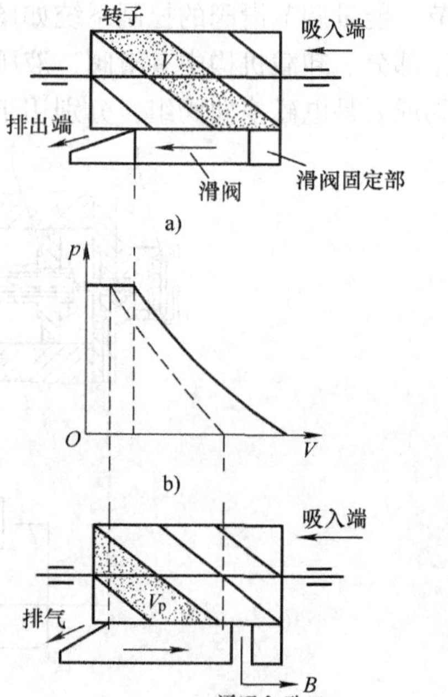

图1-68 滑阀位置与负荷关系

a) 全负荷滑阀位置 b) 基元容积与压力关系 c) 部分负荷滑阀位置

滑阀调节的基本原理是通过滑阀的移动，使压缩机阴、阳转子的齿间基元容积在齿面接触线从吸气端向排气端移动的前一段时间内，通过滑阀回流孔与吸气孔口相通，并使部分气体回流到吸气孔口，即通过改变转子的有效工作长度，来达到能量调节的目的。

图1-68所示为滑阀位置与负荷关系。其中，图1-68a所示为全负荷的滑阀位置，此时滑阀的背面与滑阀固定部分紧贴，压缩机运行时，基元容积中的气体全部被压缩后排出。而在调节工况时，滑阀的背部与固定部分脱离，形成回流孔，如图1-68c所示。基元容积在吸气过程结束后的一段时间内，虽然已经与吸气孔口脱开，但仍和回流孔连通，随着基元容积的缩小，一部分进气被转子从回流孔中排回吸气腔，压缩并未开始，直到该基元容积的齿面密封线移过回流孔之后，所余的进气（体积为 V_p）才受到压缩，因而压缩机的输气量将下降。滑阀的位置离固定端越远，回流孔长度越大，输气量就越小。当滑阀的背部接近排气孔口时，转子的有效长度接近于零，便能起

到卸载起动的目的。

图1-69所示为螺杆式制冷压缩机输气量与滑阀位置的关系曲线。滑阀背部与固定端紧贴时，为全负荷位置。当稍微移动滑阀时，回流孔即开启。由于滑阀固定部分的长度约占机体长度的1/5，故当滑阀刚刚离开固定端时，从理论上讲应使输气量突降到80%，如图1-69中虚线所示。但压缩机实际运行中，由于回流孔的阻力，通过回流孔的回流气体减少，因此，输气量不会从100%立即降到80%，而是如图1-69中实线所示，输气量发生连续的变化。

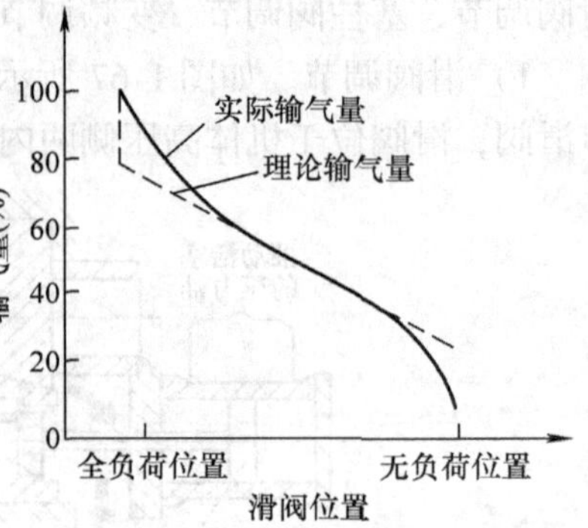

图1-69 输气量与滑阀位置的关系曲线

随着滑阀向排气端移动，输气量继续降低。当滑阀向排气端移动至理论极限位置时，即当基元容积的齿面接触线刚刚通过回流孔，将要进行压缩时，该基元容积的压缩腔已与排气孔口连通，使压缩机不能进行内压缩，压缩机处于全卸载状态。如果滑阀越过这一理论极限位置，则排气端座上的轴向排气孔口与基元容积连通，使排气腔中的高压气体倒流。为了防止这种现象发生，常把这一极限位置设置在输气量10%的位置上。因此，螺杆式制冷压缩机的制冷量调节范围一般为10%～100%内的无级调节。调节过程中，功率与输气量在50%以上负荷运行时几乎是成正比例关系，但在50%以下负荷运行时，性能系数则相应会大幅度下降，显得经济性较差。

滑阀的调节可用手动控制，也可实现自动控制，但控制的基本原理都是采用油压驱动调节。能量调节滑阀的控制系统如图1-70所示，它包括卸载机构、外部油管路和油路控制阀三部分。卸载机构中有滑阀、液压缸、液压活塞和能量指示器。油路控制阀为手动四通换向阀或者是电磁换向阀组，分别用于手动控制或自动控制。

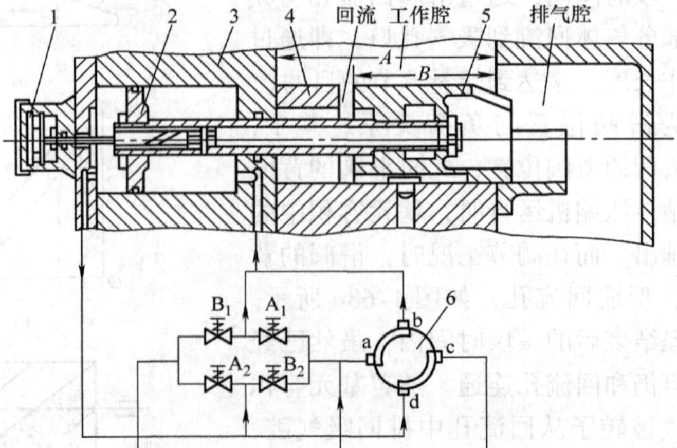

图1-70 能量调节滑阀的控制系统

1—能量指示器 2—液压活塞 3—液压缸 4—滑阀固定端 5—滑阀 6—手动四通换向阀

A_1、A_2、B_1、B_2—电磁阀

手动四通换向阀有增载、减载和停止3个手柄位置，其工作情况如下：图1-70所示位置为增载，即手柄置于增载位置，此时四通阀的接口a和b连通，c和d连通。液压油由接口a、b进入液压活塞的右侧，使液压活塞左移，从而带动能量调节滑阀也向左移动，压缩机增载。而液压活塞左侧的存油被压回四通阀，经接口c、d回流至低压侧，进入压缩机，然后返回油箱。当压缩机运转负荷增至某一预定值时，将四通阀手柄旋至停止位置，此时接口a、b、c、d之间断路，供油和回油管路都被切断，液压活塞定位，压缩机即在该负荷下运行。压缩机减载时，可将四通阀手柄旋至减载位置，此时接口a和d连通、b和c连通。供油和回油的情况与增载时相反，压缩机即可在某一预定值下减载运行。

电磁换向阀组由两组电磁阀构成，电磁阀A_1和A_2为一组，电磁阀B_1和B_2为另一组。每组的两个电磁阀通电时同时开启，断电时同时关闭。电磁换向阀组控制能量调节滑阀的工作情况如下：图1-70所示位置为增载，电磁阀A_1和A_2开启，电磁阀B_1和B_2关闭。高压油通过电磁阀A_1进入液压缸右侧，使活塞左移，液压活塞左侧的油通过电磁阀A_2流回压缩机的吸气部位。当压缩机运转负载增至某一预定值时，电磁阀A_1和A_2关闭，供油和回油管路都被切断，液压活塞定位，压缩机即在该负载下运行。反之，电磁阀B_1和B_2开启，电磁阀A_1和A_2关闭，即可实现压缩机减载。这种情况下，滑阀的上、下载是在油压差的作用下完成的。

图1-71所示为另一种滑阀调节方法，即两个电磁阀的滑阀控制。它使用两个电磁阀，当压缩机卸载时，卸载电磁阀开启，加载电磁阀关闭，高压油进入液压缸，推动液压活塞，使滑阀移向开启位置，滑阀开口使压缩机气体回到吸气端，从而减少了压缩机输气量。压缩机加载时，卸载电磁阀关闭，加载电磁阀开启，使油从液压缸排向机体内吸气侧，滑阀在制冷剂高、低压压差的作用下移向全负荷位置，此时，滑阀在加载时移动速度比卸载时快。与图1-70所示方法相比，这种方法结构简单，调节方便。开利23XL螺杆式冷水机组即采用这种调节方法。

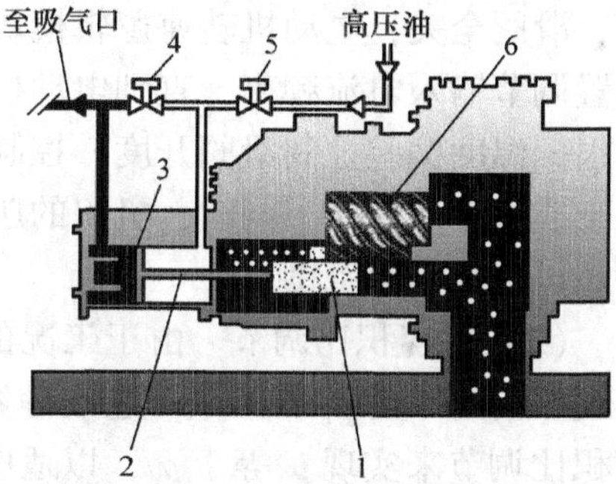

图1-71 两个电磁阀的滑阀控制

1—滑阀 2—拉杆 3—液压活塞
4—加载电磁阀 5—卸载电磁阀 6—转子

电磁阀组也可以用一只三位四通电磁阀代替，起同样的控制作用。

2）塞柱阀调节。塞柱阀的能量调节原理如图1-72所示。当需要减少输气量时，将塞柱阀1打开，基元容积内一部分制冷剂气体就旁通到吸气口；当需要输气量继续减少时，则再将塞柱阀2打开。塞柱阀的启闭是通过电磁阀控制油泵中油的进出来实现的。塞柱阀调节输气量只能实现有级调节，调节负荷为75%、50%、25%等。这种调节方法在小型、紧凑型螺杆压缩机中常常可以看到。

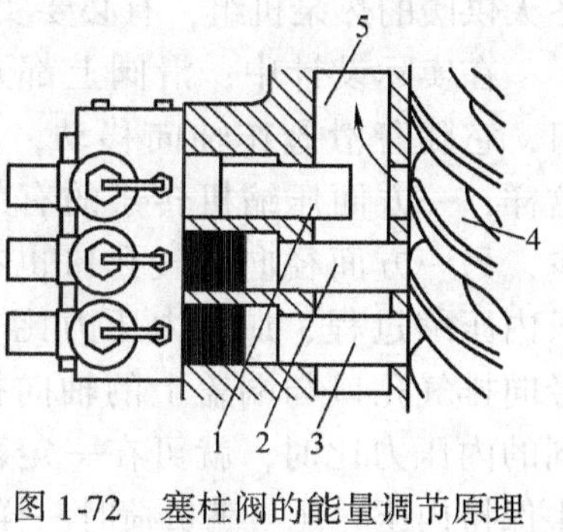

图1-72 塞柱阀的能量调节原理

1、2、3—塞柱阀 4—转子 5—回流通道

3）变频调节。装有变频驱动装置（Variable Speed Drives，VSD）的螺杆式冷水机组采用独特的自适应冷量

控制逻辑，根据工况变化同步调节电动机转速、滑阀开度和滑块位置，使滑阀位置、转速和内容积比保持最佳匹配，从而保证机组始终在最佳工况下运行。螺杆式冷水机组 VSD 的工作原理如图 1-73 所示。

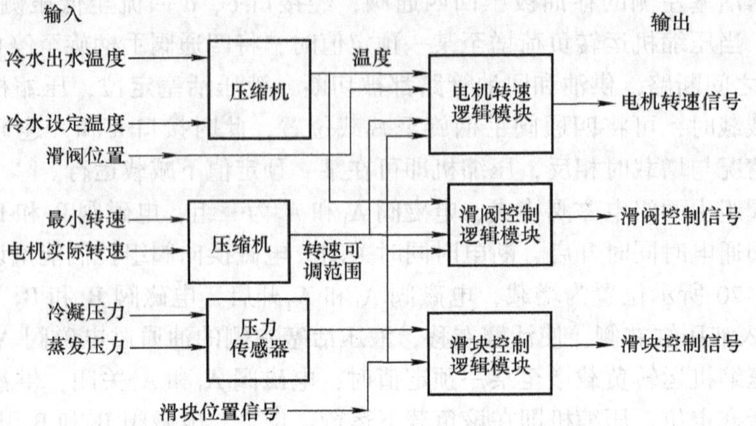

图 1-73 螺杆式冷水机组 VSD 的工作原理

VSD 控制的基本参数是冷媒水出水温度的实际值与设定值的偏差。当机组满负荷运转时，滑阀全关，电动机转速逻辑模块完全由温度偏差控制。随着负荷的减小，通过变频驱动装置调节输入电流频率，直到电动机转速达到最低为止。如果负荷继续减小，则滑阀打开，并根据温度偏差控制滑阀开度。控制系统根据压缩机的压力调节滑块位置，使压缩机内压比等于或接近外压比。同时，机组的压比限制着电动机转速变化及滑阀的增、减载，使外压比不超过滑块调节范围。

（2）内容积比调节　由于工况的改变，螺杆式制冷压缩机内压缩终了的压力 p_2 往往与排气腔内的压力 p_d 不相等，造成等容压缩或等容膨胀的额外功耗。为此，就有必要进行内容积比调节来实现 p_2 等于 p_d，以适应螺杆式制冷压缩机在不同工况下的高效运行。

内容积比调节通过改变径向排气孔口的位置来改变内容积比，以适应不同的运行工况。内容积比的调节种类很多，早期生产厂根据压缩机应用中的常用工况要求，提供不同内容积比的压缩机供选择，即通过更换不同的径向排气孔口的滑阀，以适应不同的内容积比的要求。我国螺杆式制冷压缩机系列的内容积比推荐值有 2.6、3.6 和 5 三种，以适应高温、中温及低温等不同蒸发温度的要求。但是，对于工况变化范围大的机组，如一年中夏天制冷、冬天供暖的热泵机组，有必要实现内容积比随工况变化进行无级自动调节。

在实际设计中，滑阀上都开有径向排气孔口，它随着滑阀作轴向移动，如图 1-74 所示。这样，一方面压缩机转子的有效工作长度在减少，另一方面径向排气孔口也在减少，可以延长内压缩过程、加大内压力比。当把滑阀上的径向排气孔口与端盖上的轴向排气孔口做成不同的内压力比时，就可在一定范围的调节过程中保持内压力比与满负荷时一样。

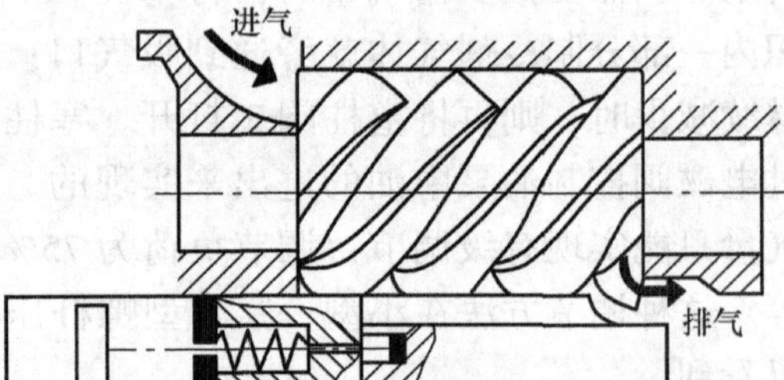

图 1-74 通过滑阀改变排气孔口位置

内容积比自动调节可以避免过压缩及欠压缩过程；可以根据系统工况要求使机组始终在最节能、最高效率容积比上运行，为用户节约运行费用。

6. 润滑系统

螺杆式制冷压缩机大多采用喷油结构。如图1-67b所示，与转子相贴合的滑阀上部开有喷油小孔，其开口方向与气体泄漏方向相反，液压油从喷油管进入滑阀内部，经滑阀上部喷油孔，以射流形式不断地向一对转子的啮合处喷射大量冷却润滑油。喷油量（以体积计）以输气量的0.8% ~1%为宜。喷入的润滑油除了起密封工作容积和冷却压缩气体与运动部件的作用外，还要润滑轴承、增速齿轮、阴阳转子等运动部件。油路系统是确保螺杆压缩机安全、可靠运行的关键因素。根据油路系统是否配有油泵，将其分为三种类型：带油泵油循环系统、不带油泵油循环系统及混合油循环系统。

（1）带油泵油循环系统　带油泵油循环系统是螺杆式制冷压缩机组常用的油循环系统，特别是压缩机采用滑动轴承（主轴承），或螺杆转速较高，以及带有增速齿轮等情况下，压缩机组上需设置预润滑油泵。每次开机前，首先起动预润滑油泵，建立一定的油压，然后压缩机才能正常起动。当机组工作稳定后，系统油压可以由油泵一直供给，或由冷凝器中的制冷剂压力提供，此时预润滑油泵可以关闭。

图1-75所示为典型的带油泵油循环系统。储存在一次油分离器5内的较高温度的冷冻机油，经过截止阀6、粗过滤器8，被油泵9吸入排至油冷却器11。在油冷却器中，油被水冷却后进入精过滤器12，随后进入油分配总管13，将油分别送至滑阀喷油孔、前后主轴承、平衡活塞、四通换向电磁阀 A_1、A_2、B_1、B_2 和能量调节装置的液压缸14等处。

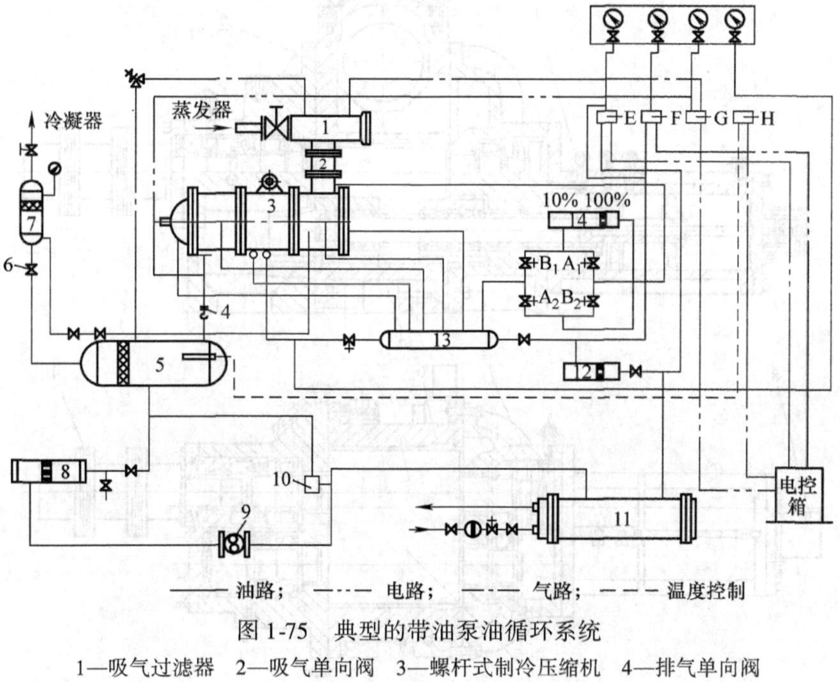

图1-75　典型的带油泵油循环系统

1—吸气过滤器　2—吸气单向阀　3—螺杆式制冷压缩机　4—排气单向阀
5—一次油分离器　6—截止阀　7—二次油分离器　8—粗过滤器　9—油泵
10—油压调节阀　11—油冷却器　12—精过滤器　13—油分配总管　14—液压缸

送入前、后主轴承、四通换向电磁阀的油，经机体内的油孔返回到低压侧。部分油与蒸气混合后，由压缩机排至油分离器。一次油分离器内的油经循环再次使用，二次油分离器内的低压油一般定期放回压缩机低压侧。在一次油分离器与油冷却器之间通常设置油压调节阀10，目的是保持供油压力较排气压力高0.15~0.3MPa，多余的油返回一次油分离器出油管。

压差控制器G控制系统高、低压力，温度控制器H控制排气温度，压差控制器E控制过滤器的压差，压力控制器F控制油压。

(2) 不带油泵油循环系统　当压缩机采用对润滑条件不敏感的滚动轴承，以及压缩机转速较低时，机组常趋向于采用不带油泵油循环系统。在机组运行时，依靠机组建立的排气压力来完成油的循环。

(3) 混合油循环系统　不少机组联合使用上述两种系统。机组运行在低压工况时，由油泵供给足够的油，而在高压运行时，靠压力差供给。

1.3.4　典型产品及特性

1. 开启螺杆式制冷压缩机

开启螺杆式制冷压缩机目前在中央空调领域应用较少，主要是考虑到轴封处的密封问题无法根本解决，维护工作量较大。目前，开启螺杆式制冷压缩机主要应用在工业冷冻领域。冷冻产品的蒸发温度很低，所需的冷量较大，需要大型的螺杆式压缩机。

图1-76所示为一种国产开启螺杆式制冷压缩机。该压缩机的结构特点是：① 转子采用新型单边不对称齿形，齿形光滑，无尖点、棱角，啮合特性优越，气流扰动损失小，接触线缩短，泄漏损失小；② 全部采用高质量滚动轴承，转子精确定位，轴颈无磨损，期望使用

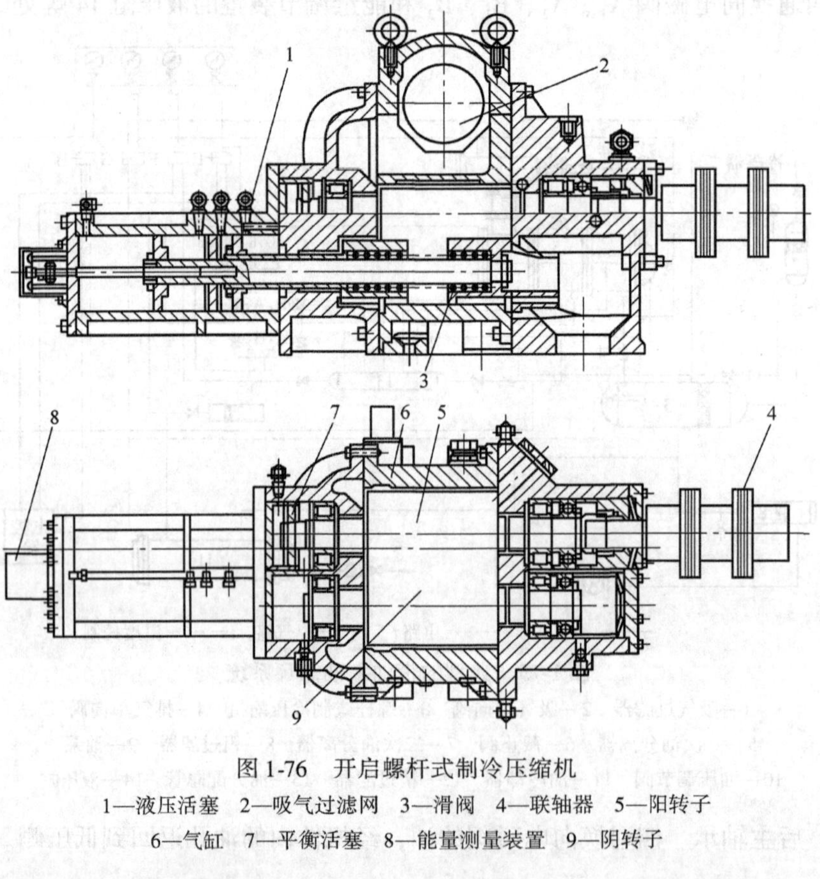

图1-76　开启螺杆式制冷压缩机

1—液压活塞　2—吸气过滤网　3—滑阀　4—联轴器　5—阳转子
6—气缸　7—平衡活塞　8—能量测量装置　9—阴转子

寿命为40000h；③ 能量调节滑阀及内容积比调节机构均由PLC微处理器自动控制，保证压缩机在高、中、低温各种工况下均运行在效率最高点；④ 吸气过滤器布置在机体内，机体采用双层壁结构，隔声效果好，吸、排气截止阀和吸、排气单向阀合二为一；⑤ 润滑系统在机器运转时，利用吸、排气压差供油，开机前通过一个小油泵预先提供润滑油，油泵故障率极低；⑥ 采用喷制冷剂的方法对压缩过程进行冷却，进一步减少了润滑油的循环量，还采用中间补气的“经济器”循环，使压缩机的性能得到了进一步的改善。

为适应高压力比工况，提高效率，有些公司还生产了单机双级开启螺杆式制冷压缩机，如图1-77所示。这种压缩机用电动机直接驱动低压级的阳转子，通过它再驱动高压级的阳转子。一般冷冻冷藏用压缩机的高、低压级容量比为1∶3，也可以为1∶2，根据工况运转要求，还可有多种组合。

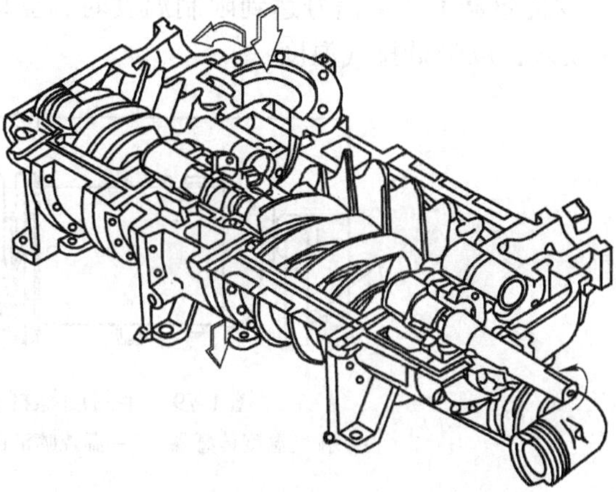

图1-77 单机双级开启螺杆式制冷压缩机

2. 半封闭螺杆式制冷压缩机

螺杆式制冷压缩机在中、小冷量时具有良好的热力性能，并且能适应苛刻的工况变化，在冷凝压力和排气温度很高的工况下也能安全可靠地运行。随着空调领域冷水机组及风冷热泵机组需求的急剧增加，压缩机的结构正向半封闭甚至全封闭的结构发展。半封闭螺杆式制冷压缩机的额定功率一般为10～100kW。

半封闭式结构根据油分离器是否内置又可分为两种。将油分离器内置的半封闭螺杆式制冷压缩机通常是三段式结构，即电动机部分、压缩机部分、油分离器部分，三部分之间通过带法兰的铸铁机体连接，其机体密封面通过O形圈进行密封。图1-78所示为带内置油分离器的半封闭螺杆式制冷压缩机。

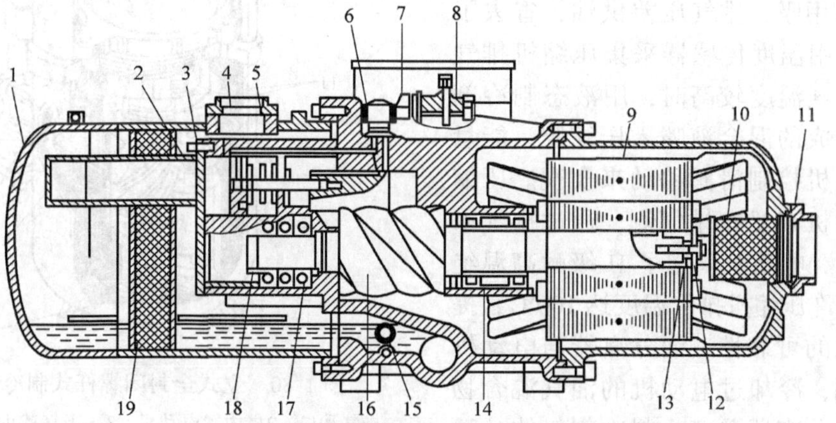

图1-78 带内置油分离器的半封闭螺杆式制冷压缩机

1—油分离器 2—排气管 3—排气端盖 4—排气联接法兰 5—能量调节活塞组件 6—能量调节滑块组件 7—能量调节电磁阀 8—接线盒 9—电动机 10—进气过滤器 11—进气联接法兰 12—电动机转子固定挡块 13—阳转子电动机端间隙环 14—吸气端轴承 15—加热器 16—阳转子 17—排气端轴承 18—轴承螺母 19—滤网

图1-78所示制冷压缩机中，低压制冷剂气体进入过滤器，通过电动机再到压缩机吸气孔口，因此，内置电动机靠制冷剂气体冷却，电动机效率大大提高。

由于风冷及热泵机组使用工况较恶劣，在高的冷凝压力和低的蒸发压力时，排气和润滑油温度或内置电动机温度会过高，造成保护装置动作，压缩机停机。为了保证压缩机能在工作界限范围内运行，可采用喷射液体制冷剂进行冷却降温。图1-79所示为德国比泽尔公司在半封闭螺杆式制冷压缩机上的一个应用实例。其最高限制温度设定为80～100℃，当排气温度传感器1传来信号达到限制温度时，立即打开温控喷液阀2，让液体制冷剂从喷油入口5喷入，以降低排气温度。

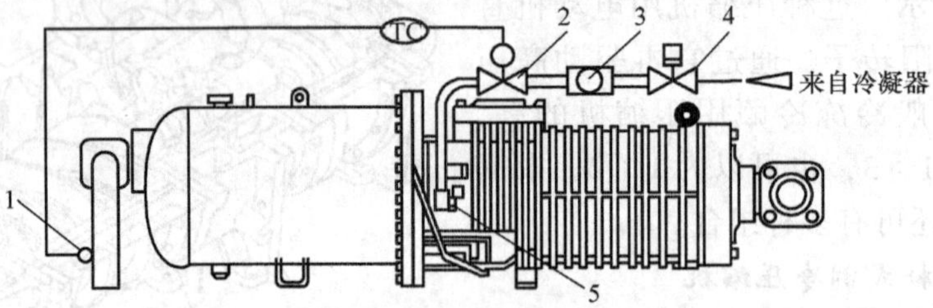

图1-79 半封闭螺杆式制冷压缩机的喷液冷却

1—排气温度传感器 2—温控喷液阀 3—视镜 4—电磁阀 5—喷油入口

3. 全封闭螺杆式制冷压缩机

图1-80所示为用于储水、冷冻冷藏和空调的立式全封闭螺杆式制冷压缩机，其转子为立式布置。为了提高转速，电动机主轴与阴转子直联，整个压缩机全部采用滚动轴承，以保证阴、阳转子间的啮合间隙。轴承采用了特殊材料和工艺，来承受较大载荷与保证足够的使用寿命，使运转可靠。润滑系统采用吸、排气压差供油，省去了润滑油泵。用温度传感器采集压缩机排气温度，当排气温度较高时，用液态制冷剂和少量油组成的混合液喷入压缩腔。能量调节由计算机控制滑阀移动来实现。压缩机内置电动机布置在排气侧，通过排气来冷却电动机。电动机采用了H级耐高温绝缘技术，允许压缩机排气温度达100℃，提高了电动机的可靠性。油分离器与电动机布置在同侧，冷却过电动机的油气混合物通过内置油分离器分离，制冷剂气体从顶部排气口排出，油流到下部的油槽内。此类立式全封闭螺杆式制冷压缩机的单机制冷量可达140～920kW。

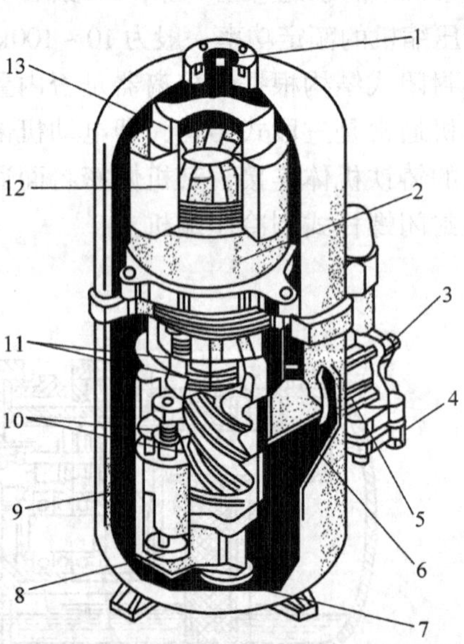

图1-80 立式全封闭螺杆式制冷压缩机

1—排气孔口 2—内置电动机 3—吸气截止阀 4—吸气口 5—吸气单向阀 6—吸气过滤网 7—油过滤器 8—能量调节液压活塞 9—调节滑阀 10—阴阳转子 11—主轴承 12—油分离器 13—挡油板

图1-81所示为一种卧式全封闭螺杆式制冷压缩机，主要应用在列车空调系统中，其电

动机部分放置在吸气侧，电动机配用功率为10～20kW。它的结构特点是卧式布置，不设能量调节滑阀，采用电动机变频调节。

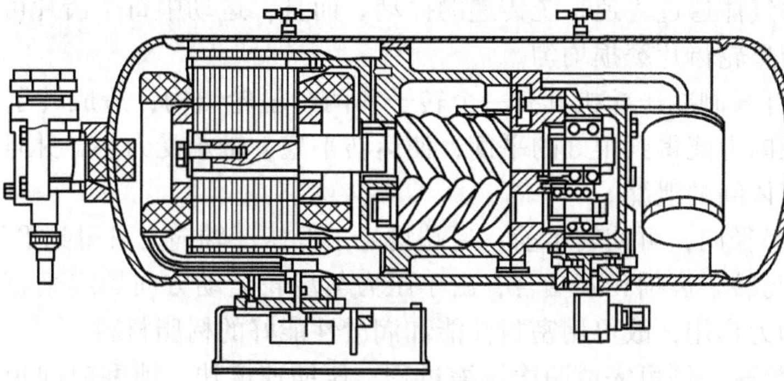

图1-81　卧式全封闭螺杆式制冷压缩机

1.3.5　单螺杆式制冷压缩机

单螺杆式压缩机是在20世纪50年代由法国辛麦恩（Zimmern）发明，并于1963年正式投产的。由于具有结构简单、零部件少、质量小、效率高、振动小和噪声低等优点，单螺杆式制冷压缩机开始用于压缩空气。20世纪70年代中期，荷兰Grasso-SeaCon BV公司成功地把单螺杆式制冷压缩机研制成型号为MS10的制冷压缩机后，很快在中小型制冷空调和热泵装置上得到应用。目前单螺杆式制冷压缩机有开启式和半封闭式两种，电动机匹配功率为20～1000kW。

1. 单螺杆式制冷压缩机的工作原理及结构特点

单螺杆式制冷压缩机是利用形似涡轮截面的星轮，与蜗杆转子（又称螺杆转子）相啮合，故又有蜗杆压缩机之称。单螺杆式制冷压缩机也没有吸、排气阀，其工作原理如图1-82所示。一个螺杆转子带动两个与之相啮合的星轮，随着螺杆与星轮的相对运动，气体吸入螺杆齿槽，当星轮的齿片切入螺杆齿槽，并旋转至齿槽容积与吸气腔隔开时吸气结束，即为吸气过程，如图1-82a所示；当螺杆继续旋转，螺杆齿槽内的气体容积不断减少，气体压力就不断升高，直至齿槽内的气体与排气口刚要接通为止，气体压缩结束，即为压缩过程，如图1-82b所示；当齿槽与排气口连通时，即开始排气，直至星轮全部扫过螺杆齿槽，槽内气体全部排出，即为排气过程，如图1-82c所示。

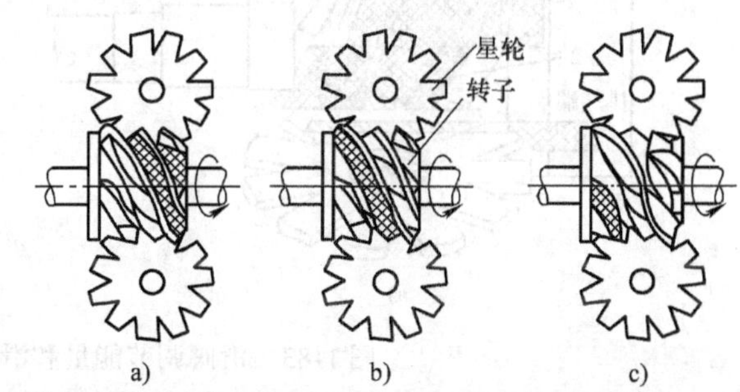

图1-82　单螺杆式制冷压缩机的工作原理图
a）吸气过程　b）压缩过程　c）排气过程

由图1-82可见，单螺杆式制冷压缩机与双螺杆式制冷压缩机不同，在单螺杆式制冷压缩机的转子两侧对称配置的星轮，分别构成双工作腔，各自完成吸气、压缩和排气工作过程，所以单螺杆式制冷压缩机的一个基元容积在旋转一周内，完成了两次吸气、压缩和排气循环。

单螺杆式制冷压缩机的结构特点如下：

1）一般单螺杆转子齿槽数和与它相匹配的星轮齿片数之比为 6：11，这样减少了排气脉动，从而使排气平稳，加上左、右两个星轮，造成交替啮合，与双螺杆式制冷压缩机相比，降低了噪声和气体通过管道系统传递的振动。而且，运动中每个齿片可以轮流扫过每一个齿槽，使转子与星轮齿片磨损均匀。

2）由于单螺杆式制冷压缩机具有一个转子和两个星轮结构，造成转子上下压缩是对称进行的。因此其径向力能得到很好的平衡，使运转平稳，轴承受力小，并且减少了转子弯曲所造成的转子与壳体间的泄漏。

3）排气孔口呈径向，可使转子前、后端均处于低压，轴向力可得到平衡。

4）星轮齿片与转子齿槽相互啮合，由于压力与星轮运动方向始终垂直，因此不受气体压力引起的传递动力作用，故可用密封性能和润滑性能好的树脂材料。

5）螺杆转子旋转一周可完成两次压缩过程，压缩速度快、泄漏时间短，有利于提高容积效率、减小压力脉动。

2. 单螺杆式制冷压缩机的能量和内容积比调节

由于滑阀调节方式结构简单，调节过程连续稳定，内容积比变化少，在单螺杆式制冷压缩机的能量和内容积比调节中得到了广泛的应用。滑阀式调节机构的结构、工作原理如图 1-83 所示。其工作原理与双螺杆式制冷压缩机相同，但具体结构却有较大差别。滑阀安置在具有半圆槽的气缸壁上，由于两个星轮同时与螺杆齿槽形成压缩腔，故在螺杆两边就有相应的两个滑阀。图 1-83a 表示能量调节滑阀 1 在全负荷位置，图 1-83b 表示能量调节滑阀 1 由吸气端向排气端移动一定距离，使基元容积吸入的气体回流到吸气腔，减少输气量。

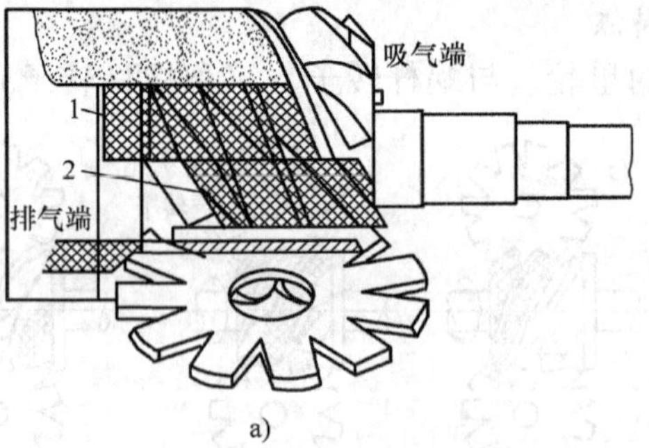

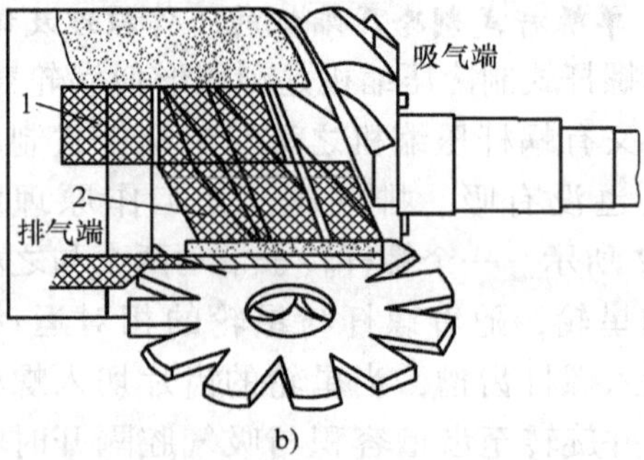

图 1-83　滑阀调节能量和滑阀调节内容积比的原理图

a）滑阀 1、2 分别处于输气量最大和内容积比最小位置　b）滑阀 1、2 分别处于输气量减小和内容积比增大位置

1—能量调节滑阀　2—内容积比调节滑阀

与双螺杆式制冷压缩机一样，由于单螺杆式制冷压缩机无吸、排气阀，在压缩终了时的压力 p_2 不一定与排气腔内的压力 p_d 相等，所以要进行内容积比调节。图 1-83 中内容积比调节滑阀 2 用以调节内容积比。图 1-83a 中内容积比调节滑阀 2 处于靠近吸气口位置，排气口较大，使基元容积较早地与排气口相通，因此内容积比变小；图 1-83b 中内容积比调节滑阀 2 移动至靠近排气口位置，排气口较小，这样推迟了基元容积和排气口相通的位置，内容积比较大。单螺杆式制冷压缩机能量调节滑阀 1 与内容积比调节滑阀 2 可分开单独动作，使工况变化时压缩机一直在较高效率下运行。

3. 典型产品及特性

（1）开启单螺杆式制冷压缩机　图1-84所示为带有能量及内容积比调节滑阀的开启单螺杆式制冷压缩机，中间为螺杆转子，两侧为星轮转子，其内容积比调节滑阀紧靠星轮和转子的啮合平面，而能量调节滑阀设在内容积比调节滑阀的上方。这样能量调节与内容积比调节可以互不制约，分别进行。

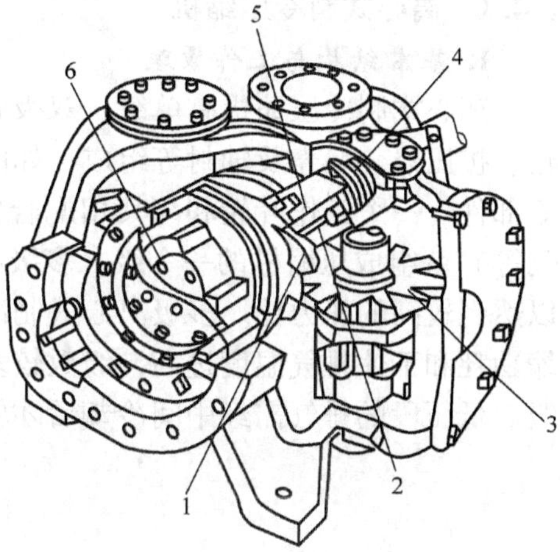

图1-84　开启单螺杆式制冷压缩机
1—螺杆转子　2—内容积比调节滑阀　3—星轮
4—轴封　5—能量调节滑阀　6—轴承

（2）半封闭单螺杆式制冷压缩机　单螺杆式制冷压缩机在压缩制冷剂气体时，内压缩过程的压力比较高，需要在压缩过程中喷入油来达到降温、润滑和密封的目的。为了简化结构，可采用如图1-85所示的半封闭单螺杆式制冷压缩机。它的基本结构为电动机与单螺杆转子直联，在排气端设有油回收装置，星轮与转子均采用滚珠轴承支撑，在星轮与转子间设有调节滑阀。由蒸发器来的制冷剂气体先冷却电动机再进入压缩腔，在压缩气体的同时向压缩腔喷入油和液体制冷剂，起到了冷却、密封、润滑和降低噪声的作用。排出的气体进入油回收装置，使油气分离，气体由排气口排出，油流向压缩机底部的油池。油池里的油在吸、排气压力差的作用下，通过过滤器再次喷入压缩腔和轴承，油仅在压缩机内进行循环。这种结构省去了油泵和油冷却器，装置结构紧凑简单。

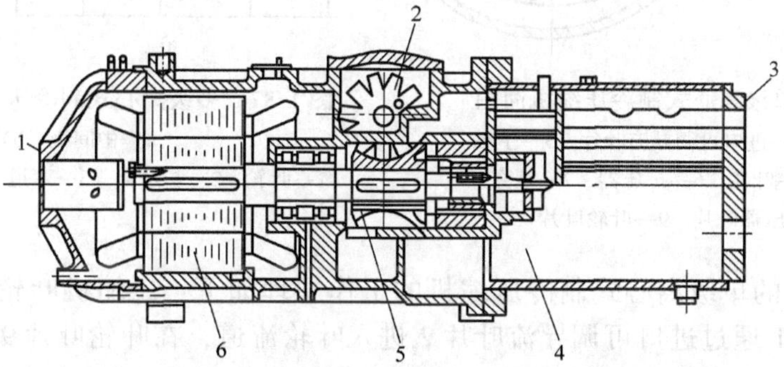

图1-85　半封闭单螺杆式制冷压缩机
1—吸气口　2—星轮　3—排气口　4—油回收装置　5—转子　6—电动机

1.4　其他类型的制冷压缩机

离心式制冷压缩机属于速度型制冷压缩机，它是靠高速旋转的叶轮对气体做功，以提高气体的压力，其流量比容积型制冷压缩机要大得多。为了产生有效的能量转换，其旋转速度必须很高。离心式制冷压缩机通常用于制冷量较大的场合，制冷量为350～7 000kW时采用封闭离心式制冷压缩机，制冷量为7 000～35 000kW时多采用开启离心式制冷压缩机。离心式制冷压缩机的吸气量为0.03～15m^3/s，转速为1 800～90 000r/min，吸气温度通常为

-100～+10℃，吸气压力为14～700kPa，排气压力小于2MPa，压力比为2～30，几乎所有制冷剂都可采用（目前常用的制冷剂工质有R22、R123、R134a等）。

1.4.1　离心式制冷压缩机

1. 基本结构与工作原理

离心式制冷压缩机有单级、双级和多级等多种结构形式。单级压缩机主要由吸气室、叶轮、扩压器、蜗壳及轴封等组成，如图1-86所示。对于多级压缩机，还设有弯道和回流器等部件。一个工作叶轮和与其相配合的固定元件（如吸气室、扩压室、弯道、回流器或蜗壳等）就组成压缩机的一个级。多级离心式制冷压缩机的主轴上设置着几个叶轮串联工作，以达到较高的压力比。多级离心式制冷压缩机的中间级和末级如图1-87所示。为了节省压缩功耗和不使排气温度过高，级数较多的离心式制冷压缩机中可分为几段，每段包括一到几级。低压段的排气需经中间冷却后才输往高压段。

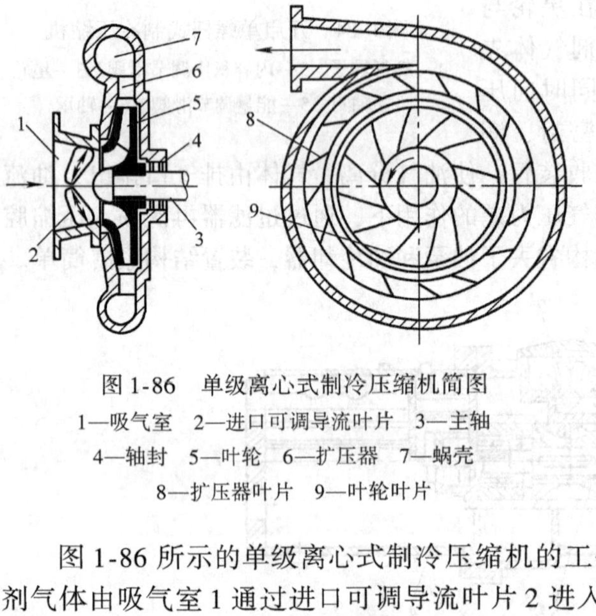

图1-86　单级离心式制冷压缩机简图

1—吸气室　2—进口可调导流叶片　3—主轴　4—轴封　5—叶轮　6—扩压器　7—蜗壳　8—扩压器叶片　9—叶轮叶片

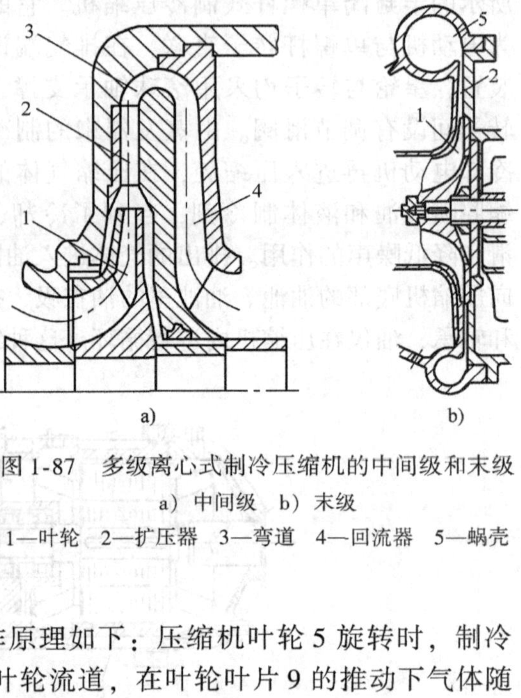

图1-87　多级离心式制冷压缩机的中间级和末级

a）中间级　b）末级

1—叶轮　2—扩压器　3—弯道　4—回流器　5—蜗壳

图1-86所示的单级离心式制冷压缩机的工作原理如下：压缩机叶轮5旋转时，制冷剂气体由吸气室1通过进口可调导流叶片2进入叶轮流道，在叶轮叶片9的推动下气体随着叶轮一起旋转。由于离心力的作用，气体沿着叶轮流道径向流动并离开叶轮，同时，叶轮进口处形成低压，气体由吸气管不断吸入。在此过程中，叶轮对气体做功，使其动能和压力能增加，气体的压力和流速得到提高。接着，气体以高速进入截面逐渐扩大的扩压器6和蜗壳7，流速逐渐下降，大部分气体动能转变为压力能，压力进一步提高，然后再引出压缩机外。

对于多级离心式制冷压缩机，为了使制冷剂气体压力继续提高，利用弯道和回流器将气体引入下一级叶轮进行压缩，如图1-87a所示，最后由末级引出机外，如图1-87b所示。

离心式制冷压缩机与活塞式制冷压缩机相比具有以下特点：

1）在相同制冷量时，其外形尺寸小、质量小、占地面积小。相同的制冷工况及制冷量下，活塞式制冷压缩机比离心式制冷压缩机（包括齿轮增速器）重5～8倍，占地面积多一倍左右。

2）无往复运动部件，动平衡特性好，振动小，基础要求简单。目前对中小型组装式机组，压缩机可直接装在单筒式的蒸发—冷凝器上，无需另外设计基础，安装方便。

3）磨损部件少，连续运行周期长，维修费用低，使用寿命长。

4）润滑油与制冷剂基本上不接触，从而提高了蒸发器和冷凝器的传热性能。

5）易于实现多级压缩和节流，达到同一台制冷机多种蒸发温度的操作运行。

6）能够经济地进行无级调节。可以利用进口导流叶片自动进行能量调节，调节范围和节能效果较好。

7）对大型制冷机，若用经济性高的工业汽轮机直接带动，实现变转速调节，节能效果更好。尤其对有废热蒸汽的工业企业，还能实现能量回收。

8）转速较高，用电动机驱动的一般需要设置增速器。而且，对轴端密封要求高，这些均增加了制造上的困难和结构上的复杂性。

9）当冷凝压力较高或制冷负荷太低时，压缩机组会发生喘振而不能正常工作。

10）制冷量较小时，效率较低。

2. 分类

离心式制冷压缩机可按其用途、结构形式、使用的制冷剂等进行分类。

（1）按压缩机的用途分类　按压缩机的用途分，离心式制冷压缩机可分为冷水机组用压缩机和低温机组用压缩机。冷水机组的蒸发温度在 -5℃以上，大多用于大型中央空调或制取5℃以上冷水或略低于0℃盐水的工业过程用场合；低温机组的蒸发温度为 -40 ~ -5℃，多用于制冷量较大的化工工艺流程。

（2）按压缩机的密封结构形式分类　和其他形式的制冷压缩机一样，按压缩机的密封结构形式的不同，离心式制冷压缩机可分为开启式、半封闭式和全封闭式三种。

图1-88为开启离心式制冷机组结构简图。机组的布置是把压缩机、增速器与原动机分开，在机壳外用联轴器联接，如图1-88a所示。另有一些则是压缩机、增速器在同一机壳内，由增速器与电动机轴连接，如图1-88b所示。在这些机组中，为了防止制冷剂泄漏，在轴的外伸端处必须装有轴封。

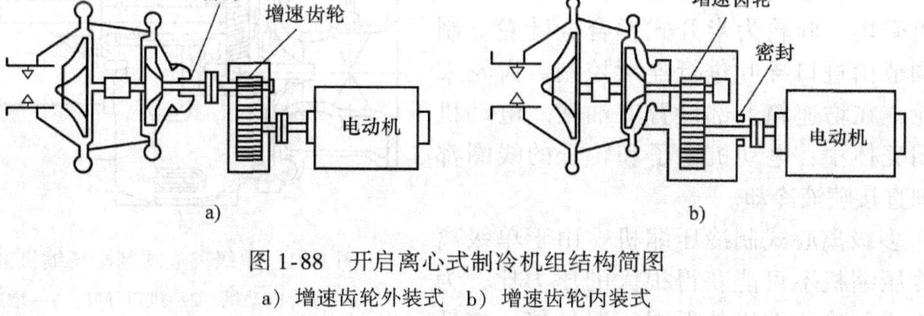

图1-88　开启离心式制冷机组结构简图
a）增速齿轮外装式　b）增速齿轮内装式

图1-89为半封闭离心式制冷机组结构简图。压缩机组封闭在一起，泄漏少。各部件与机壳用法兰面连接，结构紧凑；采用单级或多级悬臂叶轮；多级叶轮也可不用增速器而由电动机直接驱动。电动机需专门制造，并要考虑其在运转中的冷却，以及耐制冷剂的腐蚀、电器绝缘问题。半封闭式机组的优点是体积小、噪声低和密封性好，因此是目前空调用离心式制冷机组普遍采用的一种形式。

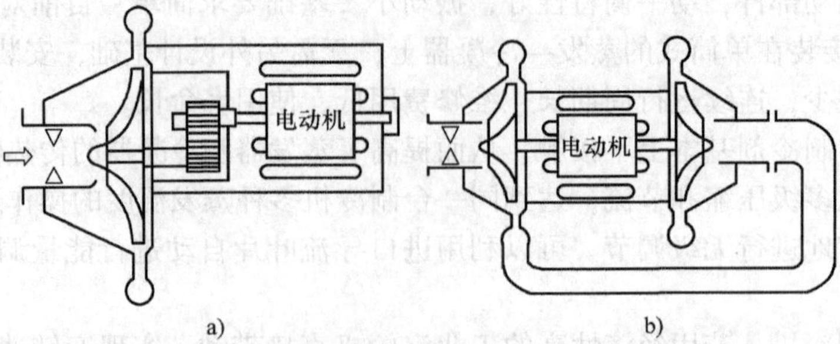

图 1-89　半封闭离心式制冷机组结构简图

a）单级压缩式　b）直连二级压缩式

图 1-90 为全封闭离心式制冷机组结构简图。所有的制冷设备封闭在同一机壳内。电动机两个出轴端各有一级或两级叶轮直接驱动，取消了增速器、无叶扩压器和其他固定零部件。电动机被充分冷却，不会出现电流过载。整个机组结构简单、噪声低、振动小。有些机组采用气体膨胀机高速传动，结构更简单。全封闭离心式制冷机组一般用于飞机机舱或船只内空调，采用氟利昂制冷剂，具有制冷量小，气密性好的特点。

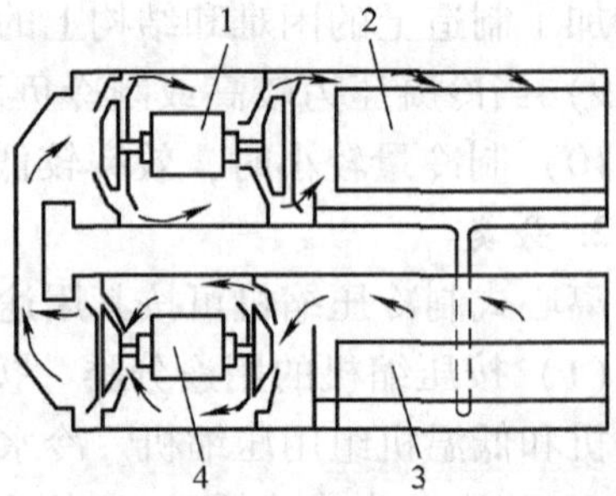

图 1-90　全封闭离心式制冷机组结构简图

1、4—电动机　2—冷凝器　3—蒸发器

3. 典型结构

（1）单级离心式制冷压缩机　由于受结构限制而不能获得很大的压力比，因此单级离心式制冷压缩机多用于冷水机组中。图 1-91 为一台 2800kW 制冷量的单级离心式制冷压缩机剖视图。它由叶轮、增速齿轮、电动机和进口导叶等部件组成。气缸为垂直剖分型，采用低压制冷剂 R123 作为工质。压缩机采用半封闭的结构，其驱动电动机、增速器和压缩机组装在一个机壳内。叶轮为半开式铝合金叶轮。制冷量的调节由进口导叶进行连续控制。齿轮采用斜齿轮，在增速箱上部设置有油槽。电动机置于封闭壳体中，电动机定子和转子的线圈都用制冷剂直接喷液冷却。

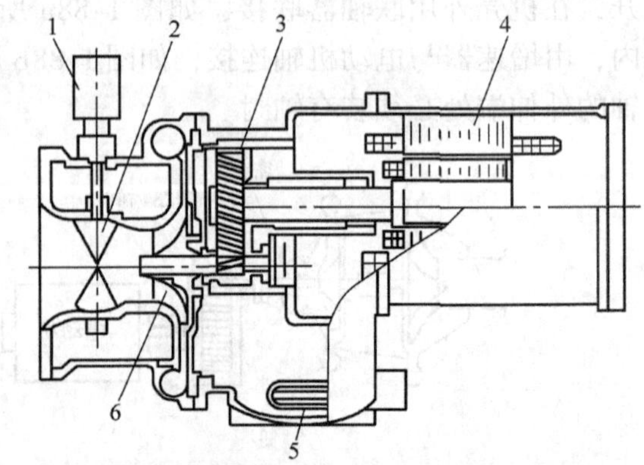

图 1-91　单级离心式制冷压缩机剖视图

1—导叶电动机　2—进口导叶　3—增速齿轮

4—电动机　5—油加热器　6—叶轮

（2）多级离心式制冷压缩机　由于单级离心式制冷压缩机不可能获得很大的压力比，为改善离心式制冷压缩机的低温工况性能，在低温机组中采用多级离心式制冷压缩机。图 1-92 为一种多级离心式制冷压缩机剖视图。由蒸发器来的制冷剂蒸气由吸气口 8 吸入，流经进口导叶 7 进入第一级叶轮 18，经无叶扩压器 17、弯道 16、回流器 15 再进入第二级叶轮 14，以此类推，最后由蜗壳 11 把气体汇集起来，经排气口 12 送至冷凝器。

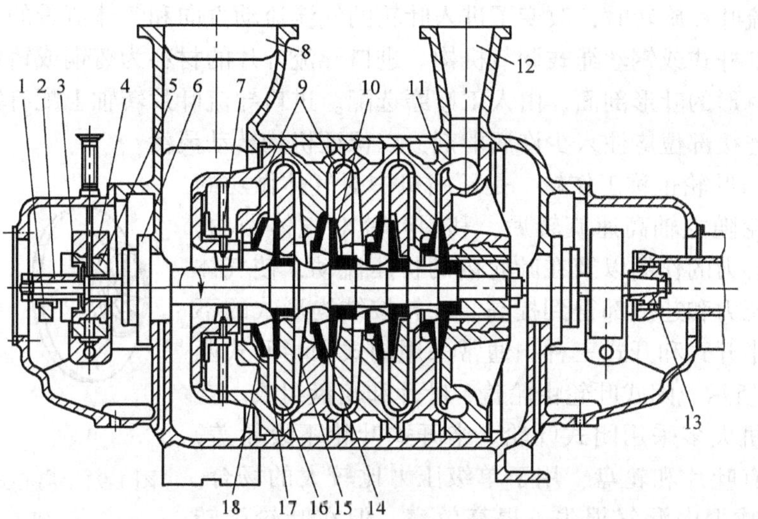

图 1-92 多级离心式制冷压缩机剖视图

1—顶轴器 2—套筒 3—推力轴承 4—轴承 5—调整块 6—轴封 7—进口导叶 8—吸气口 9—隔板 10—轴 11—蜗壳 12—排气口 13—联轴器 14—第二级叶轮 15—回流器 16—弯道 17—无叶扩压器 18—第一级叶轮

4. 主要零部件的结构与作用

由于使用场合的蒸发温度、制冷剂不同，离心式制冷压缩机的缸数、段数和级数相差很大，总体结构上也有差异，但其基本组成零部件是相同的。现将其主要零部件的结构与作用简述如下：

（1）吸气室 吸气室的作用是将从蒸发器或级间冷却器来的气体，均匀地引导至叶轮的进口。为减少气流的扰动和分离损失，吸气室沿气体流动方向的截面一般做成渐缩形，使气流略有加速。吸气室的结构比较简单，有轴向进气和径向进气两种形式，如图 1-93 所示。对单级悬臂压缩机，压缩机放在蒸发器和冷凝器之上的组装式空调机组中，常用径向进气肘管式吸气室，如图 1-93b 所示。但由于叶轮的吸入口为轴向的，径向进气的吸气室需设置导流弯道，为了使气流在转弯后能均匀地流入叶轮，吸气室转弯处有时还加有导流板。图 1-93c 所示的径向进气半蜗壳式吸气室常用于具有双支承轴承且第一级叶轮有贯穿轴的多级压缩机中。

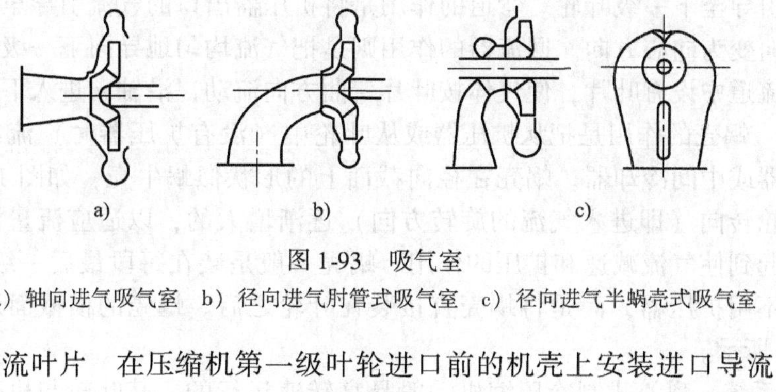

图 1-93 吸气室

a）轴向进气吸气室 b）径向进气肘管式吸气室 c）径向进气半蜗壳式吸气室

（2）进口导流叶片 在压缩机第一级叶轮进口前的机壳上安装进口导流叶片可以调节

制冷量。当导流叶片旋转时，改变了进入叶轮的气流流动方向和气体流量的大小。转动导流叶片时可采用杠杆式或钢丝绳式调节机构。进口导流叶片的材料为铸铜或铸铝，叶片具有机翼形与对称机翼形的叶形剖面，由人工修磨选配。进口导流叶片转轴上配有铜衬套，转轴与衬套间以及各连接部位应注入少许润滑剂，以保证机构转动灵活。

(3) 叶轮　叶轮也称工作轮，是压缩机中对气体做功的唯一部件。叶轮随主轴高速旋转后，利用叶片对气体做功，气体由于受离心力的作用以及在叶轮内的扩压流动，使气体通过叶轮后的压力和速度都得到提高。叶轮按结构形式的不同分为闭式、半开式和开式三种，通常采用闭式和半开式两种，如图1-94所示。闭式叶轮由轮盖、叶片和轮盘组成。空调用制冷压缩机大多采用闭式叶轮。半开式叶轮不设轮盖，一侧敞开，仅有叶片和轮盘，用于单级压力比较大的场合。有轮盖时，可减少内漏气损失，提高效率，但在叶轮旋转时，轮盖的应力较大，因此叶轮的圆周速度不能太大，限制了单级压力比的提高。半开式叶轮由于没有轮盖，适宜于承受离心惯性力，因而对叶轮强度有利，使叶轮圆周速度可以较高。钢制半开式叶轮的圆周速度目前可达450～540m/s，单级压力比可达6.5。

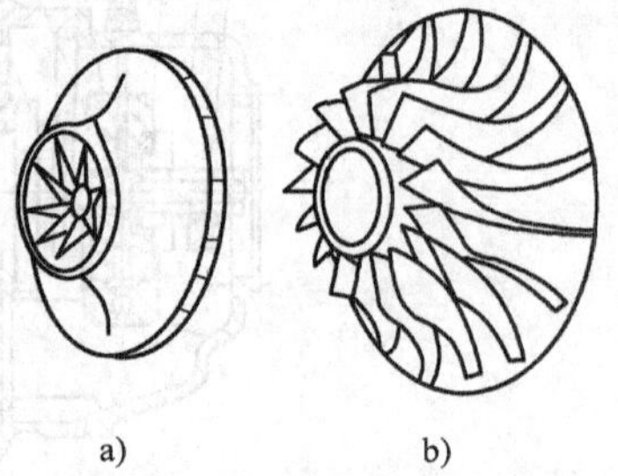

图1-94　离心式制冷压缩机叶轮

a）闭式　b）半开式

离心式制冷压缩机叶轮的叶片按形状可分为单圆弧叶片、双圆弧叶片、直叶片和三元叶片四种。空调用压缩机的单级叶轮多采用形状既弯曲又扭曲的三元叶片。三元叶片加工比较复杂，精度要求高。当使用氟利昂制冷剂时，单级叶轮通常用铸铝叶轮，可降低加工要求。

(4) 扩压器　气体从叶轮流出时有很高的流动速度，一般可达200～300m/s，气体的动能占叶轮对气体做功的很大比例。为了将这部分动能充分地转变为压力能，同时为了使气体在进入下一级时有较低的合理的流动速度，在叶轮后面设置了扩压器，如图1-87所示。扩压器通常由两个与叶轮轴相垂直的平行壁面组成。如果在两平行壁面之间不装叶片，称为无叶扩压器；如果设置叶片，则称为叶片扩压器。扩压器内环形通道截面是逐渐扩大的，当气体流过时，速度逐渐降低，压力逐渐升高。无叶扩压器结构简单、制造方便，由于流道内没有叶片阻挡，无冲击损失。在空调用离心式制冷压缩机中，为了适应其较宽的工况范围，一般采用无叶扩压器。叶片扩压器常用于低温机组中的多级压缩机。

(5) 弯道和回流器　在多级离心式制冷压缩机中，设置弯道和回流器是为了把由扩压器流出的气体引导至下一级叶轮。弯道的作用是将扩压器出口的气流引导至回流器进口，使气流从离心方向变为向心方向。回流器的作用则是把气流均匀地导向下一级叶轮的进口，为此，在回流器流道中设有叶片，使气体按叶片弯曲方向流动，沿轴向进入下一级叶轮。

(6) 蜗壳　蜗壳的作用是把从扩压器或从叶轮中（没有扩压器时）流出的气体汇集起来，排至冷凝器或中间冷却器。蜗壳在径向截面上的形状似蜗牛壳，如图1-86所示，其流通截面是沿叶轮转向（即进入气流的旋转方向）逐渐增大的，以适应流量沿圆周不均匀的情况，同时也起到使气流减速和扩压的作用。蜗壳一般是装在每段最后一级的扩压器之后，也有的最后级不用扩压器，而是将蜗壳直接装在叶轮之后。蜗壳的横截面形状常用偏置圆形，如图1-87所示。

(7) 润滑系统　离心式制冷压缩机一般是高转速运行的，其叶轮与机壳无直接接触摩擦，无需润滑。但其他运动摩擦部位即使短暂缺油，也将导致烧坏，因此离心式制冷机组必须带有润滑系统。开启式机组的润滑系统为独立的装置，半封闭式机组的润滑系统则放在压缩机机组内。图1-95所示为半封闭离心式制冷压缩机的润滑系统。润滑油通过油冷却器2冷却后，经油过滤器5吸入油泵1。油泵加压后，经油压调节阀3调整到规定压力（一般比蒸发压力高0.15～0.2MPa），进入磁力塞6，油中的金属微粒被磁力吸附，使润滑油进一步净化。然后一部分油送往电动机9的末端轴承，另一部分送往径向轴承15、推力轴承16及增速器齿轮和轴承，然后流回储油箱供循环使用。

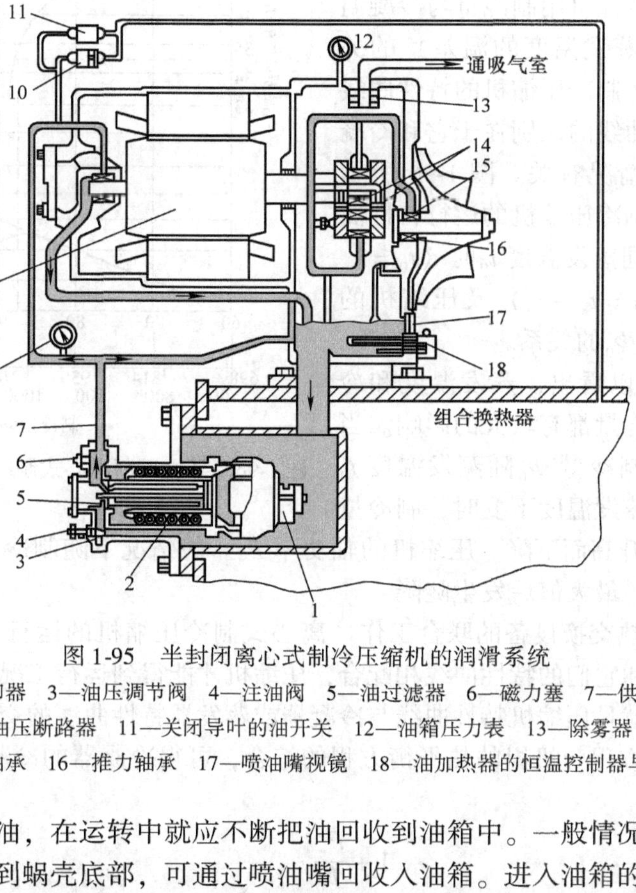

图1-95 半封闭离心式制冷压缩机的润滑系统

1—油泵 2—油冷却器 3—油压调节阀 4—注油阀 5—油过滤器 6—磁力塞 7—供油管 8—油压表 9—电动机 10—低油压断路器 11—关闭导叶的油开关 12—油箱压力表 13—除雾器 14—小齿轮轴承 15—径向轴承 16—推力轴承 17—喷油嘴视镜 18—油加热器的恒温控制器与指示灯

由于制冷剂中含油，在运转中就应不断把油回收到油箱中。一般情况下，经压缩后的含油制冷剂的油滴会落到蜗壳底部，可通过喷油嘴回收入油箱。进入油箱的制冷剂蒸发成气体再次被压缩机吸入。

油箱中设有带恒温装置的油加热器，在压缩机起动前或停机期间通电工作，以加热润滑油。其作用是使润滑油黏度降低，以利于高速轴承的润滑；另外，在较高的温度下易使溶解在润滑油中的制冷剂蒸发，以保持润滑油原有的性能。

为了保证压缩机润滑良好，油泵在压缩机起动前30s先起动，在压缩机停机后40s内仍连续运转。当油压差小于69kPa时，低油压保护开关使压缩机停机。

空调用离心式制冷压缩机由于使用不同的制冷剂，对润滑油的要求也不同。R22机组的专用油要求为烷基苯基合成的冷冻机油。用于R134a机组中润滑齿轮的润滑油，一般采用多元醇基质合成冷冻机油。

除上述主要零部件外，离心式制冷压缩机还有其他一些零部件，如：减少气体从叶轮出口倒流叶轮入口的轮盖密封；减少级间漏气的轴套密封；开启式机组尚有轴端密封；减少轴向推力的平衡盘；承受转子剩余轴向推力的推力轴承以及支撑转子的径向轴承等。

5. 运行特性与能量调节

(1) 离心式制冷压缩机的运行特性曲线　对于一般离心式制冷压缩机，为了较清晰地反映其特性，通常在某一转速情况下，将排气压力和气体流量的关系用曲线表示。对于离心式制冷压缩机，冷凝压力对应于一定的冷凝温度，气体流量对应于一定的制冷量。因此，制冷压缩机的特性可用制冷量与冷凝温度（或冷凝温度与蒸发温度的温差）的关系曲线表示。也即，制冷压缩机的特性曲线与一般压缩机特性曲线的区别在于它和冷凝器、蒸发器的运行情况有关。图 1-96 所示为某空调用离心式制冷压缩机的运行特性曲线。它表示了在不同蒸发温度 t_0 时（$t_0=2$、4、6℃），温差（$\Delta t=t_k-t_0$）及压缩机的轴功率 P_e 与制冷量 Φ_0 的关系。

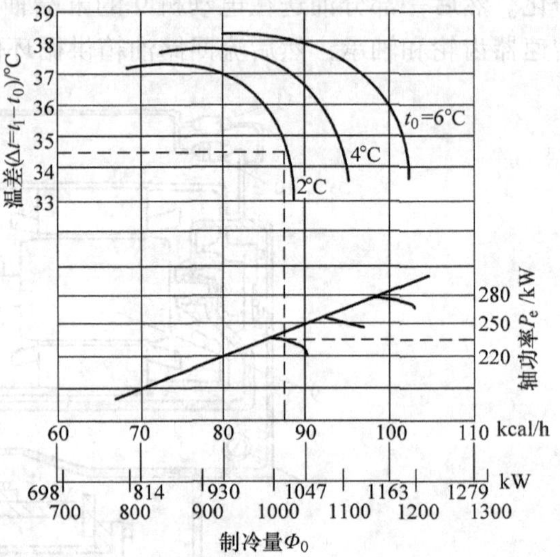

图 1-96　某空调用离心式制冷压缩机的运行特性曲线

由图 1-96 中可以看出，蒸发温度和冷凝温度的变化对制冷量都有较大的影响。当冷凝温度不变时，制冷量 Φ_0 随蒸发温度 t_0 的升高而增大；当蒸发温度不变时，制冷量 Φ_0 随冷凝温度 t_k 的升高而下降。压缩机的轴功率 P_e 一般情况下随制冷量的增大而增大，但随制冷量增大到某一最大值后发生陡降。

(2) 压缩机与热交换设备的联合工作　离心式制冷压缩机的运行是和冷凝器及蒸发器密切相关的，只有和它们的特性曲线相配合，压缩机才能得到运行工况下的特性曲线。机组的制冷量平衡工况就是压缩机特性曲线与冷凝器或蒸发器特性曲线的交点。

由冷凝器换热方程与机组的热平衡方程的综合，可得冷凝器的冷凝温度 t_k 与制冷量 Φ_0 之间的关系式为

$$t_k=t_{w1}+\frac{1+\dfrac{P_e}{\Phi_0}}{(1+e^{-\alpha_k})q_{mw}c_w}\Phi_0,\quad \alpha_k=\frac{K_kA_k}{q_{mw}c_w} \tag{1-36}$$

式中　t_k——冷凝器的冷凝温度，单位为℃；

t_{w1}——冷凝器的冷却水进水温度，单位为℃；

P_e——轴功率，单位为 kW；

Φ_0——制冷量，单位为 kW；

K_k——冷凝器的传热系数，单位为 kW/（m²·K）；

A_k——冷凝器的传热面积，单位为 m²；

q_{mw}——冷却水质量流量，单位为 kg/h；

c_w——冷却水质量热容，单位为 kJ/（kg·K）。

严格地说，冷凝器的特性曲线 $t_k-\Phi_0$ 是一条稍微向上凸起的曲线。为了方便分析工况，

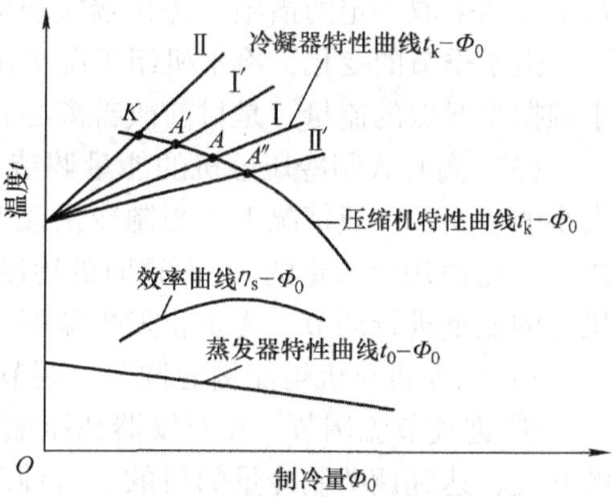

图 1-97 离心式制冷压缩机和热交换设备的联合特性曲线

可近似认为冷凝器的特性曲线是一条斜率与冷却水量 q_{mw} 成反比的直线，如图 1-97 中的Ⅰ、Ⅰ′、Ⅱ、Ⅱ′所示。当制冷量为 0 时，$t_k = t_{w1}$。由图 1-97 中的冷凝器特性曲线可以看出，冷凝温度 t_k 随着 Φ_0 的增加而升高。当冷却水进水温度 t_{w1} 改变时，冷凝器的特性曲线 $t_k - \Phi_0$ 在纵坐标上的初始点位置也随之改变。当进入冷凝器的冷却水量减少时，冷凝器的特性曲线 $t_k - \Phi_0$ 斜率增大；当冷却水量增大时，则斜率减小。

和冷凝器的方程转换类似，可推导出蒸发器的蒸发温度 t_0 与制冷量 Φ_0 的关系为

$$t_0 = t_{s1} - \frac{\Phi_0}{(1-e^{-\alpha_0})q_{ms}c_s},\quad \alpha_0 = \frac{K_0A_0}{q_{ms}c_s} \tag{1-37}$$

式中 t_0——蒸发器的蒸发温度，单位为℃；

t_{s1}——蒸发器中载冷剂进口温度，单位为℃；

K_0——蒸发器的传热系数，单位为 kW/（m^2 · K）；

A_0——蒸发器的传热面积，单位为 m^2；

q_{ms}——载冷剂质量流量，单位为 kg/h；

c_s——载冷剂质量热容，单位为 kJ/（kg · K）。

由式（1-37）可见：当载冷剂质量流量 q_{ms} 及进入蒸发器的载冷剂温度 t_{s1} 恒定时，蒸发温度 t_0 随制冷量 Φ_0 的增加而降低。若不考虑蒸发器的传热系数 K_0 的变化，则 t_0 与 Φ_0 将呈直线关系，如图 1-97 所示。

图 1-97 中压缩机运行特性曲线与冷凝器特性曲线的交点 A 为压缩机的稳定工作点。当冷凝器冷却水进水量变化时，冷凝器的特性曲线将改变，这时交点 A 也随之而改变，从而改变了压缩机的制冷量。如果冷凝器进水量减少，则冷凝器特性曲线斜率增大，曲线Ⅰ移至Ⅰ′的位置，压缩机工作点移到 A' 点，制冷量减少。反之，如果冷凝器冷却水进水量增大，则压缩机工作点移至 A'' 点，制冷量增大。

当冷凝器冷却水进水量减小到一定程度时，压缩机的流量变得很小，压缩机流道中出现严重的气体脱流，压缩机的出口压力突然下降。由于压缩机和冷凝器联合工作，而冷凝器中气体的压力并不同时降低，于是冷凝器中的气体压力反而大于压缩机出口处的压力，造成冷凝器中的气体倒流回压缩机，直至冷凝器中的压力下降到等于压缩机出口压力为止。这时压缩机又开始向冷凝器送气，压缩机恢复正常工作。但当冷凝器中的压力也恢复到原来的压力时，压缩机的流量减小，压缩机出口压力下降，气体又产生倒流。如此周而复始，产生周期性的气流振荡现象，这种现象称为喘振。

如图 1-97 所示，当冷凝器冷却水进水量减小，冷凝器的特性曲线移至位置Ⅱ时，压缩机的工作点移至 K，这时，制冷机组就出现喘振现象。点 K 即为压缩机运行的最小流量处，称为喘振工况点，其左侧区域为喘振区域。

喘振时，压缩机周期性地发出间断的吼响声，整个机组出现强烈的振动。冷凝压力、主电动机电流发生大幅度的波动，轴承温度很快上升，严重时甚至破坏整台机组。因此，在运

行中必须采取一定的措施，防止喘振现象的发生。

由于季节的变化，冷水机组工况范围变化的幅度较大。因此，扩大工况范围，特别是减小喘振工况点的流量，是目前改善离心式制冷机组性能的关键之一。

（3）离心式制冷压缩机的能量调节　离心式制冷机组的能量调节，取决于用户热负荷大小的改变。一般情况下，当制冷量改变时，要求保持从蒸发器流出的载冷剂温度 t_{s2} 为常数（这是由用户给定的），而这时的冷凝温度是变化的。改变压缩机及热交换设备参数可对机组的能量进行调节，为防止发生喘振，还必须有防喘振措施。

1）压缩机对机组能量的调节。调节方式有以下几种：

① 进气节流调节。在蒸发器和压缩机的连接管路上安装一个节流阀，通过改变节流阀的开度，达到调节制冷量的目的。这种调节方法简单，但压力损失大，不经济。

② 采用可调节进口导流叶片调节。在叶轮进口前装有可转动的进口导流叶片，导流叶片转动时，使进入叶轮的气流方向改变，从而改变了压缩机的运行特性曲线，也就是调节了制冷量。这种调节方法被广泛应用在单级或双级的离心式制冷机组的能量调节上。采用这种调节机构调节，有时可使单级离心式制冷机组的能量减少到90%。

在单级离心式制冷压缩机上采用进口导流叶片调节具有结构简单、操作方便、效果较好的特点。但对于多级离心式制冷压缩机，如果仅调节第一级叶轮进口，对整机运行特性曲线的调节作用不大。若每级均用进口导流叶片，则导致结构复杂，且还需注意级间协调问题。

③ 变转速调节。当离心式制冷压缩机用汽轮机或可变转速的电动机驱动时，可改变压缩机的转速进行能量调节。这种调节方法最经济。如图1-98所示，对应于每个压缩机转速 n（$n_1 > n_2 > n_3$）有不同的温度曲线 $t_k - \Phi_0$ 和等熵效率曲线 $\eta_s - \Phi_0$。当转速发生改变时，工作点将随之改变从而达到调节机组能量的目的。图中还说明其喘振点 K_1、K_2、K_3 随转速的降低向左端移动，扩大了使用范围。

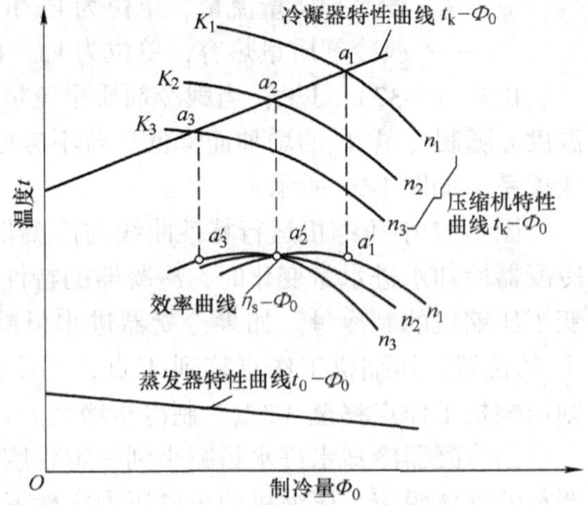

图1-98　改变压缩机转速的能量调节

压缩机转速的改变可采用变频调节以改变电动机转速来实现。应用于离心式冷水机组中的变频驱动装置（VSD），是离心式制冷压缩机利用改变转速调节能量的一大特点。VSD根据冷媒水（载冷剂）出水温度和压缩机出口压力来优化电动机的转速和导流叶片的开度，从而使机组始终在最佳状态区运行，其工作原理如图1-99所示。VSD控制的基本参数是冷媒水出水温度实际值与设定值的温差。

2）改变换热器参数对机组能量的调节。由冷凝器和蒸发器的特性曲线可知，改变换热器参数（如改变冷却水流量）时，可以得到不同的冷凝器特性曲线，从而可使工作点移动，达到调节能量的目的。但这种调节方法不经济，一般只在采用其他调节方法的同时作为一种辅助性的调节。

3）防喘振调节。离心式制冷机组工作时，一旦进入喘振工况应立即采取调节措施，降低出口压力或增加入口流量。压力比和负荷是影响喘振的两大因素，当负荷越来越小，小到

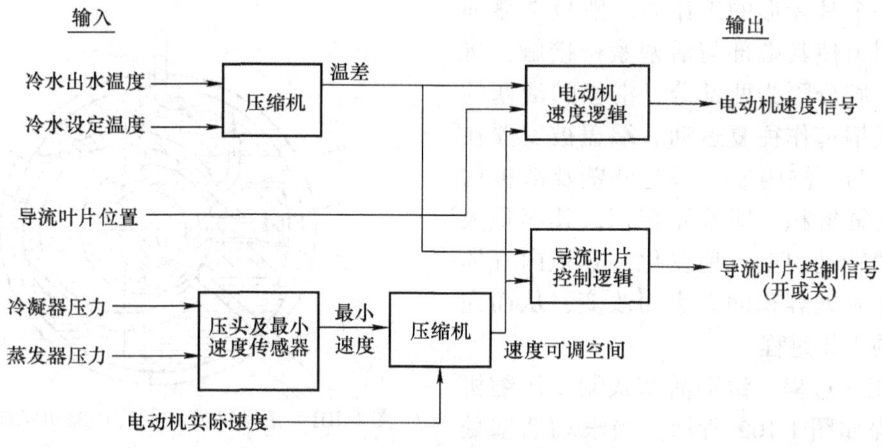

图 1-99 VSD 工作原理图

某一极限点时，便会发生喘振；或者当压力比大到某一极限点时，便发生喘振。一般可采用热气旁通来进行喘振保护，如图 1-100 所示，它是通过喘振保护线来控制热气旁通阀的开启或关闭，使机组远离喘振点，达到保护的目的。从冷凝器连接到蒸发器一根连接管，当运行点到达喘振保护点而未能到达喘振点时，通过控制系统打开热气旁通电磁阀，从冷凝器来的热气排到蒸发器，降低了压力比，同时提高了流量，从而避免了喘振的发生。

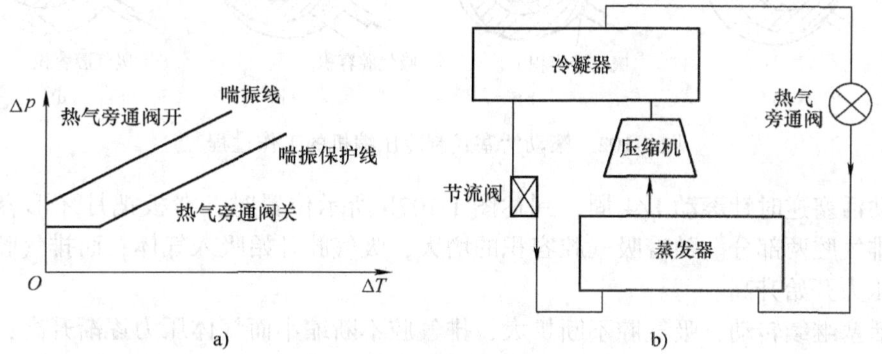

图 1-100 热气旁通喘振保护

由于经热气旁通阀从冷凝器抽出的制冷剂并没有起到制冷作用，所以这种调节方法是不经济的。目前，一些机组，采用三级或两级压缩以减少每级的负荷，或者采用高精度的进口导流叶片调节，以减少喘振的发生。

1.4.2 滚动活塞式制冷压缩机

滚动活塞式制冷压缩机也称滚动转子式制冷压缩机，是一种容积型回转式压缩机。它是依靠偏心安设在气缸内的旋转活塞在圆柱形气缸内作滚动运动，和一个与滚动活塞相接触的滑板的往复运动实现气体压缩的制冷压缩机。

1. 基本结构和工作过程

（1）基本结构 滚动活塞式制冷压缩机主要由气缸、滚动活塞（亦称滚动转子）、滑板、排气阀等组成，如图 1-101 所示。圆筒形气缸 2 的径向开设有不带吸气阀的吸气孔口和带有排气阀的排气孔口，滚动活塞 3 装在偏心轴（曲轴）4 上，活塞沿气缸内壁滚动，与气缸间形成一个月牙形的工作腔。滑板 7 靠弹簧 8 的作用力使其端部与活塞紧密接触，将月牙形工作腔分隔为两部分，滑板随活塞的滚动沿滑板槽道作往复运动。端盖被安置在气缸两端，与气缸内壁、活塞外壁及滑板构成封闭的气缸容积，即基元容积，其容积大小随活塞的转动周期性地变化，容积内气体的压力则随基元容积的大小而改变，从而完成压缩机的工作过程。

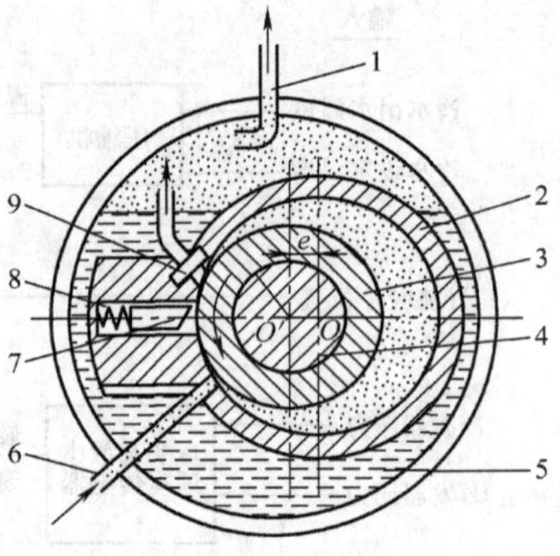

图 1-101 滚动活塞式制冷压缩机结构示意图
1—排气管 2—气缸 3—滚动活塞 4—曲轴 5—润滑油 6—吸气管 7—滑板 8—弹簧 9—排气阀

（2）工作过程 滚动活塞式制冷压缩机的工作过程如图 1-102 所示。当滚动活塞处于图 1-102a 所示位置时，气缸内形成一个完整的月牙形工作腔容积，充满了低压吸入气体。这时处于吸气过程结束、不压缩也不排气的状态。

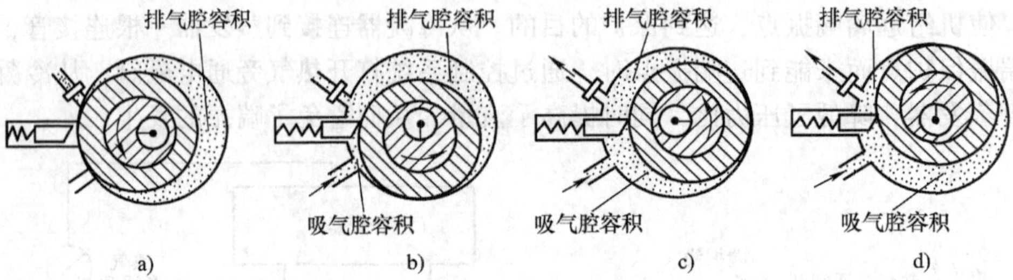

图 1-102 滚动活塞式制冷压缩机的工作过程

当滚动活塞逆时针滚动 1/4 周，到达图 1-102b 所示位置时，滑板把月牙形容积分割为吸气腔和排气腔两部分。随着吸气腔容积的增大，吸气腔开始吸入气体；而排气腔中的气体受压缩而压力开始升高。

滚动活塞继续转动，吸气腔不断扩大，排气腔不断缩小而气体压力逐渐升高，当压力升高到稍大于排气阀后的冷凝压力，并足以克服阀片弹簧力时，顶开阀片开始排气。这时吸气与排气同时进行，如图 1-102c 所示。

当滚动活塞转动至图 1-102d 所示位置时，吸气腔接近最大，排气腔接近最小，吸气、排气过程均接近结束。滚动活塞继续转动回到图 1-102a 所示的位置，吸气与排气过程结束，将进入下一周的运行。

由上述的工作过程可以看出：① 一定量气体的吸入、压缩和排出过程是在活塞旋转两周中完成的，但在滑板两侧的空腔中却同时进行着吸气与压缩、排气过程，即活塞旋转一周，将完成上一工作循环的压缩过程和排气过程，及下一工作循环的吸气过程；② 由于不设吸气阀，吸气开始的时机和气缸上吸气孔口位置有严格的对应关系，不随工况的变化而变动；③ 由于设置了排气阀，压缩终了的时机将随排气管中压力的变化而变动。

2. 特点

小型滚动活塞式制冷压缩机具有如下优点：① 结构简单，零部件几何形状简单，便于加工及流水线生产；② 体积小、质量小、零部件少，与相同制冷量的往复活塞式制冷压缩机相比，体积减小40% ~50%，质量减少40% ~50%，零件数减少40%左右；③ 易损件少、运转可靠；④ 效率高，因为没有吸气阀故流动阻力小，且吸气过热小，所以在制冷量为3kW以下的场合使用尤为突出。

滚动活塞式制冷压缩机也有其缺点，就是气缸容积利用率低，因为只利用了气缸的月牙形空间；转子和气缸的间隙应严格保证，否则会显著降低压缩机的可靠性和效率，因此，加工精度要求高；相对运动部位必须有油润滑；用于热泵运转时制热量小。

3. 典型结构

滚动活塞式制冷压缩机可分为中等容量的开启滚动活塞式制冷压缩机和小容量的全封闭滚动活塞式制冷压缩机。目前，广泛使用的滚动活塞式制冷压缩机主要是小型全封闭式，一般标准制冷量多在3kW以下，通常有立式和卧式两种，前者在空调器中常见，后者多用于电冰箱。

（1）立式全封闭滚动活塞式制冷压缩机　一台较典型的立式全封闭滚动活塞式制冷压缩机的结构如图1-103所示。压缩机气缸7位于电动机的下方，制冷剂气体由进气管1进入气液分离器2，然后由机壳13下部的吸入管3直接吸入气缸，以减少吸气的有害过热。气液分离器起气液分离、储存制冷剂液体和润滑油及缓冲吸气压力脉动的作用。经压缩后的高压气体由排气阀、排气消声器8排入机壳内，再经电动机转子12和电动机定子10间的气隙从机壳的顶部排气管15排出，并起到了冷却电动机的作用。润滑油储存在机壳的底部。在偏心轴11的下端设有液压泵，靠旋转时离心力的作用将润滑油沿偏心轴油道压送至各润滑点。气缸与机壳焊接在一起使之结构紧凑，用平衡块4、14消除不平衡的惯性力。

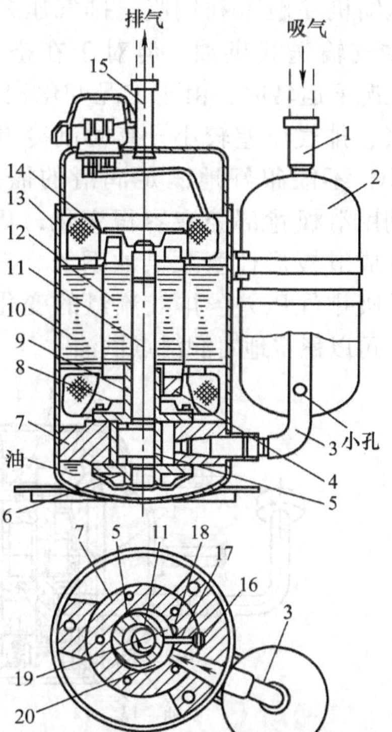

图1-103　立式全封闭滚动活塞式制冷压缩机

1—进气管　2—气液分离器　3—吸入管　4、14—平衡块　5—滚动活塞　6—副轴承　7—气缸　8—排气消声器　9—主轴承　10—电动机定子　11—偏心轴　12—电动机转子　13—机壳　15—排气管　16—弹簧　17—滑板　18—排气口　19—压缩室　20—吸入室

电动机定子与机壳紧密配合，使机壳成为电动机的散热面。但与此同时，由于电动机与机壳的刚性配合，压缩机的振动直接传递给机壳，使压缩机的壳体振动加剧，特别是在压缩机旋转不均匀波动时，会引起较大的壳体绕轴振动。因此，对于高转速压缩机（变频压缩机），可采用双缸全封闭滚动活塞式制冷压缩机，以减小其振动。立式双缸全封闭滚动活塞式制冷压缩机如图1-104所示，由于上下两滚动活塞偏心方向相反布置，使活塞在运转中径向力得到平衡；而且压缩机在活塞旋转一周内有两次吸、排气过程，使气体的压力波动减小，其转矩变化的幅度较小，仅为

单缸压缩机的30%，因此它的振动和噪声大为改善。双缸全封闭滚动活塞式制冷压缩机特别适用于变频驱动，以改善在高频高转速下运行时的振动和噪声。

(2) 卧式全封闭滚动活塞式制冷压缩机　在一些机组中，为了有效地降低机组的高度，使机组更为紧凑而发展了卧式全封闭滚动活塞式制冷压缩机。其典型结构如图1-105所示。对于卧式压缩机，由于结构上的变化，使储油部位离轴端较远，不能利用轴的离心输油方法。卧式压缩机一般可利用吸、排气压差供油及排气输送式供油。但对于在空调、热泵工况下运转时，由于工况变化较大，有时吸、排气压差较小，有时制冷剂流量较小，不能很好地满足润滑的需要，因此利用滑板背部腔室容积变化，巧妙地设计成滑板形柱塞泵供油系统。它几乎不随吸排气压差、排气流量的变化而变化，可以稳定地对润滑点供油。

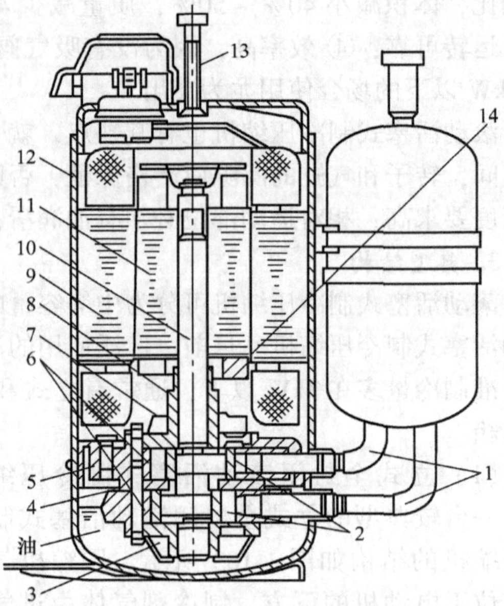

图1-104　立式双缸全封闭滚动活塞式制冷压缩机

1—吸入管　2—上、下活塞　3—副轴承　4—隔板　5—机座　6—上、下气缸　7—排气消声器　8—主轴承　9—电动机定子　10—偏心轴　11—电动机转子　12—机壳　13—排气管　14—平衡块

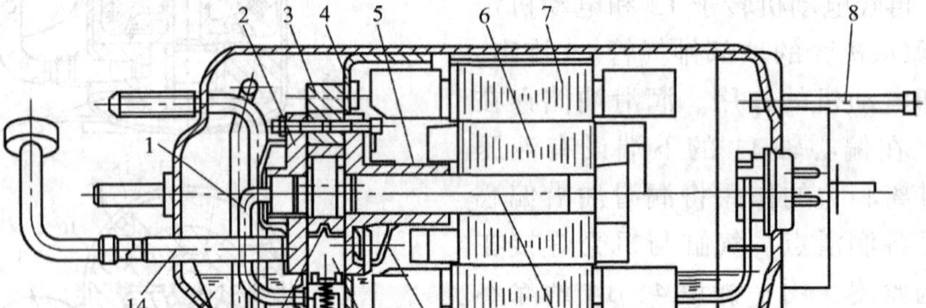

图1-105　卧式全封闭滚动活塞式制冷压缩机

1—轴油管　2—副轴承　3—气缸　4—机座　5—主轴承　6—电动机转子　7—电动机定子　8—排气管　9—偏心轴　10—消声器　11—滑片　12—滚动活塞　13—油冷却器　14—进气管

1.4.3　涡旋式制冷压缩机

涡旋式制冷压缩机是指由一个固定的渐开线涡旋盘和一个呈偏心回转平动的渐开线运动涡旋盘组成可压缩容积的制冷压缩机。涡旋式制冷压缩机是20世纪80年代才发展起来的一种新型容积式压缩机，它以其效率高、体积小、质量小、噪声低、结构简单且运转平稳等特点，被广泛用于房间空调器、组合式空调器、变制冷剂流量系统以及小型冷水机组中。目前，涡旋式制冷压缩机的单机制冷量一般在2.5～45kW之间，功率范围为0.75～15kW，对高温型压缩机，常用的制冷剂为R22、R134a和R407C；对中低温型压缩机，制冷剂除选用

R22 和 R134a 外，还使用 R404a 和 R507。

1. 基本结构和工作过程

（1）基本结构 涡旋式制冷压缩机的基本结构如图 1-106 所示，主要由静涡旋盘 3、动涡旋盘 4、机座 5、防自转机构十字连接环 7 及曲轴 8 等组成。动、静涡旋盘的线型均是螺旋形，动涡旋盘相对静涡旋盘偏心并相错 180°对置安装。动、静涡旋盘在几条直线（在横截面上则是几个点）上接触并形成一系列月牙形空间，即基元容积。动涡旋盘由一个偏心距很小的曲轴 8 带动，以静涡旋盘的中心为旋转中心并以一定的旋转半径作无自转的回转平动，两者的接触线在运转中沿涡旋曲面不断向中心移动，它们之间的相对位置靠安装在动、静涡旋盘之间的十字连接环 7 来保证。该环的上部和下部十字交叉的突肋分别与动涡旋盘下端面键槽及机座上的键槽配合并在其间滑动。吸气口 1 设在静涡旋盘的外侧面，并在顶部端面中心部位开有排气口 2。压缩机工作时，制冷剂气体从吸气口进入动、静涡旋盘间最外圈的月牙形空间，随着动涡旋盘的运动，气体被逐渐推向中心空间，其容积不断缩小而压力不断升高，直至与中心排气口相通，高压气体被排出压缩机。

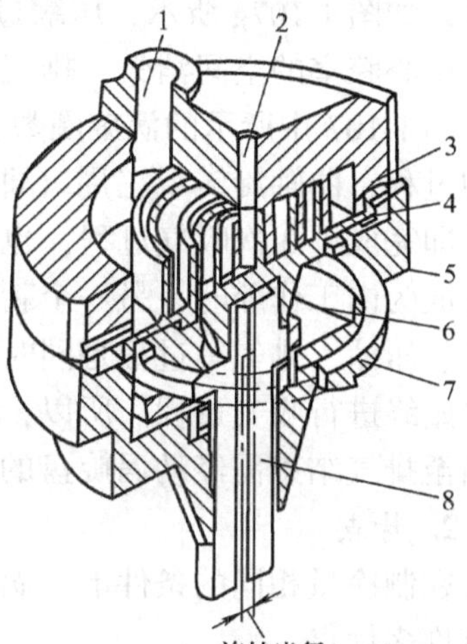

图 1-106 涡旋式制冷压缩机的基本结构
1—吸气口 2—排气口 3—静涡旋盘
4—动涡旋盘 5—机座 6—背压腔
7—十字连接环 8—曲轴

（2）工作过程 涡旋式压缩机的工作原理是利用动涡旋盘和静涡旋盘的啮合，形成多个压缩腔，随着动涡旋盘的回转平动，使各压缩腔的容积不断变化来压缩气体。其工作过程如图 1-107 所示。在图 1-107a 所示位置，动涡旋盘中心 O_2 位于静涡旋盘中心 O_1 的右侧，涡旋密封接触线在左、右两侧，涡旋外圈部分刚好封闭，此时最外圈两个月牙形空间充满气

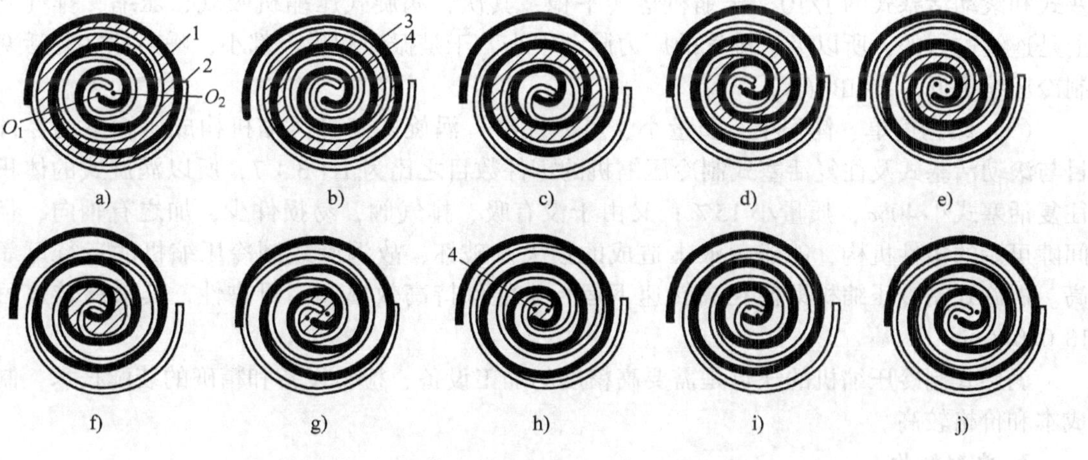

图 1-107 涡旋式制冷压缩机工作过程示意图
a）$\theta=0°$ b）$\theta=120°$ c）$\theta=240°$ d）$\theta=360°$ e）$\theta=480°$
f）$\theta=600°$ g）$\theta=720°$ h）$\theta=840°$ i）$\theta=960°$ j）$\theta=1080°$
1—动涡旋盘 2—静涡旋盘 3—压缩腔 4—排气口

体，完成了吸气过程（阴影部分）。随着动涡旋盘的运动，外圈两个月牙形空间中的气体不断向中心推移，容积不断缩小，压力逐渐升高，进行压缩过程。图 1-107b ~ 图 1-107f 表示出曲轴转角 θ 每间隔 120°的压缩过程。当两个月牙形空间汇合成一个中心腔室并与排气口相通时，如图 1-107g 所示，压缩过程结束，并开始进入图 1-107g ~ 图 1-107j 所示的排气过程，直至中心腔室的空间消失，排气过程结束，如图 1-107j 所示。

图 1-107 中所示的涡旋圈数为三圈，最外圈两个封闭的月牙形工作腔完成一次压缩及排气的过程，曲轴旋转了三周（即曲轴转角 θ 变为了 1080°），涡旋盘外圈分别开启和闭合 3 次，即完成了 3 次吸气过程，也就是每当最外圈形成了两个封闭的月牙形空间并开始向中心推移成为内工作腔时，另一个新的吸气过程同时开始形成。因此，在涡旋式制冷压缩机中，吸气、压缩、排气等过程是同时和相继在不同的月牙形空间中进行的，外侧空间与吸气口相通，始终进行吸气过程。所以，涡旋式制冷压缩机基本上是连续地吸气和排气，并且从吸气开始至排气结束需经动涡旋盘的多次回转平动才能完成。

2. 特点

在制冷量相同的条件下，涡旋式制冷压缩机与往复活塞式及滚动活塞式制冷压缩机相比具有许多优点。

（1）效率高　涡旋式制冷压缩机的吸气、压缩、排气过程是连续单向进行的，因而吸入气体的有害过热小；相邻工作腔间的压差小，气体泄漏少；没有余隙容积中气体的膨胀过程，容积效率高，通常可达95%以上；动涡旋盘上的所有点均以几毫米的回转半径作同步转动，所以运动速度低，摩擦损失小；没有吸气阀，也可以不设置排气阀，所以气流的流动损失小。同往复活塞式制冷压缩机相比，其效率约高 10%左右，而且在较宽的频率范围内（30 ~ 120Hz）均有较高的容积效率与绝热效率，适合采用变频调速技术，可进一步降低能耗，提高舒适性。

（2）力矩变化小、振动小、噪声低　涡旋式制冷压缩机压缩过程较慢，而且一对涡旋盘中几个月牙形空间可同时进行压缩过程，故使曲轴转矩变化小，涡旋式的转矩仅为往复活塞式和滚动活塞式的 1/10，压缩机运转平稳；其次，涡旋式压缩机吸气、压缩、排气基本上是连续进行的，所以吸、排气的压力脉动很小，于是振动和噪声都小，噪声比往复活塞式制冷压缩机低 5 ~ 8dB（A）。

（3）结构简单、体积小、质量小、可靠性高　涡旋式制冷压缩机构成压缩室的零件数目与滚动活塞式及往复活塞式制冷压缩机的零件数目之比为 1∶3∶7，所以涡旋式的体积比往复活塞式小 40%，质量小 15%；又由于没有吸、排气阀，易损件少，加之有轴向、径向间隙可调的柔性机构，能避免液击造成的损失及破坏，故涡旋式制冷压缩机的运行可靠性高。涡旋式制冷压缩机即使在高转速下运行也能保持高效率和高可靠性，其最高转速可达 13 000r/min。

涡旋式制冷压缩机的缺点是需要高精度的加工设备、检验设备和精确的装配技术，制造成本和价格较高。

3. 典型结构

涡旋式制冷压缩机的结构形式与其用途有关，尽管它们的核心部分均为一对动、静涡旋盘，但总体结构上却可能有很大差别。全封闭式结构主要用于空调与制冷；开启式结构主要用于汽车空调。

（1）全封闭涡旋式制冷压缩机　总体上，全封闭涡旋式制冷压缩机分为高压腔和低压腔两大类，视壳体内处于排气压力还是吸气压力而定。

图1-108所示为空调器中使用的立式全封闭高压腔涡旋式制冷压缩机。低压制冷剂气体从机壳顶部吸气管1直接进入涡旋盘四周，高压气体由静涡旋盘5的中心排气口2排入排气腔4，并通过排气通道6被导入机壳下部去冷却电动机11，并将润滑油分离出来，高压气体则由排气管19排出压缩机。采用排气冷却电动机的结构减少了吸气过热度，提高了压缩机的效率；又因机壳内是高压排出气体，使得排气压力脉动很小，因此振动和噪声都很小。为了轴向力的平衡，在动涡旋盘下方设有背压腔8，由动涡旋盘上的背压孔17引入的气体使背压腔处于吸、排气压力之间的中间压力，由背压腔内气体压力形成的轴向力和力矩作用在动涡旋盘的底部，以平衡各月牙形空间内气体对动涡旋盘所施加的轴向力和力矩，以便在涡旋盘端部维持着最小的摩擦力和最小磨损的轴向密封。在曲柄销轴承处和曲轴通过机座处装有动密封15，以保持背压腔与机壳间的密封。

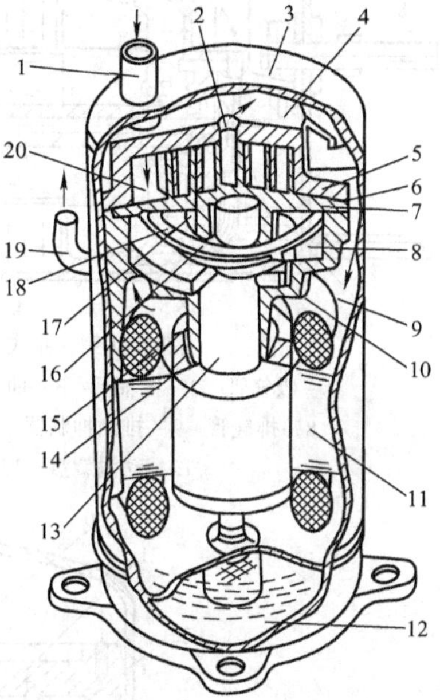

图1-108　立式全封闭高压腔涡旋式制冷压缩机
1—吸气管　2—排气口　3—机壳　4—排气腔　5—静涡旋盘　6—排气通道　7—动涡旋盘　8—背压腔　9—电动机腔　10—支架　11—电动机　12—储油槽　13—曲轴　14、16—轴承　15—动密封　17—背压孔　18—十字连接环　19—排气管　20—吸气腔

该机的润滑系统是利用排气压力与中间压力的压差来供油的。机壳下部储油槽12中的冷冻机油经过滤器从曲轴中心油道进入中间压力室，又随着被压缩气体经中心压缩室排到封闭的机壳中，其间润滑了涡旋型面，同时润滑了轴承14、16及十字连接环18等，也冷却了电动机。冷冻机油经过油气分离后流回储油槽。因为冷冻机油与气体的分离是在机壳中进行的，其分离效果好，而压差供油又与压缩机的转速无关，使润滑及密封更加可靠。

图1-109所示为卧式全封闭高压腔涡旋式制冷压缩机。它适用于压缩机高度受到限制的机组。制冷剂气体直接由吸气管1进入涡旋盘外部空间，经压缩后由排气孔通过排气阀15排入机壳，冷却电动机后经排气管8排出。

图1-110所示为立式全封闭低压腔涡旋式制冷压缩机。立式全封闭低压腔涡旋式压缩机在制冷与空调系统中有着广泛的应用。其最明显的优点是电动机的环境温度较低，有利于提高电动机的工作效率。当吸气管道中的气体带有液滴时，不会直接导致压缩腔液击。

图1-110中，来自蒸发器的低压制冷剂气体由吸气管8进入压缩机机壳内，在导向器限制下通过电动机定子11和电动机转子10之间的间隙上升，冷却了电动机，并由机座13上的吸气通道进入吸气腔。经压缩后的高压气体进入机壳顶部的排气腔，最后经排气管18排出。润滑油通过轴端设置的液压泵2增压后，向上流动并润滑各轴承和滑动面，大量的润滑油将返回机壳下部的储油槽，而少量润滑油则随吸入气体进入压缩腔，最终随高压气体排至

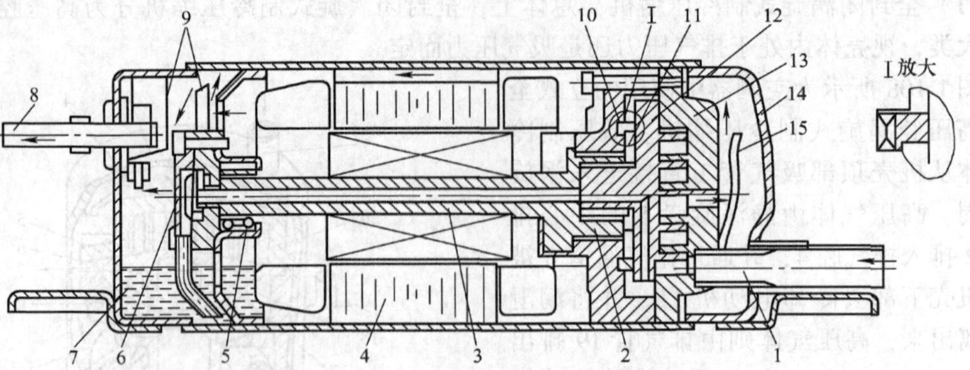

图 1-109　卧式全封闭高压腔涡旋式制冷压缩机

1—吸气管　2—主轴承　3—曲轴　4—电动机　5—副轴承　6—油泵　7—储油槽
8—排气管　9—排油抑制器　10—轴向柔性密封机构　11—径向柔性密封机构
12—动涡旋盘　13—静涡旋盘　14—机壳　15—排气阀

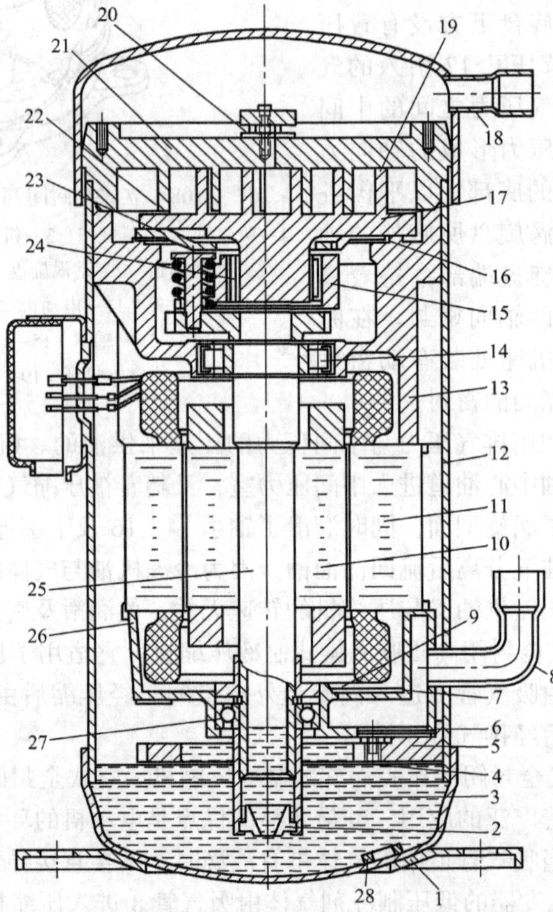

图 1-110　立式全封闭低压腔涡旋式制冷压缩机

1—底座　2—液压泵　3—上油管　4—螺钉　5—下支承　6、7—滤网　8—吸气管　9—滤网压板
10—电动机转子　11—电动机定子　12—机壳　13—机座　14—主轴承　15—偏心量调节装置
16—推力轴承　17—动涡旋盘　18—排气管　19、22—密封条　20—单向阀　21—静涡旋盘　23—十字连接环
24—硬质套　25—曲轴　26—轴承座　27—下轴承　28—磁环

排气腔。在排气腔中，绝大部分润滑油滴落在腔底部，而少量随高压气体排出机壳。排气腔底部的润滑油，通过与机座和静涡旋盘相通的回油孔，在压差作用下回到机壳底部的储油槽中。回油孔的直径不能太大，一般为 0.6 ~ 6.2mm；否则，排气腔中的润滑油难以形成一定的油面，导致高压气体通过回油孔倒流回机壳腔中。

在这种结构形式中，动涡旋盘上承受的轴向气体作用力最终传递至机座的上端面，造成该上端面与动涡旋盘下端表面之间的滑动摩擦。为减少滑动摩擦的损失，可提高相对滑动表面的硬度和降低表面粗糙度，在滑动表面上设置径向油槽等，以改善表面的润滑性能。图 1-110 中的推力轴承 16 被放置在动涡旋盘背面和机座上端面之间，就同时起到了提高硬度和降低表面粗糙度的双重作用。

很显然，涡旋盘顶部设置密封条 19、22 以及主轴实际偏心量的可调节性，都是提高这种结构形式的涡旋压缩机容积效率和运行可靠性的重要措施。

图 1-111 所示为一个机壳中装有两台输气量不同的立式涡旋式制冷压缩机。其中，1 号机涡旋高度较高，电动机转速固定；2 号机涡旋高度较低，采用变频电动机，转速可调。它们中的每一台都可彼此独立运行，也可并联运行，其运行状态取决于空调器的负荷，并由微机控制，适合于制冷量较大的空调器。其优点是与相同制冷量的涡旋式制冷压缩机相比，在较宽的制冷量范围内有较高的 COP 值。其缺点是结构复杂、制造成本较高。

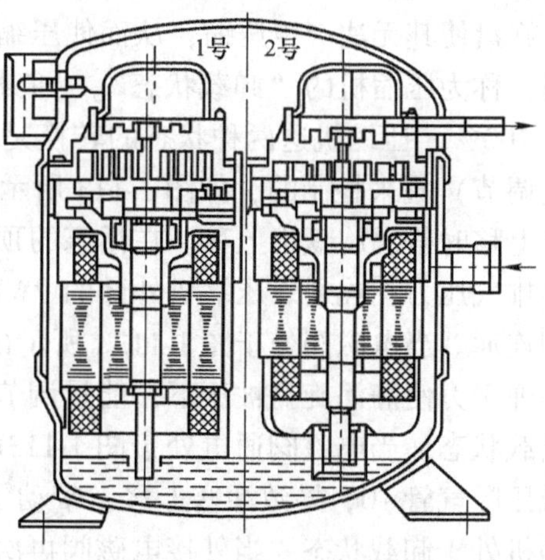

图 1-111　共用一个机壳的双涡旋式制冷压缩机

（2）开启涡旋式制冷压缩机　图 1-112 所示的汽车空调用涡旋式制冷压缩机为开启式制冷压缩机，由汽车的主发动机通过带轮驱动。制冷剂

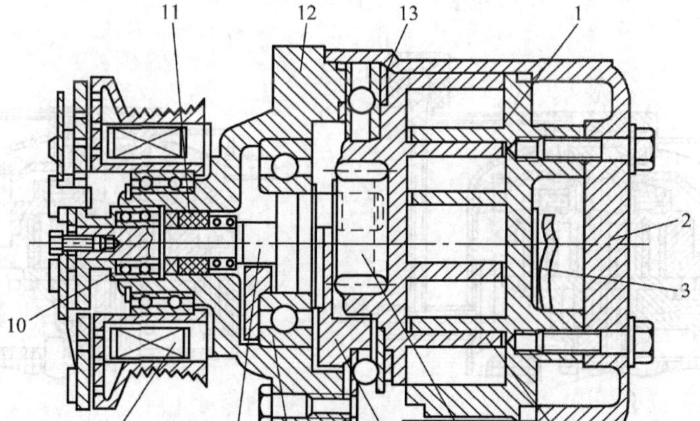

图 1-112　汽车空调用涡旋式制冷压缩机

1—静涡旋盘　2—机壳　3—排气阀　4—动涡旋盘　5—径向柔性密封机构　6—平衡块　7—主轴承　8—曲轴　9—电磁离合器　10—副轴承　11—轴封　12—轴承座　13—球形连接器

气体从吸气管进入由机壳2、动涡旋盘4和轴承座12组成的吸气腔，然后经动涡旋盘、静涡旋盘1的外圈进入月牙形工作腔，被压缩后经排气阀3排入排气腔，再通过排气管排出压缩机。为了使压缩机的质量小，两个涡旋盘采用铝合金制造，动涡旋盘及其内端面经阳极氧化处理，确保其耐磨性；静涡旋盘的内端面镶嵌耐磨板，以防止动涡旋盘顶端密封将其磨损。采用径向柔性密封机构5调节两个涡旋盘间的径向间隙，以确保径向密封，减少轴向泄漏。球形连接器13一方面承受作用于动涡旋盘上的轴向力，另一方面防止动涡旋盘的自转。设置排气阀是为了防止高压气体回流导致效率降低及防止电磁离合器9脱开时曲轴倒转，也可以适应变工况运行。轴封11为双唇式，位于两个轴承之间，副轴承10采用油脂润滑，主轴承7和涡旋盘是依靠吸入气体内所含的润滑油进行润滑的。

（3）数码涡旋式制冷压缩机　1999年美国谷轮（Copeland）公司推出了数码涡旋压缩机，使空调器不必使用昂贵的变频控制器就能实现制冷量在10%～100%范围内的无级调节。数码涡旋式压缩机在运行时，顶上的静涡旋盘允许向上移动大约1mm。升起顶上的静涡旋盘使其无法产生压缩，从而使压缩机无制冷剂气体通过。这就是压缩机输气量为零的时期，称为压缩机的“卸载状态”。“负载状态”指普通涡旋压缩机运行时的状态，其输气量为100%。压缩机这两种状态的转换是通过安装在压缩机上的电磁阀，称为PWM（脉冲宽度调节）阀来控制的，如图1-113所示。活塞提升组件5安装于顶部静涡旋盘7处，确保活塞上移时静涡旋盘也上移。在活塞的顶部有一能量调节腔4，它通过0.6mm直径的排气孔2和排气压力相连通。压缩机外部的PWM电磁阀1和连接管3，将能量调节腔与吸气侧压力相连通。当电磁阀处于图1-113a所示的常闭位置时，活塞上、下侧的压力为排气压力，有一弹簧力使静涡旋盘被压下，能量调节腔具有排气压力和弹簧力，确保了动、静涡旋盘处于负载状态。当电磁阀通电处于图1-113b所示的导通位置时，能量调节腔内的排气被释放至低压吸气管10，导致活塞上移，带动了顶部的静涡旋盘上移，从而使两涡旋盘分隔开，压缩机处于卸载状态。当外接电磁阀再次断电，压缩机再次满载，恢复压缩操作。压缩机在电磁阀控制电源的作用下，可自由地调节开启—关闭的比例，实现“0-1”输出，即为“数码涡旋压缩机”。

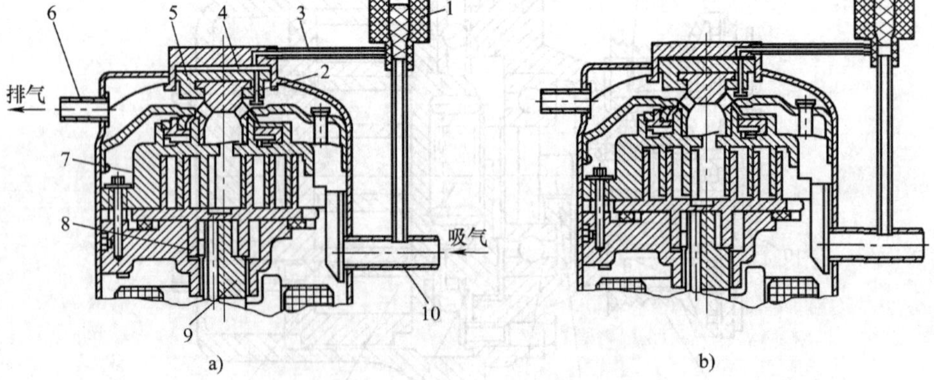

图1-113　数码涡旋式制冷压缩机能量调节原理

a）负载状态　b）卸载状态

1—PWM电磁阀　2—排气孔　3—连接管　4—能量调节腔　5—活塞提升组件

6—排气管　7—静涡旋盘　8—动涡旋盘　9—曲轴　10—吸气管

数码涡旋式制冷压缩机实现能量调节的原理是不断地变换顶部静涡旋盘升起和啮合。其工作过程的一个周期时间由负载状态时间和卸载状态时间组成。两个时间段长短的不同决定了压缩机的能量调节量。例如，一个40s的周期时间，如果负载时间是20s，卸载时间也是20s，则压缩机能量调节量为50%。若在相同的周期时间内，负载时间是30s，卸载时间是10s，则压缩机调节量为75%。通过改变电磁阀启/闭周期时间以及启/闭时间的比例可实现压缩机从10%～100%的能量调节。

数码涡旋压缩机电磁阀能承受4000多万次开—关动作。数码涡旋压缩机可以全方位满足单蒸发器多联机系统、风管送风系统、冷水机组系统及机房空调系统等的应用。

实训1 活塞式制冷压缩机的拆装

1. 实训目的

通过对活塞式制冷压缩机的拆装，掌握其工作原理、总体结构和主要零部件结构，掌握活塞式制冷压缩机拆卸与装配的方法，为活塞式制冷压缩机维护与检修打下坚实的基础。

2. 实训相关技能及操作步骤

（1）压缩机拆卸的基本原则　活塞式制冷压缩机的结构复杂，各零部件间的配合性能要求较高，所以拆卸时一定要讲究步骤和方法，尽量避免损坏物件。开启活塞式制冷压缩机的拆卸一般应遵循下列原则：

① 压缩机拆卸前必须准备好扳手、专用工具，做好放油等准备工作。

② 拆卸操作应有计划按步骤地进行，拆卸顺序原则上是从外部拆到内部；从上部拆到下部；应先拆部件，再由部件拆成零件；先拆附件，后拆主件，并注意防止碰撞。

③ 对有配合要求和不应互换的零件，在拆卸时应检查记号。如无记号，应按组编号，以便于装配，如气缸套、活塞、连杆和大头瓦等。

④ 拆卸所有螺栓、螺母时，应使用专用扳手；拆卸气缸套和活塞连杆组件时，应使用专用工具；对一时拆不下的零部件，要找出原因，采用适当的拆卸方法（如可先用柴油、煤油浸润后再拆卸），切不可硬拆；拆卸零件时，用力不宜过大。

⑤ 对于过盈配合的零件，拆卸时应注意方向，并使用铜锤或垫上软金属垫片敲打，以免击坏零件。

⑥ 拆下的零件应按其编号（无编号时可自行打印），按一定顺序放置在专用支架或工作台上，切不可乱堆乱放，以免造成零件表面的损伤。小零件经拆卸、清洗后，在不影响修理时，可装回主要零件上，以免丢失或搞错。

⑦ 零部件拆下后应及时清洗，清洗零部件应用无水酒精、汽油、煤油、四氯化碳等清洗剂，零部件洗完吹干后应立即涂上冷冻机油，并用布盖好，以免锈蚀或落灰尘。

⑧ 开口销拆下后，必须更换，不允许重复使用。

⑨ 拆下的管道、管件，经清洗后，应用布条或木塞堵住管口，以免进入污物。

（2）拆卸方法和步骤　各类活塞式制冷压缩机的拆卸工艺虽然基本相似，但由于结构不同，所以拆卸的步骤和要求也略有不同，应根据各类压缩机的特点制订不同的拆卸方法。下面以国产标准系列高速多缸开启活塞式制冷压缩机的拆卸方法和步骤为例说明。

① 拆卸气缸盖。先拆连接水管，再拆卸缸盖螺栓，两边最长螺栓最后松开。松开时两

边同时进行，缸盖随弹簧支撑力升起，然后拆下缸盖。若发现缸盖弹不起时，采用一字螺钉旋具轻轻撬开贴合面，但螺母不能松得过多，防止缸盖突然弹出发生事故。缸盖垫片尽量不要拆破，损坏的垫片必须换新。

② 拆卸排气阀组件。取出安全弹簧，再取出排气阀组件和吸气阀片，如有灰尘粘结时，拆卸时不要让灰尘落进气缸套里。拆下的排气阀组件应检查、编号。

③ 拆卸曲轴箱侧盖。旋下侧盖螺母，取下侧盖，要避免损坏油冷却器，并注意面部不应正对侧盖，避免曲轴箱内余氨损伤皮肤。如果侧盖取不下来，可能是侧盖与垫片粘牢，此时，可用锤子轻击四周或用一字螺钉旋具等剔开，注意尽量不损坏垫片，或者是曲轴箱内还处于真空状态，只要使空气进入曲轴箱内，使其内、外压力平衡便可以拆除侧盖。

在拆侧盖之前，曲轴箱内的冷冻机油已放掉，但难免会有残余的油，拆除侧盖后应把残余的油取出，同时检查箱内有无脏物和金属屑等。

④ 拆卸活塞连杆组件。转动曲轴到适当位置，用钢丝钳取出连杆大头螺栓的螺母上的开口销，松开螺母（见图 1-114），取出大头盖和两个螺栓，再转动曲轴将活塞升至上止点位置，用吊环螺栓将活塞和斜剖式连杆部件轻轻取出。若连杆大头为平剖式，可将活塞连杆部件和缸套一起取出。如果缸套嵌入太紧，可用木棒轻轻敲打气缸底部或稍微转动曲轴即可提出。提出时要注意连杆下端不要碰撞曲轴箱隔板，以免撞坏。提取顺序可按气缸编号进行，不易搞错。连杆和大头瓦都是成组配套，应按编号放在一起，不能混同。

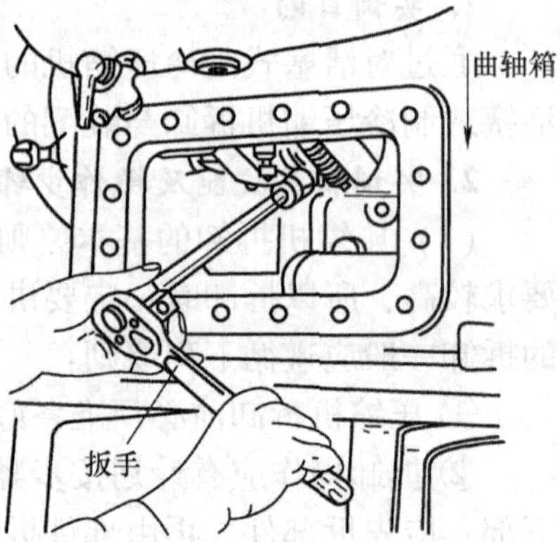

图 1-114　拆卸连杆大头螺栓

⑤ 拆卸卸载装置。这一工作在拆卸气缸套以前进行。先拆油管接头，再拆液压活塞、法兰。法兰螺栓应均匀拧出，并用手推住法兰，拧下螺母，取出法兰、液压活塞、弹簧和拉杆。拉杆长度因安装位置不同而不同，应记下各拉杆的位置，以防装错。

⑥ 拆卸气缸套。用两只吊环螺栓拧进气缸套顶部吸阀座上的螺孔内，用力向上将气缸套拉出，如图 1-115 所示。注意用力方向应为气缸套的轴线方向。如遇到拉不动的情况，则可能是气缸套过紧或气缸套与机体上隔板之间的石棉垫片粘连，可用木锤轻敲气缸底部，即可拉出；也可在两只吊环螺栓间放上铁棍，然后用撬棍撬出。拉出气缸套时，应注意气缸套台阶底部的调整垫片，防止弄错和损坏。

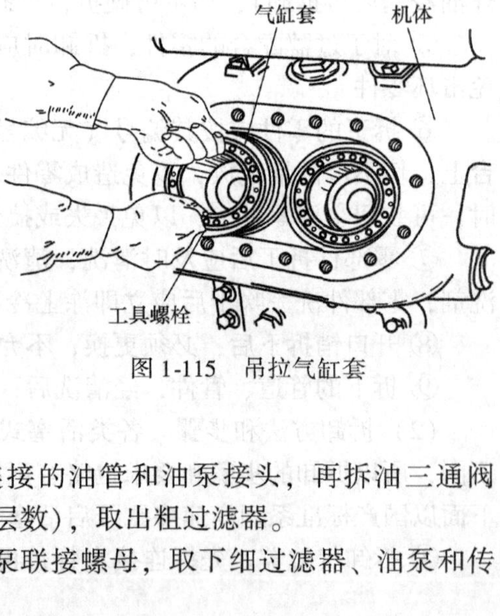

图 1-115　吊拉气缸套

拆出的气缸套应按顺序和与其配合的活塞放在一起，以便装配。

⑦ 拆卸油三通阀和粗过滤器。先拆与三通阀连接的油管和油泵接头，再拆油三通阀（注意六孔盖不能掉下，以免损坏，并注意其中纸垫层数），取出粗过滤器。

⑧ 拆卸细过滤器和油泵。先拆下细过滤器与油泵联接螺母，取下细过滤器、油泵和传

动块。

⑨ 拆卸吸气过滤器。拆卸法兰螺母，留下对称的两螺母均匀地松掉，并用手推住法兰，避免压紧弹簧弹出，取出法兰、弹簧和过滤器。

⑩ 拆卸联轴器。拆卸联轴器时如不需移动电动机，应将压缩机联轴块、中间联接块和电动机联轴块统一画上装配记号。如需移动电动机，除在联轴器上画装配记号外，还应画出电动机底脚的安装位置记号，以便于装配。

对125系列活塞式制冷压缩机可不移动电动机。在联轴器上画好装配记号后拆下橡胶塞销挡板，取出橡胶塞销，再拆下中间连接块的螺钉，把中间连接块推到电动机轴一侧。

拆压缩机联轴块时有三种方法：将联轴块的挡板螺钉拧松（但不要将螺钉取下来），在联轴块的两侧垫上方木用大锤敲击；也可用两根长撬棍撬松；最好用槽钢自制的拉力器拉出。其工具可用16#或18#槽钢，按压缩机联轴块上螺孔的距离钻上两个ϕ18mm孔，再加工两个长120mm的M16螺栓，中间截块采用ϕ89mm的管子段即可。在拆卸时，下面最好垫上方木，以免掉下后砸坏公共底座或伤人。

⑪ 拆卸轴封部件。均匀拧松压盖螺母，对角留下两个螺母暂不拧下，将其他螺母拧下，用手推住压盖，再拧余下两个螺母，以防轴封弹簧将轴封盖和其他零件弹出，损伤零件或者伤人。顺轴取出压盖、外弹性圈、静止环、转动摩擦环、内弹性圈、压圈及轴封弹簧，应注意不要碰坏静止环与转动摩擦环的密封面。

⑫ 拆卸后轴承座。用布包好曲柄销，防止碰撞，再用方木在曲轴箱内垫好，拆下轴承座连接的油管，然后拧下后轴承座的螺母。用两根专用吊环螺栓拧进后轴承座螺孔内，把轴承座均匀顶开，注意不要损坏纸垫和轴瓦的摩擦面，慢慢地将轴承座取出。

⑬ 拆卸曲轴。取走后轴承座后，曲轴就可以从后轴承孔中抽出。先用布条缠好后轴颈，以防移动时滑脱。用两根较长的M16螺栓拧进曲轴前的两个螺孔内，再套上适当长度的圆管，以便抬出曲轴。在曲轴中部，用方木穿过曲轴箱垫于曲轴下部，这样曲轴的前、中、后三处一致用力，慢慢抽出放平。注意曲拐部分不要碰伤后轴承座孔。

⑭ 拆卸前轴承座。拆卸时，将两根专用吊环螺栓拧到前轴承座的螺孔内，把轴承座顶开，然后用撬棍慢慢撬出。

（3）部件的拆卸　部件的拆卸步骤如下：

1）拆吸、排气阀组。吸、排气阀组的具体拆卸过程如下：

① 拆中心螺栓上的槽形螺母，一般用梅花扳手即可使其松脱。若过紧，可用台虎钳将其夹紧，再用梅花扳手松脱。

② 拆紧固螺栓，将4或6个紧固螺栓拆下后，即可取下阀盖。

③ 将阀盖反面朝上放置，再拆卸8个排气阀弹簧。

④ 将外阀座反面朝上，再拆卸6个吸气阀弹簧。拆气阀弹簧时应用手拧紧弹簧取下，不能硬拉，以免损坏弹簧。

拆卸完毕后，应检查内阀座和外阀座上的密封线是否完整严密，并将密封面朝下，放于平台的布上，避免损伤密封线。

2）拆活塞连杆组件。

① 拆活塞环。拆活塞环可以采用以下3种方法：

第1种方法是用两块布条套在环的锁口上，两手拉住布条，轻轻向外扩张把环取出。注意不能力过猛，以免损坏活塞环。

第2种方法是用3根0.8~1mm厚、10mm宽的铁片垫在环与槽中间，以便于环均匀地滑动取出，如图1-116所示。

第3种方法是用专用工具拆活塞环，如图1-117所示。

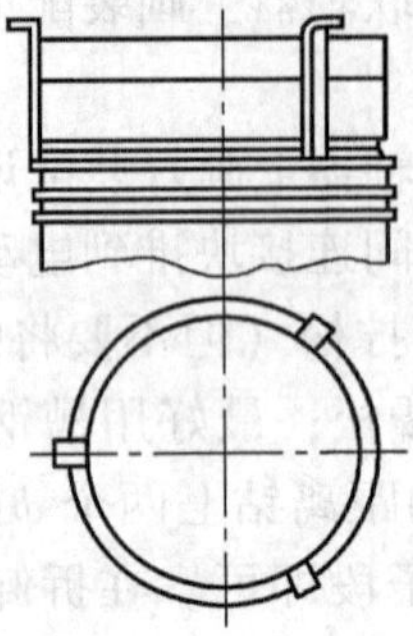

图1-116　拆卸、装入活塞环的方法

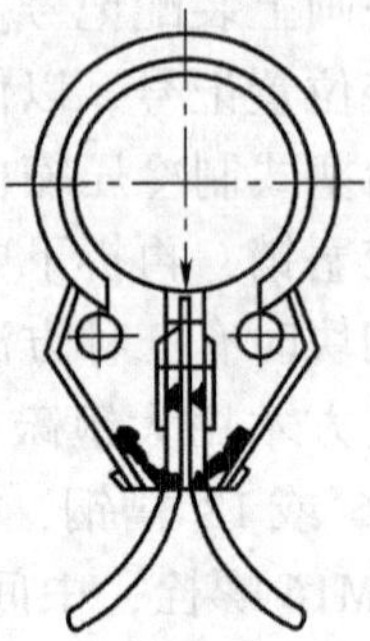

图1-117　拆卸、装入活塞环的工具

② 拆活塞销。用尖嘴钳把活塞销孔内的弹簧挡圈拆下，垫上软金属，用木锤轻击，将活塞销敲出。如果销子过紧，可用如图1-118所示的专用工具拉出。如果仍不能拉出时，可将活塞浸在80~100℃的水或油中5~10min，使活塞膨胀，然后用专用工具拉出。

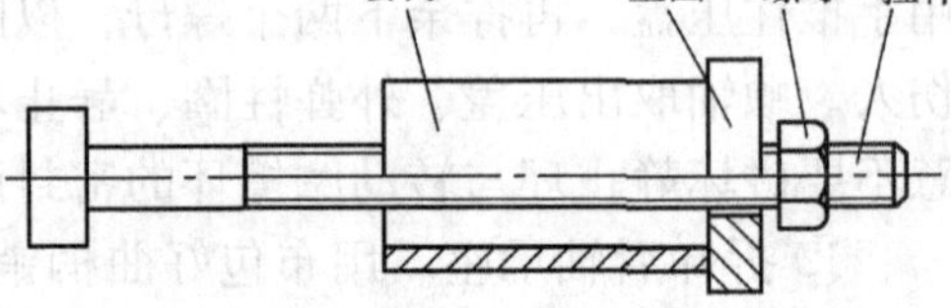

图1-118　拆活塞销的专用工具

3）拆气缸套部件。气缸套上的零件有定位销和卸载部分，而卸载部分包括：弹性圈（钢制）、垫环、转动环（分左右）、开口销、弹簧和顶杆，拆卸时应按上述顺序进行。拆卸前应检查顶杆的高度是否相同，若高低不等，易将吸气阀片顶歪或工作时产生转动，加速磨损和损坏；同时，检查顶杆弹簧是否完好。

4）拆油三通阀。在拆之前将阀盖、指示盘、限位板、阀体用划针画上装配记号；然后，拧下指示盘螺钉，取下指示盘，再拆下阀盖，取出阀芯，检查橡胶密封圈是否老化或损坏。

（4）压缩机的装配和调整

1）装配注意事项。依拆卸相反的顺序进行装配，并注意以下几点：① 零部件、曲轴箱要用煤油或汽油等清洗干净，吹干后涂上冷冻机油或润滑脂；② 部件在组装以前，各零件应涂上冷冻机油；③ 不宜用毛纺织物擦洗零部件；④ 密封垫片应在安装之前涂上冷冻机油；⑤ 旋紧螺母时应对称均匀地用力；⑥ 拆下的开口销不允许再次使用，必须换新的。

2）部件的组装。

① 气缸套组件的组装。

a. 将气缸套置于干净的软面工作台上，装转动环。转动环缺口应朝下，并注意其有左右之分。

b. 装垫圈及弹性圈，检查转动环的移动应灵活。

c. 将气缸套正立过来，装顶杆，使顶杆圆头落入转动环缺口槽内。

d. 对顶杆找平，即顶杆上放置吸气阀片。顶杆应能同时自如地被顶上或放下，顶杆到吸气阀片间的距离相等，误差不大于0.1mm。

e. 提起顶杆，套入顶杆弹簧。压缩顶杆弹簧，在顶杆上装上开口销。

f. 转动转动环，检查顶杆的灵活性。

② 活塞连杆组的组装。活塞连杆组的组装可参考图1-12，具体组装步骤如下：

a. 将小头衬套装入连杆小头内，连杆小头放入活塞体内。装配连杆小头衬套时应注意油槽的方向。

b. 将弹簧挡圈装入一端活塞销座孔槽内，核对活塞与连杆的编号，防止装错。

c. 将活塞销插入活塞销孔和小头衬套孔内，转动应灵活。若装活塞销时较困难，可将活塞浸在80～100℃的水或油中加热5～10min，然后再装活塞销，并用木棒轻轻地敲打。若环境温度较低，活塞销也要略微加热，这是因为活塞与活塞销的材料不同，其膨胀系数也不同，若销与活塞温差较大，插入孔内局部传热快，没等活塞销装好，活塞销座孔急剧收缩，装不进去。

d. 用钢丝钳将另一个弹簧挡圈放入活塞销座孔的槽内。

e. 将气环和油环装入活塞环槽内，装配方法与拆卸方法相反。安装时须注意用力不宜过大，防止活塞环变形。气环和油环装入环槽后，要检查活塞环是否能自由转动，环与环槽间隙应符合相关要求。

f. 对于连杆小头是滚针轴承的，在装配前，首先将夹圈和滚针装入轴承外壳内，然后把引套推入。装配时，将一只孔用弹性挡圈用尖嘴钳装入小头孔的凹槽内，用加热小头的方法将轴承挡圈和滚针轴承装入小头孔内，再放入轴承挡圈，然后装上另一只孔用弹性挡圈。

g. 清点其余零件（连杆大头轴瓦、连杆大头盖、连杆螺栓销、连杆螺母、开口销等），以备总装配。

③ 气阀组部件的组装。气阀组组装前应检查气阀弹簧。若有损坏，应全部换新，以免弹簧的弹力不均匀而使阀片密封不严。

a. 阀盖大头朝下置于软面工作台上，将排气阀弹簧旋入阀盖弹簧座孔内。装配时，阀盖应没有飞边，弹簧拧进弹簧座孔后其自由高度应一样，且不偏斜。气阀弹簧要挑选长短一致的，用手旋转装入阀盖座孔内，决不能硬往里塞，以防气阀弹簧变形。

b. 在气阀中心螺栓上装上铝垫片，再装上内阀座，然后在内阀座密封面上放上排气阀片。装配前应将密封面擦干净。

c. 将装好了排气阀弹簧的阀盖也装在气阀中心螺栓上，排气阀弹簧应压住排气阀片。内阀座密封面与阀片密封面应贴合，阀片应放正。

d. 装上钢碗，拧上槽形螺母，装上开口销。拧紧槽形螺母时，应注意中心螺栓的底平面不能高出内阀座下平面，以防撞击活塞。

e. 装外阀座，使螺栓孔端面紧贴阀盖的4或6个爪，拧上螺栓。

f. 排气阀组装好后，用螺钉旋具检验排气阀片开启是否灵活、开启度是否符合要求，否则，应进行调整，然后用煤油进行试漏。

g. 清点其余零件（吸气阀弹簧、吸气阀片、圆柱销、安全弹簧等），以备总装配。

④ 油三通阀部件组装。装配油三通阀时，应将阀芯的孔对准出口，再把弹性圈、圆环和阀盖装好，然后将标牌面螺钉装平。安装手柄时，应注意手柄箭头指示与标牌位置相符，并用螺钉紧固。

⑤ 油分配阀。装配时，应注意将阀芯带孔一侧对准上载接头，另一侧对准泄压管接头，要求阀芯与阀体的径向间隙为0.03mm。装好油分配阀后，应从0位到1位逐个试通，并检查回油孔的通向是否符合要求；然后在控制台孔内装上标牌，将手柄箭头指示0位，用螺钉紧固；最后连接油管螺母。

3）总装与调整。总装是将已组装好部件的大零件按一定的顺序逐件装入机体。

在进行总装时，除对每个零件的相对位置进行仔细检查外，还要检查零部件有无碰伤、是否清洁。在装配过程中，相互运动的零件表面均要涂上润滑油，以防锈蚀，同时也易于装配。安装时注意检查垫片的密封性，垫片不得有裂纹和破损。垫片的厚度往往会影响机件的装配间隙，应按要求选用，不得任意改变。装配螺栓螺母时要注意用力均匀，应选用套筒或梅花扳手，不允许使用活扳手，否则会损坏螺母。总装程序及注意事项如下：

① 安装曲轴。将曲轴从后轴承座孔慢慢地水平移入机体内，应小心不能碰伤部件。移至正常位置后，装配前、后轴承座，并测量轴向间隙，如果不符合要求，调整石棉垫片的厚度。

② 安装轴封。先将静止环密封圈套在静止环上，装入轴封盖，密封面要平整。然后，将弹簧、压圈、转动摩擦环密封圈及转动摩擦环装入，再将压盖慢慢推进，密封垫圈、静止环与转动摩擦环的密封面上充分涂上润滑油，使密封面对正，然后对称地拧紧螺栓。要求转动摩擦环密封圈的松紧程度以动环推进后稍微弹出为好。

③ 安装联轴器。在轴上涂少许润滑油，并将半圆键装入键槽，半圆键两侧须和键槽贴合。套上联轴器，用锤子敲击平面使锥度收紧，要注意不能上偏。半圆键顶面要与联轴器底槽略有些间隙。电动机的联轴器与机件的联轴器之间要保留2～4mm的间隙，同时，径向要用直尺找平。

④ 安装油泵与精过滤器。检查垫片油孔是否对准油路孔，把精过滤器装入壳体内，并检查壳体与油泵之间垫片的油孔是否对准油路孔，装上精过滤器，拧紧螺栓。油泵装好后应转动曲轴，检查油泵是否灵活。

⑤ 安装油三通阀与粗过滤器。装配时应注意粗过滤器与曲轴箱的垫片浸油贴牢，将弹性圈装入孔盖凹槽内，并装到阀体上，将粗过滤器顶端加上垫片后装入油三通阀，用螺栓紧固。

⑥ 安装卸载装置。安装时要按拆卸时的编号安装，不要装错。先装液压缸外圈石棉纸垫，再将液压缸装入孔内，再装油活塞，然后装入卸载装置的法兰，螺栓要均匀上紧。法兰装好后，用螺钉旋具插入法兰中心的通孔，推动油活塞，检查卸载装置是否灵活。若不灵活，应查找原因，加以消除。

⑦ 安装气缸套。装气缸套前要检查转动环和顶杆，转动环有左、右旋之分，不能装错。顶杆的高度要相同。安装时要对号，利用吊栓平直地把气缸套插入机体的缸套孔内，注意定位销与定位槽的位置。垫圈要先装进缸套孔的密封面上，转动环槽要对准拉杆凸缘，插入时不能用力过猛。装好后要检查卸载装置是否灵活，顶杆是否能升降。

⑧ 安装活塞连杆组。把曲柄销转到上止点位置，将导套放到缸套上，用吊栓吊起活塞连杆件，从大头轴瓦油孔向活塞销加油，并向缸套内面、活塞外表面及曲柄销上加油。要求活塞环锁口相错120°，将活塞经导套装入缸套内，随后安装大头轴瓦及大头盖，拧紧连杆螺栓，并测定大头瓦与曲柄销间隙，转动曲轴是否灵活，最后装上开口销。

在装配另一活塞连杆组时，需拨动曲轴到对应的位置。为了避免刚装的活塞连杆把气缸套顶起，拨动曲轴时要压住气缸套。安装最后一个活塞连杆组时，可能会出现连杆大头解不下的情况，可将其他3个大头瓦拨向一边即可。

若连杆大头轴瓦为平剖式，装配时应将活塞连杆件和缸套一同装入机体内。

⑨ 安装排气阀组与安全弹簧。装排气阀组前，应使卸载装置顶杆落下，处于工作状态，保证吸气阀片放正，防止滑到缸套顶面。装好排气阀组，检查无卡住现象后，装上安全弹簧，并要求安全弹簧必须与气阀端面垂直。

⑩ 安装气缸盖。安装气缸盖时，先检查石棉纸垫是否完好，要注意里面的安全弹簧座孔要与安全弹簧对准，若没有对正，可用旋具拨正。同时，要注意气缸盖冷却水管的进、出水方向，避免冷却水短路。

气缸盖装上后，先均匀地拧上两根较长螺栓的螺母，拧紧后检查卸载装置是否灵活，再均匀地拧紧螺母。

其他零部件（如曲轴箱侧盖、气体过滤器、安全阀、控制台、油管、水管等）均按原位置放好。最后，进行一次全面检查，若无发现问题，可拧下曲轴箱侧盖上的加油孔帽，向曲轴箱加冷冻机油，为试车做准备。

3. 实训注意事项

1）遵守实训纪律，服从指导老师的安排。

2）实训操作应遵守各项安全操作规程。

3）拆卸及装配前应做好各项准备工作。

4）必须使用专用工具拆卸，否则易损坏零件。

5）装配压缩机零部件应注意方向和配合间隙，按拆装顺序对号入座。

6）气缸、活塞与机座组装时，要反复转动曲轴，观察活塞上、下运动的灵活程度。如果不灵活，可调节相关的螺钉。

7）在安装时，应在各摩擦部件涂抹少许冷冻机油。

4. 实训报告

1）简述活塞式制冷压缩机拆装的基本方法。

2）填写实训操作记录（包括活塞式制冷压缩机的型号，所使用设备工具的规格型号，实训操作过程的详细记录、操作质量等）。

3）实训过程中出现的问题及分析。

4）收获和体会。

实训2 螺杆式制冷压缩机的拆装

1. 实训目的

通过对螺杆式制冷压缩机的拆装，掌握其工作原理、总体结构和主要零部件结构，掌握螺杆式制冷压缩机拆卸与装配的方法，为螺杆式制冷压缩机维护与检修打下坚实的基础。

2. 实训相关技能及操作步骤

（1）拆卸方法和步骤　螺杆式制冷压缩机拆卸的注意事项基本与活塞式制冷压缩机相同。下面以LG20A型制冷压缩机为例，说明其拆卸方法及步骤。

1）拆卸润滑系统。拆下控制台、四通阀及各部件的连接油管；关闭有关阀门，拆下粗、细过滤器；拆卸转子油泵的连接油管，拧下油泵的底脚螺栓和支架螺钉，取下油泵。注意联轴器的方形垫块（胶木制）不能损坏。

2）拆卸联轴器。先将压板和传动型芯拆下，然后把飞轮推向电动机一侧。

3）将吸、排气口的联接螺栓拆下，取下吸气过滤器。

4）拆卸压缩机的底脚螺栓，然后将压缩机吊到修理台上平放。

① 拆下吸气单向阀和轴端（靠近主动转子侧）的压紧螺母，然后敲击联轴节，将压缩机联轴器和半圆键取下。

② 拆下能量指示器的帽盖，取下能量指示器组件。

③ 拆下内六角圆柱头螺钉，拔出定位销后，平等地移出吸气端盖。

④ 用吊环螺栓（专用工具）拉出油活塞部件，然后用尖嘴钳取出挡圈和垫圈，抽出气缸套。

⑤ 拆下平衡活塞螺钉、挡圈、平衡活塞以及平衡液压缸套（内、外侧做好标记）。

⑥ 拆卸轴封。拔出定位销钉后，拆下排气端盖和轴封护圈，然后取出轴封组件。

5）以压缩机的吸气端为底，垫上木块，竖直放置。拆下定位销和螺钉，用吊环螺钉吊起排气端座并放在平台上，然后抽出轴承，取下调整块。用吊环螺栓慢慢吊起主动转子阳螺杆，此时，从动转子阴螺杆也会跟随转动，使主动转子旋出。再将吊环螺钉对称旋入机体，可吊离机体，然后取下滑阀组。取出挡圈后，可拉出滑动轴承，再拆下推力轴承。

6）拆卸润滑系统的部件。拆卸油泵联轴器、轴封、端盖、压紧螺母和轴承座，拆下内、外齿轮、偏心套及油道垫板，最后取出轴承。接着拆下粗过滤器盖，取出滤网。拆下粗过滤器盖，取出永久磁铁和过滤网。

（2）压缩机的装配与调整

1）以压缩机的吸气端座为底并在其下垫上木块竖直装配。

① 将主轴承按号码分别装入吸、排气端座内，再分别装上挡圈。压入主轴承后，查看是否变形，并测量轴承内径尺寸，使与转子轴颈配合的间隙符合相应技术要求。

② 将吸气端座平放在方木上，用水平仪找平。其平面涂上厌氧胶，吊起机体（气缸体），呈垂直状装在吸气端座上，插入定位销后，再拧紧螺钉。

③ 装上滑阀组件，滑阀导向块应按出厂要求装配，不得前后调换。将机体内和转子表面涂上冷冻机油，用吊环螺栓吊起阴转子，垂直装入机体内，再吊起阳转子，慢慢地旋入机体内，阴转子应随着阳转子旋转恢复原来位置。在装配阴、阳转子时，应按装配记号进行，以防阴、阳转子的啮合部位发生变化而影响啮合面。

④ 转子放入机体内后，当转子下端已与吸气端座紧靠时，可用深度千分尺或者游标深度尺测量转子排气端面与机体端面之间的间隙。这一间隙为转子吸、排气端面与机体端面之间的间隙之和。

⑤ 在机体的排气端面上放上密封垫，再用两只吊环水平吊起排气端座，然后通过转子轴端放入机体上。在放置时，主轴瓦要对准阴、阳转子的轴颈。若有误差而放不下去，应查明原因，加以修理后轻轻地装入，使其排气端座落到缸体上表面。

⑥ 放入调整垫块，将推力轴承装入排气端转子轴颈上，再将圆锥滚子轴承装在吸气端的轴上。在各转子轴上拧紧锁紧螺母，装上推力轴承压板，用螺钉固定。用手转动转子应轻

便无阻力，在惯性作用下可转动若干转。

⑦ 用双吊环慢慢地垂直吊起排气端座，此时转子也跟着上升，使转子露出一定高度，在地上用两个螺钉顶住阴、阳转子轴的下端，在排气端座下面和缸体上面之间垫上垫块。用塞尺测量转子排气端面与排气端座的间隙。若其间隙过大，可减薄调整垫块，即把转子轴上的旋紧螺母和推力轴承压板螺钉松开，上旋地上支撑转子的螺钉；当间隙达到规定的要求时，再把转子轴上的旋紧螺母锁紧，压板螺钉拧紧。螺杆机构的这一间隙非常重要，因为间隙若过大，端面漏气严重，输气量减少，制冷量减少；若间隙过小，端面磨损，使机器损坏。所以在调整时要耐心细致，决不能马虎。装配适当后，把排气端面及密封垫上涂上厌氧胶，将转子和排气端座慢慢落到机体上，对准定位销。

将测量的排气端面与机体端面间隙，减去转子端面与排气端座之间的间隙即为转子吸气端面间隙。

⑧ 在排气端座上平面加上密封垫，涂上润滑脂，放上排气端盖，对准定位销、拧紧联接螺钉。

⑨ 安装轴封。装上轴封弹簧座、弹簧、推环、橡胶密封圈、动环座、动环和静环等零件，将轴封盖的螺钉紧固。在装配以上零件前应涂冷冻机油。

2）压缩机水平放置后的装配。

① 装上平衡液压缸和平衡活塞，以及液压缸套和液压活塞（包括密封圈和压板）。

② 将吸气端座平面加上密封垫，涂油后装上吸气端盖，对好定位销并拧紧联接螺钉，然后装上能量调节指示器组件和密封帽。

③ 装上压缩机联轴块，将压缩机吊装到公共底座上。

④ 安装联轴器。将压缩机联轴块与电动机联轴块用螺钉联接起来，然后将百分表固定在压缩机联轴块上，如图1-119所示。测量两轴的同心度偏差，应小于或等于0.04mm；飞轮的轴向圆跳动量，应小于或等于0.10mm。

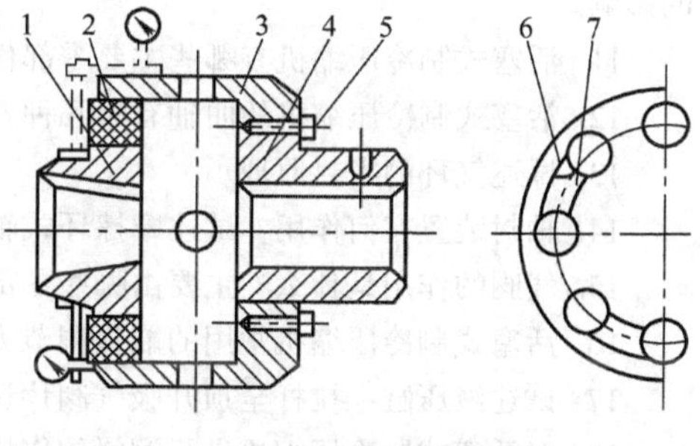

图1-119 联轴器校正

1—压缩机联轴块 2—传动芯子 3—飞轮 4—电动机联轴块 5、6—螺钉 7—压板

压缩机未装上联轴器前，应检查电动机转向（螺杆式制冷压缩机不允许倒转），接上联轴器后用手转动联轴器，应能轻便转动。

⑤ 装上单向阀、气体过滤器、安全阀及油压调节阀。

3）安装润滑系统。安装油泵时应注意油道垫板的方向不能装错，以防油泵不上油。内、外齿轮及偏心套装入泵体，转动应灵活。把油泵装到机组上，校正联轴器。紧固底脚螺栓，再拧紧支架与泵体的联接螺钉。接着装粗、细过滤器以及油管和控制台上的四通阀。

3. 实训注意事项

1）遵守实训纪律，服从指导老师的安排。

2）实训操作应遵守各项安全操作规程。

3）拆卸及装配前应做好各项准备工作。

4）必须使用专用工具拆卸，否则易损坏零件。

5）装配压缩机零部件应注意方向和配合间隙，按拆装顺序对号入座。

4. 实训报告

1）简述螺杆式制冷压缩机拆装的基本方法。

2）填写实训操作记录（包括螺杆式制冷压缩机的型号，所使用设备工具的规格型号，实训操作过程的详细记录、操作质量等）。

3）实训过程中出现的问题及分析。

4）收获和体会。

思考与练习

1. 制冷压缩机是如何分类的？
2. 如何区分开启式、半封闭式、全封闭式制冷压缩机？
3. 活塞式制冷压缩机有何优缺点？
4. 简述活塞式制冷压缩机的理论工作循环。实际工作循环与理论工作循环有何区别？
5. 一台8缸活塞式制冷压缩机气缸直径为125mm，活塞行程为100mm，转速为960r/min，求其理论输气量。
6. 何谓容积效率？活塞式制冷压缩机的容积效率由哪几个系数组成？各系数有何含义？
7. 何谓余隙容积？为什么会产生余隙容积？余隙容积对活塞式制冷压缩机的输气量有何影响？
8. 何谓指示功率和指示效率？影响活塞式制冷压缩机指示功率和指示效率的因素有哪些？
9. 活塞式制冷压缩机排气温度过高有哪些危害？降低排气温度的主要措施有哪些？
10. 试用活塞式制冷压缩机的运行特性曲线分析冷凝温度、蒸发温度的变化对压缩机制冷量和轴功率的影响。
11. 活塞式制冷压缩机有哪些主要零部件？易损件有哪些？
12. 活塞式制冷压缩机的曲轴有哪几种？各有何特点？
13. 试述气环的密封原理。
14. 轴封装置有何作用？试述摩擦环式轴封装置的结构和工作原理。
15. 气阀的作用是什么？主要由哪些零部组成，是如何工作的？常见的气阀结构形式有哪几种？
16. 活塞式制冷压缩机常用的能量调节方式有哪几种？
17. 试述液压缸—拉杆全顶开吸气阀片调节机构的工作原理。
18. 对活塞式制冷压缩机进行润滑的作用是什么？常用润滑方式有哪几种？
19. 制冷系统各部件对冷冻机油的性能有何要求？
20. 简述螺杆式制冷压缩机的工作过程。
21. 何谓内压缩过程、内容积比、内压力比？
22. 简要分析螺杆式制冷压缩机为何会产生附加功损失。
23. 螺杆式制冷压缩机的优缺点主要有哪些？
24. 螺杆式制冷压缩机输气量的大小与哪些因素有关？影响容积效率的主要因素有哪些？
25. 螺杆式制冷压缩机由哪些主要零部件组成？各主要零部件的作用是什么？
26. 简述螺杆式制冷压缩机滑阀调节和塞柱阀调节输气量的工作原理。
27. 螺杆式制冷压缩机的润滑系统有哪几种形式？
28. 简述单螺杆式制冷压缩机的基本结构及工作原理。
29. 简述单螺杆式制冷压缩机的能量和内容积比的调节原理。
30. 简述离心式制冷压缩机的基本结构与工作原理。

31. 与往复活塞式制冷压缩机相比，离心式制冷压缩机有何特点？
32. 离心式制冷压缩机由哪些主要零部件组成？各主要零部件的作用是什么？
33. 离心式制冷机组常用的能量调节方法有哪些？
34. 什么是离心式制冷压缩机的喘振？它有什么危害？如何防止喘振的发生？
35. 简述滚动活塞式制冷压缩机的基本结构和工作过程。
36. 滚动活塞式制冷压缩机有何特点？
37. 简述涡旋式制冷压缩机的基本结构和工作过程。
38. 涡旋式制冷压缩机有何特点？
39. 数码涡旋式制冷压缩机是如何进行能量调节的？

第2章 制冷系统热交换设备

学习导引

热交换设备是实现两种（或两种以上）温度不同的流体间相互传热的设备，又称换热器。制冷循环是通过制冷剂不断地从低温热源取走热量，并最终将热量转移到高温热源中去的过程来实现的。因此实现热量转移的热交换设备是完成制冷循环所必需的设备，其传热效果的好坏直接影响制冷系统运行的经济性。制冷系统的热交换设备是使制冷剂在其中吸收和放出热量的设备，其共同特点是冷、热流体隔着壁面进行热交换。

蒸发器与冷凝器是制冷系统中制冷循环的基本设备，均属换热设备；制冷剂在蒸发器中吸收热量，在冷凝器中放出热量，实现制冷循环过程。制冷系统中的其他一些热交换设备包括回热器、过冷器、中间冷却器等。本章主要介绍这几种热交换设备。

1. 学习要求

本章的重点是蒸发器和冷凝器的种类、工作原理、基本结构、性能特点及适用范围。通过本章的学习应达到以下要求：

1）掌握蒸发器的作用和种类；了解蒸发器的传热方式和影响因素。

2）掌握卧式壳管式蒸发器的工作原理、基本结构、性能特点及适用范围；了解沉浸式蒸发器、板式蒸发器的工作原理、基本结构、性能特点及适用范围。

3）了解自然对流式冷却空气的蒸发器的常用结构形式、工作原理、基本结构及性能特点；掌握翅片式蒸发器及干式冷风机的工作原理、基本结构、性能特点及适用范围。

4）掌握冷凝器的作用和种类；了解冷凝器的传热方式和影响因素。

5）掌握壳管式冷凝器的工作原理、基本结构、性能特点及适用范围；了解套管式、螺旋板式和板式冷凝器的工作原理、基本结构、性能特点及适用范围。

6）了解自然对流风冷冷凝器的常用结构形式、工作原理、基本结构及性能特点；掌握强制对流风冷冷凝器的工作原理、基本结构、性能特点及适用范围。

7）了解蒸发式冷凝器的工作原理、基本结构、性能特点及适用范围。

8）了解蒸发器—冷凝器组的基本结构，冷凝蒸发器的常用结构形式及基本结构。

9）了解回热器的作用、常用结构形式及基本结构，过冷器的作用及基本结构，氨用及氟利昂用中间冷却器的基本结构和工作原理。

10）能看懂制冷系统热交换设备的结构图。

11）会查阅制冷系统热交换设备的相关资料、图表、标准、规范、手册等，具有一定的运算能力。

12）具有蒸发器和冷凝器的选择计算能力。

13）能够正确进行制冷系统热交换设备的清洗操作。

2. 本章难点

1）制冷系统中热交换设备的结构形式较多，仅通过看结构简图而掌握其基本结构有一定的难度，应结合实训，通过观察热交换设备的具体实物或模型帮助理解。

2）实际工程中，对蒸发器和冷凝器进行选择计算需要一定的实践经验，要达到合理、熟练地选择蒸发器和冷凝器有一定的难度，应结合例题与习题加强练习。

2.1 蒸发器

在制冷系统中，蒸发器的作用是依靠节流后的低温低压制冷剂液体在蒸发器管的沸腾（习惯上称蒸发），吸收被冷却介质的热量，达到制冷降温的目的。因此蒸发器是制冷系统中制取冷量和输出冷量的设备。蒸发器位于节流阀和制冷压缩机回气总管之间，或连接于气液分离设备的供液管和回气管之间，并安装在需要冷却、冻结的冷间或场所。

蒸发器按被冷却介质的不同，可分为冷却液体载冷剂的蒸发器和冷却空气的蒸发器。

2.1.1 蒸发器的传热方式和影响因素

由热力学分析可知：节流后并处于蒸发压力下的制冷剂以液态或气液混合态进入蒸发器，通过蒸发器的传热间壁吸收被冷却介质的热量，使被冷却介质释放显热而温度降低，而制冷剂液体则在较稳定的低温和低压下沸腾汽化成干饱和蒸气或过热蒸气，经输出蒸发器后被制冷机吸入。

热交换设备的基本传热公式为

$$\Phi = KA\Delta t_{\mathrm{m}} \tag{2-1}$$

式中　Φ——热交换设备单位时间内的传热量，单位为W；

K——传热系数，单位为$\mathrm{W/(m^2 \cdot K)}$；

A——热交换设备的传热面积，单位为$\mathrm{m^2}$；

Δt_{m}——冷、热流体的平均传热温差，单位为℃。

对于已选定的蒸发器，其传热面积是一定的，因此在正常使用中要提高蒸发器单位面积的传热量，这除了提高蒸发器内冷、热流体间的传热温差外，主要是提高蒸发器的传热系数。

蒸发器中的传热过程包括被冷却介质的放热、通过金属壁和污垢层的导热及制冷剂的汽化吸热过程。蒸发器内的传热效果受到制冷剂侧的表面传热系数、传热表面污垢物的热阻及被冷却介质侧的表面传热系数等因素的影响，其中后两种因素的影响相对较小。制冷装置中蒸发器内的温差不大，因此制冷剂液体的沸腾总处于泡状沸腾。沸腾时，在传热表面产生许多气泡。这些气泡逐渐变大、脱离表面并在液体中上升。它们上升后，在该处又连续地产生一个个的气泡。沸腾传热系数与气泡的大小、气泡上升的速度等因素有关。下面分析影响制冷剂液体沸腾换热的主要因素。

1. 制冷剂液体的物理特性

制冷剂液体的热导率、密度、黏度和表面张力等有关物理性质，对沸腾传热系数有着直接的影响。热导率较大的制冷剂，在传热方向的热阻就小，其沸腾传热系数就较大。

在正常工作条件下，蒸发器内制冷剂与传热壁面的温差一般仅有2～5℃，其对流换热的强烈程度取决于制冷剂液体在汽化过程中的对流运动程度。沸腾过程中，气泡在液体内部的运动使液体受到扰动，这就增加了液体各部分与传热壁面接触的可能性，使液体从传热壁面吸收热量更为容易，沸腾过程更为迅速。密度和黏度较小的制冷剂液体受到这种扰动较强，其对流传热系数就较大；密度大和黏度大的制冷剂液体受到的这种扰动较弱，对流传热系数也就较小。

制冷剂液体的密度及表面张力越大，汽化过程中气泡的直径越大，气泡从生成到离开传热壁面的时间越长，单位时间内产生的气泡就越少，传热系数越小。

氟利昂与氨的物理性质有着显著的差别，一般来说，氟利昂的热导率比氨的小，密度、黏度和表面张力都比氨的大。

2. 制冷剂液体的润湿能力

如果制冷剂液体对传热表面的润湿能力强，则沸腾过程中生成的气泡具有细小的根部，能够迅速地从传热表面脱离，传热系数也就较大。相反，若制冷剂液体不能很好地润湿传热表面时，则形成的气泡根部很大，减少了汽化核心的数目，甚至沿传热表面形成气膜，使热阻增大，传热系数显著降低。常用的一些制冷剂液体均具有良好的润湿性能，因此具有良好的传热效能，但氨的润湿能力比氟利昂强得多。

3. 制冷剂的沸腾温度

制冷剂的沸腾温度越高，饱和温度下的液体与蒸气的密度差就越小，沸腾时产生的气泡直径也就越小，则气泡从生成到离开壁面的时间变短，沸腾就更强烈，传热系数就更大。

4. 蒸发器的结构形式

蒸发器的结构应该能保证制冷剂蒸气能很快地脱离传热表面和保持合理的液面高度，充分利用传热面积。因此，制冷剂的沸腾传热系数还与蒸发器的管径、管长以及管子的排列方式等有关；也与制冷剂流动的流速和流向有关。实验证明：就制冷剂沸腾传热系数而言，翅片管大于光管；管束大于单管；制冷剂流动自下而上时大于自上而下的。

此外，制冷剂中有无润滑油对传热系数也有一定的影响。润滑油容易在传热表面形成油膜而不宜清除，从而增大热阻，降低传热系数。

2.1.2 冷却液体载冷剂的蒸发器

冷却液体的蒸发器先将水或盐水等载冷剂冷却，再由低温载冷剂去冷却被冷却系统（物体或空间）。载冷剂液体用泵作强制循环。冷却液体载冷剂的蒸发器有壳管式蒸发器、沉浸式蒸发器（包括立管式、螺旋管式、蛇管式）、板式蒸发器、螺旋板式蒸发器等几种形式。

1. 壳管式蒸发器

壳管式蒸发器是用来冷却水或盐水的蒸发器，根据制冷剂在壳体内或换热管内的流动，分为满液式和干式两种。

（1）满液式壳管蒸发器　满液式壳管蒸发器的结构如图 2-1 所示。它由筒体外壳、管板、管束和端盖组成。其外壳是用钢板焊成的圆筒，在圆筒的两端焊有多孔管板，换热管束用焊接法或胀管法固定在管板上。氨为制冷剂时，换热管采用 $\phi25 \sim \phi38$mm 无缝钢管；氟利昂为制冷剂时，多采用直径 $\phi20$mm 以下的纯铜管或有肋片的铜管。制冷剂在换热管外汽化，载冷剂在管内流动，一般为 4 ~8 管程。

制冷剂液体经膨胀阀节流后，由蒸发器的下部进液口进入管外空间，吸热汽化后的制冷剂蒸气上升至气液分离器，分离后的蒸气被压缩机吸入，制冷剂液滴仍落入蒸发器内。为了能观察到蒸发器内的液位，在气液分离器和壳体之间装设一根液位管，液位管上的结霜处即表示了蒸发器内的液位。

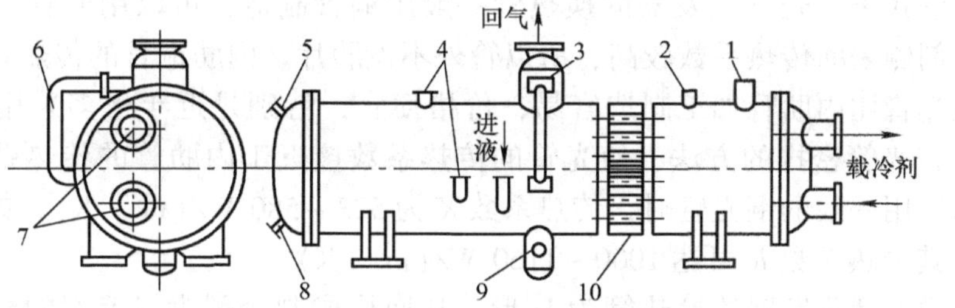

图 2-1　满液式壳管蒸发器

1—安全阀接头　2—压力表接头　3—气液分离器　4—浮球阀接头　5—放空气旋塞接头　6—液位管　7—载冷剂接口　8—泄水旋塞接头　9—放油管接头　10—换热管

满液式壳管蒸发器工作时，壳体内应充装相当数量的液体制冷剂，一般其静液面的高度为壳体直径的 70% ~80%，此时会有 1 ~3 排管子露在液面以上。沸腾过程中，这些管子会被带上来的液体润湿，因而也能起传热作用。如果液面保持较低，则蒸发器管不能充分发挥其传热作用；反之，如果液面保持过高，则有将液体带入压缩机的危险。满液式壳管蒸发器的液面需用浮球阀或液面控制器进行控制。满液式壳管蒸发器壳体周围要设置保温层，以减少冷量损失。

氨蒸发器的底部焊有集油器，可定期放出沉积其中的润滑油。

满液式壳管蒸发器的优点是：传热性能好；结构紧凑、制造和安装较方便；用盐水作载冷剂，不易腐蚀和避免盐水浓度被空气中水分稀释等。满液式壳管蒸发器广泛地应用于船舶制冷、制冰、食品冷冻和空气调节中。但是，当采用水为载冷剂时，如操作不当，则易发生冻结事故。在氟利昂制冷系统中，由于氟利昂制冷剂中溶解的油在低温下析出后很难排出，易造成回油困难，因此，在氟利昂制冷系统中建议采用干式壳管蒸发器。

（2）干式壳管蒸发器　干式壳管蒸发器的外形和结构，与满液式壳管蒸发器基本相同。主要不同点在于：干式壳管蒸发器中制冷剂在换热管内汽化吸热，制冷剂液体的充灌量很少，大约为管组内容积的 35% ~40%，而且制冷剂在汽化过程中不存在自由液面，所以称为“干式蒸发器”。在干式蒸发器中，液体载冷剂在管外流动，为了提高载冷剂的流速，在筒体内横跨管束装有多块折流板。

干式壳管蒸发器按照换热管组的排列方式的不同，可分为直管式和 U 形管式两种，如图 2-2 所示。

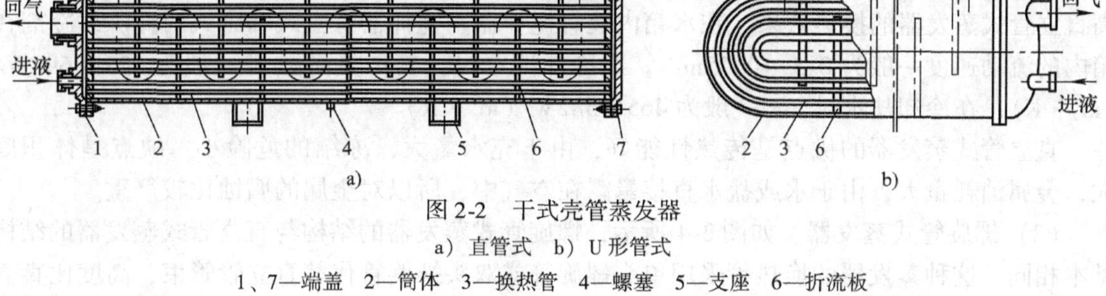

图 2-2　干式壳管蒸发器

a）直管式　b）U 形管式

1、7—端盖　2—筒体　3—换热管　4—螺塞　5—支座　6—折流板

氟利昂直管式干式壳管蒸发器的换热管一般用铜管制造，可以用光管，也可以用内肋管。由于载冷剂侧表面传热系数较高，所以管外不设肋片。内肋铜管的传热系数较大，流程数可减少。但光管比内肋管加工制造容易，价格便宜，特别是近年来多采用小管径（例如$\phi 12mm \times 1mm$）光管密排的方法，使光管的传热系数接近于内肋管的传热系数。根据国外资料介绍，当采用一般的铜光管时，传热系数K为523～580 W/(m^2·K)；如果采用小口径光管密排时，其传热系数K可达1000～1160 W/(m^2·K)。

U形管干式壳管蒸发器的换热管为U形，从而构成制冷剂为二流程的壳管式结构。换热管安装在同一块管板上。换热管可先安装后再装入壳体。U形管式结构可以消除由于管材热胀冷缩而引起的内应力，且可以抽出来清除管外的污垢。另外，制冷剂始终在一根管子内流动和汽化，不会出现多流程时气液分层现象，因而传热效果好，但不宜使用内肋管。由于每根换热管的弯曲半径不同，制造时需采用不同的加工模具。

干式壳管蒸发器不仅克服了壳管式蒸发器的一些缺点，而且由于制冷剂在管内汽化，管外被水或盐水包围，冷量损失较小；管外空间的充水量较大，有一定的热稳定性，而且不会发生管子结冻而胀裂的现象。但是干式壳管蒸发器的装配工艺较复杂，管外（水垢）清洗比较困难；而且折流板与壳体及管子之间存在间隙，影响载冷剂的正常流动及传热效果。

为了在氨制冷系统中减少氨的充灌量，近年来国外研制了氨干式蒸发器。这种蒸发器的充氨量只有原来使用满液式蒸发器时的5%～10%；换热管采用钢与铜双金属管；其接触氨一侧用钢管，外包铜管，既耐氨腐蚀又耐水腐蚀。在氨制冷系统中，采用了与氨互溶的聚二醇（PAG）作为冷冻机油，在活塞式氨压缩机制冷系统中运行2000h，传热及回油情况良好。

2. 沉浸式蒸发器

沉浸式蒸发器外形是一个矩形水箱，所以又称为水箱式蒸发器。其特点是蒸发器的管组沉浸在水或盐水中，制冷剂在管内吸热汽化，水或盐水在搅拌器的作用下在水箱内流动，以增强换热。根据水箱中蒸发器管组形式的不同，沉浸式蒸发器又分为直立管式、螺旋管式及蛇管式等几种。

（1）直立管式蒸发器　直立管式蒸发器主要用于氨制冷装置，其结构如图2-3所示。它全部用无缝钢管焊制而成，蒸发器管以组为单位，根据不同容量的要求，可由若干管组组成。蒸发器的管组安装在矩形金属箱中。在管组的上端，上集管接气液分离器，下集管接集油器。氨液从中间的进液管进入蒸发器。供液管由上一直伸到下集管，这样使氨液进入下集管后，均匀地进入各立管中去。制冷剂在立管中吸收载冷剂的热量，汽化成制冷剂蒸气。制冷剂蒸气进入上集管，经气液分离后，通过集气管被压缩机吸走。集油器上端由一根管子与集气管相通，以便将冷冻机油中的制冷剂抽走，积存的冷冻机油定期从放油管放出。为了提高直立管式蒸发器的换热效果，在水箱内装有搅拌器。搅拌器有立式和卧式两种。载冷剂在箱内的流动速度一般为0.5～0.75m/s。在冷却淡水时，其传热系数K一般为523～698W/(m^2·K)；在冷却盐水时，K一般为465～582W/(m^2·K)。

直立管式蒸发器的优点是传热性能好，由于充水量大，冻结的危险小；缺点是体积庞大，金属消耗量大，由于水或盐水直接暴露在空气中，所以对金属的腐蚀比较严重。

（2）螺旋管式蒸发器　如图2-4所示，螺旋管式蒸发器的结构与直立管式蒸发器的结构基本相同。这种蒸发器的换热管采用单头螺旋管或双头螺旋管代替直立管管束，高度比直立

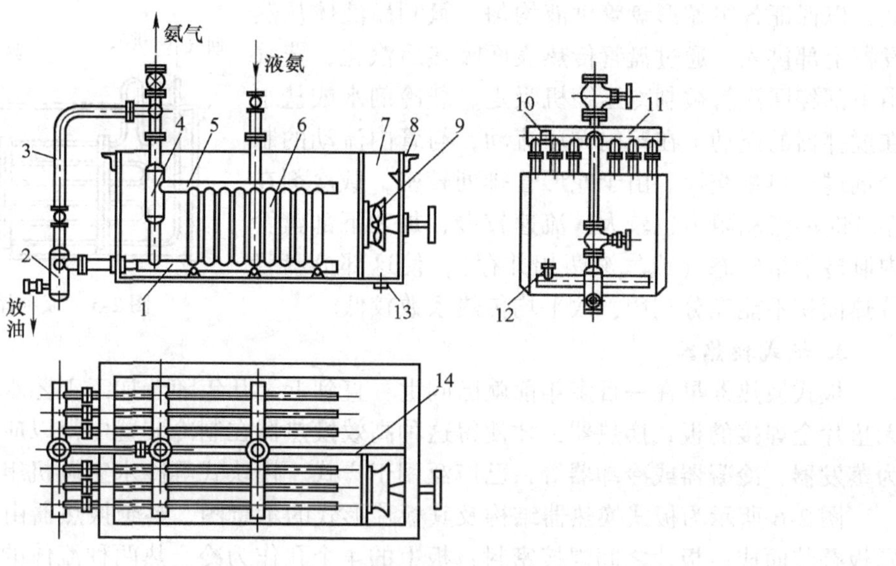

图 2-3　直立管式蒸发器

1—下集管　2—集油器　3—均压管　4—气液分离器　5—上集管　6—换热立管　7—水箱　8—溢流口　9—搅拌器　10、12—远距离液面指示器接口　11—集气管　13—放水口　14—隔板

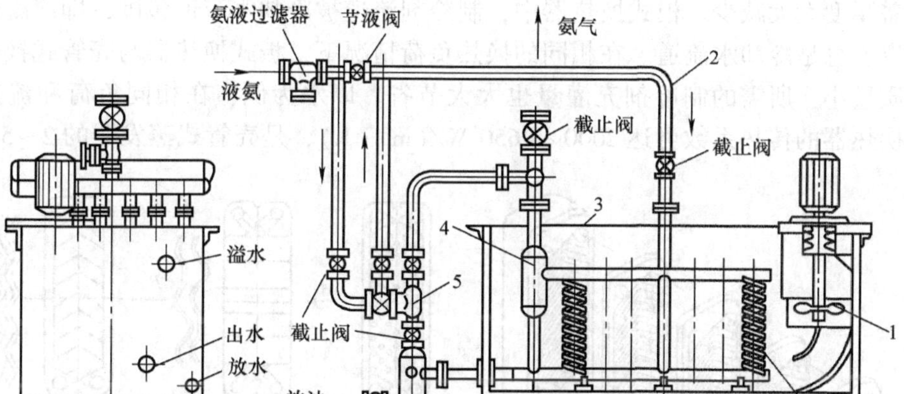

图 2-4　螺旋管式蒸发器

1—搅拌器　2—供液总管　3—水箱　4—气液分离器　5—浮球阀　6—集油器　7—螺旋管组

管管束要小一些，采用立式搅拌器，从而简化了结构，有利于维修；适用于氨制冷系统中，冷却水或盐水。螺旋管式蒸发器除了具有直立管式蒸发器的优点外，其传热性能更好，结构紧凑，在相同的传热面积下，比直立管式蒸发器的体积小 25% ~40%，可节省金属材料 15%，有逐渐代替立管式蒸发器的趋势。

（3）蛇管式蒸发器　蛇管式蒸发器是小型氟利昂装置中常用的一种蒸发器。其结构如图 2-5 所示。这种蒸发器根据蒸发面积的需要由一组或几组铜管用弯管机弯制成蛇形盘管，在所有连接处采用铜焊或银焊焊接，以防泄漏。蒸发器浸没在盛满载冷剂（水或盐水等）的水箱中，箱体一端装有搅拌器。节流后的液态氟利昂通过供液分配器向多组蛇形盘管供液，以保证各组蛇形盘管供液均匀。氟利昂液体从蒸发器上部供入，通过盘管传热表面吸热后汽化，蒸气由下部经回汽管被制冷压缩机吸走。载冷剂水或盐水在搅拌器的搅动下在箱内循环流动，与管内流动的制冷剂进行热量交换。由于蛇形管排列较密，载冷剂在循环时的流动阻力也较大，流速较慢，加之下部盘管内制冷剂呈气态（或气液两相并存），使这部分盘管传热面积不能充分利用，故平均传热系数较低。

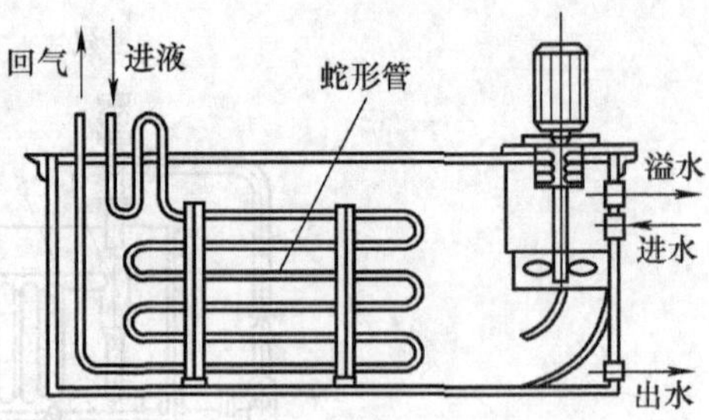

图 2-5　氟利昂蛇管式蒸发器

3. 板式换热器

板式换热器早在一百多年前就已问世，直到近十几年随着加工工艺水平的提高，出现了无垫片全焊接的板式换热器，才使得这种高效换热器在制冷装置中得以应用。板式换热器作为蒸发器、冷凝器或冷却器等，已广泛用于户式、模块式等冷水空调机组中的冷热源中。

图 2-6 所示为板式换热器结构及其板片形式的示意图。整个换热器由多块不锈钢波纹金属板叠装而成，板片之间焊接密封；板上的 4 个孔作为冷、热两种流体的进、出口；在板四周的焊接线内，形成传热板两侧的冷、热流体通道。两种流体在流道内呈逆流流动，通过板壁进行热交换；而板片表面制成的点支撑形、波纹形、人字形等有利于破坏流体的层流边界层的形状，在低流速下形成旺盛湍流，强化了传热；由于板片间形成许多支撑点，冷凝器换热板片所需厚度大大减少。板式换热器中，制冷剂流道被冷却水流道包围，即冷凝器每一侧最外一个流道总是冷却水流道。在相同的换热负荷情况下，板式换热器与壳管式换热器相比体积小、质量小，所需的制冷剂充灌量也大大节省。以水为例，在相同负荷和流速的条件下，板式换热器的传热系数可达 2000～4650 W/(m^2·K)，是壳管式蒸发器的 2～5 倍。

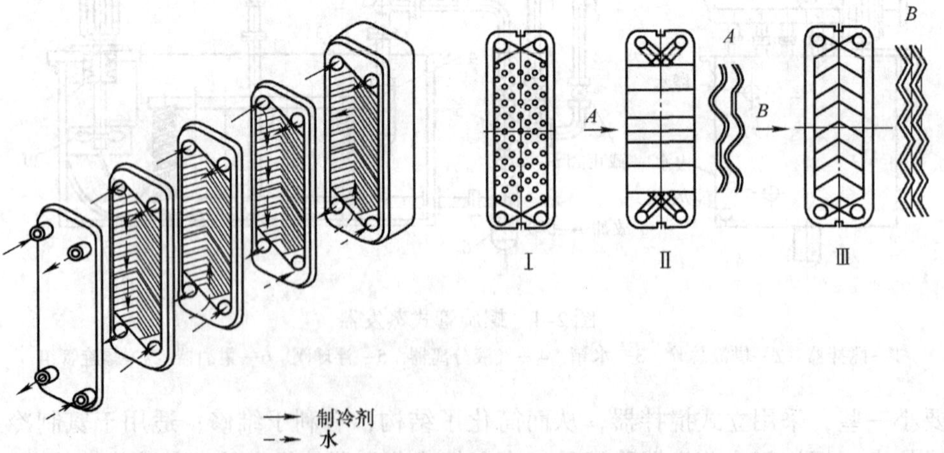

图 2-6　板式换热器结构及其板片形式的示意图

图 2-6 右侧所示的三种板片形状中，点支撑形板片（Ⅰ）是在板上冲压出交错排列的一些半球形或平头形凸状，流体在板间流道内呈网状流动，流动阻力较小，其传热系数 K 值可达 4650W/(m^2·K)；水平平直波纹形板片（Ⅱ）的断面形状呈梯形，传热系数可达 5800W/(m^2·K)；人字形板片（Ⅲ）属典型网状流板片，波纹布置呈人字形，不仅刚性好，且传热性能良好，其传热系数可达 5800W/(m^2·K)。板式换热器在使用过程出现水侧结垢

和制冷剂侧油垢后，传热系数会有所下降，所以在板式换热器选型时传热系数推荐采用 2100 ~ 3000 W/(m²·K)。

板式换热器的结构紧凑、质量小、体积小、传热效率高，而且换热面积可通过改变板片数目任意调节。它的缺点是内容积很小，不能储存液体，制冷系统中必须另设储液器，而且由于板片之间的间隙很小，冷却水侧容易被杂质堵塞，所以一般应在冷却水侧加装过滤器。

近年来开始使用的板翅式换热器就是在板式换热器的基础上发展起来的。板翅式换热器是在不锈钢平板之间紧密地夹嵌波纹状金属导热翅片，并在四周加上侧封条组成单元体，对各个单元体进行不同的叠合和适当的排列，再进行整体钎焊。上、下两块平金属板称为平隔板，其单元体如图 2-7 所示。

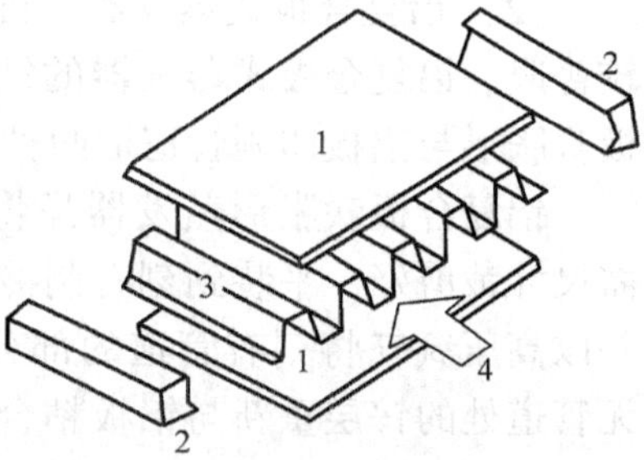

图 2-7　板翅式换热器的单元体
1—平隔板　2—侧条　3—翅片　4—流体

翅片是板翅式换热器最基本的元件，冷、热流体之间的热交换一部分直接经由平隔板，但大部分是通过波形翅片来完成的。目前国内使用的是平直翅片、片条翅片及多孔翅片。

板翅式换热器主要用于以氟利昂为制冷剂的制冷系统。

2.1.3 冷却空气的蒸发器

冷却空气的蒸发器是指制冷剂在蒸发器的管内流动，并与在管外流动的空气进行热交换的蒸发器。按空气流动的原因，冷却空气的蒸发器可分为自然对流式和强迫对流式两种形式。

1. 自然对流式冷却空气的蒸发器

自然对流式冷却空气的蒸发器是依靠自然对流换热方式使被冷却对象冷却下来的，一般应用于冷藏库、电冰箱、冷柜等中小型制冷设备中。根据蒸发器的结构形式不同，主要有排管式、铝复合板式、管板式等种类。

(1) 排管式蒸发器　主要用于冷藏箱和冷藏库中，是利用制冷剂在排管内流动并汽化而吸收箱（或库）内储存的物体的热量，使其达到冷藏温度。

排管式蒸发器结构简单，但形式多样。按排管在室内安装的方式不同，可分为墙排管及顶排管两类。墙排管是靠墙安装，顶排管则是吊装在顶棚的下面。此外在冷库的冻结间中，有时还使用一种搁架式排管。它被放置在库房的中央，并作为放置被冷冻食品的搁架。

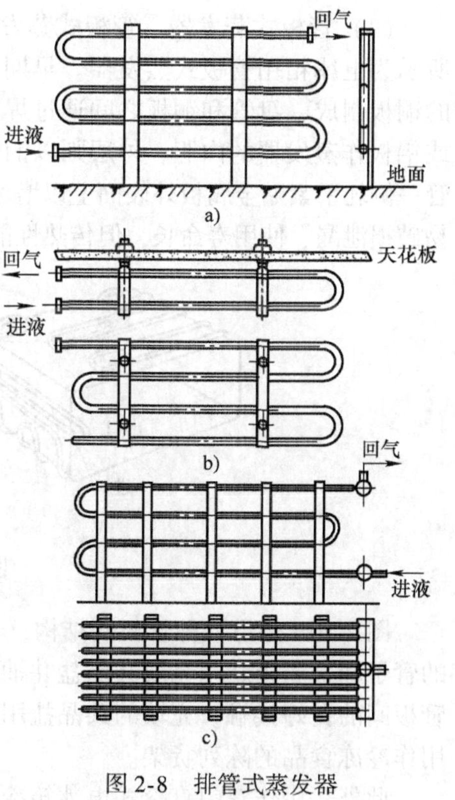

图 2-8　排管式蒸发器
a）墙排管　b）顶排管　c）搁架式排管

图 2-8 示出了三种排管式蒸发器的结构布置情况。它们均适用于热力膨胀阀供液的小型氟利昂冷冻冷藏及低温试验装置。当改用氨节流装置时，可作为氨排管蒸发器，其结构以立式排管居多。这种氨排管

由于存在一定的液柱高度，使排管下部蒸发温度升高，传热温差减小。所以，它不适于在 −40℃ 以下的蒸发温度的冷藏库中使用。

排管式蒸发器具有存液量少（其充液量为排管内容积的40%左右）、操作维护方便等优点，但存在管内制冷剂流动阻力大，汽化后的制冷剂蒸气不易排出的缺点。同时，由于管外空气为自然对流，传热系数较低，一般在 6.3～8.1 W/(m^2·K) 范围内。

（2）铝复合板式蒸发器　目前在国内、外家用电冰箱中使用较普遍。铝复合板式蒸发器的结构如图 2-9 所示。它分为铝复合板吹胀形与铝板印刷管道形两种类型。

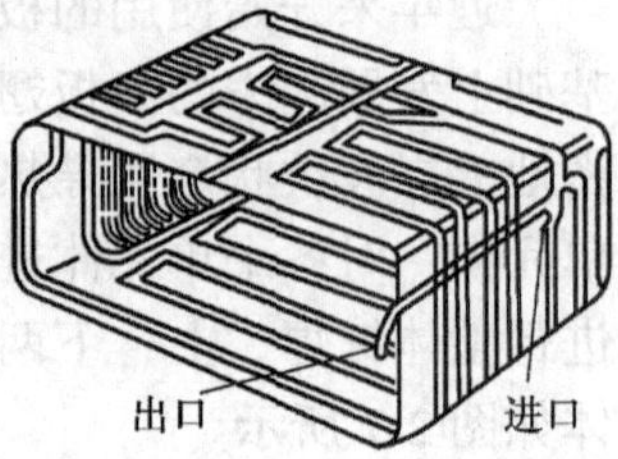

图 2-9　铝复合板式蒸发器

铝复合板吹胀形蒸发器是将铝-锌-铝三层金属板按蒸发器所需尺寸裁剪好，平装到刻有制冷剂管道的模具上，经加压、加热并以高压氮气将刻有管道的部分吹胀成管形；然后进行抽真空，无管道处的锌层重新与铝板粘合，即形成蒸发器板坯；板坯焊上制冷剂进、出管，并弯成所需的形状，最后经铝阳极发蓝处理，就制成铝锌铝复合板吹胀形蒸发器。这种蒸发器由于锌的存在，易产生腐蚀穿孔，维修率较高。

铝板印刷管道形蒸发器是用丝网将阻焊剂石墨按所设计制冷剂流道形状先印在一块铝板上，与另一块铝板碾轧成复合板；然后用高压氮气将印刷管路吹胀，阻焊剂石墨被吹出；再将吹胀后的复合板弯曲成形，即成为铝板印刷管道吹胀形蒸发器。这种蒸发器耐腐蚀，传热效果好，结构为单一的整体，广泛应用于直冷式单门电冰箱中，但由于管壁较薄，易破损漏气。

（3）管板式蒸发器　管板式蒸发器又称为盘管式蒸发器，其典型结构有两种。图 2-10a 所示为电冰箱用管板式蒸发器。早期的产品由外径为 6～8mm 的铜管和厚度为 0.6～0.8mm 的铜板制成，盘管和铜板之间通过焊接固定。目前电冰箱所采用的管板式蒸发器由薄不锈钢或铝板作蒸发器的内胆，外层则以铜管或铝管通过铝箔胶带或导热胶将其粘接固定，也可把管一侧轧平紧贴金属板外表面上以增加接触面积提高传热性能。这种蒸发器制造工艺简单、不易破损泄漏、使用寿命长，但传热性能稍差，主要用作直冷式双门电冰箱的冷冻室蒸发器。

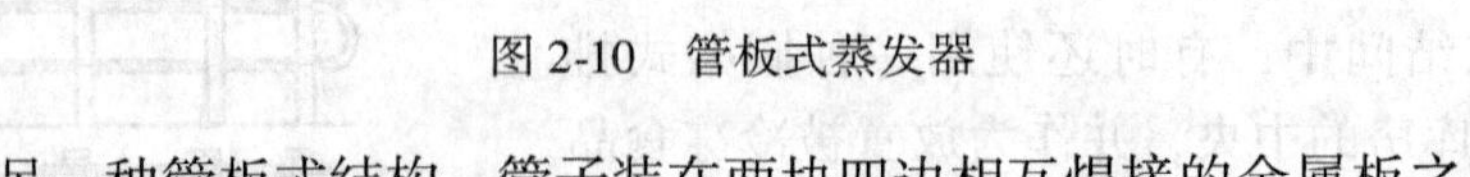

图 2-10　管板式蒸发器

图 2-10b 是另一种管板式结构，管子装在两块四边相互焊接的金属板之间。这种蒸发器的管子和金属板之间充填共晶盐并抽真空，使金属板在大气压力作用下紧压在管外壁，保证管板间的良好接触。充填的共晶盐用于蓄冷。此类蒸发器常用于冷藏车的顶板及侧板，也可用作冷冻食品的陈列货架。

此外，用作双门直冷式电冰箱冷藏室蒸发器的单脊翅片管式蒸发器，及冷冻室下置内抽屉直冷式电冰箱采用的层架盘管式蒸发器，都属于自然对流式冷却空气的蒸发器，它们的特点是加工简单，换热效果较好。

2. 强制对流式冷却空气的蒸发器

强制对流式冷却空气的蒸发器是空气在风机驱动下在蒸发器盘管外流动的蒸发器。这种蒸发器主要有空调用翅片式蒸发器和冷冻冷藏用干式冷风机。

（1）翅片式蒸发器　翅片式蒸发器及其翅片管形式如图2-11所示。它一般用于氟利昂空调制冷系统。蒸发器由蛇形纯铜管套装多层薄铝翅片构成。纯铜管直径为$\phi8\sim\phi16$mm，它先是用纯铜管制成U形管，把很多根并排在一起，排上2、4、6排等，外面套入铝材料制成的翅片（翅片厚0.15~0.3mm，片距2~4mm），然后用U形弯头将相邻的两根铜管焊接在一起，形成串联顺通的管道。在蒸发器的入口端装有分液器，它的作用是使供给蒸发器各组通路的制冷剂液体分配均匀。

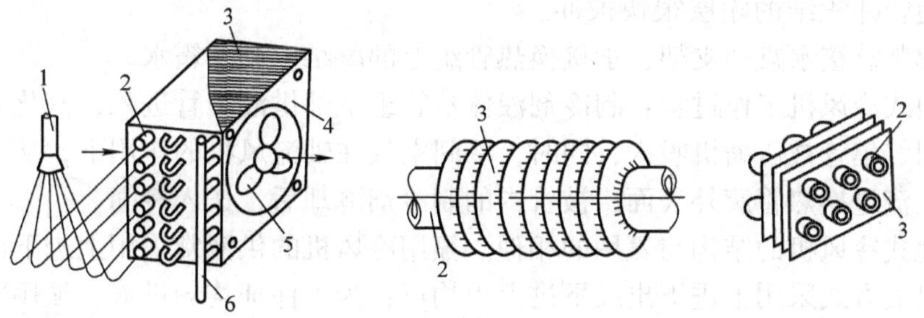

a)　　b)　　c)

图2-11　翅片式蒸发器及其翅片管形式

a）蒸发器总体结构　b）绕片管　c）套片管

1—分液器　2—换热管　3—翅片　4—挡板　5—风机　6—集气管

这种蒸发器为增加盘管外表面的传热面积，加强空气掠过时的扰动性，还在翅片的孔与孔（穿铜管用）之间的空白处，冲压成凹凸不平的波浪状，或切出长短不等的许多条形槽缝，使空气在槽缝内串通流动，增加了对流动空气的搅拌作用，进一步提高了热交换性能。

在热泵系统中，翅片式蒸发器也可转换成冷凝器。

在R22翅片式蒸发器中，采用高效翅片和内螺纹管的组合，可使传热系数比光管套波纹片提高60%以上；用光管套波纹片的翅片式蒸发器中，迎面风速需2.5m/s以上才能达到的传热系数，在使用内螺纹管套高性能翅片的翅片式蒸发器时，迎面风速仅需0.7~1.0m/s即可达到，从而降低了空调机的噪声。

（2）冷风机　冷风机用于空气强制循环式冷却的库房，又称为直接蒸发式空气冷却器。按冷却空气所用的方式不同，冷风机可分为干式、湿式和干湿混合式等三种。下面介绍广泛使用的干式冷风机。

干式冷风机主要由空气冷却换热管组、风机和除霜装置组成，它依靠风机的作用强迫空气流过箱体内的换热管组进行热交换，达到降低库温或室温的目的。氨用冷风机的换热管一般是绕片式，也可用套片式。氟利昂冷风机一般是套片式。冷风机有落地式和吊顶式两种。

1）落地式冷风机。落地式冷风机有氨用和氟用两种。图2-12所示为氨用落地式冷风机结构示意图。其箱体基本结构可分为上、中、下三部分：箱体上部装有风道，并安装轴流式或离心式通风机。轴流式通风机的风压一般比离心式通风机的低，但风量大得多。离心式通风机结构复杂，操作维护技术要求高，现已较少采用。箱体中部装有翅片蛇管蒸发器和淋水装置，换热管组大都制成上、下两组，管组由无缝钢管外绕翅片制成，下部管组翅片间距稍大，避免回风湿度大时翅片间被霜阻塞。上部管组翅片间距稍小，以便增加传热面积。管组之上还装有冲霜用的淋水装置，当用热氨冲霜时，同时在管组外喷淋水，使管外积结的霜层很快被冲除。箱体下部装有接水盘和支架，承接换热管组上的凝结水和冲霜水。

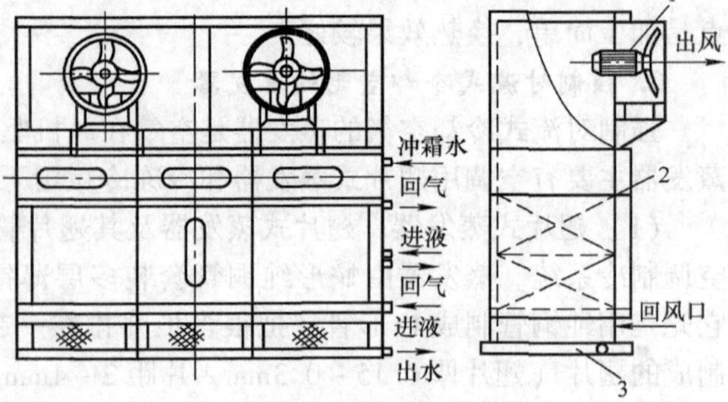

图 2-12　氨用落地式冷风机结构示意图

1—风机　2—换热盘管　3—接水盘

氨用落地式冷风机工作过程：制冷剂液体从管组下部供液集管进入，汽化后制冷剂气体从管组上部回气集管被压缩机吸入，同时，冷间空气在轴流风机的作用下，从下部回风口进入，自下而上流过换热管簇外表面，被管内的制冷剂冷却后，送入冷间。

氟用落地式冷风机的结构与氨用的相似。氟用冷风机的供液常采用上进下出的方式，氨用冷风机的供液方式采用上进下出或下进上出均可；为了保证均匀供液，氟用冷风机在蒸发器制冷机进口处设置分液器和等长分液管。

2）吊顶式冷风机。吊顶式冷风机的换热管组和落地式冷风机基本相同，管组上部有融霜淋水管，下部设置接水盘，进风口装有轴流风机，出风口和出风管连接，以保证冷风合理分布。整个冷风机吊装在冷间的平顶下，送风形式有单向送风（见图 2-13）和双向送风（见图 2-14）两种。

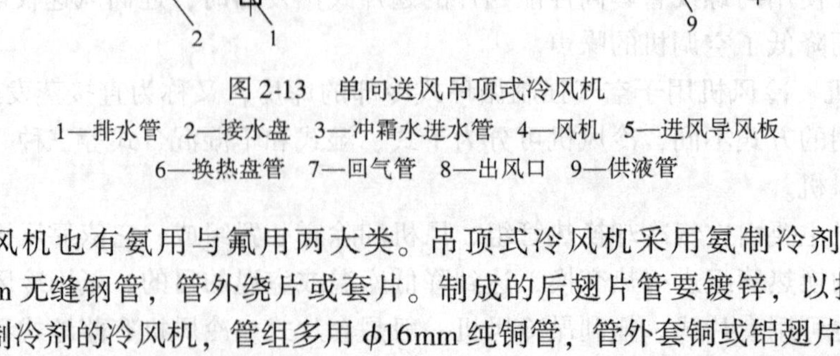

图 2-13　单向送风吊顶式冷风机

1—排水管　2—接水盘　3—冲霜水进水管　4—风机　5—进风导风板

6—换热盘管　7—回气管　8—出风口　9—供液管

吊顶式冷风机也有氨用与氟用两大类。吊顶式冷风机采用氨制冷剂时，通常采用 ϕ25mm×2.5mm 无缝钢管，管外绕片或套片。制成的后翅片管要镀锌，以提高耐蚀能力。采用氟利昂为制冷剂的冷风机，管组多用 ϕ16mm 纯铜管，管外套铜或铝翅片。

吊顶式冷风机的优点是结构紧凑，不占库房使用面积，不足之处是当融霜水处理不当时，会溅滴到室内食品或地坪上；当气流组织不好时，会形成室内温度不均匀及死角。它多用于小型冻结间、冷却间、中低温穿堂及冷藏车、船上。

冷风机安装时，都必须使翅片保持立放，以便冷凝水顺翅片流下，避免因冷凝水积存在翅片表面而增加空气流动阻力，影响换热效果。

2.1.4　蒸发器的选择和计算

蒸发器的选择、计算主要是根据计算制冷量和生产工艺的要求，确定蒸发器的传热面积，选择合适形式的蒸发器及计算载冷剂的循环量。

1. 蒸发器的选择

蒸发器形式的选择主要从生产工艺和供冷方式来考虑。在选用时，除了需考虑蒸发器的类型、传热面积外，还需考虑载冷剂的循环量、流动阻力以及相配套的搅拌器等流动输送设备。一般可按下列原则而定：

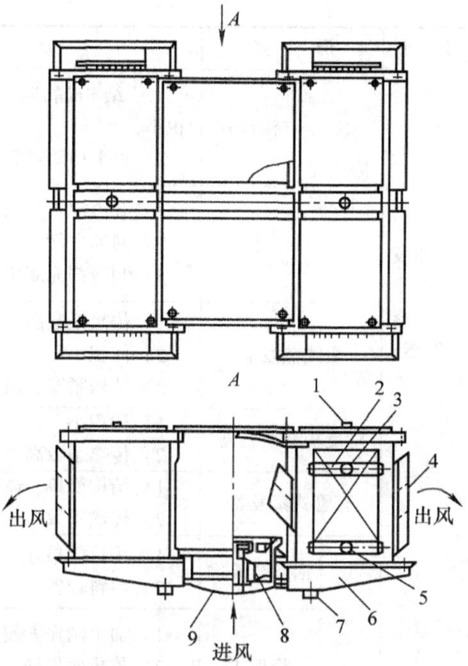

图 2-14　双向送风吊顶式冷风机

1—冲霜水进水管　2—换热盘管　3—回气管　4—出风导风板　5—供液管　6—接水盘　7—排水管　8—风机　9—进风口

1）对于自带冷源的空气调节机组，应采用翅片式蒸发器。

2）对于不挥发载冷剂的开式循环系统，如集中喷雾式空调冷水系统，可采用沉浸式蒸发器。在大型的乳制品厂用盐水作载冷剂时，也采用沉浸式蒸发器。

3）对具有挥发性的载冷剂循环系统，或采用闭式循环的集中空调冷水系统，应采用卧式壳管式蒸发器。

4）冷库中的冷却间、冻结间和冷却物冷藏间宜采用干式冷风机；冻结物冷藏间宜采用墙排管、顶排管，当食品有良好包装时，可选用微风速干式冷风机。

5）冷藏船上的冷藏货舱宜用光滑顶排管，若设光滑墙排管时需要有防撞装置；冷藏船上采用间接冷却系统时，可选用卧式壳管式蒸发器。

表 2-1 列举了常用蒸发器的主要特点与适用范围，以供选用时参考。

表 2-1　常用蒸发器的主要特点与适用范围

类　型	形　式		优　点	缺　点	使用范围
冷却液体载冷剂的蒸发器	沉浸式	立管式	1）载冷剂冻结危险性小 2）有一定蓄冷能力 3）操作管理方便	1）体积大、占地面积大 2）容易发生腐蚀 3）金属消耗量大 4）易积油	氨制冷系统
		螺旋管式	1）~3）同立管式 4）结构简单，制造方便 5）体积、占地面积比立管式小	维修比立管式麻烦	氨制冷系统
		蛇管式	1）~3）同立管式 4）结构简单，制造方便	管内制冷剂流速低，传热效果差	小型氟利昂制冷系统

（续）

类　型	形　式		优　点	缺　点	使用范围
冷却液体载冷剂的蒸发器	卧式壳管式	满液式	1）结构紧凑、质量小、占地面积小 2）可采用闭式循环、不易腐蚀	1）加工复杂 2）载冷剂易发生冻结而胀裂管子 3）无蓄冷能力	氨、氟利昂制冷系统
		干式	1）载冷剂不易冻结 2）回油方便 3）制冷剂充灌量小	1）制造工艺复杂 2）不易清洗	氟利昂制冷系统
	板式蒸发器		1）传热系数高 2）体积小 3）结构紧凑、组合灵活	1）制造复杂、维修困难 2）造价较高	氨、氟利昂制冷系统
	螺旋板式蒸发器		1）体积小 2）传热系数高	1）制造复杂、维修困难 2）使用淡水有冻结危险	氨、氟利昂制冷系统
	套管式蒸发器		1）结构简单、体积小 2）传热系数高	1）水质要求高、不易清洗 2）维修困难	小型氟利昂系统
冷却空气的蒸发器	自然对流式	铝复合板式	1）传热效果好 2）用料较省	1）制造工艺复杂 2）维修较难	家用冰箱
		管板式	1）加工制作方便 2）传热效果好 3）不易泄漏	用料较多，适用于小型装置	家用冰箱
		单脊翅片管式	1）单位长度制冷量比光管好 2）易于制造和清洗	一般为蛇形大通道，不宜作大面积蒸发器	家用冰箱、冷藏室
		立式排管	1）加工制作方便 2）传热效果好	1）制冷剂充灌量大 2）静液柱影响大	氨冷库墙排管
		U形顶排管	1）供液回路短 2）回气阻力小 3）传热效果好	对制造和安装的水平度要求高，否则供液不均匀	氨冷库顶排管
		蛇形排管	1）加工制作方便 2）制冷剂充灌量小	1）回路较长，阻力大 2）传热效果降低	氨、氟利昂冷库墙、顶排管
		搁架式排管	1）传热效果好 2）温度均匀	1）钢材消耗大 2）库内搬运劳动强度大、效率低	小型氨、氟利昂冻结间
	强制对流式	翅片管式	1）传热效果好 2）占地小 3）节省材料 4）结构紧凑	1）制造工艺复杂 2）不易清洗 3）冷冻和空调片距要求不同	冰箱、空调
		吊顶式冷风机	1）结构紧凑 2）不占库房面积	安装要求高	氨、氟利昂冷库
		落地式冷风机	1）易维护 2）温度均匀	1）体积大，占据有效库容积 2）易碰撞	氨、氟利昂冷库

2. 蒸发器的选择计算

（1）蒸发器传热面积的确定

1）制冷量 Φ_0。制冷量 Φ_0 即蒸发器的热负荷，一般是给定的，也可根据生产工艺或空调负荷进行计算，或根据制冷压缩机的制冷量来确定，同时应考虑到冷损耗和裕度等。

2）蒸发器的传热系数 K 和热流密度 q_f。蒸发器的传热系数 K 可按传热学公式进行计算，或根据生产厂家提供的产品样本来确定，也可参考有关设计手册与设备手册提供的数据确定。作为初步估算也可采用经实际验证的推荐数值。表2-2列举了常用蒸发器的传热系数 K 与热流密度 q_f，以供选用时参考。

表2-2 常用蒸发器的传热系数 K 与热流密度 q_f

制冷剂	蒸发器型式	载冷剂	传热系数 K/[W/(m²·K)]	热流密度 q_f/(W/m²)	相应条件
氨	直管式	水	500~700	2500~3500	1）平均传热温差为4~6℃ 2）载冷剂流速为0.3~0.7m/s
		盐水	400~600	2200~3000	
	螺旋管式	水	500~700	2500~3500	
		盐水	400~600	2200~3000	
	卧式壳管式（满液式）	水	500~750	3000~4000	1）平均传热温差为5~7℃ 2）载冷剂流速为1~1.5m/s 3）换热管用光钢管
		盐水	450~600	2500~3000	
	板式	水	2000~2300		1）使用焊接板式或经特殊处理的钎焊板式 2）板片为不锈钢片
		盐水	1800~2100		
	螺旋板式	水	650~800	4000~5000	1）平均传热温差为5~7℃ 2）载冷剂流速为1~1.5m/s
		盐水	500~700	3500~4500	
氟利昂	蛇管式（R22）	水	350~450	1700~2300	有搅拌器
		水	170~200		无搅拌器
		盐水	115~140		
	卧式壳管式（满液式）	盐水	500~750		1）平均传热温差为4~6℃ 2）载冷剂流速为1~1.5m/s 3）换热管用光铜管
		水	800~1400 （以外表面计算）		1）水速为1.0~2.4 m/s 2）低肋管，肋化系数≥3.5
	干式（R22）	水	800~1000	5000~7000	1）平均传热温差为5~7℃ 2）换热管用光铜管 φ12mm
		水	1000~1800 （以外表面积计算）	7000~12000	1）平均传热温差为4~8℃ 2）水流速为1.0~1.5 m/s 3）换热管用光铜管高效蒸发管
	套管式（R22、R134a、R404A）	水	900~1100 （以外表面积计算）	7500~10000	1）水流速为1.0~1.2 m/s 2）低肋管，肋化系数≥3.5
	板式（R22、R134a、R404A）	水	2300~2500		1）钎焊板式 2）板片为不锈钢
		盐水	2000~2300		
	翅片式	空气	30~40 （以外表面积计算）	450~500	1）蒸发管组4~8排 2）迎面风速为2.5~3 m/s 3）平均传热温差为8~12℃

3）平均传热温差 Δt_m。平均传热温差 Δt_m 按下式计算：

$$\Delta t_m = \frac{t_1' - t_2'}{\ln \dfrac{t_1' - t_0}{t_2' - t_0}} \tag{2-2}$$

式中 Δt_m——平均传热温差，单位为℃；

t_1'、t_2'——载冷剂进口和出口温度，单位为℃；

t_0——蒸发温度，单位为℃。

平均传热温差也可按表 2-2 推荐值选取。

4）传热面积 A。传热面积 A 可按下式计算：

$$A = \frac{\Phi_0}{K\Delta t_m} = \frac{\Phi_0}{q_f} \tag{2-3}$$

式中 A——传热面积，单位为 m^2；

Φ_0——蒸发器在计算工况下的制冷量，单位为 W；

K——蒸发器的传热系数；

Δt_m——平均传热温差，单位为℃；

q_f——热流密度，单位为 W/m^2，经验数据可按表 2-2 推荐值选取。

（2）蒸发器中载冷剂流量。

1）对于液体，载冷剂流量为

$$q_{V,s} = \frac{3600\Phi_0}{\rho_s c_p (t_1 - t_2)} \tag{2-4}$$

式中 $q_{V,s}$——液体载冷剂的体积流量，单位为 m^3/h；

Φ_0——蒸发器在计算工况下的制冷量，单位为 W；

ρ_s——液体载冷剂密度，单位为 kg/m^3，水 $\rho_s = 1000kg/m^3$；

c_p——液体载冷剂比定压热容，单位为 J/(kg · K)。对于水，$c_p = 4186$ J/(kg · K)，盐水的 c_p 可由盐水的物理性质表查出。

t_1、t_2——液体载冷剂进口和出口温度，单位为℃；

2）对于空气，载冷剂流量为

$$q_{V,a} = \frac{3600\Phi_0}{\rho_a (h_1 - h_2)} \tag{2-5}$$

式中 $q_{V,a}$——空气载冷剂的体积流量，单位为 m^3/h；

Φ_0——蒸发器在计算工况下的制冷量，单位为 W；

ρ_a——空气密度，单位为 kg/m^3，$\rho_a = 1.189kg/m^3$；

h_1、h_2——空气进、出口比焓，单位为 J/kg。

2.2 冷凝器

在制冷系统中，冷凝器是一个使制冷剂向外放热的换热器。冷凝器的作用是将经制冷机压缩升压后的制冷剂过热蒸气向周围常温介质（水或空气）传热，从而冷凝还原为液态制冷剂，使制冷剂能循环使用。

冷凝器按其冷却介质和冷却方式的不同，可分为水冷冷凝器、风冷冷凝器、水和空气联合冷却式冷凝器三种类型。

2.2.1　冷凝器的传热方式和影响因素

冷凝器的传热过程与蒸发器相似，但热流方向相反。冷却介质和制冷剂蒸气两种流体同时在金属壁面的两侧流动，制冷剂过热蒸气通过壁面将热量传递给冷却介质（水或空气）。因此，冷凝器中的传热过程包括制冷剂的冷凝放热、通过金属壁和污垢层的导热及冷却介质的吸热过程。在冷凝器内的传热过程中，由于制冷剂过热蒸气放出热量后被冷却、冷凝成液体，因此其传热量应包括气体冷却热、凝结热，当有液体过冷时还应包括液体过冷热。其中，凝结热占制冷剂放出热量的80%以上。

冷凝器内的传热效果也像蒸发器一样，受到制冷剂侧的表面传热系数、传热表面污垢物的热阻及冷却介质侧的表面传热系数等因素的影响。下面主要分析影响制冷剂侧蒸气凝结放热及冷却介质侧放热的因素。

1. 影响制冷剂侧蒸气凝结放热的因素

（1）制冷剂蒸气的流向和流速　制冷剂在冷凝器中的凝结一般都是膜状凝结。当制冷剂蒸气与低于饱和温度的壁面接触时，便凝结成一层液体薄膜，并在重力的作用下向下流动。液膜也具有热阻，它的增厚将使制冷剂侧的热阻增大，传热系数降低。因此，当制冷剂蒸气与冷凝液膜作同向运动时，气流能促使冷凝液膜减薄和较快地与冷却壁面脱开，使传热系数增大。而当制冷剂蒸气与冷凝液膜反方向运动时，传热系数的大小取决于制冷剂蒸气的流速。制冷剂蒸气流速较小时阻止了液膜流动使液膜层越积越厚，传热系数降低；当蒸气流速增大到一定值时，液膜层会随着气流运动与冷却壁面脱开，这种情况下传热系数增大。

考虑到制冷剂蒸气的流向和流速对传热的影响，立式壳管冷凝器的蒸气进口一般总是设在冷凝器高度三分之二处的筒体侧面，以便不使冷凝液膜太厚而影响传热。

（2）制冷剂蒸气中含油　制冷剂蒸气中含油时对凝结传热系数的影响，与油在制冷剂中的溶解度有关。如氨和冷冻机油不易相溶，当制冷剂蒸气中混有冷冻机油时，油将沉积在冷却壁面上形成热导率很低的油膜，造成附加热阻，使氨侧的传热系数降低。厚度为0.1mm的油膜的热阻相当于厚度为33mm钢板的热阻。但对于氟利昂系统，由于氟和冷冻机油容易溶解，因此当含油浓度在一定范围内（小于6%）时，可不考虑冷冻机油对传热的影响，超过此范围时，也会使传热系数降低。可通过在制冷系统中设置高效的油分离器来减少制冷剂蒸气中的含油量。

（3）制冷剂蒸气中含空气或其他不凝性气体　在制冷系统中，总会有一些空气及制冷剂和润滑油在高温下分解出来的不凝性气体存在。这些气体随制冷剂蒸气进入冷凝器，会显著降低凝结传热系数。这是因为制冷剂蒸气凝结后，这些不凝性气体将附着在凝结液膜附近。在液膜表面上，不凝性气体的分压力显著增加，因而使得制冷剂蒸气的分压力减低。由于蒸气分压力的减小，就会大大影响制冷剂蒸气的凝结放热。实验证明，如在热流密度 $q_f=1163\text{W/m}^2$ 下，当氨蒸气中含有体积分数为2.5%的空气时，凝结传热系数将由 $8140\text{W/(m}^2\cdot\text{K)}$ 降低到 $4070\text{W/(m}^2\cdot\text{K)}$。可见制冷剂蒸气中含有空气或其他不凝性气体时，对凝结传热系数影响是很大的。

为了防止冷凝器中不凝性气体积聚过多，以致恶化传热过程，必须采取措施，既要防止空气渗入制冷系统内，又要及时地将系统中的不凝性气体利用专门设备排出。

(4) 传热壁面的表面粗糙度　对于同一种制冷剂，若冷却壁面光滑、清洁，液膜流动阻力小，凝结的液体能较快流走，使液膜层减薄，传热系数相应增大。如果壁面粗糙，液膜的流动阻力增大，使液膜层增厚，传热系数也就降低，严重时传热系数会下降20%～30%。所以，对冷凝管表面应保持光滑和清洁，以保证有较大的凝结传热系数。

(5) 冷凝器的结构形式　制冷剂蒸气在横放单管外表面冷凝时的传热系数一般大于直立管的传热系数。这是因为具有一定高度的直立管的下部，冷凝液膜层厚度较大。但是，对于蒸气在水平管束外表面上的凝结放热，由于下落的冷凝液可使下部管束外侧的液膜增厚，使其平均传热系数也有所降低。水平管束在上、下重叠的排数越多，这种影响就越大。所以，水平管束的平均传热系数也有可能低于直立管的传热系数。

一般立式壳管冷凝器的传热系数较小，其立管下部积有较厚的液膜层是原因之一。卧式冷凝器的筒体直径不宜太大，否则，传热系数会显著降低。不管是何种结构形式的冷凝器，要想提高凝结传热系数，就必须保证能迅速地将传热表面的冷凝液体排除，并保证传热表面的光滑和清洁。

2. 影响冷却介质侧放热的因素

(1) 冷却介质的性质　冷凝器的冷却介质通常采用水或空气，由于水的热容量大于空气的热容量，因此用水作冷却介质的冷凝器的传热性能要优于用空气作冷却介质的冷凝器。另外用水作冷却介质时，制冷系统的冷凝压力明显低于用空气作冷却介质的冷凝压力，这有利于制冷系统的安全工作。

(2) 冷却介质的流速　传热系数随着冷却介质流速的增加而增大，但是流速太大，会使设备中的流动阻力增加，使水泵和风机的功率消耗增大，并增加管壁腐蚀。一般冷凝器内最佳的水流速度为0.8～1.2m/s，空气流速为2～4m/s。

(3) 冷却介质的纯净度　在水冷式冷凝器中，因为水中含有某些矿物质和泥沙之类的杂质，运行一段时间后，在冷凝器的传热壁面上会逐渐附着一层水垢，形成附加热阻，致使传热系数降低；用空气作为冷却介质的冷凝器，在长期使用后，其传热表面会被灰尘覆盖，也可能被锈蚀或粘有油污，所有这些污垢，都会增加传热热阻，使传热系数下降。因此，在制冷设备运转期间，应经常对冷凝器的各种污垢进行清除。

2.2.2　水冷冷凝器

水冷冷凝器是一种用水作为冷却介质的热交换设备，由于水温一般比空气温度低，其传热效率比风冷冷凝器高。水冷冷凝器的冷凝温度比较低，对压缩机的制冷能力、运行经济性都比较有利。冷却水采用地表水（江、河、湖等）、地下水、循环水。

冷却水一般使用循环水，可减少水耗，但需要配有冷却水塔或冷却水池，适用于大、中型水冷冷凝器。使用地表水冷却时容易使冷凝器结垢，影响传热效果，因此必须经常清洗。耗水量不大的小型装置可以用自来水冷却。目前采用的水冷冷凝器有壳管式、套管式、板式和螺旋板式等多种形式。

1. 壳管式冷凝器

壳管式冷凝器又分为立式和卧式两种。立式壳管式冷凝器主要用于大中型氨制冷系统中，其结构庞大，耗材多；卧式壳管式冷凝器在氨系统和氟利昂系统中应用广泛。通常冷却水在管内流动，制冷剂在管间被冷凝。

(1) 立式壳管式冷凝器　立式壳管式冷凝器是指换热管和壳体垂直放置，冷却水沿管子内壁呈膜状流下，与大气相通的冷凝器。立式壳管式冷凝器的结构如图2-15a所示，其壳体是由钢板卷制焊接成的圆柱形筒体。筒体两端焊有多孔管板，管板上用焊接法或胀管法固定着许多根换热管，换热管一般用ϕ51mm×3.5mm或ϕ38mm×3mm的无缝钢管。冷却水自上而下在管内流过，氨气在壳体内管簇之间冷凝后积聚在冷凝器的底部，经出液管流入储液器。冷凝器筒体顶部装有配水箱，使冷却水能均匀地分配到各管口。在配水箱中有的装有多孔筛板，筛板上每根管口设置一个扁圆形分水环；也有的不装筛板，在每根管口上装有一个带斜槽的导流管头，如图2-15b所示。导流管头的作用是使冷却水经斜槽沿换热管内壁呈薄膜螺旋状向下流动，从而延长冷却水流的路程和时间；同时，空气在管子中心向上流动，从而增强热量交换，提高冷却效果，节约冷却水量。在实际工程中，当斜槽锈蚀或堵死时，冷却水会从导流管头的中孔往下直流，在管壁内表面上不能形成液膜层，从而影响冷凝器的传热，所以要经常检查和更换损坏或堵塞的导流管头。在冷凝器运行时，要注意适宜的冷却水量。水量不宜过小，过小则不能形成连续水膜，从而降低传热性能并加速管壁的腐蚀和粘污；水量也不可过大，因为冷凝器的传热系数并不按此比例增加，过大造成浪费。表2-3中数值为氨立式壳管式冷凝器传热系数的参考值。

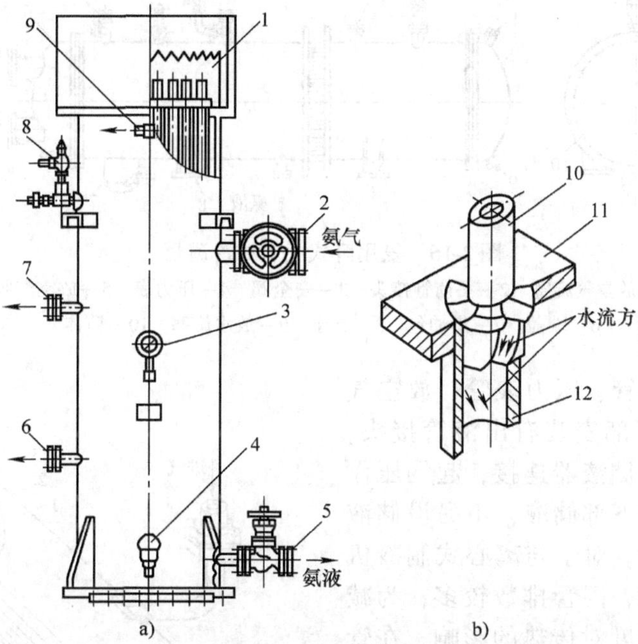

图2-15 立式壳管式冷凝器

a）立式壳管式冷凝器的结构 b）导流管结构

1—配水箱 2—进气管接头 3—压力表 4—放油管 5—出液管接头 6—混合气管接头 7—平衡管接头 8—安全阀 9—放空气管 10—导流管头 11—管板 12—换热管

表2-3 氨立式壳管式冷凝器传热系数

每根管水量/(kg·s^{-1})	0.067	0.1	0.133	0.167	0.2	0.233	0.267
传热系数/[W·(m^2·K)$^{-1}$]	460	600	750	830	900	960	1020

注：本表适用于管径为ϕ51mm×3.5mm无缝钢管。

在冷凝器的外壳上设有进气、出液、放空气、均压、压力表、放油和安全阀等管路接头，可与相应的管路和设备相连接。

立式壳管式冷凝器的优点是占地面积小，可以垂直安装在室外；冷却水靠重力自上而下一次流过冷凝器，流动阻力小，且可清除铁锈和污垢，清洗时不必停止制冷系统的运行，较为方便；缺点是冷却水的循环量较大。立式壳管式冷凝器适用于水源充足，水质较差的地区。

(2) 卧式壳管式冷凝器　卧式壳管式冷凝器是指换热管和壳体水平放置，在压力作用下的冷却水在冷凝器换热管内多程往返流动的冷凝器。卧式壳管式冷凝器较普遍地应用于大、中、小型的氨、氟利昂制冷系统中。图 2-16、图 2-17 所示分别为氨用和氟利昂用卧式壳管式冷凝器。它的结构与立式壳管式冷凝器类似，也是由筒体、管板、换热管等组成。由于是水平放置，故在筒体两端设有带分水槽的铸铁端盖，端盖与筒体端面间夹有橡胶密封圈，用螺栓联接固定。在一端的端盖上有冷却水的进、出水管接头，在另一端的端盖顶部装有放空气的旋塞，用于供水时排出存积在其中的空气。下部有放水旋塞，当冷凝器在冬季停止使用时，可放出其中的积水，以防冻裂换热管。在横卧的冷凝器筒体上部依次安装有进气

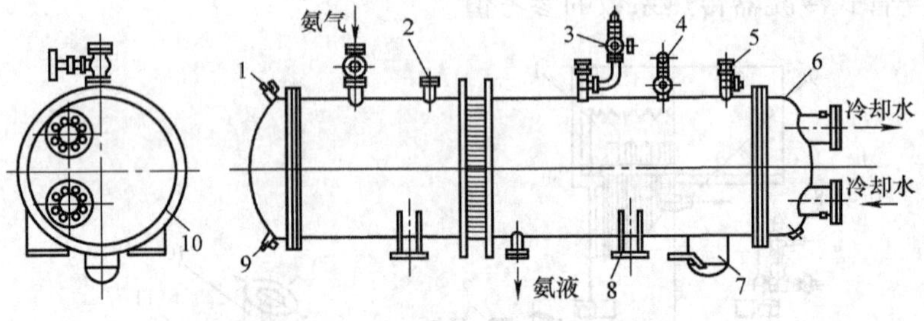

图 2-16　氨用卧式壳管式冷凝器

1—放空气旋塞　2—平衡管接头　3—安全阀　4—压力表　5—放空气阀
6—端盖　7—集油包　8—支座　9—放水旋塞　10—筒体

管、平衡管、安全阀管、压力表管、放空气管等管接头，筒体下部安装有出液管接头。平衡管用于和冷凝液储液器连接，起均压作用。若直接利用筒体下部储液，不另设储液器时，则不设平衡管。对于与离心式制冷机配套用的大型冷凝器，因管排数较多，为减少管外冷凝液膜的厚度对传热的影响，在管束中间装有导流板。另外，由于换热管较长，为减少管簇振动，在管子中常装有支承板。

为提高冷凝器的换热能力，在管箱内和管板外的空间内设有隔板，可以隔出几个改变水流方向的回程。冷却水从冷凝器管箱的下部进入，按照已隔成的管束回程顺序在换热管内流动，吸收制冷剂放出的热量使制冷剂冷凝，冷却水最后从管箱的上部排出；高

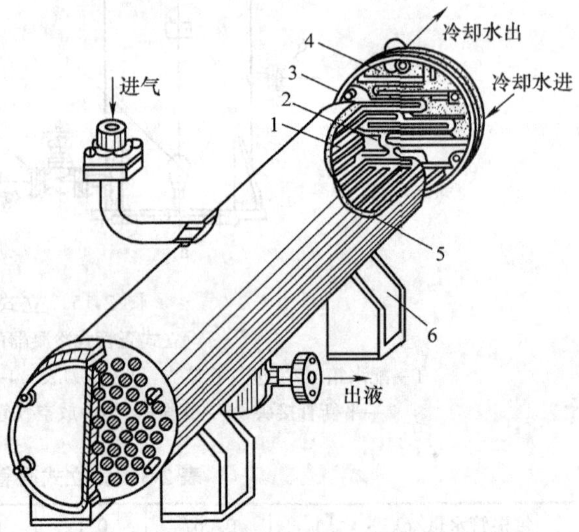

图 2-17　氟利昂用卧式壳管式冷凝器

1—换热管　2—管板　3—橡胶密封圈
4—端盖　5—筒体　6—支座

压制冷剂蒸气则从筒体的上部进入筒体，在筒体和换热管外壁之间的壳程流动，向各换热管内的冷却水放热，被冷凝为液态后汇集于筒体下部，从筒体下部的出液口排出。

氨液的密度比冷冻机油小，并且氨与冷冻机油互不溶解，所以在氨用卧式壳管式冷凝器底部设有集油包，积聚在集油包内的冷冻机油由放油管引向集油器。

在换热管选材方面，氨用卧式壳管式冷凝器内换热管多采用 $\phi25\mathrm{mm}\times2.5\mathrm{mm}$、$\phi32\mathrm{mm}\times3\mathrm{mm}$ 或 $\phi38\mathrm{mm}\times3\mathrm{mm}$ 的无缝钢管。为了强化传热效果，目前国内已采用碾轧槽管用于氨用卧式壳管式冷凝器高效换热管。碾轧槽管可以分成两类，一类是横向轧槽管，常称为横槽管，如图 2-18a 所示；另一类是螺旋槽管，如图 2-18b 所示。碾轧槽管的加工非常简单，只要在圆管外面按照设计要求碾轧出一定节距和深度的凹形横槽或螺旋槽，这时在管内壁也相应形成凸出的横肋或螺旋肋。这样管子外壁上的凹槽和管子内壁上的凸起物可以同时对管子外面和管子里面的流体起到两侧强化传热的作用。

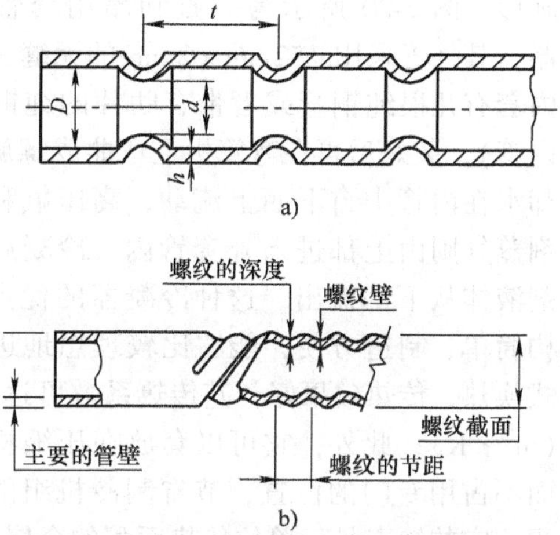

图 2-18　碾轧槽管

氟利昂用卧式壳管式冷凝器内换热管则多采用铜管。为强化传热，可采用如图 2-19 所示的滚轧低肋管或锯齿形管。滚轧低肋管（见图 2-19a、b）肋高 $h=0.9\sim1.5\mathrm{mm}$，肋节距 $\delta_T=0.64\sim1.33\mathrm{mm}$，肋化系数（外表面总面积与管壁内表面积之比）$\geqslant3.5$，以强化氟利昂侧的冷凝换热。锯齿形管（见图 2-19c）的肋片外缘开有锯齿形缺口，它不仅增加了外表面积，而且可使肋片顶部的液膜减薄，减少传热热阻。据实验报导，用锯齿形管替代低肋管后，在相同的水量和热负荷情况下，可节省 50% 的铜材，体积减小 1/3。另外，采用较大的长径比（6~9）、薄壁小口径的换热管、提高水速等措施，也有利于传热性能的提高。

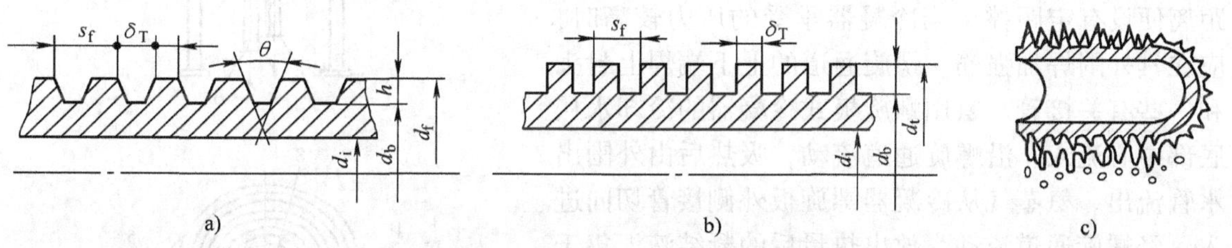

图 2-19　滚轧低肋管和锯齿形管

a）梯形肋片管　b）矩形肋片管　c）锯齿形管

小型氟利昂冷凝器不装安全阀，而是在筒体下部装一个易熔塞，当冷凝器内部或外部温度达 70℃ 以上时，易熔塞熔化释放出制冷剂，可防止发生筒体爆炸事故。

卧式壳管式冷凝器由于水侧可做成多流程，故管内水速较高，因而传热系数较大；其冷却水温升高，因而冷却水循环量少，有可能获得过冷液体，所以冷却用水比立式壳管式冷凝器少。且其具有占空间高度小、有利于有限空间的利用、结构紧凑、便于机组化、运行可靠、操作方便等优点；但对冷却水水质要求比立式冷凝器高、水温要低，清洗时要停止工作、卸下端盖才能进行，材料消耗量大，造价较高。所以卧式壳管式冷凝器多用于水源丰富和水质较好的地区，以及船舶、室内、操作地方狭窄等场所。

2. 套管式冷凝器

套管式冷凝器主要用于氟利昂制冷机组中，一般用在制冷量小于40kW的制冷装置中。它是由一根较大直径的无缝钢管，内套一根或数根小直径的铜管，再弯制成圆形、U形或螺旋形。图2-20所示为一氟利昂用套管式冷凝器，其外管采用ϕ52mm×2mm的无缝钢管，管内套有几根纯铜管或者带有肋片的纯铜管（称内管），装好后再在弯管机上弯曲成螺旋形。冷却水在内管中自下而上流动，高压氟利昂制冷剂蒸气则由上部进入外套管内，冷凝后的制冷剂液体从下部流出。这种冷凝器的优点是：结构简单、制造方便，能够比较理想地进行逆流式换热，传热效果好，其传热系数可达1200W/(m^2·K)；此外，它可以套放在压缩机的周围而不占用专门的位置，节省制冷机组的占地面积。它的缺点是：单位传热面积的金属消耗量大，清洗水垢比较困难。

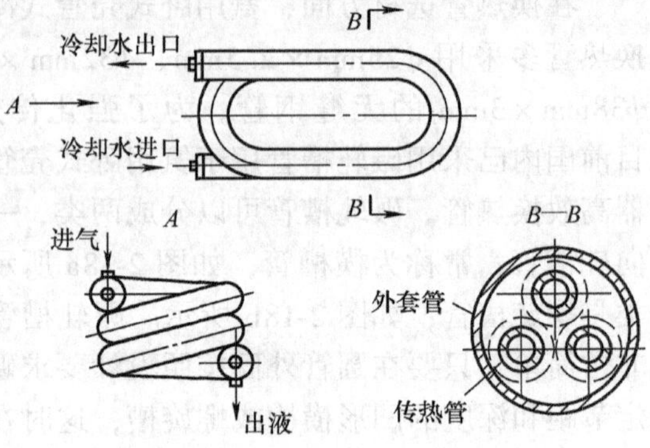

图2-20 氟利昂用套管式冷凝器

3. 螺旋板式冷凝器

螺旋板式冷凝器是一种较新型的高效率的热交换器，其结构如图2-21所示。它由两个螺旋体加上顶盖和接管组成。两张厚度为4～5mm的钢板，在专用设备上卷成螺旋形，焊在一块分隔板上，构成一对同心的螺旋板流道。流道始于冷凝器的中心而终止于外缘，在中心处用分隔板将两个通道隔开，周边处的管接头切向连接。为保持一定的流道和增大螺旋板的刚度，在通道内每隔一定的距离便设有定距撑。当冷凝器承受的压力较高时，应在其外围焊加强筋。螺旋通道的上下端焊上封头和一些有关接管。氨用螺旋板式冷凝器的冷却水从底部中心流入，沿螺旋通道流动，吸热后由外围出水管流出。氨蒸气从冷凝器螺旋板外侧接管切向进入，经螺旋通道流动，放出热量后的凝结液汇集于底部，由出液管排至储液器。螺旋板式冷凝器还可有其他进、出液方式，只要达到冷、热流体换热充分的要求即可。例如，有的螺旋板式冷凝器的冷却水从外围进入，沿螺旋通道至中心，从顶端排出，而氨蒸气是由顶部中心进入与冷却水进行热交换，凝结的液体沿壁面汇集于底部排出。

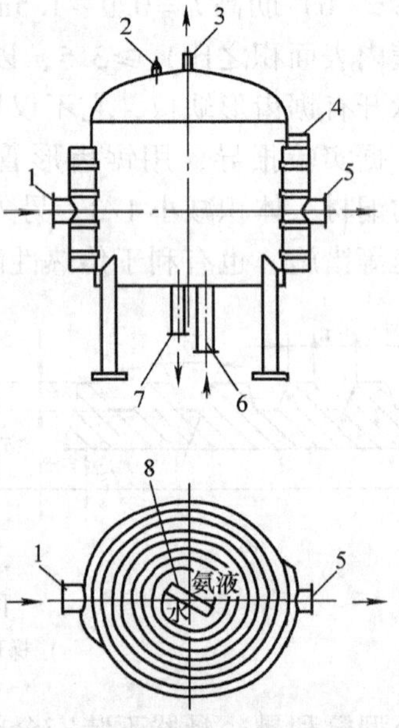

图2-21 氨用螺旋板式冷凝器
1—进气管 2—压力表接管 3—平衡管 4—放气口
5—冷却水出口管 6—冷却水进口管
7—出液管 8—隔板

氨用螺旋板式冷凝器用板材代替管材，使成本降低、结构紧凑、热量损失少，冷却水在狭道中流速较高，污垢不易沉积，单位体积的传热面积大、传热系数高。根据试验，当工作条件及介质流速相同时，新的螺旋板式氨冷凝器的传热系数比壳管式冷凝器高50%左右，使用几年后还可稳定在950～990W/(m²·K)。但氨用螺旋板式冷凝器制造较复杂，制冷剂侧的每圈钢板上承受的压力较大，钢板又不宜过厚，承受压力受到一定限制，用于氨制冷系统不应小于2.45MPa；水侧阻力大，压降较大，使用时为了减少隔板上压差，应先通入冷却水后再通入氨蒸气。停用时，先断氨蒸气再关闭冷却水，并将剩水放尽，减少锈蚀。此外，它的内部不易清洗和检修，因此只能用软水或中等硬度的水。

2.2.3　风冷冷凝器

风冷冷凝器又称空气冷却式冷凝器，是利用大气环境中的空气作为冷却介质来冷却冷凝制冷剂蒸气的换热器。按空气在冷凝器盘管外侧流动的驱动力来源的不同，可分为自然对流和强制对流两种型式。自然对流式冷凝器靠空气自然流动，传热效率低，仅适用于制冷量很小的家用冰箱等场合。强制对流式冷凝器一般装有轴流风机，传热效率高，应用广泛。

1. 自然对流风冷冷凝器

自然对流风冷冷凝器靠空气吸收管内制冷剂的热量，温度升高，密度变小，热空气上升、冷空气下降，形成自然对流循环，将制冷剂放出的热量带走。自然对流风冷冷凝器主要用于压缩机功率小于200W的小型电冰箱中，按其结构形式的不同可分为平板式、百叶窗式、钢丝盘管式三种，如图2-22所示。

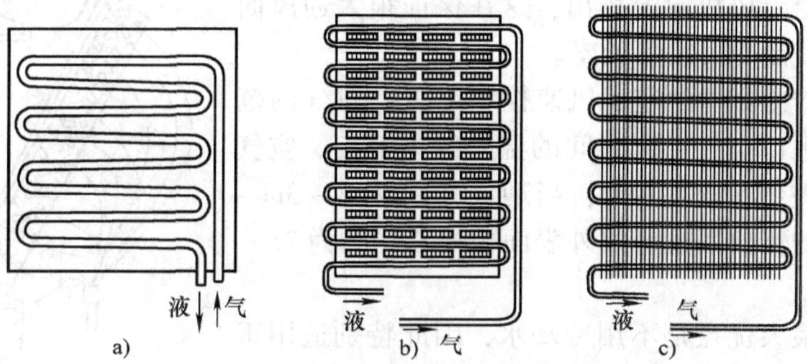

图2-22　自然对流风冷冷凝器

a）平板式　b）百叶窗式　c）钢丝盘管式

（1）平板式冷凝器　它由蛇形管和起整体肋作用的金属平板组成。蛇形管是电焊、钎焊或压焊紧贴在金属板上的，两者应接触良好，平板用来增加传热面积。它的特点是外形美观、整洁，制作工艺简单，搬运过程不易破坏。由于冷凝器藏在箱体内，因而维修不方便，同时箱体内保温层需适当加厚，以保证有良好的制冷性能。

（2）百叶窗式冷凝器　为了增加散热面积和改善通风条件，强化对流换热，把金属平板做成百叶窗形式，将ϕ5mm或ϕ6mm规格的铜管或镀铜钢管蛇形弯曲，点焊或卡装在该钢板上，形成百叶窗式冷凝器。按蛇形冷凝管走向的不同，这种冷凝器又分为水平式（横式）和垂直式（竖式）两种。水平式的蛇形管为水平布置，而垂直式的蛇形管为垂直布置。

（3）钢丝盘管式冷凝器　这种冷凝器的盘管常选用复合钢管（邦迪管），即焊接钢管内、外表面镀铜。在弯制好的盘管两侧点焊上ϕ1.6～ϕ2.0mm的钢丝（有的镀铜，有的不镀铜）。这样就制作成了钢丝盘管式冷凝器。它的特点是空气对流换热效果好（表面传热系数比百叶窗式冷凝器约提高50%）、质量小、结构强度高、成本低，但对焊接工艺要求较高。

2. 强制对流风冷冷凝器

强制对流风冷冷凝器一般制成长方形，由几根蛇形管并联成几排组成，如图 2-23 所示。制冷剂蒸气从上部的分配集管进入每根蛇管中，在管内凝结成液体并沿蛇管下流，最后汇于下部的液体集管中，然后从冷凝器排出。此外，在盘管外加肋片，同时配以风机，使空气在风机的强制作用下横向掠过肋片盘管，以加强换热效果。

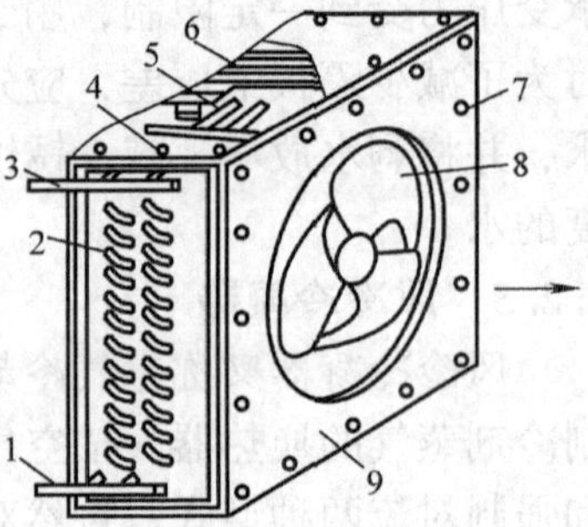

图 2-23　强制对流风冷冷凝器

1—液体集管　2—弯头　3—分配集管　4—上封板　5—换热管　6—肋片　7—螺钉　8—风机　9—前风板

由于空气侧的对流换热表面传热系数远小于管内制冷剂冷凝时的对流换热表面传热系数，所以需要在空气侧采用肋管强化空气侧的传热。肋管通常采用铜管铝片、钢管钢片或铜管铜片；换热铜管有光管和内螺纹管两种。肋片多为连续整片，肋片根部翻边后与基管外壁接触，经机械或液压胀管后，二者紧密接触以减少其传热热阻。

对于冷凝负荷较大的风冷冷凝器，其外形除像图 2-23 所示单面进风外，还可以布置成 V 形、U 形、W 形或倒 M 形。图 2-24 所示为风冷冷凝器 V 形布置，空气从机组两侧进入冷凝器，由引风机向上排出，这在保证很大迎风面积的情况下，可使制冷机组更紧凑。

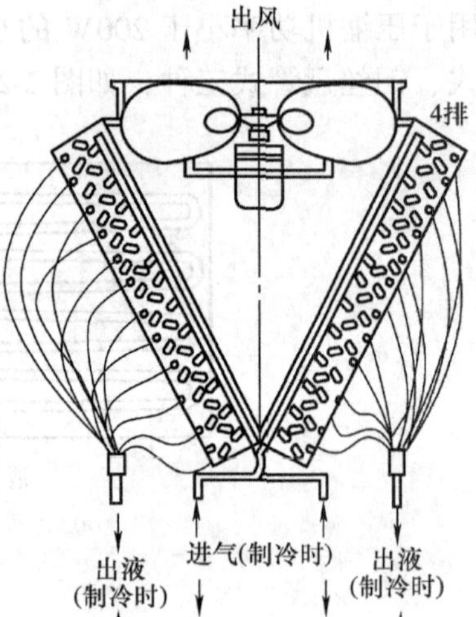

图 2-24　风冷冷凝器 V 形布置（热泵型机组）

强制对流风冷冷凝器的迎面风速控制在 2 ~ 3m/s 的范围，冷凝温度与进口空气温度之间的温差约为 15℃，空气进、出冷凝器温差约为 8 ~ 10℃；当迎面速度为 2 ~ 3m/s 时，风冷冷凝器的传热系数（以外表面积为准）约为 25 ~ 40 W/(m^2 · K)。

风冷冷凝器最大优点是不用冷却水，因此特别适用于供水困难的地区。目前，风冷冷凝器已广泛应用于中、小型氟利昂空调机组中，而且大型冷、热水机组也已采用。

2.2.4　蒸发式冷凝器

蒸发式冷凝器中，制冷剂放出的热量主要由水的蒸发吸热带走，蒸发时产生的蒸气由强制流动的空气带走，少部分热量通过管壁传给管外壁上的水膜，由水膜传给空气。图 2-25 所示为蒸发式冷凝器的结构示意图。为了强化蒸发式冷凝器内空气的流动，及时带走蒸发的水蒸气，要安装通风机吹风或吸风。根据通风机在箱体中的安装位置不同，蒸发式冷凝器可分为吸风式、吹风式和预冷式等类型。

蒸发式冷凝器中的传热部分是一个由光管或肋片管组成的蛇形冷凝管组，管组装在一个由型钢和钢板焊制的立式箱体内。箱体的底部为一个水盘。制冷剂蒸气由蒸气分配管进入每根蛇形盘管，冷凝的液体经集液管流入储液器中。水盘内的水用浮球控制，保持一定的水位。冷却水用水泵压送到冷凝管的上方，经喷嘴喷淋到蛇形盘管组的上方，沿冷凝管组的外表面流下。水受热后一部分变成蒸汽，其余的沿蛇形盘管外表面流入下部的水盘内，经水泵再送到喷嘴循环使用。

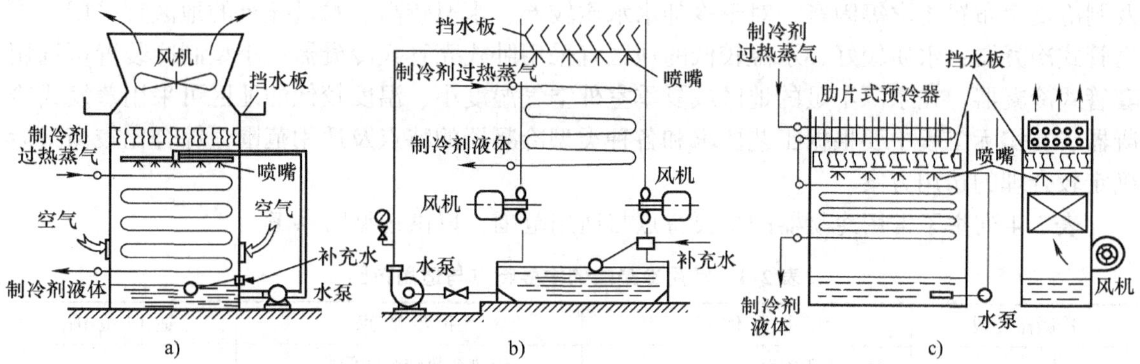

图 2-25 蒸发式冷凝器的结构示意图

a）吸风式 b）吹风式 c）预冷式

图 2-26 所示为一种新型蒸发式冷凝器的结构简图。它与传统的蒸发式冷凝器相比，冷凝盘管与气流间呈叉流换热，使结构紧凑、质量小、安装方便；而且，冷凝器分成上、下两个部分，冷凝盘管安装在上部，下部为高效聚乙烯换热层，用于进一步降低喷淋水的温度，从而降低系统中的冷凝压力。

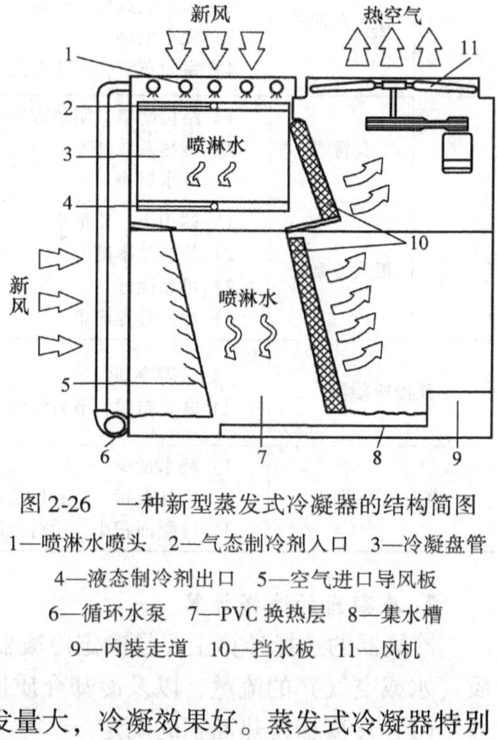

图 2-26 一种新型蒸发式冷凝器的结构简图

1—喷淋水喷头 2—气态制冷剂入口 3—冷凝盘管 4—液态制冷剂出口 5—空气进口导风板 6—循环水泵 7—PVC 换热层 8—集水槽 9—内装走道 10—挡水板 11—风机

蒸发式冷凝器主要是利用冷却水汽化的潜热来吸收制冷剂的热量，所以消耗水量很小，其耗水量仅是水冷式冷凝器的 5% ~10%。空气的流量也不大，通过蛇形盘管间的风速一般为 3 ~5m/s。蒸发式冷凝器每 1kW 的热负荷所需的风量为 85 ~ 160m^3/h，冷却水量为 50 ~80 kg/h，补水量约为循环水量的 5% ~10%。蒸发式冷凝器结构紧凑，可安装在屋顶上，节省占地面积。蒸发式冷凝器的缺点是：冷却水不断循环使用，水垢层增长较快，需要使用经过软化处理的水。

蒸发式冷凝器进口空气湿球温度对换热量影响很大。进口空气湿球温度越低，空气相对湿度越小，在同样的冷凝温度和风量情况下，冷却水蒸发量大，冷凝效果好。蒸发式冷凝器特别适用于缺水和气候干燥的地区。

2.2.5 冷凝器的选择计算

在制冷系统设计中，遇到的较多问题是根据需要从现有产品中选出一个换热设备。这就需要进行必要的选择和计算。冷凝器选择计算的目的是通过热力计算和传热计算确定其传热面积，从而选用合适的冷凝器，以及通过流体动力计算确定冷却介质的流量和流过冷凝器的阻力损失，进而选择泵或风机的容量及功率。

1. 冷凝器的选型

冷凝器形式的选择取决于当地的水源、水温、水质、水量、气象条件、制冷剂的种类以及制冷机房布置要求等因素。对于冷却水水质较差、水温较高、水量充足的地区宜采用立式壳管式冷凝器；水质较好、水温较低的地区宜采用卧式壳管式冷凝器；小型制冷装置可选用套管式冷凝器；在水源不足的地区或夏季室外空气湿度小、温度较低的地区可采用蒸发式冷凝器。在实际工程中要根据工艺要求和各种类型冷凝器的特点及适用范围，综合比较衡量后确定较合理的选用方案。

表 2-4 列举了常用冷凝器的主要特点与适用范围，以供选型时参考。

表 2-4　常用冷凝器的主要特点与适用范围

冷凝器类型		主要优点	主要缺点	适用范围
水冷冷凝器	立式壳管式	1）露天安装 2）水质要求低 3）清洗方便 4）易发现氨泄漏	1）传热系数较卧式低 2）冷却水进、出口温差小，耗水量大 3）操作不方便	大、中型氨制冷装置
	卧式壳管式	1）结构紧凑，体积小 2）传热系数较立式高 3）耗水量小 4）室内布置，操作方便	1）水质要求高 2）清洗不方便 3）冷却水流动阻力大 4）制冷剂泄漏难发现	大、中、小型氨和氟利昂制冷装置
	套管式	1）结构简单，制造方便 2）传热系数高 3）耗水量小	1）金属耗量大 2）冷却水流动阻力大 3）清洗不方便	小型氟利昂制冷装置
	板式冷凝器	1）体积小，质量小 2）传热效率高 3）可靠性好 4）加工过程简单	1）内容积小 2）难以清洗 3）内部渗漏不易修复	小型氟利昂制冷装置
风冷冷凝器		1）无需冷却水 2）露天布置，节省空间	1）传热系数不高 2）气温高时，冷凝压力较高 3）清洗不方便	中、小型氟利昂制冷装置，特别适用缺水干燥地区
蒸发式冷凝器		1）耗水量少 2）室外布置，节省机房设备 3）冷凝面积小，运行经济	1）造价高 2）清洗维修难度较高	中、小型氨制冷装置及中型氟利昂制冷装置

2. 冷凝器的选择计算

冷凝器的选择计算主要是确定冷凝器的传热面积，选定适用型号的冷凝器，计算冷却介质（水或空气）的流量，以及冷却介质通过冷凝器时的流动阻力。

（1）冷凝器传热面积的确定

1）冷凝器的热负荷 Φ_k。冷凝器的热负荷是指制冷剂蒸气在冷凝器中单位时间所放出的总热量。一般情况下，它包括制冷剂在蒸发器中吸收的热量及在压缩过程中所获得的机械功，即

$$\Phi_k = \Phi_0 + P_i \tag{2-6}$$

式中　Φ_k——冷凝器热负荷，单位为 W；

Φ_0——压缩机在计算工况下的制冷量，单位为 W；

P_i——压缩机在计算工况下的消耗指示功率，单位为 W。

冷凝器热负荷也可按循环热力计算确定，即

$$\Phi_k = q_m (h_2 - h_3) \tag{2-7}$$

式中　q_m——制冷剂的质量流量，单位为kg/s；

h_2——制冷剂进入冷凝器的比焓，单位为J/kg；

h_3——制冷剂出冷凝器的比焓，单位为J/kg。

对单级压缩制冷循环，冷凝器热负荷也可按下式近似计算：

$$\Phi_k = \psi \Phi_0 \tag{2-8}$$

式中　ψ——冷凝器负荷系数，其值与制冷剂种类及运行工况有关，具体数值可由图2-27查得。

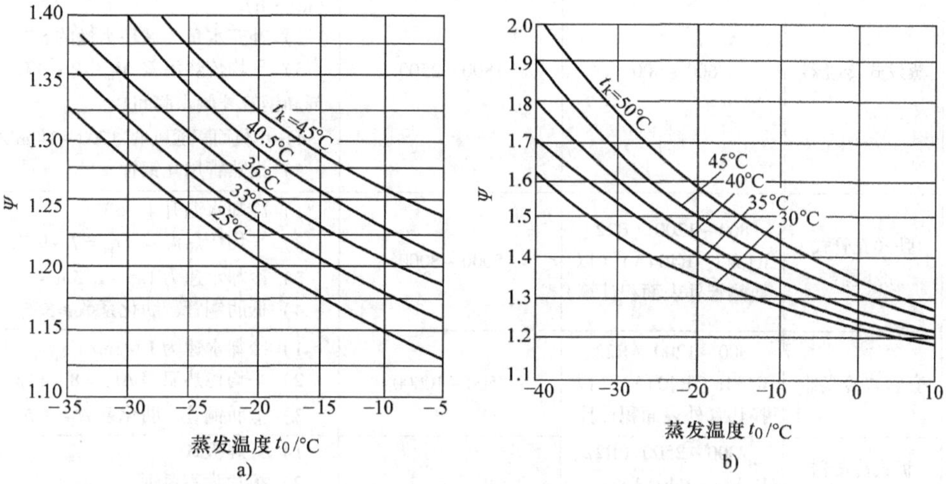

图2-27　冷凝器负荷系数

a）氨系统　b）氟利昂系统

2）冷凝器的传热系数K。其值可按传热学中有关公式计算，或根据生产厂家提供的产品样本来确定，也可参考有关设计手册与设备手册提供的数据确定。表2-5列举了冷凝器的传热系数K和热流密度q_k的推荐值，以供参考。

表2-5　冷凝器的传热系数K和热流密度q_k的推荐值

制冷剂	冷凝器形式	传热系数 K/[W·(m²·K)$^{-1}$]	热流密度 q/(W·m^{-2})	相应条件
氨	立式壳管式冷凝器	700～900	3500～4000	1）冷却水温升2～3℃ 2）平均传热温差Δt_m=5～7℃ 3）单位面积冷却水量为1～1.7m³/（m²·h） 4）换热管用光钢管 5）冷却水温度较高时，取较小值
	卧式壳管式冷凝器	800～1100	4000～5000	1）冷却水温升4～6℃ 2）平均传热温差Δt_m=5～7℃ 3）单位面积冷却水量为0.5～0.9 m³/（m²·h） 4）水速为0.8～1.5m/s 5）换热管用光钢管 6）冷却水温度较高时，取较小值

（续）

制冷剂	冷凝器形式		传热系数 $K/[\mathrm{W\cdot(m^2\cdot K)^{-1}}]$	热流密度 $q/(\mathrm{W\cdot m^{-2}})$	相应条件
氨	板式冷凝器		2000～2300		1）使用焊接板式或经特殊处理的钎焊板式 2）板片为不锈钢
氨	螺旋板式冷凝器		1400～1600	7000～9000	1）冷却水温升3～5℃ 2）平均传热温差 $\Delta t_m=4\sim6$℃ 3）水速为0.6～1.4m/s
氨	蒸发式冷凝器		600～800	1800～2500	1）单位面积冷却水量为0.12～0.16 m³/(m²·h) 2）补充水量为循环水量的5%～10% 3）平均传热温差 $\Delta t_m=2\sim3$℃（指制冷剂和钢管外侧水膜间） 4）单位面积通风量为300～340m³/(m²·h) 5）换热管用光钢管
氟利昂	卧式壳管式冷凝器		800～1200（R22、R134a、R404A）（以换热管外表面积计算）	5000～8000	1）冷却水温升4～6℃ 2）平均传热温差 $\Delta t_m=7\sim9$℃ 3）冷却水速为1.5～2.5m/s 4）低肋铜管，肋化系数≥3.5
氟利昂	套管式冷凝器		800～1200（R22、R134a、R404A）（以换热管外表面积计算）	7500～10000	1）冷却水速为1～2m/s 2）平均传热温差 $\Delta t_m=8\sim11$℃ 3）低肋铜管，肋化系数≥3.5
氟利昂	板式冷凝器		2300～2500（R22、R134a、R404A）		1）钎焊板式 2）板片为不锈钢
氟利昂	风冷冷凝器	自然对流	6～10（以换热管内表面积计算）	45～85	
氟利昂	风冷冷凝器	强制对流	30～40（以翅片管外表面积计算）	250～300	1）迎面风速为2.5～3.5m/s 2）平均传热温差 $\Delta t_m=8\sim12$℃ 3）铝平翅片套铜管 4）冷凝温度与进风温差≥15℃
氟利昂	蒸发式冷凝器		500～700	1600～2200	1）单位面积冷却水量0.12～0.16 m³/(m²·h) 2）补充水量为循环水量的5%～10% 3）平均传热温差 $\Delta t_m=2\sim3$℃（指制冷剂和钢管外侧水膜间） 4）单位面积通风量为300～340 m³/(m²·h) 5）换热管用光钢管

3）平均传热温差 Δt_m。制冷剂在冷凝器中由过热状态的蒸气冷却冷凝成液体甚至过冷，因此，制冷剂的温度并不是定值，为了计算的简便，一般情况下可用冷凝温度表示。这样，在冷凝器中，制冷剂和冷却介质之间的平均温差可按下式计算：

$$\Delta t_m=\frac{t_2-t_1}{\ln\dfrac{t_k-t_1}{t_k-t_2}} \tag{2-9}$$

式中　Δt_m——平均传热温差，单位为℃；

t_k——冷凝温度，单位为℃；

t_1、t_2——冷却介质进口、出口温度，单位为℃。

平均传热温差也可按表2-5推荐值选取。

4）冷凝器的传热面积A。由式（2-1）可得冷凝器的传热面积计算式为

$$A=\frac{\Phi_k}{K\Delta t_m}=\frac{\Phi_k}{q_k} \tag{2-10}$$

式中　Φ_k——冷凝器热负荷，单位为W；

K——冷凝器的传热系数，单位为W·（m^2·K）$^{-1}$；

Δt_m——平均传热温差，单位为℃；

q_k——冷凝器的单位面积热负荷，即热流密度，单位为W/m^2，其经验数据可按表2-5选取。

计算出传热面积A后，再按照A去选择定型的冷凝器。

因为冷凝器使用一段时间后，由于污垢的影响，会降低其传热性能，所以选择冷凝器面积时应有10%～15%的裕量。此外，如果要求液体制冷剂在冷凝器内有一定的过冷，选择卧式壳管式冷凝器时，选用的面积应比计算出的传热面积加大5%～10%。

（2）冷却介质流量的计算　冷却介质（水或空气）流量的计算是基于热量平衡原理，即冷凝器中制冷剂放出的热量等于冷却介质所带走的热量，即

$$q_{V,k}=\frac{3600\Phi_k}{\rho c_p(t_2-t_1)} \tag{2-11}$$

式中　$q_{V,k}$——冷却介质的体积流量，单位为m^3/h；

Φ_k——冷凝器热负荷，单位为W；

ρ——冷却介质密度，单位为kg/m^3，水$\rho=1000\ kg/m^3$，空气$\rho=1.18\ kg/m^3$；

t_1、t_2——冷却介质进口和出口温度，单位为℃；

c_p——冷却介质的比定压热容，单位为J/(kg·K)，淡水$c_p=4186$ J/(kg·K)，海水$c_p=4312$ J/(kg·K)，空气$c_p=1005$ J/(kg·K)。

蒸发式冷凝器的冷却水量、通风量除按表2-5推荐值选取外，还可按每1kW冷凝热负荷所需循环水量为0.05～0.07m^3/h、所需通风量为85～160m^3/h选取。

（3）冷凝器冷却水的阻力计算　立式冷凝器的冷却水是从顶部靠重力沿管壁流下的，故不需进行流动阻力的计算。

强制对流风冷冷凝器和蒸发式冷凝器所需的风机及水泵，均已由生产厂配置好，故在工程中不需要另行选取。卧式壳管式冷凝器的冷却水泵需要在工程设计中进行选配，为此，需计算冷却水的流动阻力，以提供选配水泵的必要数据。首先根据选定的型号，从产品样本上查出冷凝器在给定流量（或水速）和水流程数时的水阻力损失。在缺少此数据时，可查出冷凝器的换热管数目、管道直径、每根管长度及水流程数，然后进行计算。冷却水流速可按下式计算：

$$w=\frac{4q_{V,k}z}{3600\pi d_i^2 n} \tag{2-12}$$

式中　w——冷却水在冷凝器中的平均流速，单位为m/s；

$q_{V,k}$——冷却水的体积流量，单位为 m^3/h；

z——冷却水流程数；

d_i——换热管内径，单位为 m；

n——换热管总根数。

冷却水的总流动阻力可用以下经验公式求得：

$$\Delta p = \frac{1}{2}\rho w\left[fz\frac{L}{d_i} + 1.5(z+1)\right] \tag{2-13}$$

式中 Δp——冷凝器冷却的流动阻力，单位为 Pa；

ρ——冷却水密度，单位为 kg/m^3，取 $\rho = 1000\ kg/m^3$；

w——冷却水在冷凝器中的平均流速，单位为 m/s；

f——与冷凝器换热管的污垢和绝对粗糙度有关的摩擦阻力系数，$f = 0.178bd_i^{-0.25}$，式中 b 是系数，钢管 $b = 0.098$，铜管（用于氟利昂）$b = 0.075$；

z——冷却水流程数；

L——换热管长度，单位为 m；

d_i——换热管内径，单位为 m。

例 2-1 已知制冷量为 300kW 的氨制冷系统，蒸发温度 $t_0 = -15℃$，冷却水温度 $t_1 = 30℃$，如果选用卧式壳管式冷凝器，试计算其传热面积和冷却水量。

解：1）冷凝器的热负荷 Φ_k。冷却水为循环水，取冷却水温升为 5℃，则出水温度 $t_2 = t_1 + 5℃ = (30+5)℃ = 35℃$，冷凝温度 t_k 比冷却水平均温度高 5℃，则冷凝温度 $t_k = \frac{t_1 + t_2}{2} + 5℃ = \left(\frac{30+35}{2} + 5\right)℃ = 37.5℃$，可取 38℃。根据图 2-27 查得 $\psi = 1.24$，则

$$\Phi_k = \psi\Phi_0 = 1.24 \times 300000\text{W} = 372000\ \text{W}$$

2）传热系数 K。查表 2-5，取 $K = 950\ W/(m^2 \cdot K)$。

3）平均传热温差 t_m。

$$\Delta t_m = \frac{t_2 - t_1}{\ln\frac{t_k - t_1}{t_k - t_2}} = \frac{35-30}{\ln\frac{38-30}{38-35}}℃ = 5.1℃$$

4）冷凝器的传热面积 A。

$$A = \frac{\Phi_k}{K\Delta t_m} = \frac{372000}{950 \times 5.1}m^2 = 76.8m^2$$

5）冷却水量 $q_{V,k}$。

$$q_{V,k} = \frac{3600\Phi_k}{\rho c_p(t_2 - t_1)} = \frac{3600 \times 372000}{1000 \times 4186 \times (35-30)}m^3/h = 64.0m^3/h$$

2.3 蒸发器—冷凝器组和冷凝蒸发器

2.3.1 蒸发器—冷凝器组

蒸发器—冷凝器组是离心式冷水机组的重要换热设备，它将原分开设置的冷凝器和蒸发器合并在一个圆筒形的密闭容器内，来同时完成制冷循环中的冷凝、节流和蒸发过程。

图2-28所示为某公司生产的R123离心式冷水机组中采用的单筒式蒸发器—冷凝器组。单筒式蒸发器—冷凝器是将蒸发器和冷凝器装在一个筒体内，中间用直板或圆弧形隔热板分开。隔热板采用Q235钢板，表面涂以防腐剂。冷凝器7布置在右上侧，蒸发器2布量在左下侧。为了防止压缩机排气直接冲击冷凝管，冷凝器中间装有缓冲板8。壳体纵向两端有支撑换热管束和壳体的管板，两端管板焊在纵向工字钢组成的底座上。壳体内横向还焊有多块圆弧形支撑板，以支撑换热管管簇。壳体中部前下侧设有浮球阀或膨胀节流管5。蒸发器内上部装有气液分离器1，以防止制冷剂液体吸入离心压缩机。管板外侧设有蒸发器左、右水室和冷凝器左、右水室，与循环水系统以法兰联接。壳体上的进、排气接管法兰分别与压缩机的排气管和吸气管联接。

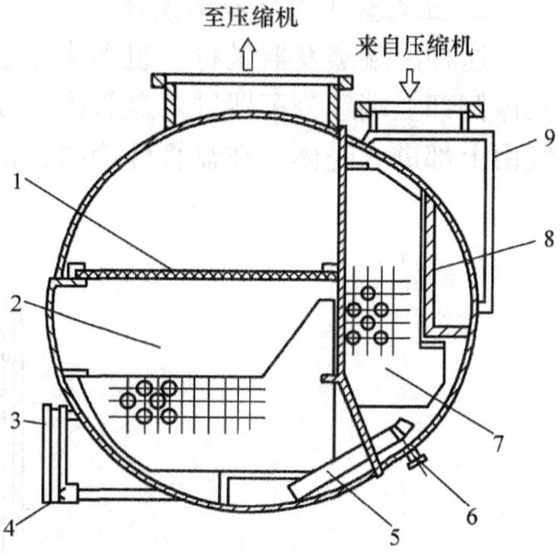

图2-28 R123单筒式蒸发器—冷凝器组

1—气液分离器 2—蒸发器 3—制冷剂液位计 4—制冷剂充灌阀 5—膨胀节流管 6—排液螺塞 7—冷凝器 8—缓冲板 9—压缩机排气导管

2.3.2 冷凝蒸发器

冷凝蒸发器用于复叠式制冷装置，其作用是用高温级制冷剂制取的冷量来使低温级压缩机排出的制冷剂蒸气凝结。它既是高温级循环的蒸发器，又是低温级循环的冷凝器。其结构形式主要有立式壳管式、立式盘管式和套管式等。

1. 立式壳管式冷凝蒸发器

立式壳管式冷凝蒸发器的结构与一般的壳管式冷凝器相似，如图2-29所示。工作时，高温级的制冷剂在管程内汽化吸热；低温级的制冷剂在壳程内冷却冷凝放热。这种冷凝蒸发器的结构简单，但高温制冷剂充灌量较大，制冷剂液体的静液压对蒸发温度的影响也较大。

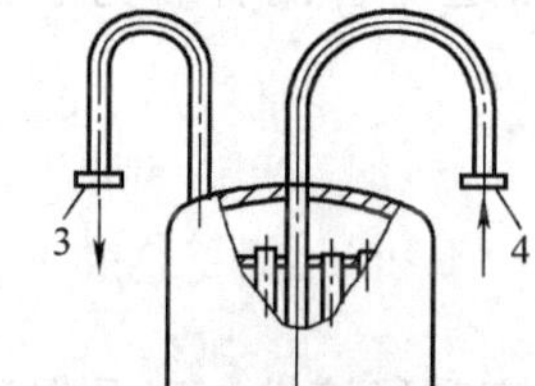

图2-29 立式壳管式冷凝蒸发器

1—高温级制冷剂进口管 2—低温级制冷剂出口管 3—高温级制冷剂出口管 4—低温级制冷剂进口管

2. 立式盘管式冷凝蒸发器

这种冷凝蒸发器是将一组多头盘管装在一个圆筒形壳体中构成的。高温级制冷剂液体从壳体侧部上端经分配器进入盘管内，在管程内汽化后从壳体侧部下端引出；低温级制冷剂蒸气由上部进入壳体，在盘管外冷凝，液体由下部引出。其结构如图2-30所示。

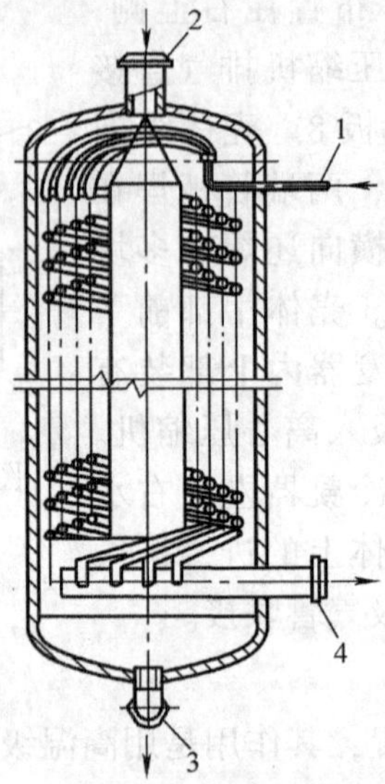

图2-30　立式盘管式冷凝蒸发器

1—高温级制冷剂进口管　2—低温级制冷剂进口管　3—低温级制冷剂出口管　4—高温级制冷剂出口管

3. 套管式冷凝蒸发器

其结构与套管式冷凝器相似。高温级制冷剂在管间汽化吸热，低温级制冷剂在小管内冷却冷凝。这种冷凝蒸发器结构很简单，但横向尺寸较大，一般适用于小型低温设备。

冷凝蒸发器的换热管有光管和翅片管两种。为了提高换热效果，换热管一般均选用铜管。

2.4　其他热交换设备

为了提高制冷装置工作时的效率和经济性，以及保证制冷装置运行的安全性，在制冷系统的热交换设备中，除了冷凝器和蒸发器之外，还需要设置一些其他的辅助热交换设备，如回热器、过冷器和中间冷却器等。在这些热交换设备中，进行热交换的冷、热流体都是制冷剂。

2.4.1　回热器

回热器通常是指氟利昂制冷装置的气液换热器，安装在冷凝器、压缩机和蒸发器之间，且应尽可能靠近蒸发器。它的作用是使蒸发器排出的制冷剂蒸气在被压缩机吸回前，先在回热器内与冷凝器排出的冷凝液体交换热量，从而使进入压缩机的制冷剂蒸气过热，进入节流装置的制冷剂液体因放出热量而进一步过冷，这样既避免了压缩机的“湿冲程”，又提高了制冷装置的制冷量。因为在回热器内气、液两态制冷剂是逆向流动的，传热效率得到了提高。回热器在制冷系统中安装时不能把液体或蒸气的进、出口接错。

回热器一般有盘管式、套管式、绕管式和穿管式等几种。

（1）盘管式回热器　盘管式回热器多用于大、中型氟利昂制冷系统中，其结构如图2-31所示。它的壳体由无缝钢管或钢板卷制而成，两端用封头封死形成一个密封的容器，内装有一组铜管绕成的螺旋盘管。壳体上设有制冷剂蒸气的进、出气管，在进气管口的壳体上焊有一个挡板，以使蒸气与回热器的换热盘管均匀接触。盘管的进、出管口从壳体两端的封头穿出。液体制冷剂在盘管内流动，制冷剂蒸气在盘管外流动。

（2）套管式回热器　套管式回热器的内管由外侧带有翅片的翅片管制成，其结构如图2-32所示。因为蒸气对管壁的表面传热系数比液体小，所以制冷剂蒸气沿有翅片一侧的内、外管空腔流动，而液体制冷剂则在内管中流动。

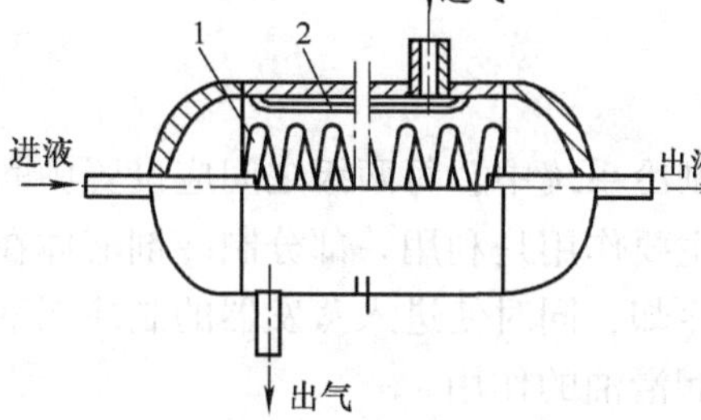

图2-31　盘管式回热器

1—盘管　2—挡板

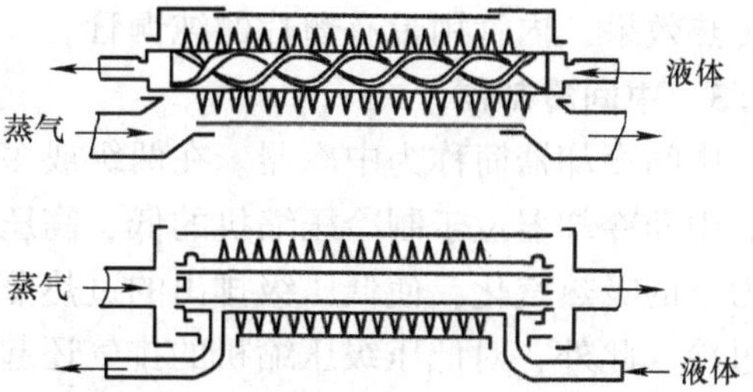

图2-32　套管式回热器

（3）绕管式回热器　绕管式回热器多用于小型氟利昂制冷装置中，它将供液管与回气管接触或焊接在一起，如图2-33所示，通过两根紧贴在一起的管壁间换热，使系统达到蒸气过热与液体过冷的目的。这种回热器结构紧凑、制作方便、传热效果较好。

（4）穿管式回热器　穿管式回热器常用于电冰箱及小型制冷装置中，它把供液管穿在回气管中来达到回热的效果，如图2-34所示。这种回热器结构紧凑、回热效果好，但制作较绕管式复杂。

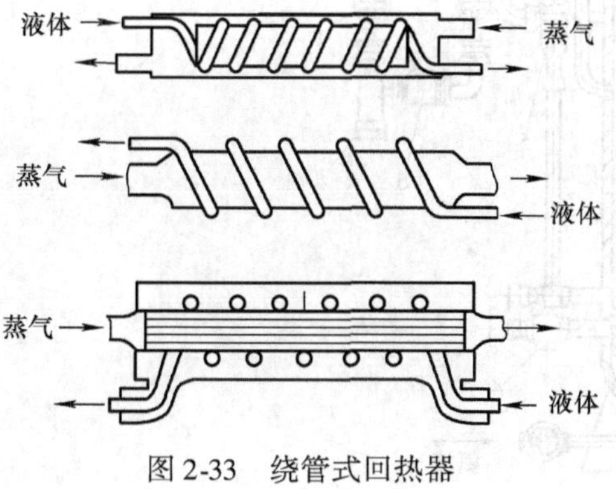

图2-33　绕管式回热器

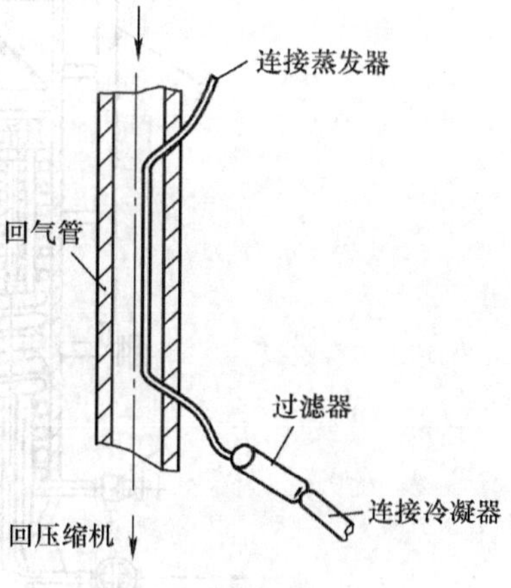

图2-34　穿管式回热器

2.4.2　过冷器

制冷剂液体温度越低，汽化时吸收的热量越多，因此制冷系统中可在冷凝器（或高压储液器）与调节站之间设置过冷器，使节流前的液体制冷剂温度进一步降低，获得过冷。在过冷器中使用的冷却介质的温度，应比冷凝器中使用的要低。例如，在冷凝器中采用循环冷却水，在过冷器中则采用深井水。

常用的液氨过冷器为套管式，其结构是由大、小两种直径的无缝钢管套在一起组成的，其结构与套管式冷凝器大致相似，一般设在无日光辐射的附属车间内，以提高冷却效能。来自冷凝器或高压储液器的氨液从上方进入管间的空间，沿套管依次流下，过冷后的液氨由下部的出口排出。温度较低的冷却水从过冷器的下部流入，依次流经内管而由上部流出，可作为冷凝器冷却水系统的补充水。

对于氟利昂制冷系统，当制冷量不大时，也可应用套管式过冷器。这种过冷器也可以通过制冷剂的直接蒸发来过冷节流前的高压液体，此时制冷剂在内、外管空腔中蒸发。为了提高传热效果，内管用带有翅片的纯铜管。

2.4.3 中间冷却器

中间冷却器简称为中冷器。在两级或多级压缩制冷系统中，每两级之间应设置中间冷却器。中间冷却器位于制冷压缩机的低、高压之间，主要作用是利用一部分制冷剂液体在中间压力下的吸热汽化，使低压级排出的过热蒸气得到冷却，同时使进入蒸发器的制冷剂液体得到过冷。此外，对低压级压缩机的排气还起着分离润滑油的作用。

1. 氨用中间冷却器

氨用中间冷却器的结构如图 2-35 所示，它的壳体是用钢板卷焊成的上、下有封头的圆

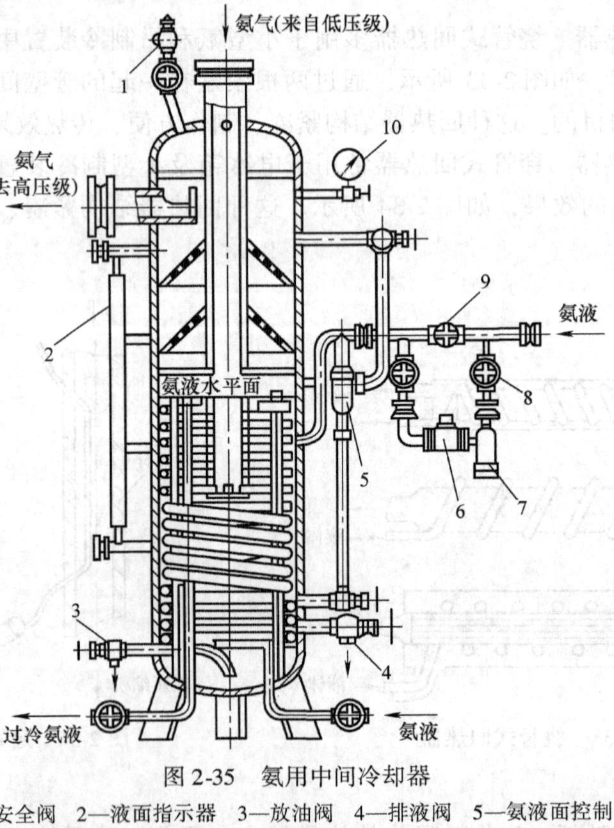

图 2-35 氨用中间冷却器

1—安全阀 2—液面指示器 3—放油阀 4—排液阀 5—氨液面控制器 6—电磁阀 7—过滤器 8—截止阀 9—节流阀 10—压力表

筒形密闭容器。中间冷却器的进气管由上封头中间伸入筒体内的稳定液面以下，进气管下端开有矩形出气口，管底端用钢板焊牢，以防进入的氨气直冲中间冷却器底部，将沉淀的润滑油翻起。筒体内进气管的外侧设有两个多孔的伞形挡板，以阻挡氨气中夹带的液滴被高压级压缩机吸走。在进气管伞形挡板以上部位有一个 ϕ5mm 的平衡孔，以平衡中冷器内与进气管中的氨蒸气压力，避免停机时因容器内压力高于管内时，氨液从进气管倒流入低压机而造成事故。中间冷却器内的氨液是由筒体中下侧部的进液管供入或由插焊在中间冷却器顶部进气管侧的进液管供入。根据中间冷却器外壁表示正常液面高度的凸起标记安装浮球阀或液面控制器，便于控制容器内液面的稳定高度。中间冷却器的正常液面一般高于进气管的出气端口150～200mm左右。氨用中间冷却器内有一组蛇形盘管，它的进、出液管均在中间冷却器下部。此外，氨用中间冷却器筒体上还设有液面指示器和连接液面指示器、出气管、气液平衡管、排液管、放油管、压力表以及安全阀的各种管接头。

氨用中间冷却器工作时，低压级压缩机或低压缸排出的过热蒸气由进气管进入中间冷却器后，与容器内的氨液混合、洗涤，被冷却成中间压力下的过热蒸气或干饱和蒸气。中间冷却器内蛇形盘管中的氨液被等压冷却成过冷液体，从出液管供往蒸发器使用。中间冷却器内的氨液吸热后汽化，随同低压级排出的被冷却的蒸气一起进入高压级压缩机或高压缸。中间冷却器的液面高度由浮球阀或液面控制器控制。

过热蒸气进入中间冷却器后，由于流道截面积突然扩大，使流速降低，并且由于流动方向不断改变以及被中间压力下的饱和氨液洗涤、冷却，使低压级过热蒸气中夹带的润滑油被分离，沉积于中间冷却器底部。中间冷却器在低温下工作，筒体外应做隔热层。

为了防止压缩机高压级出现湿冲程，一般要求通过中间冷却器横截面上的氨气流速不大于0.5m/s。蛇形盘管内氨液的流速通常取0.4～0.7m/s，盘管出口处氨液温度一般比中间压力下的饱和温度高3～5℃，此时氨用中间冷却器盘管的传热系数约为 $K=580\sim700$ W/($m^2\cdot K$)。

2. 氟利昂用中间冷却器

氟利昂双级压缩制冷装置大都采用一次节流中间不完全冷却双级蒸气压缩循环形式。氟利昂用中间冷却器的结构如图2-36所示。

高效的氟利昂用中间冷却器常采用卧式，其结构主要由壳体和螺旋式（或列管式）换热管组成。氟利昂用中间冷却器的壳体上设有进液管、出液管、节流后的供液管、出气管。在供液管供入中间冷却器处的壳体内壁上焊有挡板，使进入的液体能均匀地分散开来与螺旋管接触。吸热汽化后的制冷剂由出气管送往高压级吸气管。

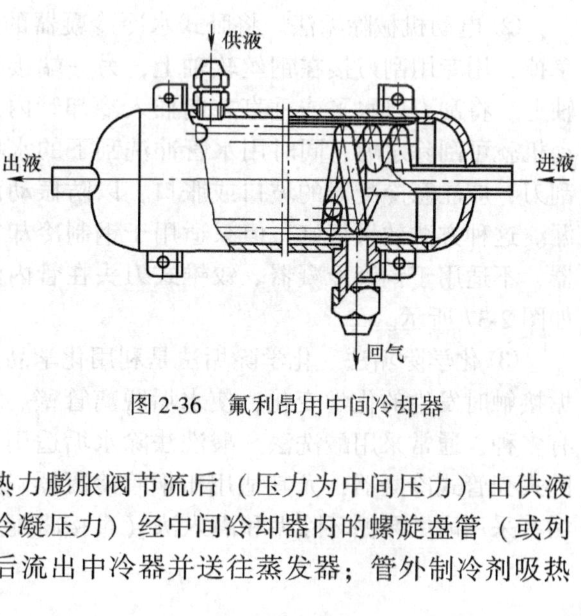

图2-36 氟利昂用中间冷却器

氟利昂用中间冷却器的工作原理是：由冷凝器（或高压储液器）来的液态氟利昂制冷剂分两路流动，一部分制冷剂液体经热力膨胀阀节流后（压力为中间压力）由供液管供入中间冷却器内；大部分液体（压力为冷凝压力）经中间冷却器内的螺旋盘管（或列管）流动。盘管内的制冷剂液体放出过冷热后流出中冷器并送往蒸发器；管外制冷剂吸热汽化后成为中压下的饱和蒸气，并在高压级的吸气管路中与低压级排出的过热蒸气混合后进入高压级。在一次节流中间不完全冷却的双级蒸气压缩制冷循环中，高压级吸入的过热蒸气温度应不高于15℃。

实训3 热交换设备的结构认识与清洗

1. 实训目的

1）熟悉制冷系统主要热交换设备的工作原理、基本结构、性能特点及适用范围。

2）了解热交换设备常用的清洗方法，掌握清洗的操作步骤。

2. 实训内容与操作步骤

（1）换热器结构认识

1）观看制冷系统热交换设备的实物或模型。

2）观看录像，了解制冷系统热交换设备的制造过程、方法及手段。

3）参观制冷系统热交换设备生产厂家陈列展品。

（2）冷凝器的清洗

1）风冷冷凝器的除尘。

① 刷洗法。刷洗法主要用于冷凝器表面油污较严重的场合。准备70℃左右的温水，加入清洁剂（也可加入专用清洗剂），用毛刷刷洗。刷洗完毕后，再用水冲淋。目前有一种喷雾型的换热器清洗剂，将清洗剂喷在散热片上，片刻后用水冲洗即可。

② 吹除法。利用压缩空气或氮气，将冷凝器外表附着物吹除。同时，也可用毛刷边刷边吹除。在清洗冷凝器时，应注意保护翅片、换热管等，不要用硬物刮洗或敲击。

2）水冷式冷凝器的除垢。

① 手工除垢法。将壳管式冷凝器两端的铸铁端盖拆下，用螺旋形钢丝刷伸入冷却管内，往复拉刷，然后再将接近管子内径尺寸的麻花钢筋塞进冷却管内反复拉捅，一边捅一边用压力水冲洗。这种除垢方法设备简单，但劳动强度大。

② 电动机械除垢法。将卧式水冷冷凝器的端盖打开，立式水冷冷凝器将上边的挡水板拿掉，用专用刮刀接在钢丝软轴上，另一端接在电动机轴上。将刮刀以水平或垂直方向插入冷却管内，开动电动机就可刮除水垢，同时用水管冲洗刮下的水垢并冷却刮刀，应注意冷凝器的坡口或胀口，以防振动而出现泄漏。这种方法效果很好，但只适用于钢制冷却管的冷凝器，不适用于铜管冷凝器。铰锥式刀头在管内清除水垢如图2-37所示。

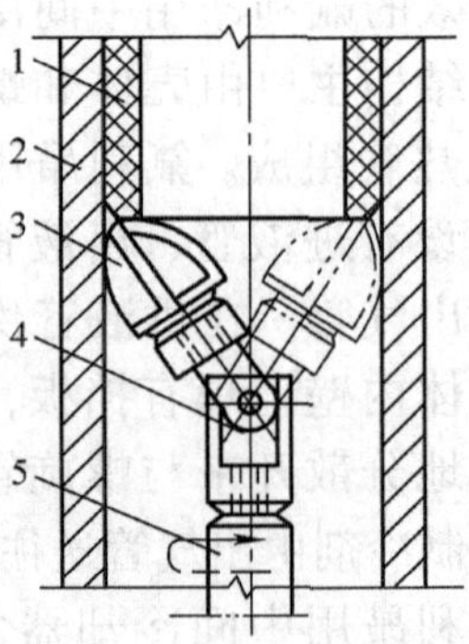

图2-37 铰锥式刀头在管内清除水垢

1—水垢 2—水管 3—刀头

4—万向联轴器 5—传动软管

③ 化学除垢法。化学除垢法是利用化学品溶液与水垢接触时发生的化学变化，使水垢脱离管壁。它的方法有多种，通常采用酸洗法。酸洗法除水垢适用于立式和卧式壳管式冷凝器，尤其适用于铜管冷凝器。酸洗法除垢有采用耐酸泵循环除垢和灌入法（直接将配置好的酸

洗溶液倒入换热管子）除垢两种方法。

酸洗法除垢的操作方法如下：

a. 采用耐酸泵循环除垢时，首先将制冷剂全部抽出，关闭冷凝器的进水阀，放净管道内积水，拆掉进水管，将冷凝器进、出水接头用相同直径的水管（最好采用耐酸塑料管）接入酸洗系统中，如图2-38所示。

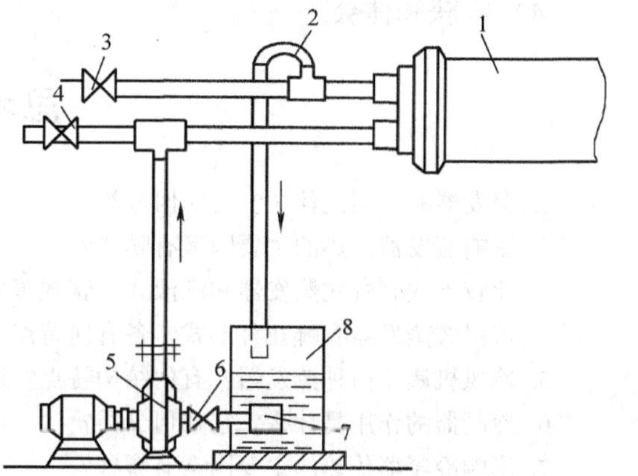

图2-38　酸洗法除垢装置

1—冷凝器　2—回流弯管　3、4、6—截止阀　5—耐酸泵　7—过滤网　8—溶液箱

b. 向用塑料板制成的溶液箱8中倒入适量的酸洗液。酸洗液为10%浓度的盐酸溶液500kg加入缓蚀剂250g，缓蚀剂一般用六次甲基四胺或苯胺与六次甲基四胺的聚合物等，它的作用是减轻盐酸对管壁的腐蚀作用。酸洗液的实际需用量可按冷凝器的大小进行配制。起动酸洗泵，使酸洗液沿冷凝器管道和溶液箱循环流动，酸洗液便会与冷凝器管道中的水垢发生化学反应，使水垢溶解脱落，达到除垢的目的。

c. 酸洗20～30h后（时间的长短可根据水垢的性质与厚度而定），停止耐酸泵工作，打开冷凝器的两端封头，用刷子在管内来回拉刷，将水垢刷去，这时的水垢就比较容易刷掉，然后用水冲洗一遍。重新装好两端封头，利用原设备换用1%的氢氧化钠溶液或5%的碳酸钠溶液循环清洗15min左右，以中和残留在冷凝器水管内的酸溶液，再用清水循环冲洗1～2h，直到水清为止。

除垢工作可根据水质的好坏和冷凝器的使用情况决定清洗时间，一般可间隔1～2年进行一次。除垢工作结束后，要对冷凝器进行压力检漏。

目前市场上有配置好的专用“酸性除锈除垢”清洗剂出售，按说明书要求倒入清洗设备中，按上述清洗法进行除垢即可。采用此种清洗剂不但效果好，而且省去了配置清洗液的麻烦，即安全又省时省力，是目前推荐的方法。

冷凝器也可在运行时除垢。运行去垢剂可直接加在冷却水中进行除垢，使用时制冷系统不必停止运行。将运行去垢剂按冷却水量0.1%的比例加入冷却水中，随着运行去垢剂与冷却水混合均匀，在运行中达到除垢的目的。除垢期为20～30天，除垢期间水池中有白盐类沉淀物，应经常排污，并及时补水、补药，以保证运行去垢剂的浓度。除垢后系统可正常运行。

3. 实训注意事项

1）遵守实训纪律，服从指导老师的安排。

2）到生产车间实地参观时，应遵守车间安全操作规程。

3）进行冷凝器清洗时，应戴手套，以免化学洗剂造成伤害。

4）本实训中的清洗时间为实际操作时的清洗时间，在实训室中的清洗过程可将时间缩短，以了解步骤为主。

4. 实训报告

1）绘制出所观看到的制冷系统热交换设备结构简图。

2）填写实训操作记录（包括冷凝器的型号、所使用设备工具的规格型号、实训操作过程的详细记录、操作质量等）。

3）实训过程中出现的问题及分析。

4）收获和体会。

思考与练习

1. 蒸发器的作用是什么？它如何分类？
2. 影响蒸发器传热的主要因素有哪些？
3. 比较干式壳管式蒸发器和满液式壳管式蒸发器，各自的优点是什么？
4. 沉浸式蒸发器有哪几种形式？各有何特点？
5. 冷风机属于何种蒸发器？有何结构特点？适用于何种场合？
6. 冷凝器的作用是什么？它如何分类？
7. 影响冷凝器传热的主要因素有哪些？
8. 常用的水冷冷凝器有哪些？其结构各有何特点？
9. 风冷冷凝器主要有哪些类型？强制对流风冷冷凝器有何结构特点？为什么要在盘管外侧加翅片？
10. 蒸发式冷凝器有何特点？适用于何种场合？
11. 已知冷凝器热负荷为290kW，冷凝温度 $t_k=30℃$，冷却水进口温度为22℃，出口温度为27℃，试求R22卧式壳管式冷凝器的传热面积。
12. 某氨制冷系统，冷凝器用循环水，进水温度为31℃，当蒸发温度为 -15℃时，压缩机制冷量为93100W；试计算卧式壳管式冷凝器的传热面积和冷却水量。
13. 冷凝蒸发器适用于哪种循环？作用是什么？结构形式主要有哪几种？
14. 回热器的作用是什么？常用的结构形式有哪几种？各有何特点？

第3章　节流机构与辅助设备

学习导引

为了实现连续制冷，保证制冷装置的正常运转，提高运行的经济性，保证运行操作安全可靠，制冷装置中除了压缩机、冷凝器和蒸发器等主要部件外，还必须根据制冷剂的种类以及蒸发器的类型等，设置节流减压机构及其他一些辅助设备，并用管道将其按一定顺序连接起来，形成制冷系统。

制冷系统中常用的节流机构有毛细管、热力膨胀阀、电子膨胀阀、手动节流阀、浮球调节阀以及节流孔板等。节流机构是制冷装置中的重要部件之一。

制冷系统中还包括一些辅助设备，如油分离器、集油器、储液器、气液分离器、不凝性气体分离器、过滤器和干燥过滤器、紧急泄氨器、安全阀、易熔塞、液流指示器、氨泵、截止阀等，这些辅助设备的结构形式多种多样，可以保证制冷装置的正常运行，提高运行的经济性，保证操作的安全可靠性。

1. 学习要求

本章的重点是常用的节流机构、辅助设备的种类、工作原理、基本结构、性能特点及适用范围。通过本章的学习应达到以下要求：

1）掌握节流机构的作用、工作原理和种类。

2）掌握热力膨胀阀的形式、工作原理、基本结构、安装位置；了解内平衡式热力膨胀阀与外平衡式热力膨胀阀的异同、适用范围及选择方法。

3）了解毛细管、电子膨胀阀、手动节流阀、浮球调节阀以及节流孔板的结构形式、工作原理、性能特点及适用范围。

4）掌握油分离器的作用、种类、工作原理、基本结构、性能特点及适用范围；了解集油器的工作原理、基本结构、性能特点及适用范围。

5）掌握储液器的作用、种类、工作原理、基本结构、性能特点及适用范围；了解气液分离器的工作原理、基本结构、性能特点及适用范围。

6）了解不凝性气体的来源及危害，了解不凝性气体分离器及过滤器和干燥过滤器的工作原理、基本结构、性能特点及适用范围。

7）了解紧急泄氨器、安全阀、易熔塞的作用、工作原理、基本结构及性能特点。

8）了解液流指示器的作用及基本结构；了解氨泵的作用、种类、工作原理、基本结构、性能特点及适用范围。

9）了解截止阀、压力表阀、单向阀的作用、结构形式；了解电磁阀的作用、工作原理、基本结构及适用范围。

2. 本章难点

1）制冷系统中常用的节流机构形式较多，应结合其工作原理和结构特点，明确其适用范围。热力膨胀阀的使用最为广泛，通过看结构简图并结合实物或模型，掌握其基本结构和工作原理。

2）制冷系统中的辅助设备种类繁多，但不是完成制冷循环所必需的设备，应理解其工作原理和作用，在不同的制冷装置中，根据需要选择使用或省去某些辅助设备。特别是要区分氨用和氟利昂用辅助设备。

3.1 节流机构

节流机构是制冷装置中的重要部件之一，其作用是将冷凝器或储液器中冷凝压力下的饱和制冷剂液体（或过冷液体）节流降压至蒸发压力和蒸发温度，同时根据制冷负荷的变化调节进入蒸发器的制冷剂流量。

3.1.1 节流机构的工作原理和种类

当制冷剂液体通过一个小孔时，如图 3-1 所示，一部分静压力转变为动压力，流速急剧增大，摩擦阻力增加，静压下降，达到降压调节流量的目的。在节流过程中，由于制冷剂流速高，来不及与外界进行热交换，同时摩擦阻力消耗的动量也极微小，所以可以把节流过程看做等焓节流，即在节流过程中的热量与动量都没有发生变化。

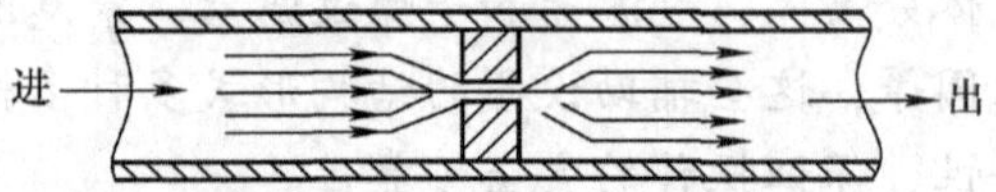

图 3-1 制冷剂液体通过小孔时的节流现象

常用的节流机构有毛细管、热力膨胀阀、电子膨胀阀、手动节流阀、浮球调节阀以及节流孔板，其中毛细管和节流孔板不具备调节功能。

节流降压时，制冷剂流过节流阀孔会沸腾膨胀而成为湿蒸气，所以又称为节流膨胀。节流膨胀是完成制冷循环的重要热力过程，主要完成对从冷凝器出来的高压液态制冷剂进行节流而降压，保证冷凝器与蒸发器之间的压力差，使蒸发器中的液态制冷剂在较低的压力下汽化吸热，以达到制冷的目的。

节流阀还可以调节进入蒸发器制冷剂的流量，以适应制冷负荷的变化，从而实现调节制冷量的目的。

3.1.2 毛细管

毛细管是一种最简单的节流机构。在电冰箱、窗式空调器、小型除湿机等小型的氟利昂制冷装置中，由于冷凝温度和蒸发温度变化不大，且制冷量较小，为了简化结构一般都用毛细管作节流降压机构。

毛细管是一种管径很细的空心管，它利用细管的流动阻力起节流降压作用，其节流原理如图 3-2 所示。高压液态制冷剂在通过毛细管狭窄的通道时，它的流动阻力增大，制冷剂的压力将随着毛细管的长度方向产生压力降，当压力降至相应温度下的饱和压力时，就要产生闪发现象，使液体自身汽化降温。即随着压力的降低，制冷剂的温度也相应降低。可见，在冷凝器与蒸发器间连接一根细而长的毛细管，就可起到节流降压和控制制冷剂流量的作用。

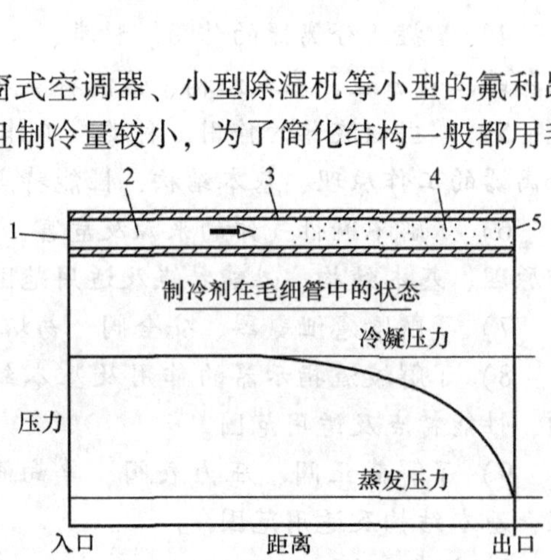

图 3-2 毛细管的节流原理

1—冷凝器出口 2—液态 3—毛细管 4—液态+气态 5—蒸发器入口

毛细管通常为内径为0.5~2.5mm的纯铜管，一般长度为0.6~6.0m。只要毛细管的管径和长度选择适当，就可使冷凝器和蒸发器之间产生需要的压力差，并使制冷系统获得所需的制冷剂流量。毛细管可以是一根或者几根并联。使用几根毛细管并联时，需要用分液器，而且要经过仔细地调整，使几根毛细管的工作状况大致一样（可以由结霜情况来判断）。在毛细管前需要安装过滤器，以防毛细管被杂物堵塞。

毛细管作为节流机构，具有结构简单、制造方便、价格便宜和不易发生故障等优点，而且压缩机停机后，冷凝器和蒸发器的压力可以自动达到平衡，减轻了再次起动电动机时的负荷。但是，毛细管的调节性能差，当蒸发器的负荷变化时，不能很好地适应。只有在设计工况下运行时，蒸发器的传热效果才能充分发挥。如果蒸发压力下降，容易发生制冷剂液体进入压缩机的现象；如果蒸发压力上升，则又会使蒸发器供液不足，降低系统制冷能力。由于毛细管中制冷剂的流量与毛细管进、出口压力差关系很大，因而在无储液器时，要求充灌制冷剂的量很准确。制冷剂量过多或过少都不能使制冷装置正常工作。因此，毛细管只适合用于蒸发温度变化范围很小的小型全封闭式制冷装置中，一般用作电冰箱、空调器、空气降温机、低温设备和小型制冷装置上使用的节流元件。

毛细管的长短和管径大小很重要，它直接影响到液体制冷剂的流通量和压缩机的制冷效率。不得任意更换毛细管，如果毛细管坏了，应查找相关的资料，选配合适的毛细管。

3.1.3　热力膨胀阀

热力膨胀阀普遍适用于氟利昂制冷系统中，是温度调节式节流阀，又称为热力调节阀。热力膨胀阀随蒸发器出口处制冷剂的温度变化，通过感温机构的作用自动调节阀的开启度来控制制冷剂流量。热力膨胀阀主要由阀体、感温包和毛细管组成，适用于没有自由液面的蒸发器，如干式蒸发器、蛇管式蒸发器和蛇管式中间冷却器等。

1. 热力膨胀阀的结构与工作原理

热力膨胀阀根据膜片下部的气体压力不同可分为内平衡式热力膨胀阀和外平衡式热力膨胀阀。若膜片下部的气体压力为膨胀阀节流后的制冷剂压力，则此热力膨胀阀称为内平衡式热力膨胀阀；若膜片下部的气体压力为蒸发器出口的制冷剂压力，则此热力膨胀阀称为外平衡式热力膨胀阀。当制冷剂流经蒸发器的阻力较小时，最好采用内平衡式热力膨胀阀；当蒸发器阻力较大时，一般超过0.03MPa时，应采用外平衡式热力膨胀阀。

（1）内平衡式热力膨胀阀　内平衡式热力膨胀阀由阀体、阀座、传动杆、阀芯、弹簧、调节杆、感温包、连接管、膜片等部件组成，如图3-3所示。在感温包、连接管和膜片之间组成了一个密闭空间，称为感应机构。感应机构内充注有制冷剂的液体或其他感温剂。通常情况下，感应机构内充注的工质与制冷系统中的制冷剂相同。

图3-4所示为内平衡式热力膨胀阀的安装位置与工作原理。膨胀阀安装在蒸发器的进液管上，感温包敷设在蒸发器出口管道的外壁上，用以感应蒸发器出口的过热温度，自动调节膨胀阀的开度。连接管的作用是将感温包内的压力传递到膜片上部空间。膜片是一块厚约0.1~0.2mm的铍青铜合金片，其截面通常冲压成波浪形。膜片在上部压力作用下产生弹性变形，把感温信号传递给传动杆，以调节阀门的开启度。

热力膨胀阀的工作原理是建立在力平衡基础上的。压力 p 是感温包感受到的蒸发器出口温度对应的饱和压力，它作用在波纹膜片上，使波纹膜片产生一个向下的推力 F，而在波纹膜片下面受到蒸发压力 p_0 产生的力 F_0 和通过阀座、传动杆传递过来的弹簧力 W 的作用。由

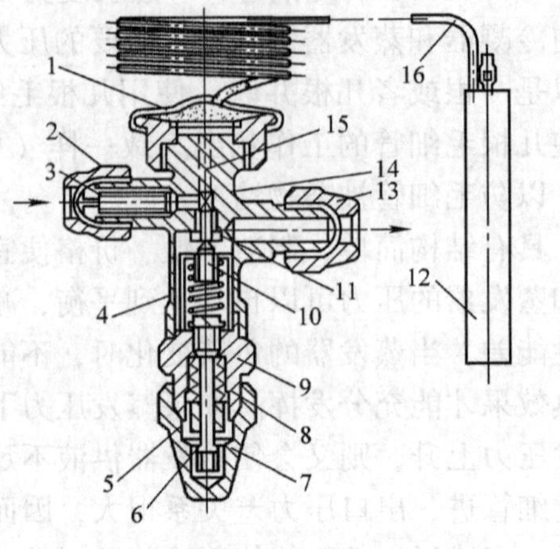

图 3-3　内平衡式热力膨胀阀

1—膜片　2、13—螺母　3—过滤网　4—弹簧　5—填料压盖　6—调节杆　7—阀帽　8—密封填料　9—调节杆座　10—阀芯　11—阀座　12—感温包　14—阀体　15—传动杆　16—连接管

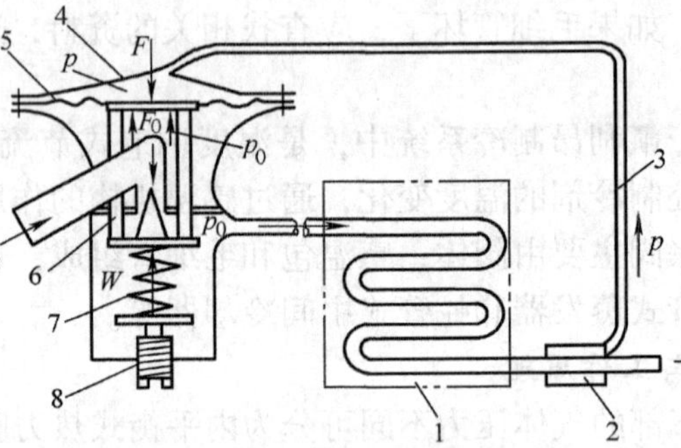

图 3-4　内平衡式热力膨胀阀的安装位置与工作原理

1—蒸发器　2—感温包　3—毛细管　4—膨胀阀　5—波纹膜片　6—传动杆　7—弹簧　8—调节杆

于阀针的面积相对很小，冷凝压力 p_k 作用在阀针上的力极小，可忽略。当室内温度处在某一工况，膨胀阀处于某一开度时，F、F_0 和 W 处于平衡状态，即 $F = F_0 + W$。如果室内温度升高，蒸发器出口处过热度增大，则感应温度上升，相应的感应压力 p 增大，推力 F 也增大，这时 $F > F_0 + W$，波纹膜片向下移动，推动传动杆使膨胀阀的阀孔开度增大，制冷剂流量增加，制冷量随之增大，蒸发器出口过热度相应地降低。反之，亦然。膨胀阀进行上述自动调节，适应了外界热负荷的变化，满足了所需的室内温度条件。

内平衡式热力膨胀阀中蒸发压力是怎么作用到膜片下方的，对照结构图和实物不难找到传递蒸发压力的通道，传动杆与阀体之间有间隙，此间隙正好沟通了阀的出口端与膜片下腔，把蒸发压力传递到膜片下方。

内平衡式热力膨胀阀只适用于蒸发器内部阻力较小的场合，广泛应用于小型制冷机和空调机。

（2）外平衡式热力膨胀阀　外平衡式热力膨胀阀如图 3-5 所示。其构造与内平衡式热力膨胀阀基本相似，但是其膜片下方不与供入的液体接触，而是与阀的进、出口处用一块隔板隔开，在膜片与隔板之间引出一根平衡管连接到蒸发器的管路上。另外，调节杆的形式也有所不同。

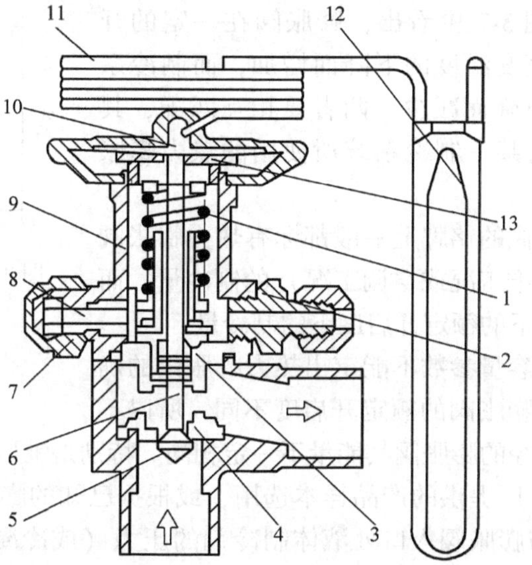

图 3-5　外平衡式热力膨胀阀

1—弹簧　2—外平衡管接头　3—密封组合体　4—阀孔　5—阀芯　6—阀杆　7—螺母　8—调节杆　9—阀体　10—压力腔　11—毛细管　12—感温包　13—膜片

图 3-6 所示为外平衡式热力膨胀阀的安装位置与工作原理。压力 p 是感温包感受到的蒸发器出口温度对应的饱和压力，它作用在膜片上，产生向下的推力 F；p'为蒸发器出口蒸发压力，它作用在膜片下，产生向上的推力 F'；W 为弹簧的作用力。当室内温度处在某一工况，膨胀阀处在一定开度时，F、F'和 W 处在平衡状态，即 $F = F' + W$。如果室内温度升高，蒸发器出口过热度增大，则感应温度上升，相应的感应压力 p 增大，推力 F 也增大，这时$F > F' + W$，膜片向下移，推动阀杆使膨胀阀孔开度增大，制冷剂流量增加，制冷量也增大，蒸发器出口过热度相应地降低。反之，亦然。膨胀阀进行上述自动调节，满足了蒸发器热负荷变化的需要。由于在蒸发器出口处和膨胀阀膜片下方引有一根外部平衡管，所以此膨胀阀称为外平衡式热力膨胀阀。

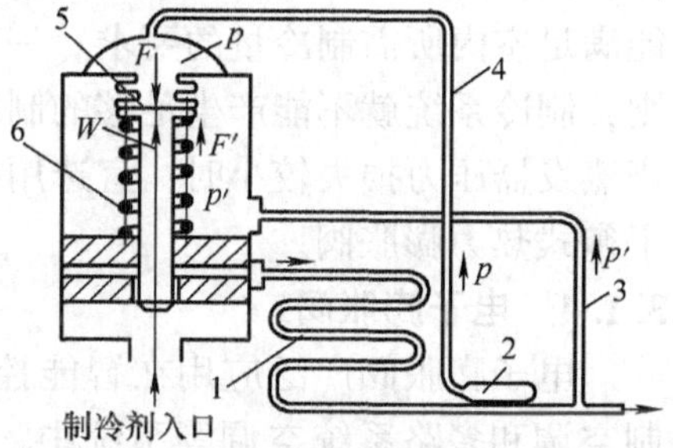

图 3-6　外平衡式热力膨胀阀的安装位置与工作原理

1—蒸发器　2—感温包　3—外部平衡管　4—毛细管　5—膜片　6—弹簧

外平衡式热力膨胀阀的调节特性基本上不受蒸发器中压力损失的影响，可以改善蒸发器的工作条件，但结构比较复杂，安装与调试比较复杂，因此一般只有当膨胀阀出口至蒸发器出口的制冷剂压降相应的蒸发温度降超过 2 ~ 3℃时，才应用外平衡式热力膨胀阀。目前国内一般中小型的氟利昂制冷系统，除了使用分液器的蒸发器外，蒸发器的压力损失都比较小，所以采用内平衡式热力膨胀阀较多。使用液体分离器的蒸发器压力损失较大，故宜采用外平衡式热力膨胀阀。

2. 热力膨胀阀的选择

热力膨胀阀的容量应与制冷系统相匹配。图 3-7 所示为热力膨胀阀和制冷系统能量特性曲线。制冷系统的能量曲线与膨胀阀的能量曲线相交点，就是运行时的能量。从图 3-7 中看出，膨胀阀在一定的开启度下，它的能量随着蒸发温度的下降而增加，而制冷系统的能量随蒸发温度的下降而减少，两者要相互匹配，其能量就应相等，所以应对某一制冷系统所使用的热力膨胀阀进行选配。

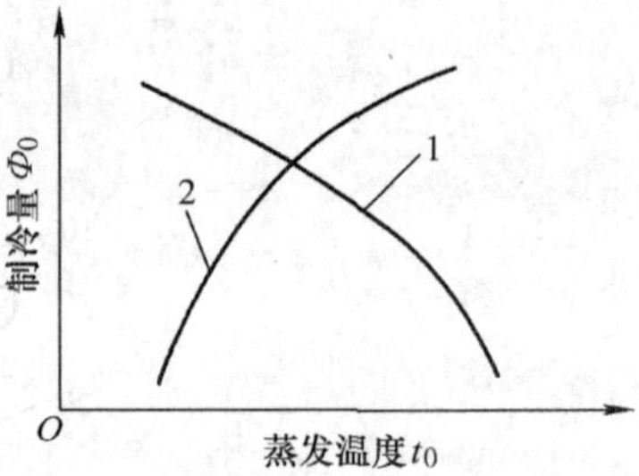

图 3-7　热力膨胀阀和制冷系统能量特性曲线

1—热力膨胀阀能量曲线

2—制冷系统能量曲线

目前，国产热力膨胀阀的铭牌上一般都标有热力膨胀阀的孔径或某工况下（如标准工况或空调工况）的制冷量，而正确的标注应是规定工况下的额定开启度下的制冷量。

以膨胀阀孔径为它的容量参数不能定出热力膨胀阀的确切能量，因为各厂生产的膨胀阀的额定开启度不同，所以不同生产厂家生产的同一孔径的膨胀阀其能量不一定相同。特别是锥形阀针的锥度不同，其能量也就不同，因此应按制造厂提供的产品样本选用，或根据已知的膨胀阀结构参数进行计算。

热力膨胀阀的容量与膨胀阀入口处液体制冷剂的压力（或冷凝温度）、过冷度、出口处制冷剂的压力（或蒸发温度）及阀开度有关。热力膨胀阀出厂时，需进行容量实验，容量实验是为了确定膨胀阀在给定条件下的制冷量。膨胀阀的容量要与制冷系统特别是蒸发器的容量相匹配，使蒸发器最大限度地加以利用。若容量选择过大，则阀经常处在小开度下工作，阀开闭频繁，影响室内温度稳定，并降低阀门寿命；若容量选择过小，则流量太小，不能满足室内所需制冷量的要求。一般情况下，膨胀阀容量应比蒸发器能力大 20%~30%；否则，制冷系统就不能产生足够的制冷量。另外，还应根据蒸发器的压力损失来选用膨胀阀。当蒸发器压力损失较小时，宜选用内平衡式热力膨胀阀；蒸发器压力损失较大时，宜选用外平衡式热力膨胀阀。

3.1.4　电子膨胀阀

电子膨胀阀广泛应用在智能控制的变频空调、模糊控制空调和多路系统空调等系统中，其优点是：流量调节范围大、控制精度高，适用于智能控制，能适用于高效率的制冷剂流量的快速变化。

电子膨胀阀的开度可以和压缩机的转速相适应，使蒸发器的能力得到最大限度的发挥，实现空调制冷系统的最佳控制。使用电子膨胀阀可以提高变频压缩机的能量效率，实现温度的快速调节，提高系统的季节能效比。对大功率变频空调，必须采用电子膨胀阀为节流元件。

电子膨胀阀由检测、控制、执行三部分组成。按驱动方式的不同，电子膨胀阀可分为电磁式和电动式，电动式又分为直动型和减速型。目前使用最多的是四级步进电动机驱动的电子膨胀阀。图 3-8 所示为应用于家用变频空调器上的电子膨胀阀。

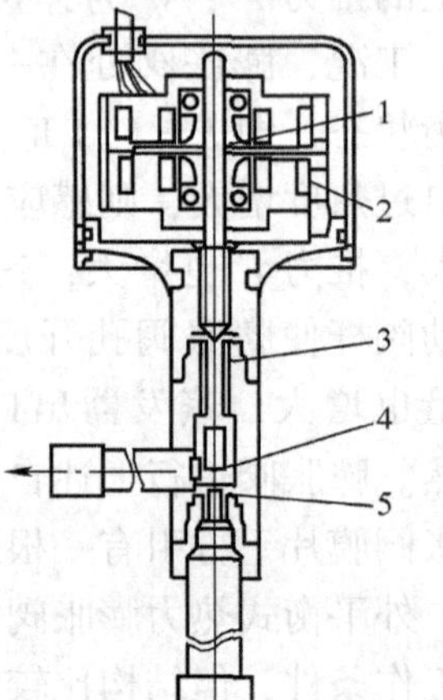

图 3-8　电子膨胀阀

1—转子　2—定子绕组件　3—弹簧箱

4—阀芯　5—喷嘴

3.1.5　其他形式的节流机构

1. 手动节流阀

手动节流阀又称为调节阀或膨胀阀，是最老式的节流阀，多用于氨制冷装置，用手动方式调整阀孔的流通面积来改变向蒸发器的供液量。手动节流阀的结构如图3-9所示，由阀体、阀芯、阀杆、填料压盖、上盖和手轮等零件组成。阀芯为针型或具有V形缺口的锥体，阀杆采用细牙螺纹，便于微量启、闭阀芯。旋转手轮时，阀门的开启度缓慢地增大或减小，保证了良好的调节性能。

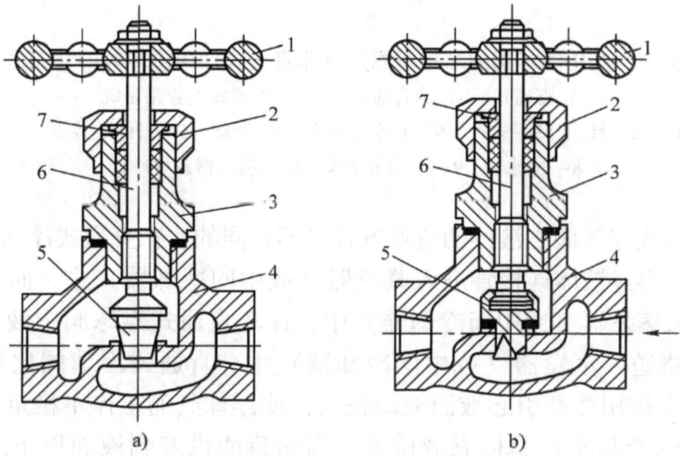

图3-9　手动节流阀

a）针形锥体阀芯　b）V形缺口锥体阀芯

1—手轮　2—上盖　3—填料函　4—阀体　5—阀芯　6—阀杆　7—填料压盖

手动节流阀开启的大小需要操作人员频繁地调节，以适应负荷的变化。通常开启度为1/8～1/4圈，一般不超过一圈，开启度过大就起不到节流降压的作用。

手动节流阀现已大部分被自动节流机构取代，只有氨制冷系统或试验装置中还在使用。在氟利昂制冷系统中，手动节流阀作为备用阀安装在旁通管路上，以便自动节流机构故障时使用。

2. 浮球调节阀

浮球调节阀简称浮球阀，是根据液位变化进行流量控制的调节阀，起着节流降压和控制液位的作用。它是一种自动调节的节流阀，常用于具有自由液面的蒸发器（如壳管式、立管式及螺旋管式等）、气液分离器和中间冷却器供液量的自动调节。目前浮球阀主要用于氨制冷装置中。

浮球阀按所处的位置分为低压浮球阀和高压浮球阀两种。高压浮球阀根据冷凝器或高压储液器中的液位变化调节向蒸发器的供液量。高压浮球阀只适用于一个蒸发器的制冷机组，故现在已很少使用。

低压浮球阀按制冷剂液体在其中的流通方式可分为直通式及非直通式两种。图3-10所示为低压浮球阀的结构示意图及非直通式低压浮球阀的管路系统。浮球阀用液体连接管及气体连接管分别与蒸发器（或中间冷却器）的液体部分及气体部分连通，因而两者中具有相同的液位。当蒸发器（或中间冷却器）内的液面下降时，阀体内的液面也随之下降，浮球落下，针阀便将阀孔开大，于是供液量增大。反之，当液面上升时，浮球上升，阀孔开度减小，供液量减小。而当液面升高到一定的限度时，阀孔被关死，即停止供液。

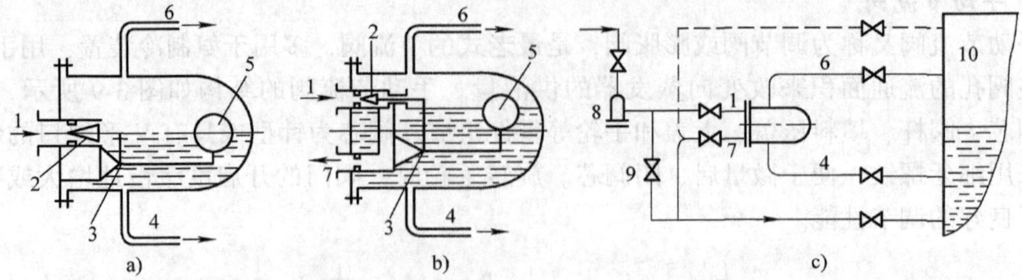

图 3-10　低压浮球阀的结构示意图及非直通式低压浮球阀的管路系统

a）直通式　b）非直通式　c）非直通式的管路系统

1—液体进口　2—针阀　3—支点　4—液体连接管　5—浮球　6—气体连接管　7—液体出口　8—过滤器　9—手动节流阀　10—蒸发器或中冷器

直通式及非直通式浮球阀中液体的流通方式是不相同的。在直通式浮球阀中液体经阀孔节流后先流入壳体内，再经液体连接管进入蒸发器（或中间冷却器）中，而节流时产生的蒸气则经气体连接管进入蒸发器（或中间冷却器）中。在非直通式浮球阀中液体不进入阀体，而是用一条单独的管路送入蒸发器（或中间冷却器）中。直通式浮球阀比较简单，但阀体内因液体进入时的冲击作用往往引起液面波动较大，使浮球阀的工作不稳定，而且液体从阀体流入蒸发器（或中间冷却器）是依靠液位差，因而只能供液到液面以下。非直通式浮球阀工作较稳定，因节流后的压力高于蒸发器（或中间冷却器）压力，可以供液到任何地点。

图 3-10c 表示了非直通式浮球调节阀的管路连接系统，制冷剂液体可以由最下面的实线表示的管子供入蒸发器，也可以由上面虚线表示的管子供入蒸发器。

在浮球调节阀前都设有过滤器，以防止污物堵塞阀口，保证阀的灵敏性和可靠性。过滤器应定期进行检查和清洗。在浮球调节阀的管路系统中，一般都装有手动节流阀的旁路系统，浮球调节阀发生故障或清洗过滤器时，可以用手动节流阀来调节供液。浮球调节阀前还装有截止阀，停机后应立即关闭，防止大量制冷剂液体进入蒸发器。

3. 节流孔板

在具有自由液面的蒸发器中除了采用浮球调节阀作为节流机构外，采用孔板节流机构也日趋增多。节流孔板装置的工作原理如图 3-11 所示。

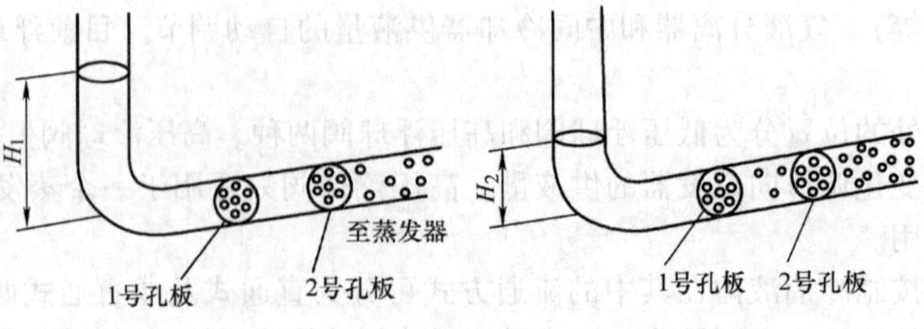

图 3-11　节流孔板装置的工作原理

在冷凝器至蒸发器液管上装有两个节流孔板，当蒸发器负荷由小变大时，由于原来负荷小，则冷凝器至孔板的液柱高度较大（见图 3-11a），通过 1 号孔板的压力降比冷凝侧液管

中液柱高度 H_1 所施加的压力小，液体通过时不闪发。此时，经2号孔板节流进入蒸发器的制冷剂液体流量最大，以适应蒸发器负荷工作时流量的需要。

当蒸发器负荷下降时，蒸发器内的蒸发量减小，机组中制冷剂循环量也减少，由于原来负荷大，则冷凝器至孔板液管中的液柱由 H_1 降至 H_2（见图3-11b）。此时，通过1号孔板的压力大于液柱高度 H_2 所施加的压力，故通过1号孔板后的制冷剂液体节流产生闪发蒸气，由于通过2号孔板的容积流量不变，而一部分容积流量由闪发蒸气所占据，所以减小了供入蒸发器的液体流量，这样就起到了调节流量和维持高、低压两侧的压力差作用。

3.2 制冷系统辅助设备

制冷系统中除压缩机、冷凝器、蒸发器、节流机构等主要设备外，还包括一些辅助设备，如润滑油的分离与收集设备、制冷剂的储存及分离设备、制冷剂的净化设备、安全设备等。这些辅助设备的作用是保证制冷装置的正常运行，提高运行的经济性，保证操作的安全可靠性。辅助设备不是完成制冷循环所必需的设备，在小型制冷装置中，为了简化设备往往将某些辅助设备省去。

3.2.1 润滑油的分离和收集设备

应用活塞式压缩机、喷油螺杆式压缩机或其他用油润滑的回转式压缩机的制冷系统中，一般都要设置油分离器。对于氨制冷装置，还要设置集油器。

制冷系统在运行过程中，润滑油往往会随压缩机排气进入冷凝器甚至蒸发器内。对于氨制冷系统，润滑油进入冷凝器、蒸发器等热交换设备后，会在传热表面上形成油污，降低热交换设备的传热系数，并使制冷剂的蒸发温度稍有提高。对于氟利昂制冷系统，由于润滑油在氟利昂中的溶解度大，虽然一般不会在传热表面形成油污，但会使蒸发温度升高。因此，在以氨或氟利昂为制冷剂的制冷系统中，一般都要用油分离器将压缩机排气中的润滑油分离出来。氟利昂制冷系统利用自动回油装置，将其送回压缩机曲轴箱。氨制冷系统则定期通过集油器将油排出。

1. 油分离器

油分离器是装在冷凝器与压缩机排气端之间的一种气液分离设备。它的作用是将制冷剂过热蒸气中夹带的润滑油蒸气和微小油粒分离出来。油分离器的基本工作原理是：利用油滴与制冷剂蒸气的密度不同，通过降低混有润滑油的制冷剂蒸气的温度和流速分离出润滑油。常用的油分离器有洗涤式、离心式、填料式及过滤式等几种结构形式。洗涤式油分离器只适用于氨制冷系统；离心式油分离器多应用于大型压缩机或螺杆压缩机制冷系统中，氟利昂制冷系统多采用过滤式或填料式油分离器。在国外还使用旋风式油分离器。

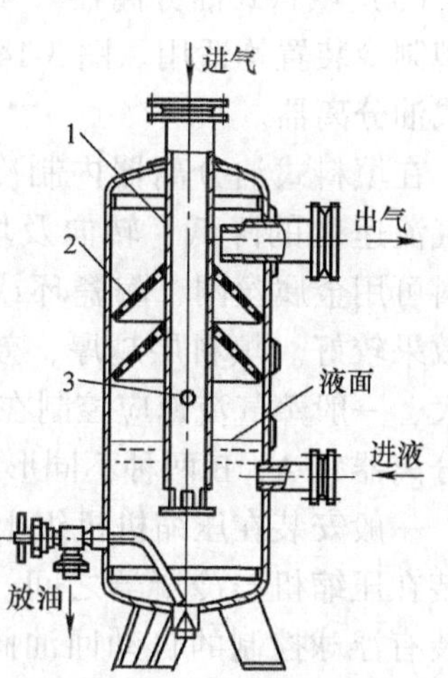

图3-12　洗涤式油分离器

1—进气管　2—伞形分离罩　3—平衡孔

（1）洗涤式油分离器　洗涤式油分离器是氨制冷系统中常用的油分离器，如图3-12所示。其壳体是用钢板卷焊成的筒体，筒体上、下两端焊有钢板制成的封头。进气管由上封头中心处伸入到油分离器内稳定的工作液面以下，出口端四周开有4个放射状的矩形出气口，底部用钢板焊死，防止高压蒸气直接冲击筒底而将沉积的润滑油冲起。筒内进气管的中上部外，焊有多孔的伞形分离罩，进气管上有一个平衡孔位于伞形分离罩之下、工作液面之上。平衡孔的作用是平衡压缩机的排气管路、油分离器和冷凝器间的压力，当压缩机停机时，不致因冷凝压力高于排气压力而将油分离器中的氨液压入压缩机的排气管道中。筒体上部焊有出气管伸入筒体内，并向上开口。筒体下部有进液管和放油管接口。

洗涤式油分离器工作时，筒内氨液应保持一定的高度，使压缩机排出的过热蒸气进入油分离器后，经进气管出气口流出时，能与氨液充分接触而被冷却。同时，受到液体阻力和油分离器内流通断面突然扩大的作用，使制冷剂蒸气流速迅速下降。制冷剂蒸气中夹带的大部分润滑油会凝结成较大的油滴而被分离出来。筒体内部分氨液吸热后汽化并随同被冷却的制冷剂排气，经伞形分离罩受阻折流后，由排气管送往冷凝器。润滑油的密度比氨液大，可逐渐沉积在油分离器的底部，定期通过集油器排向油处理系统。

在洗涤式油分离器中，氨液的洗涤、冷却作用是主要的，所以必须保持分离器内氨液的正常液面。一般氨液液面应比进气管底部高出125～150mm，并需保持稳定。氨液由冷凝器或储液器供给，为此安装时，油分离器上液面必须比冷凝器或储液器的氨供液管低150～250mm，以保证向油分离器连续供液。氨气在油分离器内流速不大于0.8m/s，分油效率大约为80%～85%。

（2）离心式油分离器　离心式油分离器的结构如图3-13所示。在筒体上部设有螺旋状导向叶片，进气从筒体上部沿切线方向进入后，顺导向叶片自上而下作螺旋状流动。在离心力的作用下，进气中的油滴被分离出来，沿筒体内壁流下，制冷剂蒸气由筒体中央的中心管经三层筛板过滤后从筒体顶部排出。筒体中部设有倾斜挡板，将高速旋转的气流与储油室隔开，同时也能使分离出来的油沿挡油板流到下部储油室。储油室积存的油可通过筒体下部的浮球阀装置自动返回压缩机，也可采用手动方式回油。在有的离心式油分离器外，还加有冷却水套以提高分油效果，并减少操作人员被烫伤的危险。

（3）填料式油分离器　填料式油分离器对于大型及小型制冷装置均适用。图3-14所示为氨用及氟利昂用填料式油分离器。

在填料式油分离器内制冷剂气体中夹带的油滴，依靠气流速度的降低、转向及填料层的过滤而分离出来。填料可用金属丝网、陶瓷环或金属屑等，其中金属丝网的效果较好。填料层越厚，效果越佳，但是阻力也随之增大，一般蒸气流速应控制在0.5m/s以下。氨用填料式油分离器有A、B两种不同形式，A型壳体外焊有冷却水套，一般安装在压缩机机组上，B型外壳没有冷却水套，安装在压缩机与冷凝器之间。氟利昂用填料式油分离器还装有浮球控制的自动回油阀，以便在工作时直接回油至制冷压缩机的曲轴箱内。填料式油分离器的分离效果较高，当用金属丝网作为填料时，可达96%～98%，但

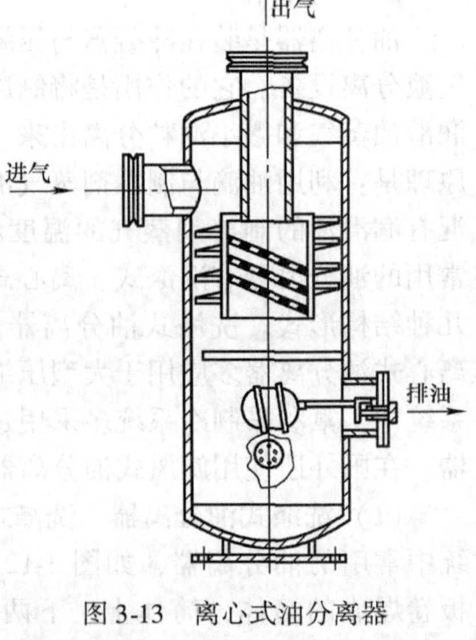

图3-13　离心式油分离器

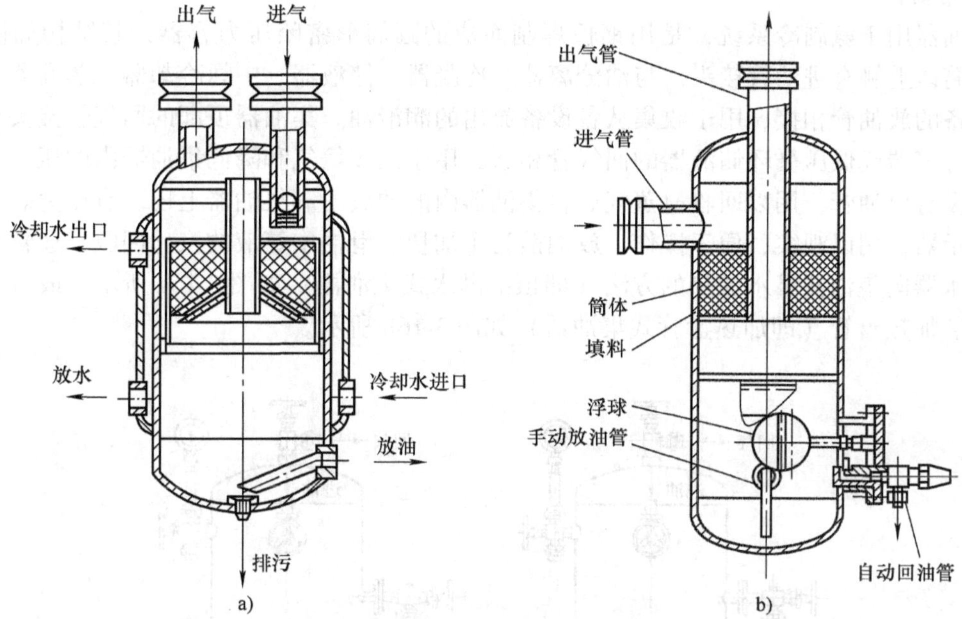

图 3-14　氨用及氟利昂用填料式油分离器
a）氨用填料式油分离器　b）氟利昂用填料式油分离器

是阻力也比较大。

（4）过滤式油分离器　过滤式油分离器常用于小型氟利昂制冷装置，其结构如图 3-15 所示。过滤式油分离器的分油作用，依靠降低气流速度、改变流向和过滤丝网作用来实现。油分离器内装有浮球阀，当分离器内润滑油积累到一定位置时，浮球阀开启即可自动回油。这种油分离器结构简单、制造方便，但其分离效果不如填料式油分离器。

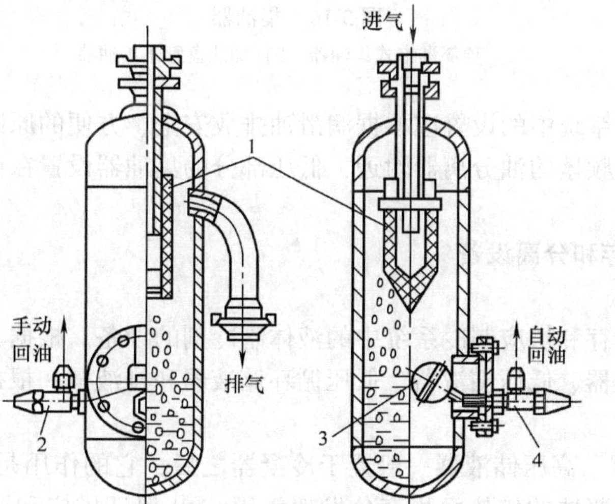

图 3-15　过滤式油分离器
1—铜丝滤网　2—手动回油阀　3—浮球　4—自动回油阀

2. 集油器

集油器用于氨制冷系统，是用钢板焊制而成的圆筒形密闭压力容器，其结构如图 3-16 所示。筒体上侧有进油管接头，与油分离器、冷凝器、储液器、中间冷却器、蒸发器和排液桶等设备的放油管相接，用于收集从各设备放出的润滑油。集油器顶部的回气管接头与系统中氨液分离器或低压循环储液器的回气管相通，用于回收氨气和降低集油器内的压力。集油器下侧设有放油管，用以回收氨蒸气后将集油器内的油放出。集油器上还装有压力表和玻璃液面指示器，用以观察，便于操作。放油前为了加快润滑油中氨液的汽化回收，通常采取用顶部淋水器向集油器淋水加热的方法（即顶部淋水式集油器）如图 3-16a 所示；或者在集油器内安装加热盘管（即加热盘管式集油器）如图 3-16b 所示。

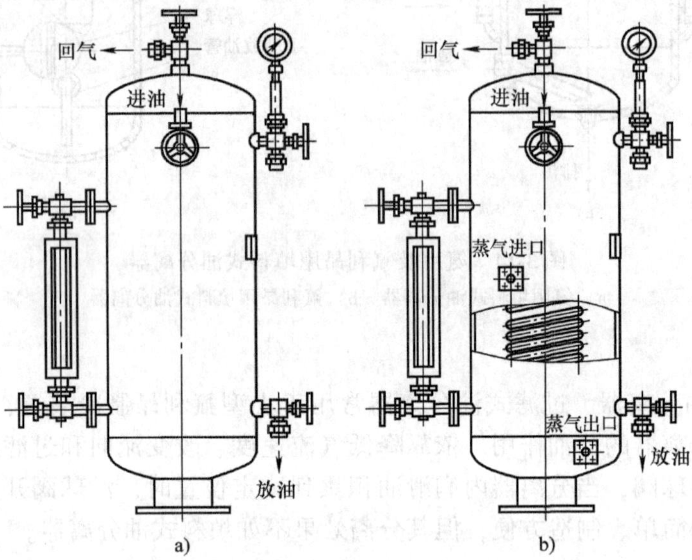

图 3-16　集油器

a）顶部淋水式集油器　b）加热盘管式集油器

集油器在氨制冷系统中的设置应根据润滑油排放安全、方便的原则进行。高压部分的集油器一般设置于放油频繁的油分离器附近，低压部分的集油器设置在设备间低压循环储液器或排液桶附近。

3.2.2　制冷剂的储存和分离设备

1. 储液器

储液器是用来储存和供应制冷系统中的液体制冷剂的设备。根据其作用和工作压力的不同，可分为高压储液器、低压储液器、低压循环储液器和排液桶；根据其外形可分为立式和卧式储液器。

（1）高压储液器　高压储液器一般置于冷凝器之后，它的作用是：① 储存冷凝器流出的制冷剂液体，使冷凝器的传热面积充分发挥作用；② 保证供应和调节制冷系统中有关设备需要的制冷剂液体循环量；③ 起到液封作用，即防止高压制冷剂蒸气窜至低压系统管路中去。

高压储液器的结构很简单，一般为卧式结构。氨用高压储液器的基本结构如图3-17a所示。筒体由钢板卷制焊成，两端焊有封头。在筒体上部开有进液管、平衡管、压力表、安全阀、出液管和放空气管等接头，其中出液管伸入筒体内接近底部，下部有排污管接头和油包，油包上装有放油管接头。有些厂家生产的高压储液器不设油包，放油管自筒体上部伸入筒内接近底部。

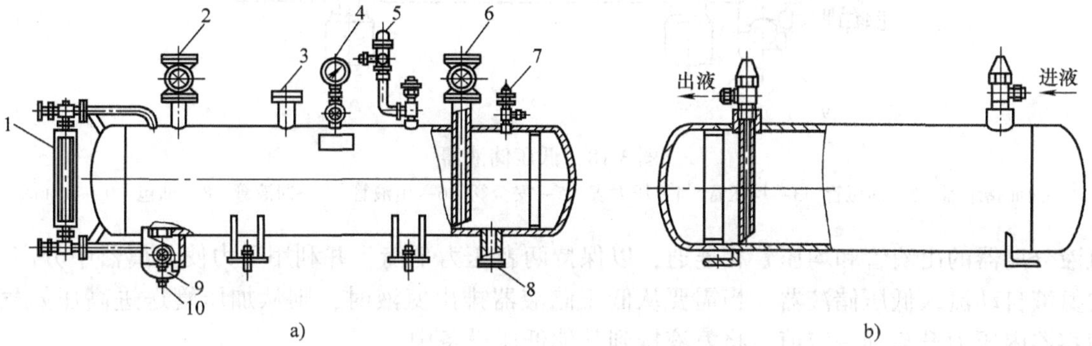

图3-17　高压储液器

a）氨用高压储液器　b）小型氟利昂用高压储液器

1—液位指示器　2—进液阀　3—气相平衡管　4—压力表　5—安全阀　6—出液阀
7—放空气管接头　8—排污管　9—油包　10—放油管

高压储液器上的进液管、平衡管分别与冷凝器的出液管、平衡管相连接。平衡管可使两个容器中的压力平衡，利用两者的液位差可使冷凝器中的液体流进高压储液器内。高压储液器的出液管与系统中各有关设备及总调节站连通；放空气管和放油管分别与空气分离器和集油器有关管路连接；排污管一般可与紧急泄氨器相连，当发生重大事故时，作紧急处理泄氨液用。在多台高压储液器并联使用时，要保持各高压储液器液面平衡，为此各高压储液器间需用气相平衡管与液相平衡管连通。为了设备安全和便于观察，高压储液器上设有安全阀、压力表和液面指示器。安全阀的开启压力一般为1.85MPa。高压储液器储存的制冷剂液体最大允许容量为高压储液器本身容积的80%，最少不低于30%，是按整个制冷系统每小时制冷循环量的1/3～1/2来选取的。存液量过高，则易发生危险和难以保证冷凝器中液体的流量；存液量过少，则不能满足制冷系统正常供液需要，甚至破坏液封发生高、低压窜通事故。

大、中型氟利昂制冷系统中的高压储液器结构与氨用高压储液器基本相同，而小型氟利昂制冷系统中的高压储液器结构相对比较简单，如图3-17b所示，它只有进、出液管接头。

对于只有一个蒸发器的小型制冷装置，特别是氟利昂制冷装置，因气密性较好，高压储液器容量可选择得较小，或者不采用高压储液器，仅在冷凝器下部储存少量液体。

（2）低压储液器　低压储液器是用来收集压缩机总回气管路上氨液分离器所分离出来的低压氨液的容器。在不同蒸发温度的制冷系统中，应按各蒸发压力分别设置低压储液器。低压储液器如图3-18所示。低压储液器与高压储液器的结构相似，仅是各管路接头有所差别。

低压储液器一般安装在压缩机总回气管路上的氨液分离器下部，进液管和均压管分别与

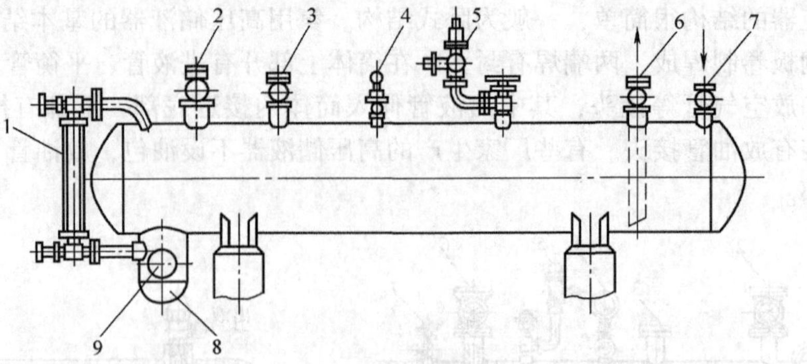

图 3-18　低压储液器

1—液面指示器　2—加压管　3—均压管　4—压力表　5—安全阀　6—出液管　7—回液管　8—油包　9—放油阀

氨液分离器的出液管和均压管相连通，以保持两者压力平衡，并利用重力使分离器中分离出的氨液自动流入低压储液器。当需要从低压储液器排出氨液时，则从加压管送进高压氨气，使容器内压力升高到一定值，将氨液排到其他低压设备中。

在大、中型冷藏库的制冷系统中常采用低压储液器，各蒸发系统中一般用 0.4m^3 的低压储液器，容器允许容纳氨液为其本身容积的 80%。因为低压储液器处在低温条件下，所以低压储液器外应包隔热材料。

（3）低压循环储液器　低压循环储液器是液泵供液系统的关键设备，其作用是充分保证供应液泵所需的低压制冷剂液体，同时又能对回气进行气液分离，保证压缩机的干行程。低压循环储液器有氨用、氟利昂用，立式、卧式之分。图 3-19 所示为立式氨用低压循环储液器的结构示意图。储液器的进气管与机房回气总管相连接，而出气管接在氨压缩机的吸气总管上。下部设有出液管与氨泵进液口连接。氨液通过浮球阀进入，并自动保持合理的液面高度。当浮球阀失灵时，可手动调节节流阀供液。

在正常运行中，卧式低压循环储液器内液面不应超过其高度的 1/3；立式低压循环储液器内液面不得超过其高度的 1/4 。低压循环储液器最大储存氨液量应不小于氨泵每小时循环量的 30%。

（4）排液桶　排液桶的作用是储存热氨融霜时由被融霜的蒸发器（如冷风机或冷却排管）内排出的氨液，并分离氨液中的润滑油，一般布置于设备间靠近冷库的一侧。排液桶的结构如图 3-20 所示，它与高压储液器、低压储液器的构造基本相同，仅筒体上的管路接头的用途不同。

排液桶除了储存融霜排液外，更重要的是对融霜后的排液进行气、液分离和沉淀润滑油，其工作过程是通

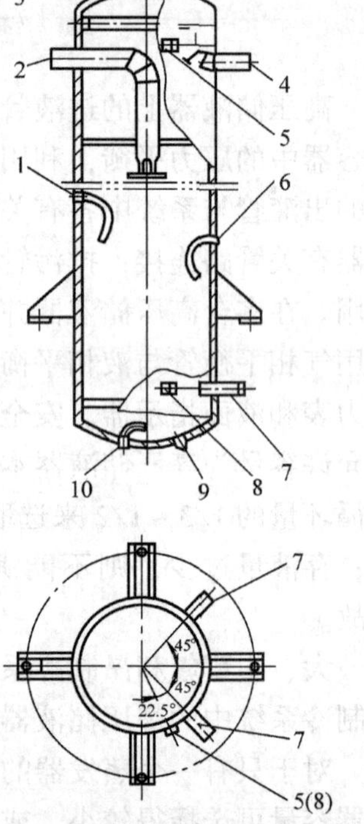

图 3-19　立式氨用低压循环储液器的结构示意图

1—融霜排液管　2—回气管　3—安全阀　4—压缩机吸气管　5、8—气-液均压管　6—供液管　7—氨泵供液管　9—排污管　10—放油管

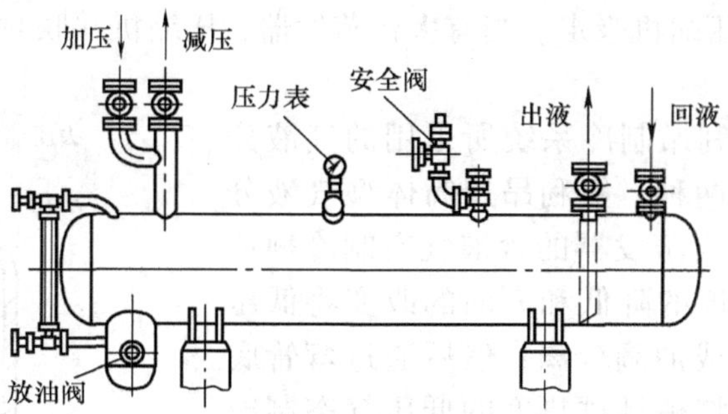

图3-20　排液桶

过相应的管道连接来完成的。在氨制冷系统中，排液桶上的进液管与液体分调节站排液管相连接；出液管与通往氨液分离器的液体管或库房供液调节站相连接；减压管与氨液分离器或低压循环储液器的回气管相连接，以降低排液桶内的压力，使热氨融霜后的氨液能顺利地进入桶内；加压管一般与热氨分配站或油分离器的出气管相连接，当要排出桶内氨液时，关闭进液管和减压管阀门，开启加压管阀门，对容器加压，将氨液送往各冷间蒸发器。在氨液排出前，应先将沉积在排液桶内的润滑油排至集油器。

2. 气液分离器

为了防止制冷剂液体进入压缩机而发生湿冲程，需要在蒸发器与压缩机之间的吸气管上安装气液分离器，将回气中携带的液滴分离出来，确保进入压缩机的全部为气体。对于氨用气液分离器，除上述作用外，还可使经节流装置供给的气液混合物分离，保证供给蒸发器或冷却排管的全部是液体，提高传热效果。

不同系统中的气液分离器的结构有不同的形式，但它们使气体和液体分离的原理都基本相同，都是通过改变制冷剂的流向以及减小制冷剂的流速，使其中密度较大的液滴从气液混合物中分离出来沉积在气液分离器的底部，而气体则经出气管被压缩机吸走。此外，通常有一部分润滑油会随着液体被带入并沉积于气液分离器底部，为了保证这部分润滑油可以顺利回流，必须设置一个回油管。

在中型和大型氨制冷系统中，一般都要设置气液分离器，其形式有立式和卧式两种。图3-21所示为一种常用的立式氨液分离器，多用于压力式或重力式供液系统中。来自蒸发器的氨气由筒体中部的进气管进入气液分离器，由于流体通道截面面积的突然扩大，蒸气流速降低，同时由于流向的改变，蒸气中夹带的液滴被分离出来，落入下部的氨液中，而干饱和蒸气（包括节流产生的蒸气）则从上部的出气管被压缩机吸回。节流后的湿蒸气从筒体侧面下部进入分离器，液体落入下部，经底部出液管靠自身重力返回蒸发器或进入低压储液器，而湿蒸气中的气体则与来

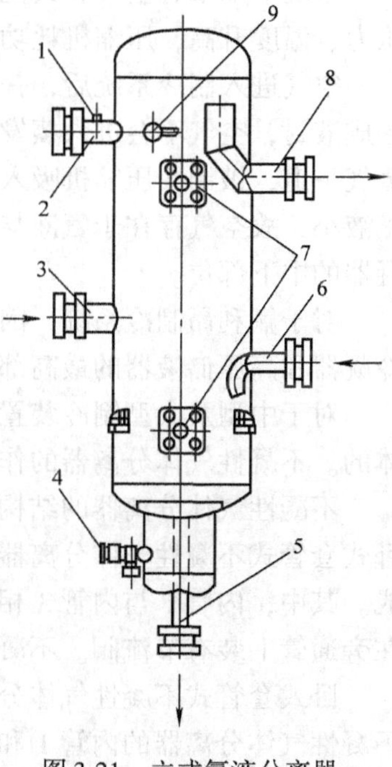

图3-21　立式氨液分离器

1—压力表接管　2—均压管接头　3—进气管　4—放油阀　5—出液管　6—进液管　7—接液位指示器　8—出气管　9—安全阀口

自蒸发器的蒸气一起被压缩机吸走。当有多台蒸发器、压缩机并联时，气液分离器还起到分液汇气的作用。

空气调节用小型氟利昂制冷系统所采用的气液分离器有筒体型和管道型两种。氟利昂用筒体型气液分离器如图 3-22 所示。来自蒸发器的含液气态制冷剂从上部进入，依靠气流速度的降低和方向的改变将低压气态制冷剂携带的液体或油滴分离；然后通过弯管底部具有油孔的吸气管，将稍具过热度的低压气态制冷剂及润滑油吸入压缩机；吸气管上部的小孔为平衡孔，防止在压缩机停机时分离器内的润滑油从油孔被压回压缩机。对于热泵型空调机，为了保证在融霜过程中压缩机的可靠运行，气液分离器是不可缺少的部件。

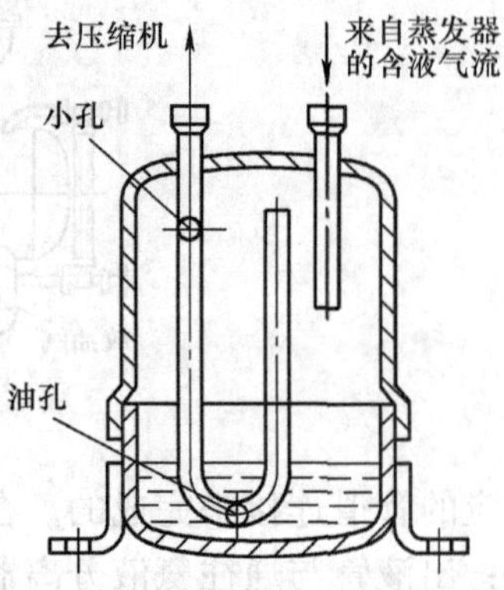

图 3-22　氟利昂用筒体型气液分离器

3.2.3　制冷剂的净化设备

1. 不凝性气体分离器

不凝性气体分离器是排除制冷系统中空气及其他不凝性气体的一种专门设备。

制冷系统中不凝性气体的主要来源有：在第一次充灌制冷剂前系统中残留的空气；补充润滑油、制冷剂或检修机器设备时，空气混入系统中；当蒸发压力低于大气压力时，空气从不严密处渗入系统中；制冷剂和润滑油分解时产生的不凝性气体。

系统中如果有空气和其他不凝性气体存在，会使冷凝器的传热效果变差，压缩机的排气压力、温度升高，压缩机耗功增加。因此必须将它们及时分离出去。

空气进入制冷系统后，一般都留存在冷凝器和储液器中，因为在该设备内有氨液存在而形成液封，空气不会进入蒸发器。假如低压系统因不严密而进入空气，则空气也会与制冷剂蒸气一道，被制冷压缩机吸入送至冷凝器中。由于空气不凝结，它的密度比氨气大，而又比氨液小，故空气存在于氨液与氨气的交界处。因此，立式氨冷凝器不凝性气体出口应设在冷凝器的中下部位。

对于氟利昂制冷系统，因为空气比氟利昂蒸气轻，因而空气积聚在上部，所以应选择在冷凝器和高压储液器的最高部位放空气。

对于中型及大型制冷装置，通常都是利用不凝性气体分离器来排放空气及其他不凝性气体的。不凝性气体分离器的作用是将排出气体中的制冷剂蒸气冷凝下来并予以回收。

不凝性气体分离器的结构分为卧式和立式两种。图 3-23 所示为广泛用于氨制冷装置的卧式套管式不凝性气体分离器的结构。它由 4 根不同直径的无缝钢管做成的同心套管焊接而成。其中，内管 1 与内管 3 相通，内管 2 与外管 4 相通，外管 4 通过旁通管与内管 3 相通。在旁通管上装有节流阀。不凝性气体分离器的 4 根套管皆有管接头与各自有关的设备相通。

卧式套管式不凝性气体分离器工作时，从高压储液器来的氨液经供液节流阀节流后进入不凝性气体分离器的内管 1 和内管 3 腔中，低温氨液吸收管外混合气体的热量而汽化，经内管 3 上的出气管进入系统氨液分离器或低压循环储液器的进气管。自冷凝器和高压储液器来的混合气体，通过进气管进入不凝性气体分离器的外管 4 和内管 2 腔中，受内管 1、3 腔中的低温氨液的冷却，混合气体中的氨液凝结成液体而与不凝性气体分离。凝结的氨液积聚在外管 4 底部，当氨液积聚到一定量时，关闭内管 1 上的供液节流阀，开启旁通管上的节流

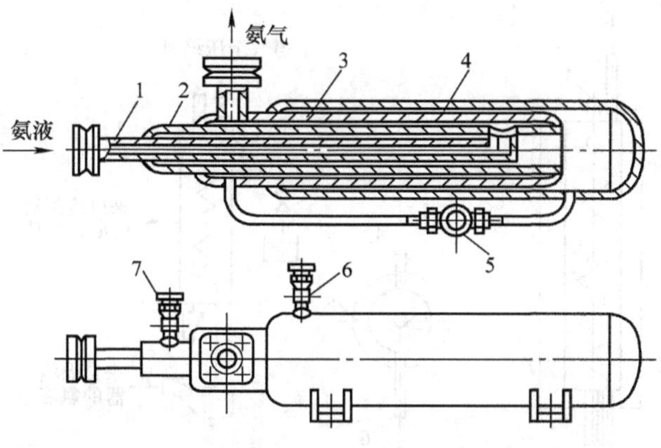

图 3-23 卧式套管式不凝性气体分离器的结构

1—内管 1 2—内管 2 3—内管 3 4—外管 4 5—节流阀 6—混合气体进气管 7—放空气管

阀，由旁通管供入内管 1 作继续蒸发吸热用。而空气和其他不凝性气体经内管 2 上的放空气管阀门缓缓排至盛水的容器中。可以从水中气泡的大小、多少、颜色和声音判断空气是否放尽及空气中的含氨量多少，以便控制。安装卧式套管式不凝性气体分离器时，将不凝性气体分离器稍向后端倾斜，使凝结的氨液能积聚在外管 4 的后半部，便于从旁通管流出。卧式套管式不凝性气体分离器的分离效果较好，操作方便，应用较广。

图 3-24 所示为氟利昂系统中常用的螺旋冷却管式不凝性分离器。它直接装在卧式冷凝器或储液器上。制冷剂液体由进液口进入，在螺旋盘管内蒸发吸收热量后，由回气口排出引入压缩机的吸气管中。混合气由混合气体入口进入，在盘管表面受到冷却，其中制冷剂蒸气凝结成液体，并由排液口返回到冷凝器或储液器中，空气等不凝结性气体则由排空气口排出。

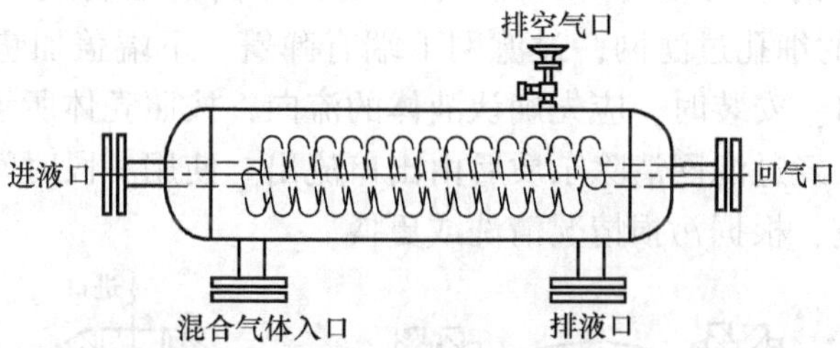

图 3-24 螺旋冷却管式不凝性分离器

图 3-25 所示为立式盘管式不凝性气体分离器。它由钢管壳体和一组蛇形盘管组成，将冷凝器出来的制冷剂液体节流后送入盘管内蒸发，将盘管外来自冷凝器上部的高压过热蒸气冷却和冷凝。凝结下来的高压液体通过壳体底部的排液管回到储液器，或者通过膨胀阀送入盘管重新利用。在壳体顶部还设有测温装置，用以监测高压混合液体温度，并通过自控装置控制放空气电磁阀，实现连续工作的自动化操作。

对于不设专用放空气装置的氟利昂制冷系统，由于空气比氟利昂气体轻，空气积存于冷凝器的上部，停机时打开冷凝器顶部的放空气阀或压缩机排气截止阀多用孔的堵头，放出空气。氟利昂制冷系统放空气最好停机进行，如在每天刚上班尚未起动系统时进行；而氨制冷系统放空气则应在开机时进行。

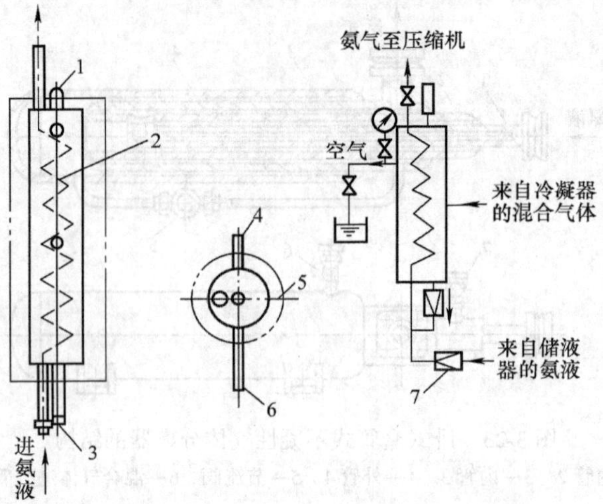

图 3-25 立式盘管式不凝性气体分离器

1—温度计插座 2—氨液蒸发蛇形管 3—排液管 4—放空气管 5—软木保温层 6—混合气体进气管 7—节流阀

2. 过滤器和干燥过滤器

过滤器用于清除制冷剂中的机械杂质，如金属屑、焊渣、氧化皮等，按用途的不同可分为液体过滤器和气体过滤器两种。干燥过滤器用于氟利昂制冷系统中，既能清除机械杂质，又能吸附制冷剂中的水分。

(1) 氨液过滤器 氨液过滤器一般装在调节阀、电磁阀、氨泵前的液体管路上，用来过滤氨液中的固体杂质，以防止污物堵塞或损坏阀件，并保护氨泵，以免发生运转故障。氨液过滤器分为直通式和直角式两种。

直通式氨液过滤器的结构如图 3-26a 所示，其壳体由铸铁制成，壳体内部支座上装有 1 ~ 3层网孔为 0.4mm 的细孔过滤网，过滤网下端有弹簧，下端盖加垫片后用螺栓拧紧。壳体上部有氨液进、出口。安装时，应先确认液体的流向，按照壳体所示的箭头来连接。工作时，氨液从进口流入，经过滤网清除杂质后由出口流出。使用一段时间后，应将过滤器下端盖拆开，取出滤网检查，根据污损情况清洗或更换。

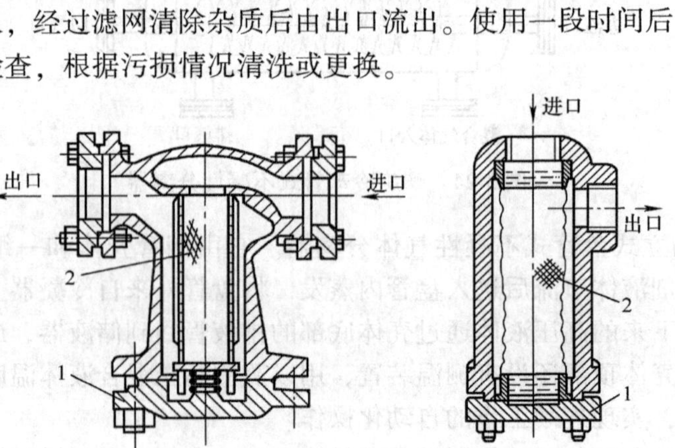

图 3-26 氨液过滤器

a) 直通式 b) 直角式

1—压盖 2—过滤网

直角式氨液过滤器的结构如图 3-26b 所示，其结构、工作原理与直通式基本相同，不同的只是进、出口方向。直角式氨液过滤器与管道通常采用螺纹联接。

（2）氨气过滤器　氨气过滤器装在压缩机的吸气管路上，用来过滤和清除氨气中的机械杂质和其他污物，以防止它们进入压缩机。氨气过滤器的结构如图 3-27 所示，与氨液过滤器类似，外壳用无缝钢管制作，内部有过滤网，下部有可拆卸的端盖，壳体上有进、出口。安装时，应按气流方向与系统吸气管连接，不可装反。

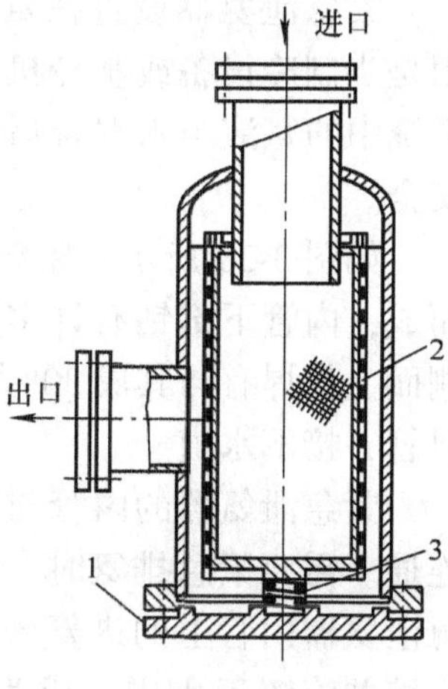

图 3-27　氨气过滤器

1—压盖　2—过滤网　3—弹簧

（3）干燥过滤器　干燥过滤器设置在氟利昂制冷系统液体管路的节流阀或热力膨胀阀前，既能清除制冷剂中的机械杂质，又能吸附制冷剂中的水分，防止节流阀或热力膨胀阀脏堵或冰堵，保证系统正常运行。

干燥过滤器的形式多种多样，有的制冷系统仅安装带有滤网的过滤器，但在电冰箱等小型制冷设备中，通常使用全密封的干燥过滤器，其基本结构如图 3-28 所示。它用一个直径较粗的纯铜管作为外壳，管内两端装有铜丝制成的过滤网，两网之间装入吸水材料——分子筛或硅胶，外壳两端头径滚压收口形成小管径，分别与冷凝器和毛细管连接。这种干燥过滤器结构简单、使用方便、价格便宜，但失效后不易修复，只能更换。

制冷量较大的冷冻设备中常把干燥过滤器制成可拆结构，如图 3-29 所示。从端盖的法兰盘处拆下端盖，可取出过滤网清洗，或更换吸水材料，恢复后能够继续使用。

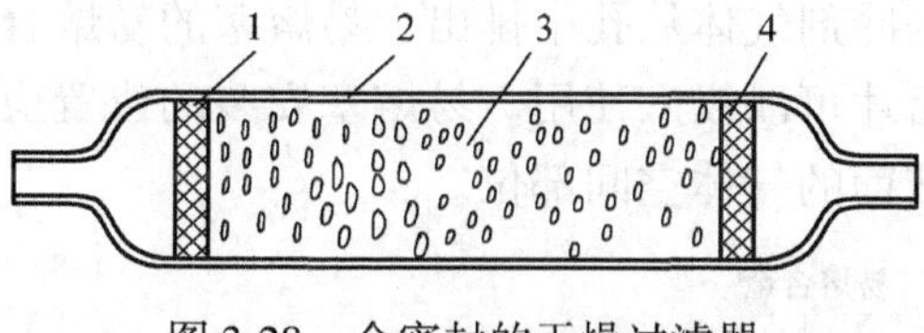

图 3-28　全密封的干燥过滤器

1、4—过滤网　2—外壳　3—分子筛或硅胶

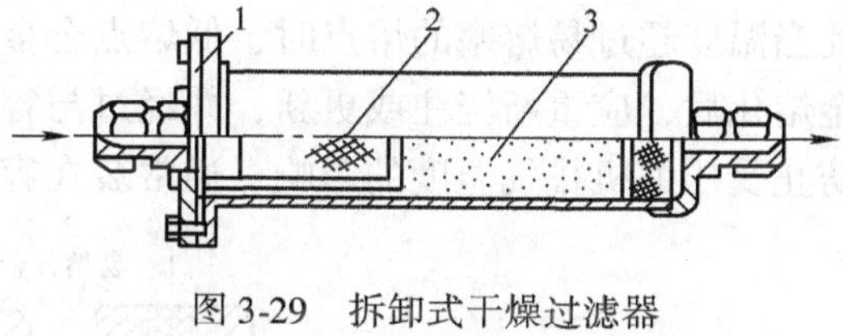

图 3-29　拆卸式干燥过滤器

1—端盖　2—过滤网　3—干燥剂

用于制冷系统中的吸水材料，目前使用较多的是分子筛和硅胶，它们都属于吸附性干燥剂，以物理吸附的方式吸收水分后不生成有害物，并可加热再生后重复使用。

硅胶成分为二氧化硅，呈透明或半透明状态，直径为 $\phi3 \sim \phi7$mm 大小不等的颗粒。常使用的是一种干燥时为蓝色的变色硅胶，它吸水后变为粉红色，吸水率约为 30%，吸水后的硅胶加热至 140～160℃后可将水分蒸发掉重复使用。

分子筛是一种人工合成的泡沸石——多水硅酸盐的晶体，加工成小丸或小圆棍形状，有极细微的均匀小孔，是目前使用较普遍的干燥剂。分子筛干燥时为乳白色，吸水后色泽变暗，吸水率约为 25%，在 300～350℃的温度下保持 3～5h，便可脱水后反复使用。

分子筛的吸湿性很强，暴露在空气中 24h 即可接近其饱和水平，因此一旦拆封应在 20min 内安装完毕。

3.2.4 安全设备

1. 紧急泄氨器

紧急泄氨器设置在氨制冷系统的高压储液器、蒸发器等储氨量较大的设备附近，其作用是当制冷设备或制冷机房发生重大事故或紧急情况时，将制冷系统中的氨液与水混合后迅速排入下水道，以保护人员和设备的安全。

如图3-30所示，紧急泄氨器由两根不同管径的无缝钢管套合而成，内管下部钻有许多小孔，从紧急泄氨器上端盖插入。壳体侧面上部焊有与其成30°夹角的进水管。紧急泄氨器下端盖设有排泄管，接下水道。

紧急泄氨器的内管与高压储液器、蒸发器等设备的有关管路连通。需要紧急排氨时，先开启紧急泄氨器的进水阀，再开启紧急泄氨器内管上的进氨阀门；氨液经过布满小孔的内管流向壳体内腔并溶解于水中，成为氨水溶液，由排泄管安全地排放到下水道。

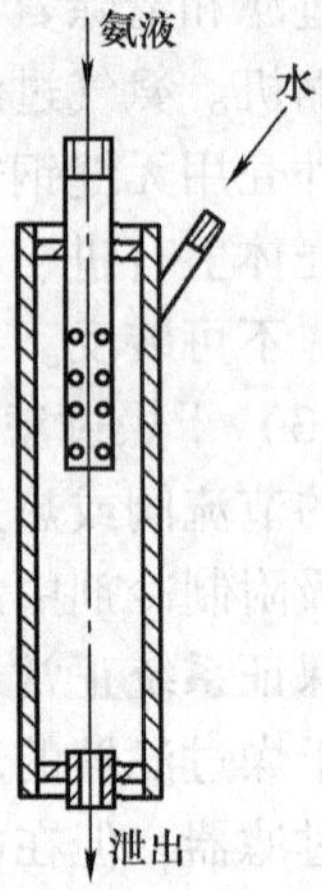

图3-30 紧急泄氨器

2. 易熔塞

我国国家标准GB 9237—2001《制冷和供热用机械制冷系统安全要求》中规定，内径大于76mm、小于152mm的压力容器需安装易熔塞。易熔塞也称为易熔合金塞，主要应用于小型氟利昂系统，是一种结构最简单的安全设备。图3-31所示为易熔塞的结构及安装示意图。在易熔塞的中间部分填满了低熔点合金，熔化温度一般在75℃以下。合金成分不同，熔化温度也不同，可以根据所要控制的压力选用不同成分的低熔点合金。当压力容器发生意外事故而使容器内的压力突然增加时，由于湿蒸汽存在着随压力增加而温度升高的依变关系，因此当温度超过易熔塞的熔点时，低熔点合金熔化，制冷剂气体从孔中排出。易熔塞的易熔合金熔化后，应重新浇注或更新，并经过与容器试漏后才可以投入使用。易熔塞安装的位置应防止受压缩机排气温度的影响，通常装在容器接近液面的气体空间部位。

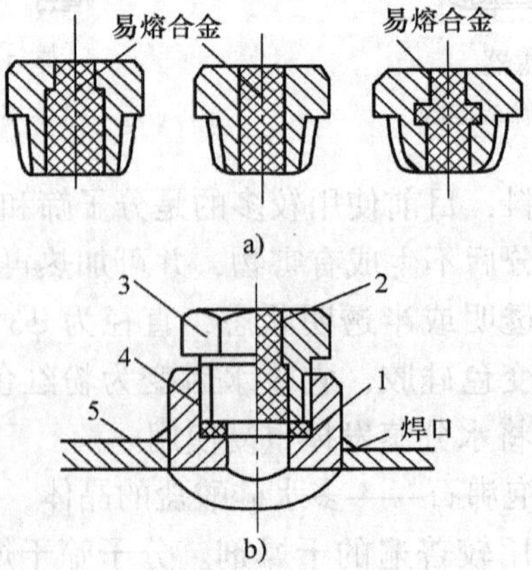

图3-31 易熔塞的结构及安装示意图

a）易熔塞的结构 b）易熔塞的安装示意图

1—密封垫 2—易熔合金 3—旋塞 4—接头 5—容器壳体

3. 安全阀

安全阀是用于受压容器的保护装置，当容器内制冷剂压力超过规定数值时，阀门自动开启，将制冷剂排出系统，当压力恢复到规定数值时自动关闭，保证设备安全运行。

安全阀的结构形式采用弹簧微启式，如图3-32所示。它依靠压缩弹簧力平衡阀芯脱开阀座所承受的压力，达到密封和开启的目的。微启式阀瓣开启高度为阀座喉部直径的1/4～1/20，开启高度随压力变化而逐渐变化，没有突然起跳和突然关闭的动作。安全阀起跳压力根据有关设备的需要用调节杆调整，调整后用锁紧螺母固定拧上阀帽并铅封。阀瓣下端面嵌有聚四氟乙烯塑料密封圈（或巴氏合金），当容器压力大于调整好的弹簧力时，阀瓣脱开阀座。阀座在密封线上开有小孔，制冷剂向外泄出，压力下降到起跳压力以下时，弹簧力大于容器压力，又将阀瓣逐渐下压在阀座上密封。有的阀瓣与定位垫圈之间有颗钢球，可使阀瓣跳开和关闭时能准确复位。

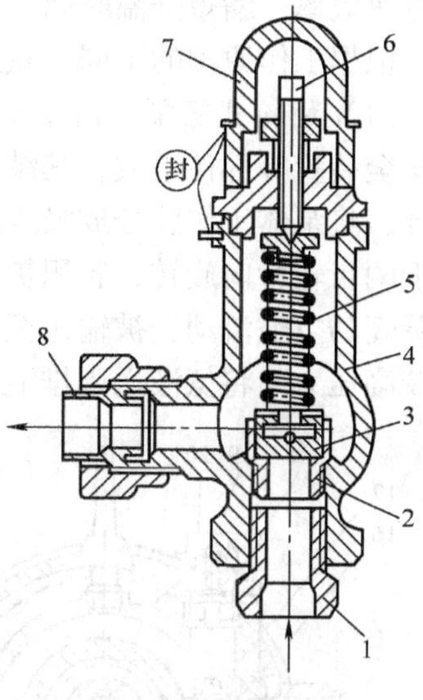

图3-32　安全阀

1—接头　2—阀座　3—阀芯　4—阀体　5—弹簧　6—调节杆　7—阀帽　8—排出管接头

安全阀可装在制冷压缩机上，连通进、排气管。当压缩机排气压力超过允许值时，阀门开启，使高、低压两侧串通，保证压缩机的安全。制冷系统中的冷凝器、储液器、低压循环储液器、氨液分离器、中间冷却器等均应安装安全阀，防止设备压力过高而爆炸。

3.2.5　其他辅助设备

1. 液流指示器

在氟利昂制冷系统中，常在管路上装设液流指示器。根据功用的不同，液流指示器可分为普通液流指示器和制冷剂含水量指示器。液流指示器用来显示管路中制冷剂液体或润滑油的流动情况。含水量指示器在指示液管中制冷剂流动情况的同时，还能指示出制冷剂中水分含量的变化。

制冷剂含水量指示器如图3-33所示，其特点是在液流指示器中装有一个能指示含水量的纸质圆芯，在圆芯纸上涂有金属盐指示剂，含水量不同时，其水化物能显示出不同的颜色。为了使指示剂的反应迅速，在有回热器的制冷系统中，含水量指示器应装在回热器前、液体温度较高的管路上。

液流指示器也可在安装或维修制冷装置时，用作检验工具，临时安装在有关管路中。固定安装在液管上的液流指示器可以观察制冷剂的状况。正常工作时，应能看到稳定流动的液流；制冷剂不足时，液流中会出现气泡。为了使指示器的指示不受其他因素的干扰，液流指示器应尽可能靠近储液器（或冷凝器），并且离前面的阀件远一些。

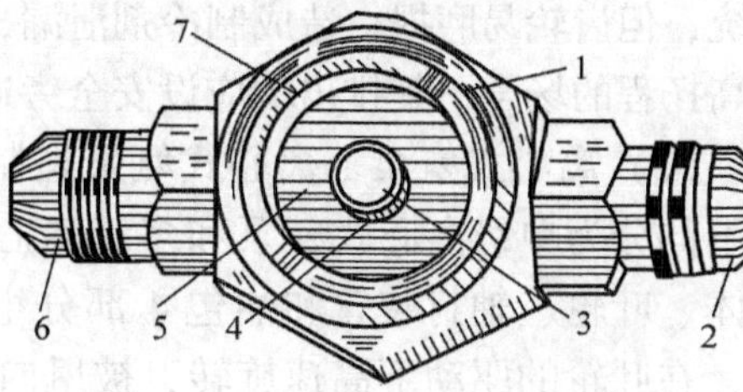

图3-33　制冷剂含水量指示器

1—壳体　2、6—管接头　3—纸质圆芯　4—芯柱　5—观察镜　7—压环

2. 氨泵

氨泵用于循环供液的制冷系统中，如氨泵供液的冷藏库、快速制冰机等。它用来将低压循环储液器中的低温制冷剂液体强制送入蒸发器，以增强制冷剂在蒸发器内的流动速度，提高传热效率，缩短降温时间。

根据工作原理的不同，氨泵分为齿轮式、离心式和屏蔽式三种。

（1）齿轮式氨泵　齿轮式氨泵属于容积式回转泵，主要由泵体、液体输送机构、轴封和安全装置等部件组成，其结构如图 3-34 所示。齿轮式氨泵在工作时，主、从动齿轮相互啮合，将泵体工作腔分成吸入腔与排出腔。在电动机带动下，两啮合齿轮旋转。在吸入腔侧由于两齿轮背向旋转，容积扩大而形成低压区，氨液沿吸入管进入泵体，并分成两路沿齿轮与泵壳的空隙流动，被输送至排出侧。在排出侧，两齿轮相向啮合旋转，存储空间减小，形成较高压力而将氨液送入排液管。

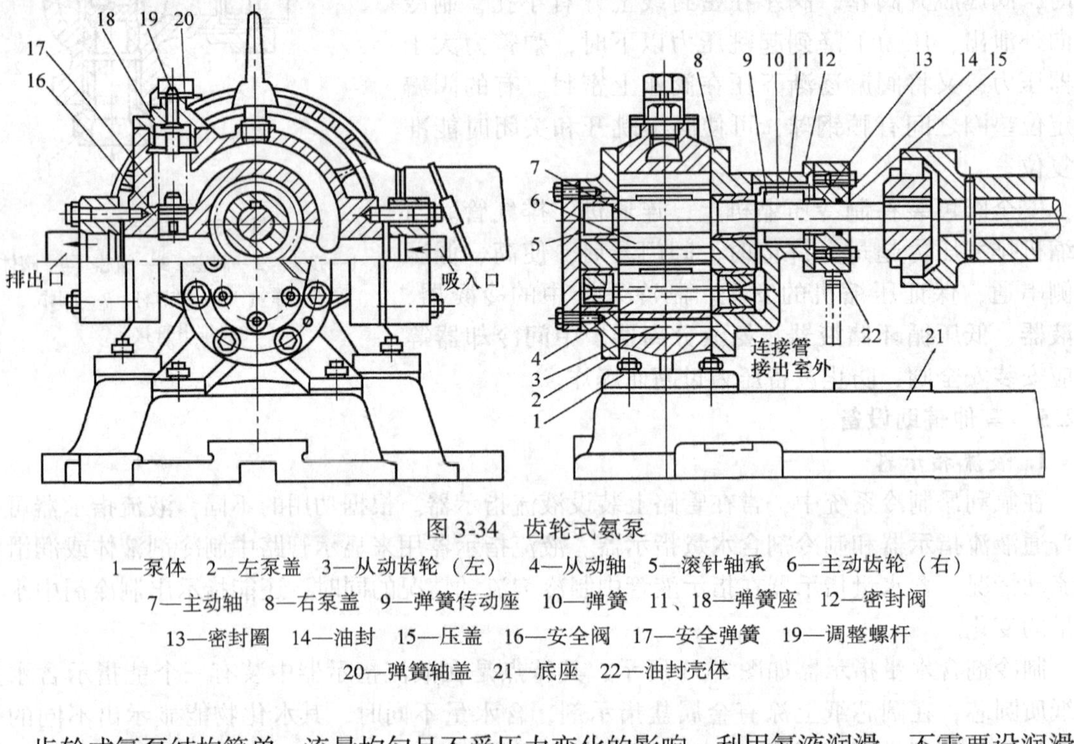

图 3-34　齿轮式氨泵

1—泵体　2—左泵盖　3—从动齿轮（左）　4—从动轴　5—滚针轴承　6—主动齿轮（右）　7—主动轴　8—右泵盖　9—弹簧传动座　10—弹簧　11、18—弹簧座　12—密封阀　13—密封圈　14—油封　15—压盖　16—安全阀　17—安全弹簧　19—调整螺杆　20—弹簧轴盖　21—底座　22—油封壳体

齿轮式氨泵结构简单、流量均匀且不受压力变化的影响，利用氨液润滑，不需要设润滑油系统，但齿轮易磨损，造成制冷剂泄漏，且运行时噪声较大。齿轮泵用作输液泵，适用于小流量高扬程的场合，其排出端应设安全旁通阀，与吸入端或低压循环储液器相通，实现安全保护。

（2）离心式氨泵　离心式氨泵是制冷与空调工程中常用的一种叶片式泵，根据泵的级数不同分为单级离心式氨泵和多级离心式氨泵。图 3-35 所示为单级离心式氨泵，它主要由泵体、叶轮、轴封装置和油包 4 部分组成。离心式氨泵工作时，氨液从进液端进入两隔板间，在叶轮的驱动下高速旋转，被甩向叶轮的周围，氨液从旋转的叶轮中获得能量后，沿后隔板侧槽经出液口流向排液端盖，这时一部分动能会转化为压力能，最终氨液由排液管路排出。当氨液被叶轮甩向周围时，叶轮中心形成低压区，后继氨液不断通过进液端盖流入补充，保证氨泵向系统连续不断地供液。

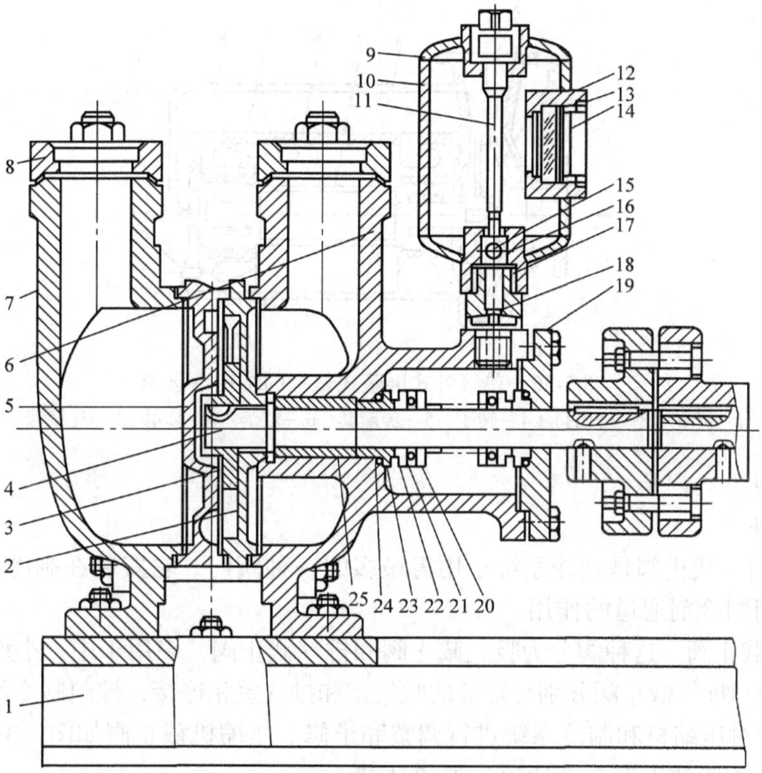

图 3-35　单级离心式氨泵

1—底座　2—隔板Ⅰ　3—叶轮　4—泵轴　5—隔板Ⅱ　6—排液端盖　7—进液端盖　8—腰形法兰　9—油包封头　10—油包壳体　11—阀杆　12—油标壳体　13—压紧螺钉　14—镜片　15—钢球　16—阀座　17—弹簧　18—连接管　19—轴封盖　20—垫圈　21、24—密封圈　22—动环　23—静环　25—轴套

离心式氨泵结构简单、使用寿命长、密封性能好，流量和扬程的选择范围大，能满足多种场合的需要；但离心式氨泵易受气蚀破坏，在管路设计时应注意保证氨泵的吸入静压头。

（3）屏蔽式氨泵　屏蔽式氨泵也属于叶片式泵，其结构特点是泵与电动机直连，叶轮直接固定在电动机轴上，并装在同一个密闭的壳体内，不需要轴封装置。电动机的外侧及定子的内侧各加上一个圆筒形的屏蔽套，使电动机的线圈与所输送的液体分开，以避免液体对转子和定子的腐蚀。

屏蔽式氨泵一般为单级，分为立式和卧式两种，它们的构造基本相同。图 3-36 所示为一单级卧式屏蔽式氨泵的结构示意图。氨液由吸入口 1 进入，经叶轮 2 升压后由排出口 3 排出，其中一部液体由连接管 8 流入电动机的后部，用以冷却和润滑轴承 7，并通过转子 4 和定子 6 的屏蔽套 5 的间隙冷却电动机，然后再冷却和润滑左边轴承，最后回叶轮由吸入口 1 送出。

屏蔽式氨泵具有运转平稳、噪声低、全封闭结构、无泄漏、构造简单、体积小、质量小、占地面积小和安装方便等优点；但其电动机效率比普通电动机约低 50% 左右，原因是由于采用了屏蔽套使得电动机的转子和定子间距增大，以及转子在液体中转动时，它的外表面和两个端面的摩擦损失较大。为减少这些损失，一方面屏蔽套应采用非磁性、高电阻的材料制成，并且其厚度应尽可能薄（一般控制在 0.3 ~ 0.8mm 之间）；另一方面应将电动机的

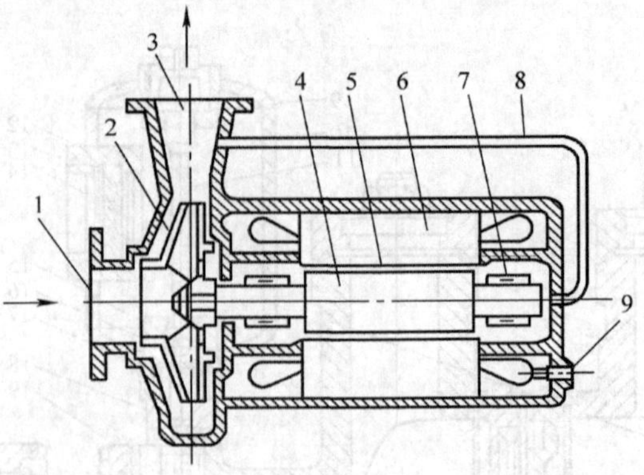

图 3-36　单级卧式屏蔽式氨泵的结构示意图

1—吸入口　2—叶轮　3—排出口　4—转子　5—屏蔽套　6—定子　7—轴承　8—连接管　9—接线孔

转子做成细长型。

3. 其他阀件

（1）截止阀　截止阀是制冷系统中用得最多的一种阀门。它安装在制冷设备和管道上，起着开启和关闭制冷剂通道的作用。

1）压缩机截止阀。这种阀分为吸气截止阀和排气截止阀，多用于中、小型开启式压缩机中。吸气截止阀和排气截止阀分别与缸盖的吸气室和排气室相连接，控制制冷剂在系统中的流量和通断，便于对压缩机和制冷系统进行调整和维修。压缩机截止阀如图 3-37 所示。

压缩机截止阀阀体上有 3 个通道，通道 *A* 接压缩机的吸气室或排气室；通道 *B* 接吸气管道（作吸气截止阀用）或排气管道（作排气截止阀用）；旁通 *C* 为多用通道，通过它可以接压力表、压差控制器等，或在维修时进行抽真空、充灌制冷剂、补充润滑油等操作，不使用该通道时，应用铜制六角头螺塞堵塞。为了防止制冷剂通过阀杆与阀体间向外泄漏，都装有填料密封，上面有填料压盖，发现沿阀杆有泄漏现象时，可适当旋紧填料压盖，提高密封性。旋下阀帽，转动阀杆可以改变 3 个通道间的开、闭状态。

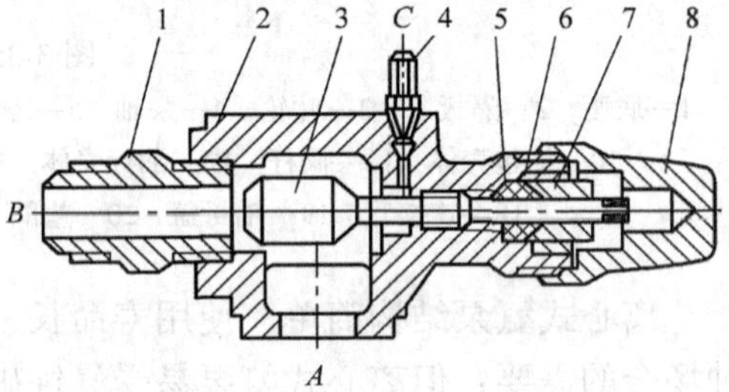

图 3-37　压缩机截止阀

1—管道接头　2—阀体　3—阀芯　4—多用通道接头　5—填料垫圈　6—填料　7—填料压盖　8—阀帽

2）管系中的截止阀。管系中的截止阀结构与压缩机截止阀基本相同，只是没有多用通道。截止阀根据制冷剂的不同分为氨用、氟利昂用截止阀；根据其形状的不同分为直通式、直角式截止阀。

制冷系统使用的阀门密封性要求较高，并具有倒关装置。当阀门全开时，阀杆升到最高位置，阀芯的上端面和填料函座密切接触并压紧，以防止制冷剂从填料处逸出。

氨用截止阀的结构如图 3-38 所示。阀体是用高强度铸铁制成的，阀芯头部的密封材料采用巴氏合金或聚四氟乙烯，阀杆采用优质碳素钢精制，为了防止阀杆生锈，有些阀杆经过氮化处理，阀杆密封填装采用石棉浸渍石墨盘根，也有些阀门采用聚四氟乙烯制成的 V 形密封圈，具有更加良好的密封效果，阀门开关也比较轻便。

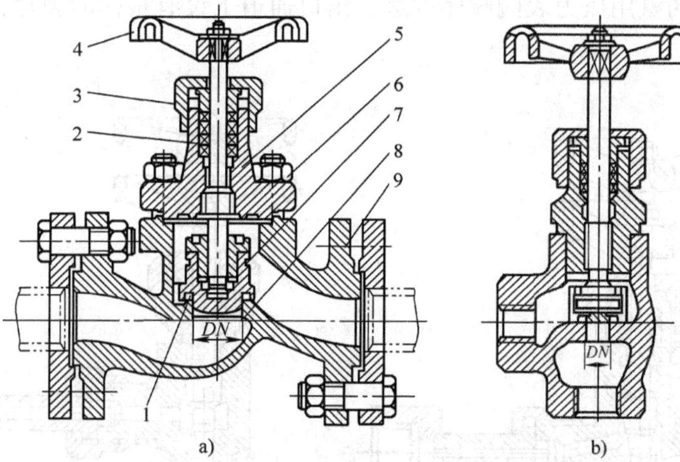

图3-38 氨用截止阀

a）直通式 b）直角式

1—密封圈 2—填料 3—压盖 4—手轮 5—阀盖 6—阀杆 7—阀芯 8—阀座 9—阀体

由于氟利昂具有很强的渗透性，所以氟利昂用截止阀一般都不用手轮，而是用扳手调节阀门的开度，并用阀帽将阀杆及填料函处全部盖住，这样可减少系统中制冷剂的泄漏。氟利昂用截止阀如图3-39所示。小型氟利昂阀门大都使用铜合金制成阀体，具有较好的密封性和耐蚀能力。

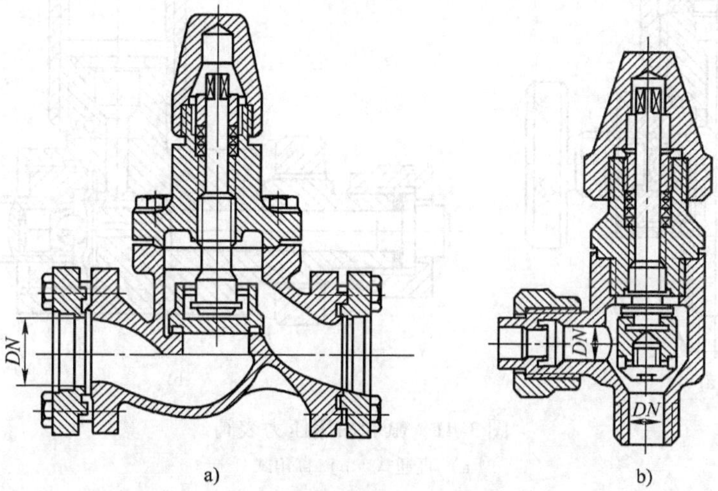

图3-39 氟利昂用截止阀

a）直通式 b）直角式

（2）压力表阀 压力表阀是制冷设备、调节站和加氨站上专用控制压力表的阀门，便于压力表的安装与检修。

压力表阀和截止阀的结构大体相同，分为氨用压力表阀（见图3-40）和氟利昂用压力表阀（见图3-41）。由于与截止阀的用途不一样，结构上稍有不同，压力表阀的通径小，通常公称直径 $DN = 3 \sim 4\text{mm}$，阀的出口端有专门与压力表螺纹联接的内螺纹 M20 ×1.5。氟利昂用压力表阀和有的氨用压力表阀阀体内进、出口通道上设有很薄的膜片，由装在阀头上的钢球控制。

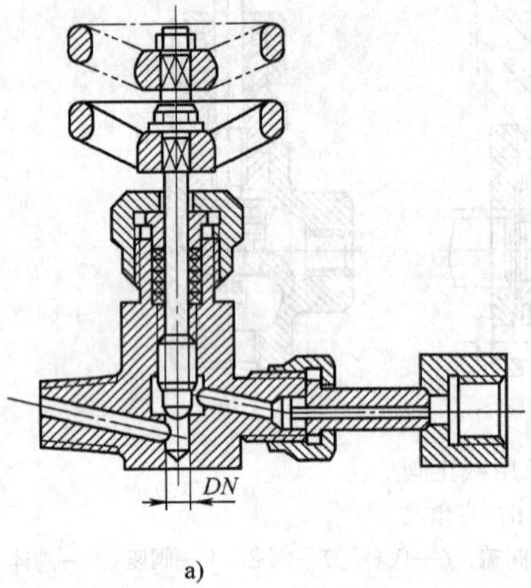

图 3-40 氨用压力表阀

a）直通式 b）直角式

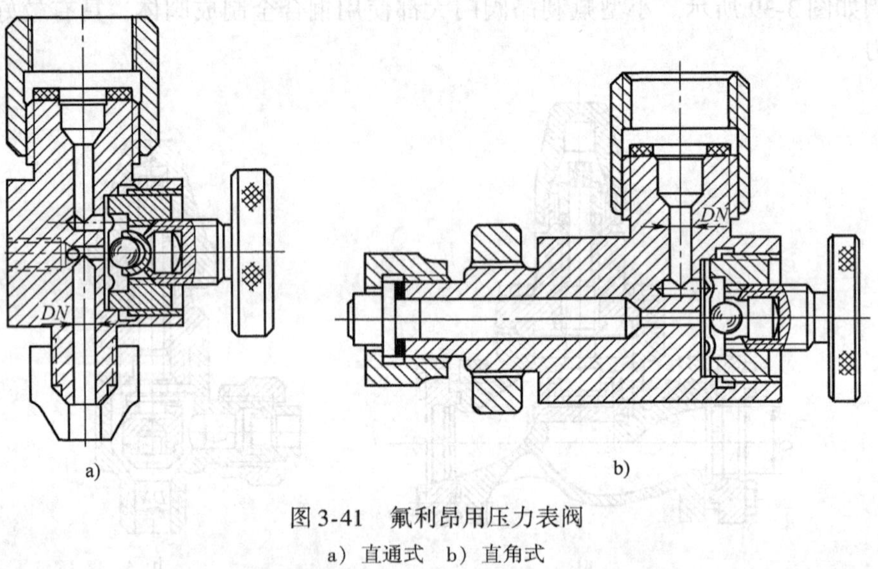

图 3-41 氟利昂用压力表阀

a）直通式 b）直角式

（3）单向阀 单向阀是靠制冷剂在阀前、后的压力差自动启闭的阀门。制冷系统管路上设置单向阀是为了防止制冷剂倒流。

单向阀的结构形式有升降式和旋启式两大类，在制冷系统中采用的是升降式单向阀，其阀芯沿着阀体的垂直中心线移动。它又分弹簧式和无弹簧式两种。无弹簧升降式单向阀由阀体、阀瓣、导向套和阀盖等组成。阀体上有阀座，阀芯的下端面有密封圈，用巴氏合金或聚四氟乙烯材料制作。它靠阀芯自重回复，当制冷剂进口压力大于出口压力并能克服阀芯重量时，才能开启阀门。

单向阀又有卧式（见图3-42a）和立式（见图3-42b）之分。卧式单向阀只可水平安装在管路上，立式单向阀只能垂直安装，两者不可相互替代。弹簧升降式单向阀如图3-43所示，它由阀体、阀座、阀芯、弹簧、支承座等构成。它依靠弹簧力的作用使阀芯回座关闭，因此安装方位不受限制，但是有气用和液用之分（气用弹簧较液用弹簧的弹簧力小）。

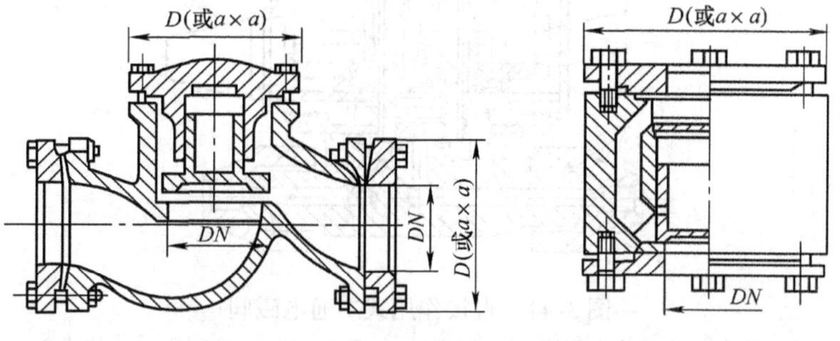

a)　　　　b)

图3-42　氨用无弹簧升降式单向阀

a）卧式　b）立式

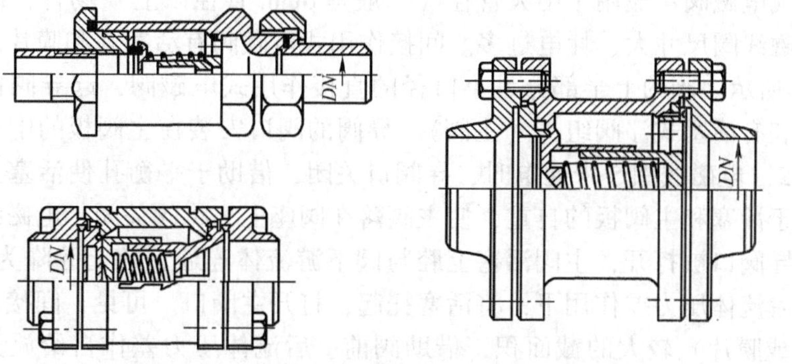

图3-43　弹簧升降式单向阀（氨、氟利昂用）

（4）电磁阀　电磁阀是制冷装置中常用的流体控制元件，是受电气通、断信号控制而动作的自动阀门，通常有二通、三通、四通等多种用途的控制流通或截止用电磁阀。按适用工质的不同，电磁阀分为制冷剂用电磁阀、空气电磁阀、水电磁阀、蒸气电磁阀等。

1）二通电磁阀。二通电磁阀用在需要对流体实行截止或流通控制的场合，它在制冷装置中应用广泛，常作为双位控制器的执行机构，或作为安全保护系统的执行机构。按其工作状态的不同，二通电磁阀可分为通电开型（常闭型）和通电关型（常开型）；按结构与控制方式的不同，二通电磁阀分为直接作用式和间接间作用式。

直接作用式电磁阀直接由电磁力驱动，故也称直动式电磁阀。制冷系统或油压系统中（一般管内径在3mm以下），较多采用直接作用式电磁阀。其典型结构如图3-44所示，图中所示为通电开型。其工作原理是：当电源接通时，电磁线圈5通过电流产生磁场，衔铁4被电磁力吸起；衔铁内装有弹簧和阀板，它被吸起的同时，阀板离开阀座，阀孔被打开；当线圈电流由于控制器动作被切断时，磁场消失，衔铁由于复位弹簧力与自身重力作用而落下，阀门关闭，关闭后由于阀入口侧流体压力施加在阀板上，使阀关闭更紧。直接作用式电磁阀

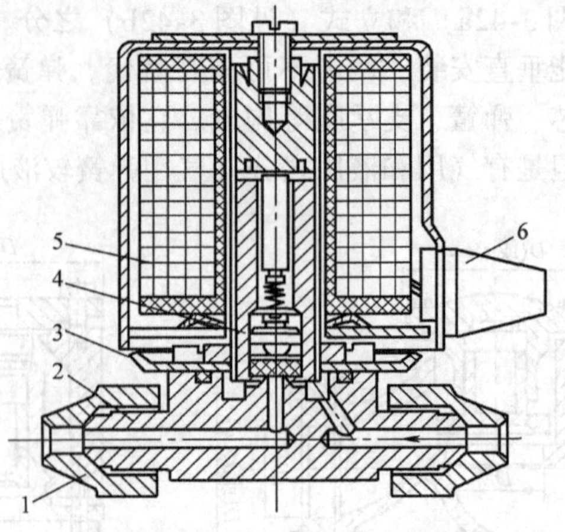

图 3-44　直接作用式二通电磁阀

1—螺母　2—接头和阀体　3—座板　4—衔铁　5—电磁线圈　6—接线盒

工作灵敏可靠，也可在阀前、后流动压力降为零的场合工作，常用于小口径管路控制，也用于控制毛细管流动或作电磁阀导阀用。

间接作用式电磁阀一般用于中大管径（一般是6mm 管径以上）场合，以免直接靠电磁力驱动导致电磁线圈尺寸大、耗电过多。间接作用式电磁阀有活塞式和膜片式两种。其典型结构如图 3-45 所示。阀的上半部分是小口径的直接作用式电磁阀，起导阀作用；下半部分是阀体，其中装有活塞式浮阀组件（主阀）。导阀的阀口安装在主阀板的中央。浮动活塞上有一个平衡孔 2。电磁线圈 5 未通电时，导阀口关闭，借助于平衡孔使活塞上、下侧的流体压力平衡，由于活塞和主阀板的自重，使主阀落在阀座上，将阀关闭。电磁线圈通电后，衔铁 4 被吸起，导阀口被打开，主阀活塞上腔与阀下游流体连通，故上腔降为阀下游的压力，于是在阀前、后流体压力差作用下，将活塞托起，打开主阀口。可见，间接作用式电磁阀利用浮动活塞（或膜片）较大的截面积，借助阀前、后流体压力差作自给放大，提供主阀开启的驱动力。因此，间接作用式电磁阀要打开及维持开启状态，必须保持阀前、后一定的压力差。最小开阀压力差是一个很重要的参数，生产企业在其产品说明书上，均应详细地标出。最小开阀压力差一般为 5～20kPa。

2）三通电磁阀。三通电磁阀有 3 个管接口，连通状态在电磁线圈通电前后发生变化，从而起到控制流动方向的作用。

图 3-46 所示为 ZCYS—4 型油用三通电磁阀，主要用于活塞式压缩机气缸卸载能量调节的油路系统中。图中，a 接口连接来自液压泵的油管；b 接口接通能量调节液压缸的油管；c 接口连接曲轴箱回油管。断电时，衔铁与滑阀落下，则 a 与 b 接通，液压泵的高压油送往能量调节液压缸，使相应气缸工作；电磁线圈通电时，衔铁与滑阀被吸起，接口 b 与 c 相通，气缸中的液压油回流至曲轴箱，气缸卸载。

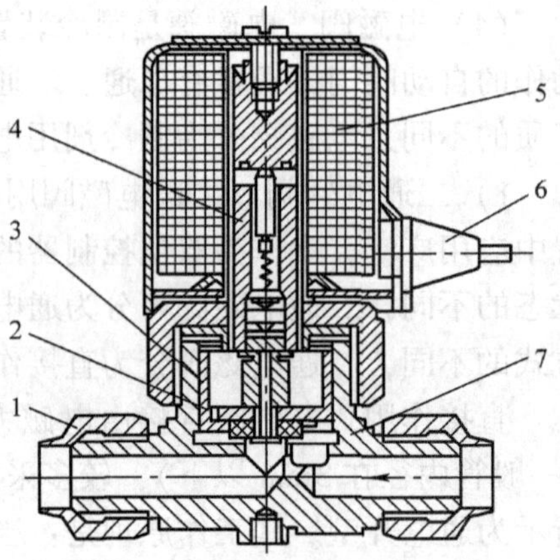

图 3-45　间接作用式二通电磁阀

1—螺母　2—平衡孔　3—活塞式浮阀组件　4—衔铁　5—电磁线圈　6—接线盒　7—阀体

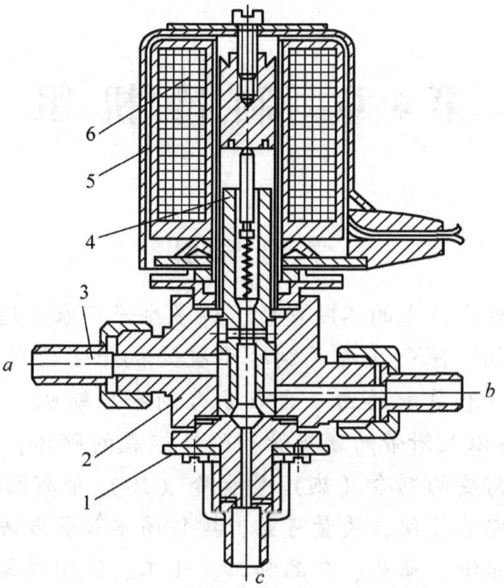

图 3-46　ZCYS—4 型油用三通电磁阀

1—连接片　2—阀体　3—接管　4—衔铁　5—罩壳　6—电磁线圈

思考与练习

1. 制冷系统中节流机构的作用是什么？
2. 简述节流机构的工作原理。
3. 常用的节流机构有哪些？节流机构安装在制冷系统中什么位置？
4. 毛细管有何优、缺点？适用于何种制冷装置？
5. 分析内平衡式热力膨胀阀和外平衡式热力膨胀阀的结构、工作原理及使用上的区别。
6. 电子膨胀阀有何优点？
7. 简述浮球调节阀的结构和工作原理。
8. 简述孔板节流的工作原理。
9. 油分离器是如何实现分油的？为什么要进行分油？
10. 油分离器有哪几种类型？简述其各自的工作原理。
11. 集油器是如何进行工作的？
12. 储液器有哪几种？分别安装在什么位置？简述其作用。
13. 气液分离器在制冷系统中有何作用？安装在什么位置？
14. 简述制冷系统中不凝性气体的来源。不凝性气体分离器有哪几种？
15. 干燥过滤器的作用是什么？安装在什么位置？
16. 紧急泄氨器在什么时候使用？是如何进行工作的？
17. 氨泵的作用是什么？有哪些种类？
18. 截止阀的作用是什么？管系中常用的截止阀有哪几种？
19. 单向阀的作用是什么？有哪些结构形式？

第4章　制冷机组

学习导引

近年来，随着空调和制冷技术的不断发展，许多生产厂家制造出能直接为制冷和空调工程提供冷却介质的制冷机组。蒸气压缩式制冷系统的机组化已成为现代制冷装置的发展方向。制冷机组是指工厂设计和装配的由一台或多台制冷压缩机、换热设备（蒸发器和冷凝器）、节流机构、辅助设备以及附带的连接管和附件组成的整体，配上电气控制系统和能量调节装置，为用户提供所需要的制冷（热）量和冷（热）介质的独立单元。制冷机组具有结构紧凑、占地面积小、安装简便、质量可靠、操作简单和管理方便等优点，已被广泛地应用于医学、冶金、机械、旅游、商业、食品加工、化工、民用建筑等领域。

本章的重点是活塞式与螺杆式制冷机组的组成与特点。通过本章的学习应达到以下要求：

1）掌握活塞式压缩冷凝机组的组成与适用范围。
2）掌握活塞式冷水机组的组成、特点及适用范围。
3）掌握螺杆式冷水机组的组成、特点及适用范围。
4）了解带经济器的螺杆式制冷机组的工作原理。
5）了解离心式冷水机组的组成、特点及适用范围。
6）了解涡旋式冷水机组的组成、特点及适用范围。
7）能看懂制冷机组的系统原理图。
8）会查阅制冷机组的相关资料、图表、标准、规范、手册。

4.1　活塞式制冷机组

4.1.1　活塞式压缩冷凝机组

把一台或几台活塞式制冷压缩机、冷凝器、风机、油分离器、储液器、过滤器及必要的辅助设备安装在一个公共底座或机架上，所组成的整体式机组称为活塞式压缩冷凝机组。

目前我国生产的活塞式压缩冷凝机组按使用制冷剂的不同，分为氨压缩冷凝机组和氟利昂压缩冷凝机组；按采用的冷凝器的冷却方式不同，可分为风冷式压缩冷凝机组和水冷式压缩冷凝机组；按所配的压缩机结构的不同，可分为开启式、半封闭式和全封闭式。风冷式压缩冷凝机组装有储液器。水冷式压缩冷凝机组冷凝器通常兼储液器的作用，少数制冷量大的机组装有专用储液器。

活塞式压缩冷凝机组的制冷量一般为350～580kW，但随着半封闭活塞式制冷压缩机质量的提高，采用多台主机组合成机组，制冷量范围正在扩大。活塞式压缩冷凝机组系统结构比较简单，维修方便，被广泛应用于冷藏库、冷藏箱、低温箱、陈列冷藏柜等制冷装置中。用户根据不同用途和制冷量选定相应型号机组后，只需配置膨胀阀、蒸发器及其他附件，即可组成完整的制冷系统。

对大、中型冷藏库和大、中型集中空调系统，工业用冷水系统一般选配氨压缩冷凝机组。对中、小型冷藏装置和空调系统大多数选用氟利昂压缩冷凝机组。

图4-1所示为风冷式氟利昂压缩冷凝机组。它由半封闭活塞式制冷压缩机1、风冷式冷凝器2、储液器4、管道、阀门等组成。某些产品还配置仪表控制盘。风冷式冷凝器由翅片换热器和风机组合而成，风机3的转向使空气先流过冷凝器，再经过压缩机组。

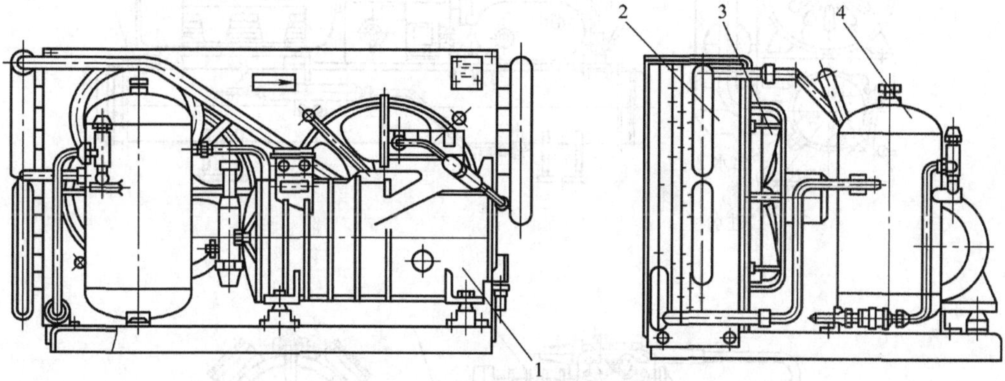

图4-1 风冷式氟利昂压缩冷凝机组

1—半封闭活塞式制冷压缩机 2—风冷式冷凝器 3—风机 4—储液器

图4-2所示为水冷式氟利昂压缩冷凝机组。它由压缩机（半封闭式或开启式）、电动机（开启式压缩机所配）、油分离器、水冷式冷凝器、仪表控制盘、管道、阀门等组成。水冷式冷凝器通常配置卧式壳管式，这种冷凝器一般放置在下部，除冷凝制冷剂外，还兼作储液器。

4.1.2 活塞式冷水机组

将一台或数台制冷压缩机、电动机、控制台、冷凝器、蒸发器、干燥过滤器、节流装置、配电柜、能量调节机构以及各种安全保护设施组装在一起，可提供5~15℃的低温冷水的单元设备称为冷水机组。冷水机组适用于各种大型建筑物（如宾馆、会堂、影剧院、商场、医院等）的舒适性空调，以及机械、纺织、化工、仪表、电子等行业所需要的工业性空调或工业用冷水。

1. 活塞式冷水机组的构成与特点

活塞式冷水机组由活塞式压缩冷凝机组与蒸发器、电控柜及其他附件（干燥过滤器、储液器、电磁阀、节流装置等）构成，并安装于同一底座上。大多数厂家将电控柜安装在机组上，部分厂家则将电控柜安装在机组以外。

活塞式冷水机组的特点是：① 机组设有高低压保护、油压保护、电动机过载保护、冷媒水冻结保护和断水保护，确保机组运行安全可靠；② 机组可配置多台压缩机，通过起动一台或几台来调节制冷量，适应外界负荷的波动；③ 随着机电一体化程度的提高，机组可实现压力、温度、制冷量、功耗及负荷匹配等参数全部计算机智能型控制；④ 用户只需在现场对机组进行电气线路和水管的连接与隔热施工，即可投入运行。

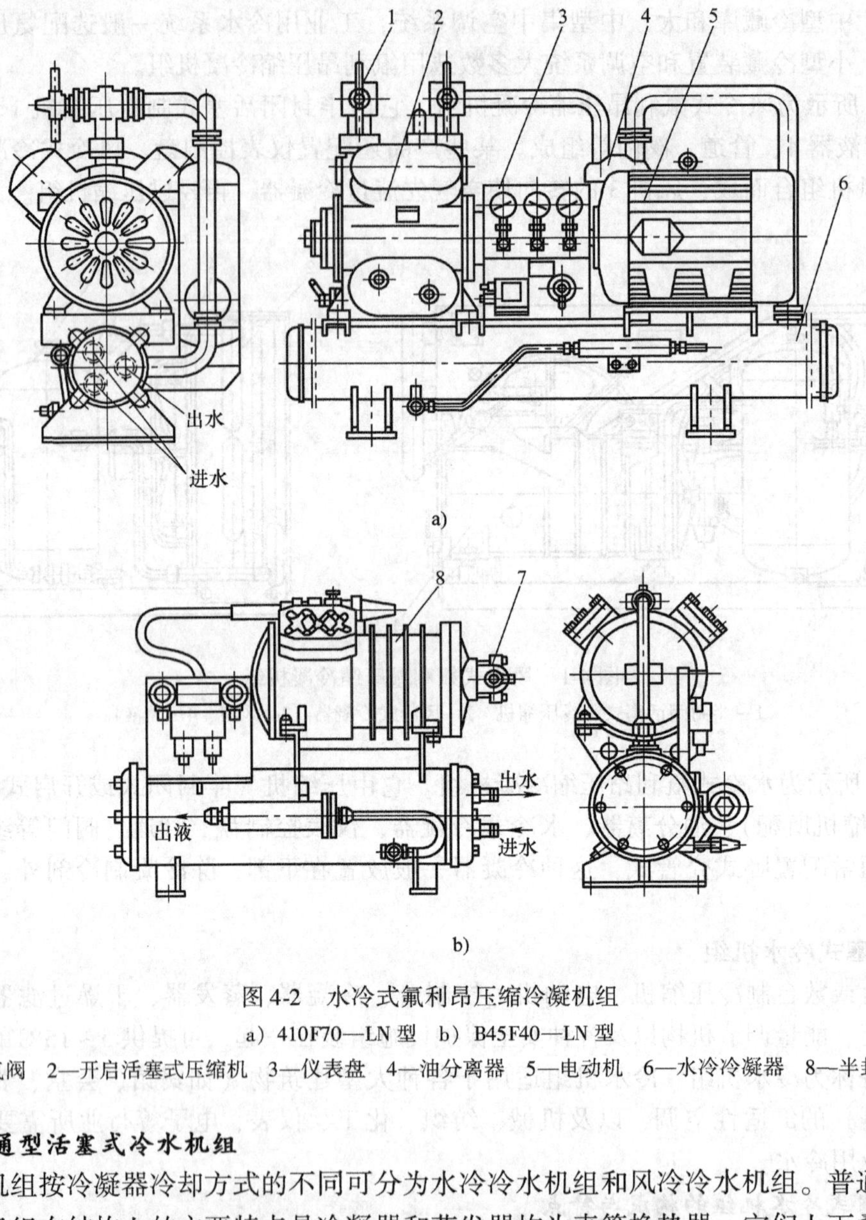

图 4-2 水冷式氟利昂压缩冷凝机组

a）410F70—LN 型 b）B45F40—LN 型

1、7—进气阀 2—开启活塞式压缩机 3—仪表盘 4—油分离器 5—电动机 6—水冷冷凝器 8—半封闭压缩机

2. 普通型活塞式冷水机组

冷水机组按冷凝器冷却方式的不同可分为水冷冷水机组和风冷冷水机组。普通型水冷活塞式冷水机组在结构上的主要特点是冷凝器和蒸发器均为壳管换热器，它们上下叠置或左右并置，而压缩机或直接置于“两器”上面，或通过刚架置于“两器”之上。由于活塞式制冷压缩机运转时的往复运动会产生较大的往复惯性力，从而限制了压缩机的转速不能太高，故其单位制冷量的质量指标和体积指标较大，因此，单机容量不能过大，否则机器显得笨重，振动也大。普通型活塞式冷水机组的单机容量一般在 700kW 以下。

采用风冷式的活塞冷水机组，是以冷凝器的冷却风机取代水冷式活塞冷水机组中的冷却水系统的设备（冷却水泵、冷却塔、水处理装置、水过滤器和冷却水系统管路等），使庞大的冷水机组变得简单且紧凑。风冷机组可以安装于室外空地，也可安装在屋顶，无需建造机房。

3. 活塞式多机头冷水机组

多机头式冷水机组是由两台以上半封闭或全封闭制冷压缩机为主机组成的。目前，多机头冷水机组最多可配 8 台压缩机。配置多台压缩机的冷水机组具有明显的节能效果，因为这样的机组在部分负荷时仍有较高的效率；而且机组起动时，可以实现顺序起动各台压缩机，每台压缩机的功率小，对电网的冲击小，能量损失小。此外，可以任意改变各台压缩机的起动顺序，使各台压缩机的磨损均衡，延长其使用寿命。配置多台压缩机的机组的另一个特点是整个机组分设两个独立的制冷剂回路，这两个独立回路可以同时运行，也可以单独运行，这样可以起到互为备用的作用，提高了机组运行的可靠性。

图 4-3 所示的 LS600 型冷水机组为活塞式多机头冷水机组，配有 6 台半封闭活塞式制冷压缩机，换热器均采用高效传热管，机组结构紧凑。半封闭压缩机的电动机用吸气冷却，并有一系列的保护措施，在发生压缩机排气压力过高、吸气压力过低、断油、过载、过热、缺相等故障时保护压缩机。机组由计算机控制，实现全过程自动化控制，起动时，压缩机逐台投入运行。机组制冷量通过停开部分压缩机来调节，使制冷量能够较好地与所需要的冷负荷相互匹配。

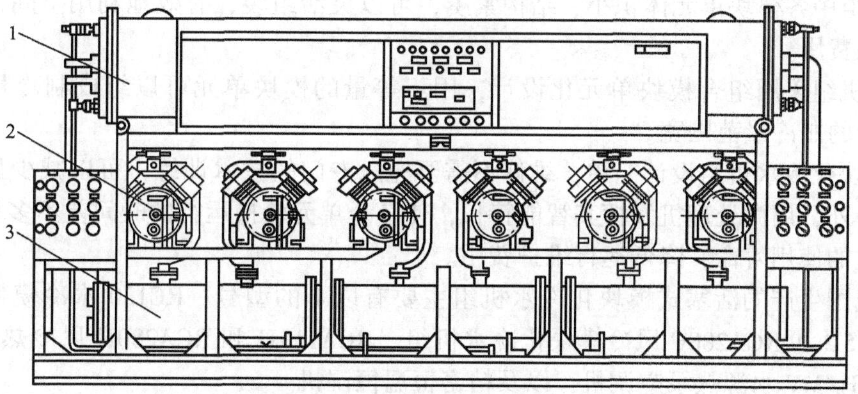

图 4-3 LS600 型冷水机组
1—蒸发器 2—活塞式制冷压缩机 3—冷凝器

4. 活塞式模块化冷水机组

自第一台模块化冷水机组于 1986 年 9 月在澳大利亚墨尔本投入使用以来，目前已遍及世界许多国家。它由多台小型冷水机组单元并联组合而成，如图 4-4 所示。每个冷水机组单元为一个模块，每个模块包括一个或几个完全独立的制冷系统。该机组可提供 5～8℃工业或建筑物空调用的低温水。模块化冷水机组的特点如下：

1）计算机控制，自动化和智能化程度高。机组内的计算机检测和控制系统按外界负荷量的大小适时起停机组各模块，全面协调和控制整个冷水机组的动态运行，并能记录机组的运行情况，因此不必设专人值守机组。

2）可以使冷水机组的制冷量与外界负荷同步增减和最佳匹配，机组运行效率高、节约能源。

3）模块化机组运行中，如果外界负荷发生突变或某一制冷系统出现故障，通过计算机控制可自动地使各个制冷系统按步进方式顺序运行，启用后备的制冷系统，提高整个机组的可靠性。

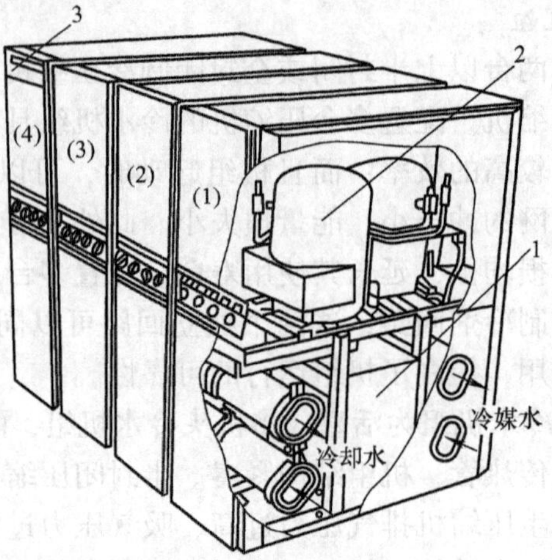

图 4-4　活塞式模块化冷水机组
1—换热器　2—活塞式制冷压缩机　3—控制器

4）机组中各模块单元体积小、结构紧凑，可以灵活组装，有效地利用空间，节省占地面积和安装费用。

5）该机组采用组合模块单元化设计，用不等量的模块单元可以组成制冷量不同的机组，可选择的制冷量范围宽。

6）模块化冷水机组设计简单，维修不需要经过专门的技术训练，可以减少最初维修费用投资。另外，用微处理机发挥其智能特长，使各个单元轮换运行的时间差不多相等，从而延长了机组的使用寿命，降低运行维护费用。

当前我国生产的活塞式模块化冷水机组主要有以下的型号：RC130 水冷模块化冷水机组、RCA115C 和 RCA280C 风冷模块化冷水机组、RCA115H 和 RCA280H 风冷热泵冷（热）水机组、MH/MV 水源热泵空调机，以及精密恒温恒湿机。

RC130 型模块化冷水机组的每个模块单元由两台压缩机及相应的两个独立制冷系统、计算机控制器、V 形管接头、仪表盘、单元外壳构成。各单元之间的连接只有冷冻水管与冷却水管。将多个单元相连时，只要连接 4 根管道，接上电源，插上控制件即可。制冷剂选用 R22。制冷系统中选用 H2NG244DRE 高转速全封闭活塞式制冷压缩机，蒸发器和冷凝器均采用结构紧凑、传热效率高，用不锈钢材料制造，耐腐蚀的板式热交换器。每个单元模块制冷量为 110kW，在一组多模块的冷水机组中，可使 13 个单元模块连接在一起，总制冷量为 1690kW。

4.2 螺杆式制冷机组

4.2.1 螺杆式压缩冷凝机组

螺杆式压缩冷凝机组由螺杆式制冷压缩机、电动机、冷凝器、油分离器、油过滤器、油冷却器、油泵、电气控制箱等组成，如图 4-5 所示。螺杆式压缩冷凝机组的油处理系统要求较高，在机组制冷的同时还要对润滑油进行粗、精过滤和冷却，因此机组的管路系统较复杂。

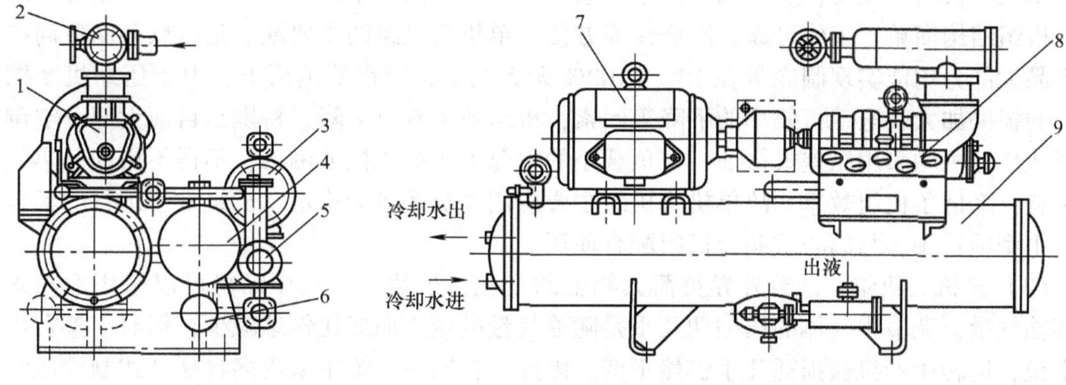

图4-5 螺杆式压缩冷凝机组

1—螺杆式制冷压缩机 2—吸气过滤器 3—油分离器 4—油冷却器 5—储油器 6—油过滤器 7—电动机 8—电气控制箱 9—冷凝器

4.2.2 螺杆式冷水机组

以各种形式的螺杆式制冷压缩机为主机的冷水机组，称为螺杆式冷水机组。它具有结构紧凑、运转平稳、操作简便、能量无级调节、体积小、质量小及占地面积小等优点。螺杆式冷水机组有多种形式，根据冷凝器结构不同可分为水冷式机组与风冷式机组，根据采用压缩机台数不同可分为单头机组与多头机组。

1. 水冷螺杆式冷水机组

（1）单机头机组 单机头螺杆式冷水机组是传统的单机头机组，其制冷量范围为120～1300kW。

图4-6所示为单机头水冷式螺杆冷水机组的基本结构。它由螺杆式制冷压缩机、蒸发器、冷凝器、干燥过滤器、热力膨胀阀、油分离器、油冷却器、油泵、电气控制箱等主要部件组成。

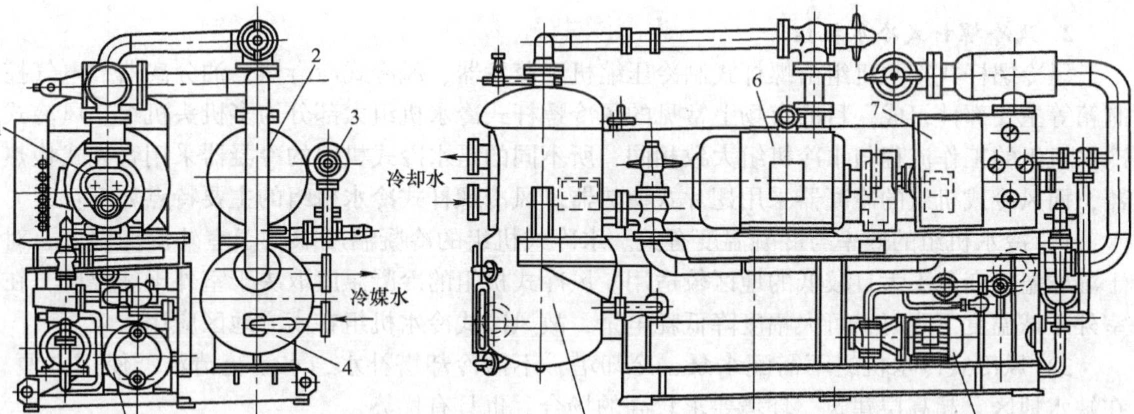

图4-6 单机头水冷式螺杆冷水机组的基本结构

1—螺杆式制冷压缩机 2—冷凝器 3—干燥过滤器 4—蒸发器 5—油冷却器 6—电动机 7—电气控制箱 8—油泵 9—油分离器

单机头机组的主要优点是满负荷运行效率高，在相同容量时的效率与离心式制冷机组相同，机组结构简单、工作可靠、维修保养方便。单机头机组的主要缺点是虽然各制造商推出的产品大部分均能实现制冷量在10%~100%无级调节，但在低负荷下，由于压缩机摩擦功引起的损失加大、电动机效率的下降等因素，机组效率有所下降，特别是目前大部分空调用螺杆式压缩机均采用压差式供油，在负载小的情况下压缩机供油困难，不得不借助于热气旁通装置，降低了机组效率。故单机头机组主要应用在负载较为稳定，机组常年运行的场合或大、中型项目中，与离心式制冷机组配合使用。

（2）多机头机组　随着外界负荷大幅度的变化，虽然螺杆式压缩机可以采用滑阀来调节其输气量，调节中气体的压缩功几乎是随输气量的减少而成比例地减少，但对于整台压缩机来说，运转中的机械损耗几乎仍然不变。因此，在同一系统中采用多台螺杆式制冷压缩机并联来代替单台机运行，在调节工况时，可以节省功率，特别是在较大输气量的系统中尤为有利。随着螺杆式压缩机半封闭化、小型化及控制系统的发展，近几年多台主机并联运转系统取得很大发展，其适用制冷量范围为240~1500kW。多机头水冷螺杆式冷水机组主要特点如下：

1）可以根据负载需要调节运行压缩机台数，能大大提高冷水机组在部分负荷下运行的效率。由于绝大多数空调用冷水机组在不同季节、每天不同时间段负载变化很大，故对于使用冷水机组台数不多的中小项目，多机头机组可大大节省运行费用。

2）可以用较少的机型来满足不同输气量的需要，便于制造厂生产，降低成本。

3）使用时可以逐台起动主机，对电网冲击小，起动装置的要求低，如电动机功率在30kW以下的机型可以直接起动。

4）运转效率可以提高，当其中某一台主机出现故障时，可以单独维修而系统仍可以维持运转。

5）多机头机组的主要缺点是相比单机头机组，由于使用的压缩机容量小，故机组满负荷效率相对较低。尽管如此，由于其出色的部分负荷效率，多机头仍为用户乐于选用的机型。

2. 风冷螺杆式冷水机组

风冷螺杆式冷水机组由螺杆式制冷压缩机、蒸发器、风冷式冷凝器、油分离器、电气控制箱等主要部件组成。目前市场上常见的风冷螺杆式冷水机组大部分为多机头机组。风冷式冷水机组的工作流程与水冷机组大致相同，所不同的是水冷式机组的冷凝器采用管壳式换热器，而风冷式机组的冷凝器采用翅片式换热器。风冷螺杆式冷水机组的主要特点如下：

1）冷水机组的效率与冷凝温度有关。水冷式机组的冷凝温度取决于室外湿球温度，对于湿球温度变化不大且较低的地区较适用。风冷式机组的冷凝温度取决于室外干球温度，在室外干球温度下降时，可大幅度降低耗电量，故风冷式冷水机组在南方地区应用较广。

2）风冷式冷水机组不需配水泵、冷却塔，不需冷却塔补水，水系统清洁，使用方便。在缺水地区、超高层建筑、环境要求较高的场合，也具有优势。

3）在满负荷状态下，风冷式冷水机组耗电量大于水冷式冷水机组，但由于风冷式冷水机组在室外干球温度下降时耗电量可大大降低，所以风冷式冷水机组全年耗电量与水冷式冷水机组基本相同，水冷式冷水机组在设备保养方面的费用较风冷式冷水机组高，因此风冷式冷水机组总费用可能略低于水冷式冷水机组。

4.2.3 带经济器的螺杆式制冷机组

螺杆式制冷压缩机虽具有单级压力比高的优点，但随着压力比的增大，泄漏损失急速地增加，因此，低温工况下运行时效率显著降低。为了扩大其使用范围、改善低温工况的性能、提高效率，可利用螺杆式制冷压缩机吸气、压缩、排气单向进行的特点，在机壳或端盖的适当位置开设补气口，使转子基元容积在压缩过程的某一转角范围与补气口相通，使系统中增设的中间容器内的闪发性气体通过补气口进入基元容积中。这样，单级螺杆式制冷压缩机按双级制冷循环工作，达到节能的效果。此增设的中间容器称为经济器。

图4-7所示为带经济器的螺杆式制冷机组基本结构，经济器安装于蒸发器与冷凝器之间。带经济器的制冷系统有一级节流和二级节流两种形式，如图4-8所示。对于一级节流系统由图4-8a可知，来自储液器4的制冷剂液体分为两路，主要的一路从经济器5中的盘管内流过，放出热量而过冷，然后经节流阀8节流后进入蒸发器6中制冷；另一路经节流阀7降压后进入经济器5中吸热而产生闪发性气体，经压缩机机体上的中间补气口进入正处在压缩初始阶段的基元容积中，与来自蒸发器的气体混合继续被压缩。

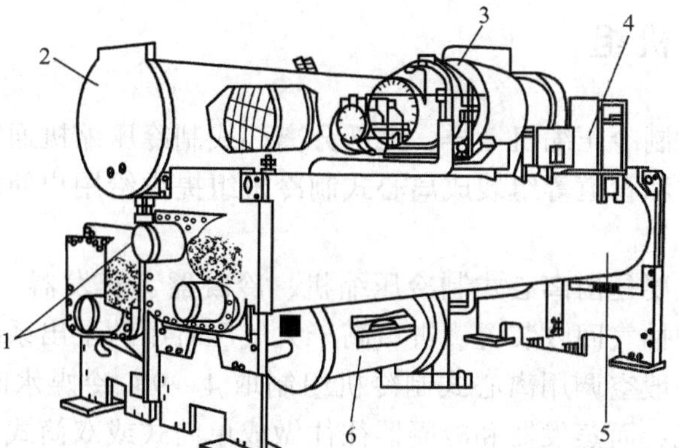

图4-7 带经济器的螺杆式制冷机组的基本结构

1—接管 2—油分离器 3—螺杆式制冷压缩机 4—电气控制箱 5—换热器 6—经济器

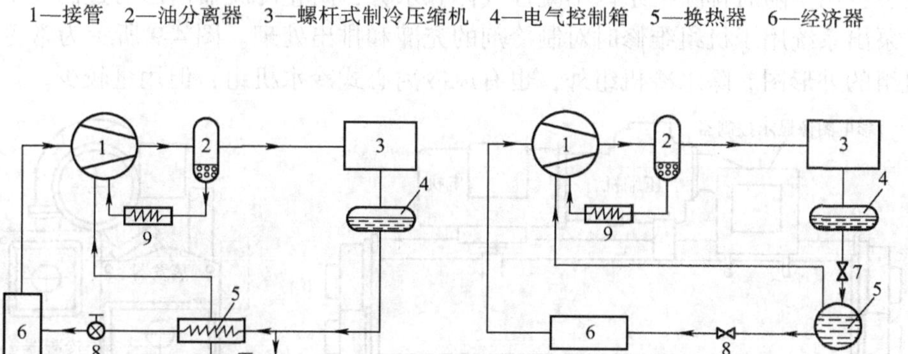

图4-8 带经济器的螺杆式压缩制冷循环系统

a）一级节流制冷系统 b）二级节流制冷系统

1—螺杆式制冷压缩机 2—油分离器 3—冷凝器 4—储液器 5—经济器

6—蒸发器 7、8—节流阀 9—油冷却器

对于二级节流系统由图 4-8b 可知，来自储液器 4 的制冷剂液体经节流阀 7 至经济器 5 中，上部产生的闪发气体通过压缩机补气口进入处在压缩阶段的基元容积中，与原有气体继续被压缩；下部的液体经节流阀 8 第二次节流后进入蒸发器 6 中制冷。进入蒸发器的制冷剂液体经过二次节流，且二次节流前与进入补气口的气体的温度相同。无论是一次节流还是二次节流，都是使进入蒸发器的制冷剂过冷，因而制冷量增加。同时，补气后使基元容积气体质量增加，压缩功也有一定的增大，但增大速率比制冷量增加得慢，所以制冷系数提高，具有节能效果。节能效益的大小与制冷剂性质及工况有关，用 R502 最好，其次是 R22，而使用 R717 时最小。低温工况下的节能效果十分显著，当冷凝温度不变，蒸发温度越低时，其循环的制冷系数提高得越多。据有关文献介绍，对蒸发温度在 -15 ~ -40℃范围内的低温工况，其制冷量增大 19%~44%，制冷系数提高 7%~30%。

另外，带经济器的螺杆式制冷压缩机有较宽的运行范围，单级压力比大，卸载运行时能实现最佳运行；加工基本与单级螺杆式制冷压缩机相同，制冷系统中阀门和设备增加不多，故目前应用越来越广泛。

4.3　离心式冷水机组

与活塞式及螺杆式制冷压缩机一样，大部分离心式制冷压缩机通常也都在工厂中将冷凝器、蒸发器、控制元件和管道等组装成离心式制冷机组提供给用户使用。目前，大部分是供空调用的离心式冷水机组。

离心式冷水机组主要是由离心式制冷压缩机、冷凝器、蒸发器、节流装置、润滑系统、进口低于大气压时用的抽气回收装置、进口高于大气压时用的泵出系统、能量调节机构及安全保护装置等组成。一般空调用离心式制冷机组制取 4 ~ 9℃冷媒水时，采用单级、双级或三级离心式制冷压缩机，而蒸发器和冷凝器往往做成单筒式或双筒式置于压缩机下面，作为压缩机的基础。节流装置常用浮球阀、节流孔板（或称节流孔口）、线性浮阀及提升阀等。抽气回收装置用于随时排除机组内不凝性气体和水分，防止冷凝器内压力过高而引起制冷效果下降。泵出系统用于机组维修时对制冷剂的充灌和排出处理。图 4-9 所示为常见水冷离心式冷水机组的外形图。除水冷机组外，也有风冷离心式冷水机组，但用量较少。

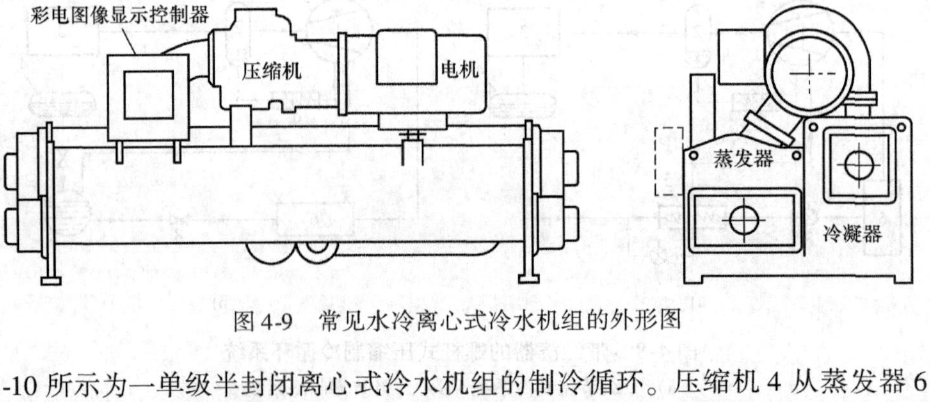

图 4-9　常见水冷离心式冷水机组的外形图

图 4-10 所示为一单级半封闭离心式冷水机组的制冷循环。压缩机 4 从蒸发器 6 中吸入制冷剂气体，经压缩后的高压气体进入冷凝器 5 内进行冷凝。冷凝后的制冷剂液体经除污后，通过节流阀 7 节流后进入蒸发器，在蒸发器内吸收列管中的冷媒水的热量，成为气态而

被压缩机再次吸入进行循环工作。冷媒水被冷却降温后，由循环水泵送到需要降温的场所进行降温。另外，在通过节流阀节流前，用管路引出一部分液体制冷剂，使其进入蒸发器中的过冷盘管过冷，然后经过滤器9进入电动机转子端部的喷嘴，喷入电动机使电动机得到冷却，再流回冷凝器再次冷却。

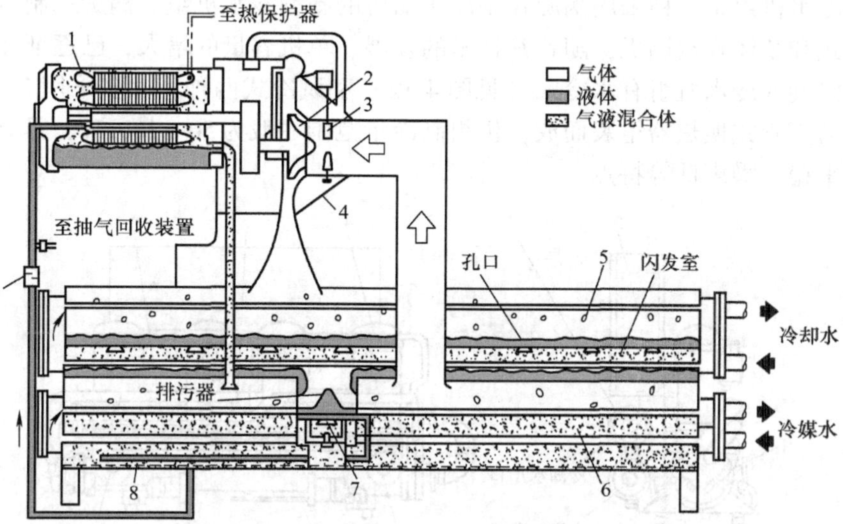

图4-10 单级半封闭离心式冷水机组的制冷循环

1—电动机 2—叶轮 3—进口导流叶片 4—离心式制冷压缩机 5—冷凝器 6—蒸发器 7—节流阀 8—过冷盘管 9—过滤器

在空调用离心式制冷机组中，采用制冷剂作为冷却液的主要有两个部位，一个是制冷剂喷射冷却主电动机，另一个是抽气回收装置中回收冷凝器内冷却盘管的供液。制冷剂冷却液由浮球阀室内节流阀前的储液槽中抽出，如图4-11所示。总引管穿过蒸发器底部，过冷后由蒸发器筒体的左下方引出，由波纹管阀控制供液量的大小。制冷剂液体经过滤器过滤后，被分成两路，一路去抽气回收装置的回收冷凝器，另一路去主电动机喷液嘴。两股冷却液的回路各自回到蒸发器内。

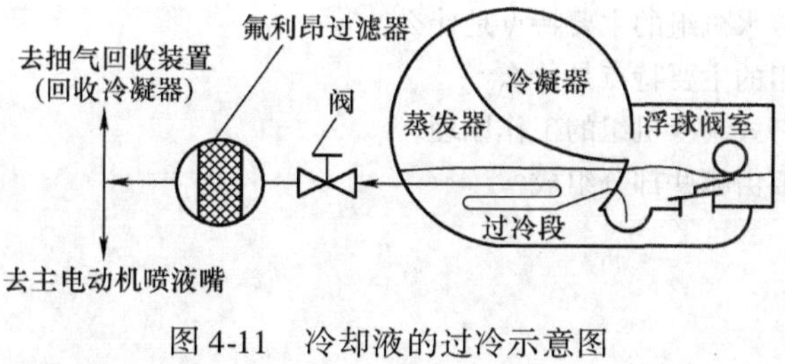

图4-11 冷却液的过冷示意图

制冷剂冷却液过冷的目的是提高主电动机和回收冷凝器的冷却效果。由于两股冷却液最终要回到蒸发器中参加制冷机组的制冷剂循环流程，这部分吸热量已被考虑在机组的总制冷量之中。对冷却液采取过冷措施的目的在于提高冷却效果，减少制冷剂冷却液的供液量。

在主电动机的回液（气）管中装有挡油板，其作用是阻止制冷剂回液（气）中混入的油成分进入蒸发器，并使主电动机回液尾部空间保持足够高的压力值，以免对机壳油槽上部空间的油雾起抽吸作用。挡油板上游的管底部开设有回油孔和接头，可将积油引回油槽内。

4.4 涡旋式冷水机组

涡旋式冷水机组是一种采用涡旋式制冷压缩机的新型冷水机组。涡旋式制冷压缩机起初多用于分体式和整体式空调机，随着其技术的发展、单机容量的增大，已逐渐在冷水机组上得到应用。涡旋式冷水机组有水冷式（见图4-12）和风冷式两种，大多采用2～4台涡旋式制冷压缩机与壳管式换热器组装而成，机组制冷量范围一般为50～180kW，具有体积小、效率高、运行平稳、噪声低等特点。

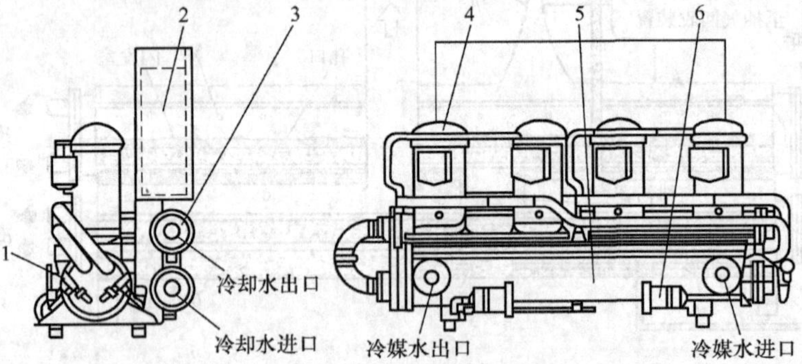

图4-12 水冷涡旋式冷水机组

1—热力膨胀阀 2—电气控制箱 3—冷凝器 4—涡旋式制冷压缩机 5—蒸发器 6—干燥过滤器

思考与练习

1. 何谓活塞式压缩冷凝机组？如何分类？
2. 活塞式冷水机组的构成与特点是什么？
3. 活塞式模块化冷水机组的组成与特点是什么？
4. 螺杆式冷水机组有哪些形式？
5. 多机头水冷螺杆式冷水机组的主要特点是什么？
6. 风冷螺杆式冷水机组的主要特点是什么？
7. 简述带经济器的螺杆式制冷机组的工作原理。
8. 离心式冷水机组主要由哪些部分组成？

第5章 空气调节设备

学习导引

空调系统要满足生产工艺和人体舒适度的要求，创造和保持一定的环境温度、湿度、气流速度以及空气洁净度，均需要通过空气调节设备完成。空气调节设备包括空气加热与冷却设备、空气加湿与除湿设备、空气净化设备和空气调节通风设备。

1. 学习要求

本章的重点是常用空气调节设备的种类、工作原理、基本结构、性能特点及适用范围。通过本章的学习应达到以下要求：

1）掌握喷水室、表面式空气换热器、电加热器的工作原理、基本结构、性能特点及适用范围。

2）掌握空气加湿与除湿设备的种类、工作原理、基本结构、性能特点及适用范围。

3）了解空气净化的目的和标准；掌握空气过滤器的滤尘机理、种类、结构、性能特点及适用范围；了解洁净室、局部净化设备的种类、结构形式、性能特点及适用范围。

4）掌握风机的种类、工作原理、基本结构、性能特点及适用范围。

5）了解送风口和回风口的种类、基本结构、性能特点及适用范围；了解通风管道的种类、材料及适用范围。

6）了解空调通风管道用阀的作用、种类、工作原理、基本结构、性能特点及适用范围。

7）了解消声原理及消声器的种类、工作原理、基本结构、性能特点及适用范围。

8）了解能量回收的意义及空调系统能量回收装置的种类、工作原理及性能特点。

2. 本章难点

1）空气热湿处理设备种类、形式较多，掌握起来有一定难度，应结合实训，通过观察设备实物或模型，掌握其基本结构、工作原理及适用范围。

2）不同使用场合对空气的洁净度要求不同，应根据净化标准合理选择、布置空气过滤器。洁净室及局部净化设备适用于洁净度要求较高的场合。应结合实训，通过观察设备实物或模型，掌握其基本结构、工作原理。

5.1 空气加热与冷却设备

空气加热与冷却设备分为直接接触式和表面式。喷水室等设备属于直接接触式，其特点是被处理的空气与热、湿交换的介质直接接触；空气换热器属于表面式，其特点是与空气进行热、湿交换的介质不与被处理的空气直接接触，只是通过热交换设备的换热表面（固体壁面）来进行。在实际工程中，有时也将这两类设备组合起来使用，例如喷水式表面冷却器就是这样一种设备。

5.1.1 喷水室

在空调工程中，空气与水直接接触的喷水室得到了普遍的应用。它的主要优点是能够实现对空气的加热、冷却、加湿、除湿等多种处理过程，并具有一定的净化空气作用。喷水室在结构上易于实现工厂化制作、现场安装，金属消耗量少，在空调工程中得到了广泛的应用，尤其是大型的集中式空调系统和相对湿度要求严格的场合。但它也有占地面积大、水系统较为复杂、对水质卫生要求高、运行费用高等缺点。目前喷水室一般用于生产性空调系统和部分舒适性空调系统中。

1. 喷水室的工作原理和类型

喷水室主要由喷嘴、喷嘴排管、挡水板、外壳、底池、滤水器及附属设施等组成，如图5-1所示。喷水室工作时，用喷嘴将一定温度的水喷成雾状水滴，使通过的空气与水直接进行热、湿交换，以达到预期的空气处理要求。冷水（或热水）经三通阀与循环水（由循环水管来）混合后，经水泵送入喷水排管从喷淋装置的喷嘴喷出。空气经前挡水板均匀地进入喷水室，与喷出的水接触，进行处理，然后经后挡水板挡掉空气带走的水滴，离开喷水室。挡掉的水落入底池，一部分经滤水器过滤后经循环水管循环使用，多的水经溢水器通过溢水管作为冷水（或热水）的回水回到冷冻站（或再加热处理）。

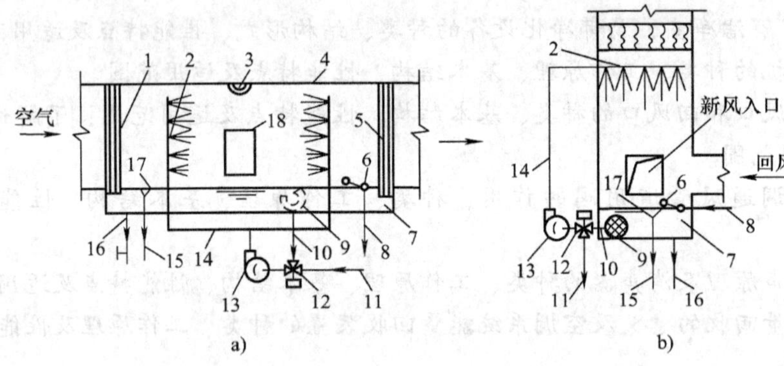

图5-1 喷水室的基本结构

a) 卧式喷水室 b) 立式喷水室

1—前挡水板 2—喷嘴与排管 3—防水灯 4—外壳 5—后挡水板 6—浮球阀 7—底池 8—补水管 9—滤水器 10—循环水管 11—冷水管 12—三通调节阀 13—水泵 14—供水管 15—溢水管 16—泄水管 17—溢水器 18—检查门

当喷水室起加湿作用时，关掉冷水阀门，喷循环水，喷出的水落入底池经滤水器由水泵再喷出。由于加湿损失掉的水由自动补水管经浮球阀补充自来水，可使底池内保持一定水位。

喷水室按不同的分类方法分为以下几种：

1）按被处理空气在喷水室内的流速大小分为低速的（流速为2~3m/s）和高速的（流速为3.5~6.5m/s）两类。目前喷水室多数为低速的，高速喷水室在我国的纺织行业使用较多。

2）按气流方向分，可将喷水室分为卧式和立式两类。卧式喷水室空气气流为水平方向，水为顺气流或逆气流喷，也可以采用垂直上喷；立式喷水室空气气流由下向上或由上向下，水由上向下喷。立式喷水室一般用于小风量处理，可以减少占地面积。

3）按有无填料层分，可将喷水室分为无填料层和有填料层两种。喷水室一般无填料层，但有填料时可以增加喷水效率，并可兼作过滤用（如玻璃丝盒喷水室）。

4）按级数分，分为单级喷水室和双级喷水室。为了充分应用天然冷源、节约用水量，可将两个喷水室串联起来组成双级喷水室。由于在双级喷水室里水被重复使用，所以水的温升（降）大，用水量小。因此，双级喷水室常被用于使用天然冷（热）水的场合。

2. 喷水室的主要部件

（1）喷嘴和喷嘴排管　喷嘴是喷水室的主要部件，作用是使喷出的水雾化，增加水与空气的接触面积。喷嘴一般由黄铜、尼龙或玻璃钢制成。决定其性能的主要技术指标为同样喷水压力下的喷水量和雾化效果。同一类型的喷嘴，孔径越小、喷嘴前水压越高，则雾化效果越好；孔径相同时，压力越高、喷水量越大，雾化程度越好，但喷水泵消耗的功率越大。理想的喷嘴应能在较低喷水压力下，保证喷水室所需要的雾化效果和喷水量，且在使用过程中不易被堵塞。空调工程中常用的几种喷嘴结构如图5-2所示。

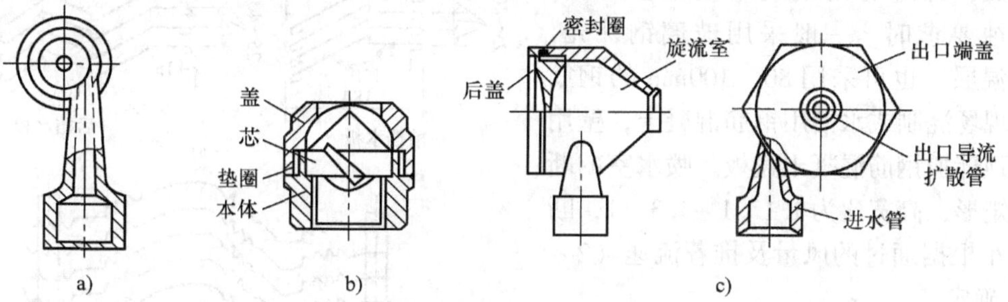

图5-2　空调工程中常用的几种喷嘴结构

a）LUWA（LTG）型　b）BTL—1型　c）PX—1型

喷嘴在喷水室断面上的布置应能使水滴均匀地布满整个断面，一般每平方米布置13～24个。喷嘴在横断面上通常呈梅花形排列，如图5-3所示，可以布置成一排、两排或三排。常见的为两排或三排。喷水方向可选择顺喷（喷水方向与气流方向一致）或逆喷（喷水方向与气流方向相反）。仅为加湿用的喷水室可采用一排喷嘴，顺喷或逆喷。

喷嘴排管距前挡水板和后挡水板的距离一般为200～300mm。排间间距在喷嘴孔径小于5.5mm、风量在$10\times10^4m^3/h$以下时，可采用600mm；对于大风量的喷水室，排间间距宜采用1000～1200mm。

喷嘴排管按供水干管所处位置的不同分为上分式和下分式两种，喷水室断面大时采用中

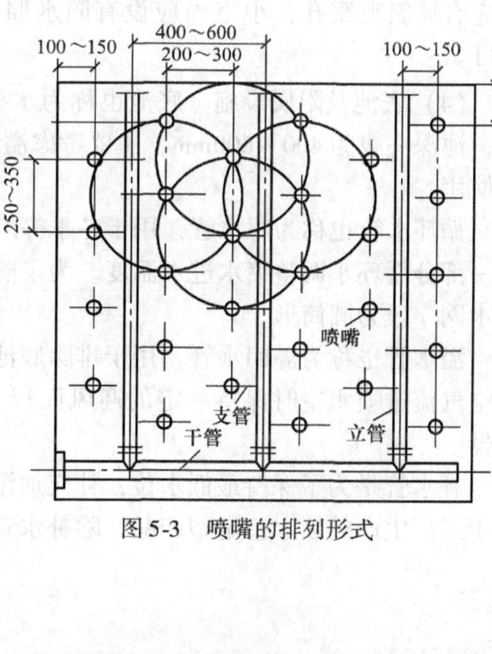

图5-3　喷嘴的排列形式

分式或环式，如图5-4所示。排管的最低点应设泄水阀。

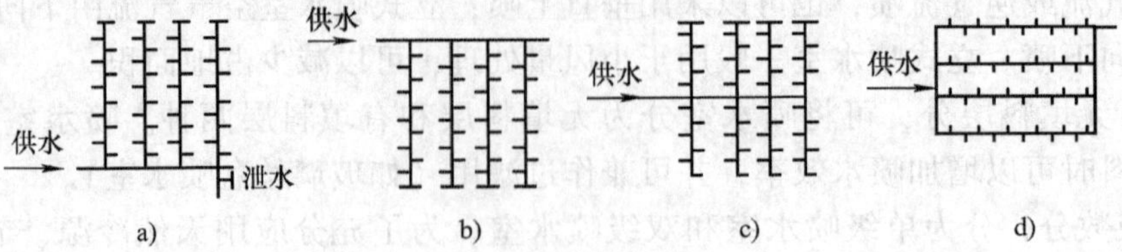

图5-4 喷嘴排管的连接方式

a）下分式 b）上分式 c）中分式 d）环式

（2）挡水板　挡水板分为前挡水板和后挡水板两种，前挡水板的作用是挡住飞溅出来的水滴，并使进入喷水室的空气均匀地流过整个断面，故又称为均风板。后挡水板的作用是分离空气中携带的水滴，以减少空气带走的水量（又称过水量）。挡水板应能防止锈蚀，一般采用镀锌钢板、玻璃钢或改性聚氯乙烯塑料制成，目前塑料板用得较多。常用挡水板的形状如图5-5所示。

（3）外壳　喷水室的外壳一般用双层钢板制成，并应有角钢或弯曲钢板加固。有防腐蚀要求时，一般采用玻璃钢外壳，内夹保温层，也可采用80～100mm的钢筋混凝土现场浇制或水槽用钢筋混凝土，壁用砖砌，顶部加钢筋混凝土盖板。喷水室的断面做成矩形，高宽比为1.1：1～1.3：1，断面的大小根据通过的风量及推荐流速（2～3m/s）确定。

为了能进入喷水室检修，喷水室的外壳上应有不小于400mm×600mm的密封检查门。为了便于观察喷水情况，检查门上应有玻璃观察孔，小室内应设有防水照明灯。

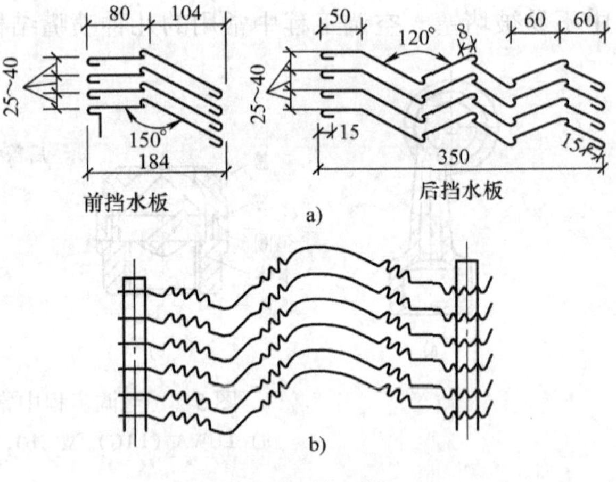

图5-5 挡水板

a）折板 b）波形板

（4）底池及附属设施　底池也称为水槽，容积一般按能容纳2～3min的总喷水量来确定，池深一般为400～600mm，主要考虑溢水器、溢水管、滤水器等的安装位置和是否能正常使用。

循环水管也称为滤水管，用于冬季等焓加湿时由水槽内抽出循环水和夏季非高峰负荷时抽一部分循环水调整喷水进水温度。为了防止循环水中杂质堵塞喷嘴孔口，常设有滤水网。滤水网一般为圆筒形。

溢水管也称为溢回水管，用于排除底池内多余的水，使底池的水面保持在一定的高度，使空气流过喷水室时保持一定的迎风面积。通常在溢水管的上部装设带水封罩的蘑菇形溢水器。

补水管是为了保持最低水位，补充加湿空气、挡水板过水量和其他流失的水量而设的。对于工厂生产的喷水室定型产品，除补水管外，还设有快速充水管，为更换底池内的水和清洗底池之用。更换底池内的水也可由补水管承担，不另设快速充水管，适当加大一些补充水管径。

泄水管作清洗底池时排污之用。泄水口设在最低点，底池的底面要有一定坡度，坡向泄水口，以便于排净。

5.1.2 表面式空气换热器

空气换热器是通过热（冷）媒使空气间接加热或冷却的表面式热交换设备，也常称之为表面式空气换热器。它是空调系统中对空气进行热湿处理的主要设备之一。表面式空气换热器的特点是与空气进行热、湿交换的介质不与被处理的空气直接接触，只是通过处理设备的换热表面来进行。常用的表面式空气换热器有空气加热器和表面冷却器（简称表冷器）。空气加热器以热水或蒸气作热媒，表冷器则以冷水或制冷剂为冷媒。用冷水者称之为水冷式表冷器，用制冷剂者称之为直接蒸发式表冷器。为提高换热效果和增加空气净化效果，还可在空气冷却器上喷淋冷水，此种空气冷却器称为喷水空气冷却器。

与喷水室相比，空气换热器具有设备结构紧凑、水系统简单的特点，水与空气不直接接触，故对水质无卫生要求。在处理相同空气量时能实现较大的空气焓降和较高的水温升，从而节约水量。此外，空气换热器具有选择方便、安装简单等优点，所以广泛应用于空调工程中。其缺点是有色金属材料耗用量大，只能对空气进行加热、等湿冷却和减湿冷却，对空气净化作用差。

1. 肋片管式空气换热器

表面式换热器一般都是由金属制成的，分为光管式和肋片管式。在空调工程中，用肋片管制成的肋片管式换热器得到广泛的应用。肋片管式空气换热器主要由肋片管、联箱和护板组成，如图5-6所示。冷（热）媒进入联箱1后均匀地流过肋片管，然后汇集入联箱2流出，空气则在肋片管外流过。根据处理空气的要求不同，可选用不同的肋片管排数。根据水温升的要求和吸收（或放出）热量的不同，联箱与肋片管可有不同的连接方法。常用的肋片管式空气换热器主要有以下两种类型。

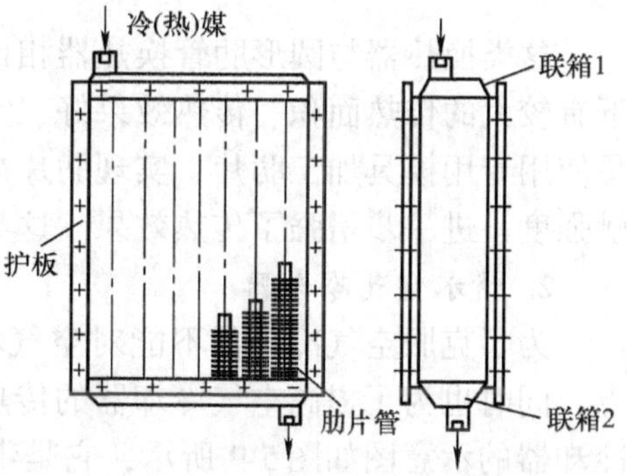

图5-6 肋片管式空气换热器

（1）圆形肋片管型　在管子外绕制圆形肋片，根据加工工艺的不同，又有以下几种圆形肋片管，如图5-7所示。

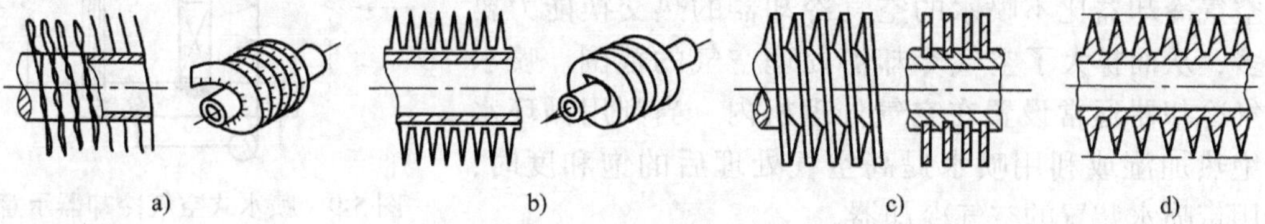

图5-7 圆形肋片管

a）皱褶绕片 b）光滑绕片 c）镶片 d）轧片

1）绕片型：将金属带绕制在管子上，片形有皱褶型和L型、I型（光滑片）。GL、S、UI型空气换热器均为皱褶绕片肋片管，皱褶型肋片可增加传热面积和增强空气的扰动。绕制后的肋片管经搪锡或镀锌处理，以增强肋片与管子的接触程度。此类换热器具有较好的传热效果。JW、SRL 型空气换热器就是这种结构。

2）镶片型：将金属带绕在有螺旋槽管子的槽内，再经挤压使金属带紧密地镶嵌在槽内，SXL 型空气换热器的肋片管为此种类型。

3）轧片型：用专门的轧管机直接将管子轧制成圆形肋片管，KL 型空气换热器的肋片管为轧片管。由于肋片和管子间无接触热阻，所以具有较好的传热效果。

（2）整体串片型　在肋片上事先冲好相应的孔，然后将肋片与管束串在一起，经对管子 进行机械或液压扩管使其与肋片紧密结合。肋片形式有平片、波纹片、条缝片、波形冲缝片及二次翻边片等形式，如图 5-8 所示。

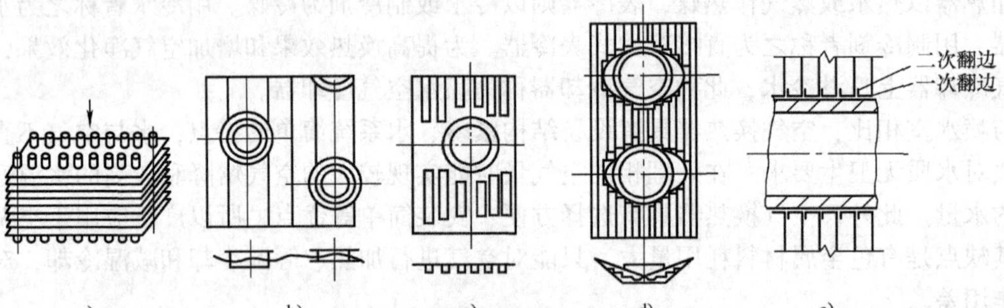

图 5-8　整体串片型肋片管

a）平片　b）波纹片　c）条缝片　d）波形冲缝片　e）二次翻边片

这类换热器与圆形肋管换热器相比，具有结构紧凑、在相同排数和相同迎风面积的条件下有较大的传热面积、传热效果好、空气阻力小、耗用材料少和加工工艺先进等优点。尤其是使用专用模具加工肋片，实现肋片冲孔的二次翻边，保证了肋片的间距和肋片与管子的接触强度，进一步增强了传热效果。这类换热器已在空调工程中得到了广泛的应用。

2. 喷水空气冷却器

为了克服空气冷却器不能对空气相对湿度进行调节，冬季无法对空气作加湿处理的缺点，同时也为了提高空气冷却器的传热能力，喷水式空气冷却器应运而生。这种喷水式空气冷却器的示意图如图 5-9 所示，它是带喷水装置的空气冷却器，即在空气冷却器前设置一排喷水管，向其外表面喷淋循环水。实验证明，在其他条件相同的情况下，喷水式空气冷却器比不喷水的空气冷却器的热交换能力要大许多，从而扩大了空气冷却器处理空气的范围。喷水式空气冷却器通常设置在空气处理机内。当利用循环水进行绝热加湿或利用喷水提高空气处理后的饱和度时，可采用带喷水装置的空气冷却器。

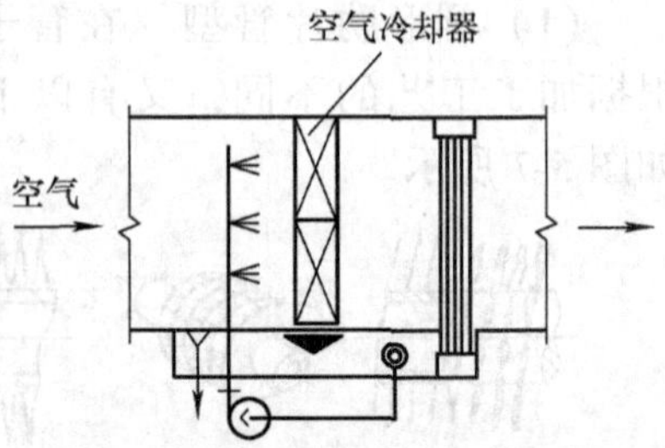

图 5-9　喷水式空气冷却器示意图

5.1.3　电加热器

1. 电加热器的工作原理

电加热器是让电流通过电阻丝或电热管发热而加热空气的设备。电加热器的主要优点是加热均匀、供热量稳定、效率高、结构紧凑、反应灵敏，并且加热量易于调节控制。但是电加热器消耗的是高品位的电能，能量消耗大、费用高。因此，电加热器一般用于小型空调系统，或用在对恒温精度要求高的大型空调系统的送风支管上，作为局部加热器或末级精加热器起微调节的作用。

2. 电加热器的结构

电加热器按其结构形式的不同可分为裸线式和管式两种。

裸线式电加热器由裸露在空气中的电阻丝构成，如图 5-10 所示，其外壳由中间填充绝缘材料的双层钢板组成，在钢板上装有固定电阻丝的瓷绝缘子。空气与灼热的电阻丝直接接触而被加热。根据需要，电阻丝可布置成单排或多排，为便于检修，定型产品常做成抽屉式。

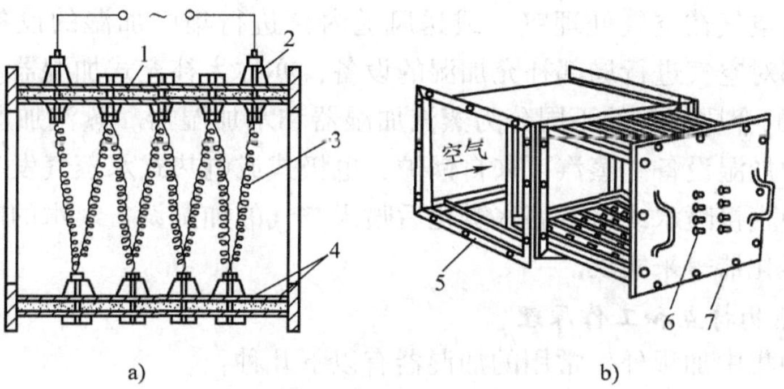

图 5-10　裸线式电加热器

a）基本结构　b）抽屉式

1—隔热层　2—瓷绝缘子　3—电阻丝　4—钢板　5—送风管　6—接线端子　7—抽屉式电加热器

裸线式电加热器结构简单，热惰性小，加热迅速；但在高温下易断丝漏电，安全性差，必须有可靠的接地装置，并要与风机联锁运行；电阻丝表面温度高，黏附其上的杂质经烘烤后会产生异味，影响空气质量。

管式电加热器是根据所需加热功率由管状电热元件组装而成的。这种电热元件是将电阻丝装在特制的金属套管中，电阻丝与管壁之间填充导热性好的结晶氧化镁作为绝缘材料，其结构如图 5-11 所示。管式电加热器的主要优点是加热均匀、安全性好、加热量稳定，缺点是热惰性大。目前空调系统中常采用这种电加热器。

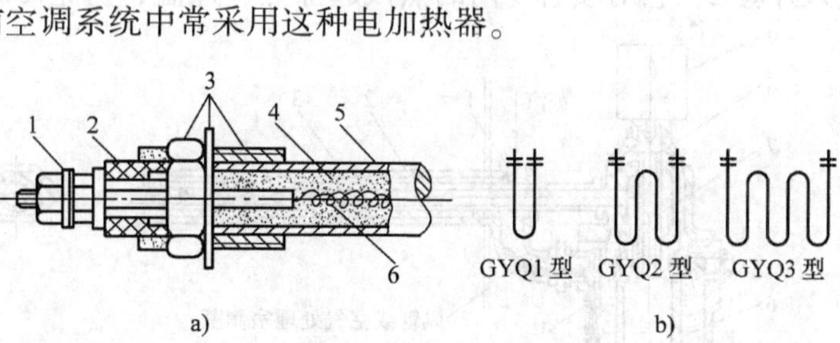

图 5-11　管式电加热器

a）结构　b）图形符号

1—接线端子　2—瓷绝缘子　3—紧固装置　4—绝缘材料　5—金属套管　6—电阻丝

在选用电加热器之前，首先按作用要求来确定电加热器的类型，再根据所需加热量的大小及控制精度要求对电加热器进行分级，最后依照分级情况和每级功率的大小选择合适的电加热器。

通过电加热器的风速应为 8 ~ 12m/s，以免风速过低造成加热器表面温度过高。

5.2 空气加湿与除湿设备

5.2.1 空气加湿设备

1. 加湿器的作用与类型

加湿器是对空气进行加湿处理的空调设备。

1）根据对空气的处理方式的不同可分为集中式加湿器和局部式加湿器。集中式加湿器就是对送入房间的空气在空气处理室（或送风道内）进行集中加湿的设备；局部式加湿器是在空调房间内部对空气进行局部补充加湿的设备，亦称为补充式加湿器。

2）根据加湿的介质状态的不同分为蒸汽加湿器和水加湿器。蒸汽加湿器是在被调节的空气中喷入蒸汽的加湿设备。蒸汽可来自锅炉、电极式或电热式水蒸气发生器。水加湿器是在被调节的空气中直接喷水或将常温水雾化后喷入空气的加湿设备。水的雾化可通过超声波雾化器或回转式雾化器等来实现。

2. 加湿器的结构特点和工作原理

除在喷水室中集中加湿外，常用的加湿器有以下几种：

（1）干蒸汽加湿器　目前空调工程中常用的干蒸汽加湿器，接其结构特征和组合情况的不同，可分为整体式、组装式和散装式。整体式加湿器通常将兼有分离、干燥功能的喷管组件连同电动或气动调节阀装配为一个整体设备，如 LXS-D 型等。组装式加湿器通常以喷管组件为一组，而带有电动或气动调节阀的蒸汽分离、干燥室为另一组，两组以专用短管连接，如 QZS、DZS 型等。散装式加湿器则是将兼有分离、干燥功能的喷管组件作为一个独立器件，电动或气动调节阀作为另一个独立器件，现场安装而成，如 ZKZ 型等。

工程上常用的 QZS、DZS 型干蒸汽加湿器由带保温外套的喷管组件、带气动或电动调节阀的蒸汽分离干燥室和消声器三部件组成 QZS 型干蒸汽加湿器的结构如图 5-12 所示。蒸汽由蒸汽引导管 1 进入外套 2，它对喷管 3 内的蒸汽起加热、保温、防止冷凝的作用。外套的

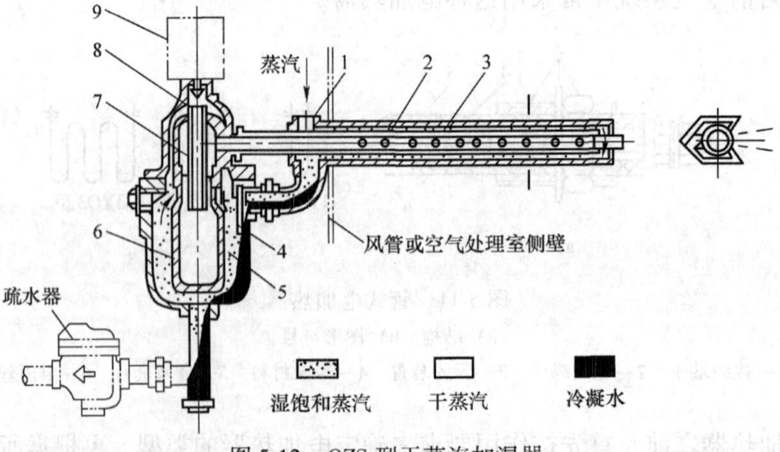

图 5-12　QZS 型干蒸汽加湿器

1—蒸汽引导管　2—外套　3—喷管　4—挡板　5—分离室　6—干燥室　7—消声腔　8—阀孔　9—电动或气动执行器

外壁由于直接与被处理的空气接触，因此有部分蒸汽将凝结成水，随蒸汽一道进入分离室5，由于蒸汽和冷凝水受到惯性和挡板4的阻挡，冷凝水便被分离下来。同时，由于分离室的通道面积加大，使蒸汽减速，因而提高了分离冷凝水的效果。分离出冷凝水的蒸汽由分离室的顶部流经调节阀阀孔8减压，再进入干燥室6。在干燥室内，蒸汽经过急剧拐弯之后，使蒸汽中残留的冷凝水滴第二次被分离出来。由于干燥室被包在分离室内，干燥室内第二次被分离的冷凝水滴，在分离室内的高温蒸汽的作用下，吸热再汽化。因此，流经消声腔7并从喷管小孔喷出的是干蒸汽。除消声腔外，喷管内另有消声设施，以减少蒸汽通过喷口时产生的噪声。

干蒸汽加湿器具有加湿迅速、均匀、稳定、不含水滴、不含菌、噪声较小、省电等优点，多用于要求洁净和温度波动范围要求严格的房间，如医院的手术室、生物培育试验室、计算机房、精密产品制造车间等。其缺点是结构复杂，制作工艺难度大，有色金属消耗量大，造价较高。

（2）电加湿器　电加湿器是用电能使水汽化而送入空气中的加湿设备，主要有电极式和电热式两种。

1）电极式加湿器。电极式加湿器的结构如图5-13所示，它是利用三根不锈钢棒或镀铬铜棒作为电极（必要时也可使用两根电极），将其放入不易锈蚀的水容器中，以水作电阻，金属容器接地。三相电源接通后，电流从水中通过，水被加热而产生蒸汽。蒸汽由排出管送到待加湿的空气中去。水容器内的水位越高，导电面积越大，则通过的电流越强，产生的蒸汽量就越多。因此，可以通过改变溢流管高低的办法来调节水位高低，从而调节最大加湿量。

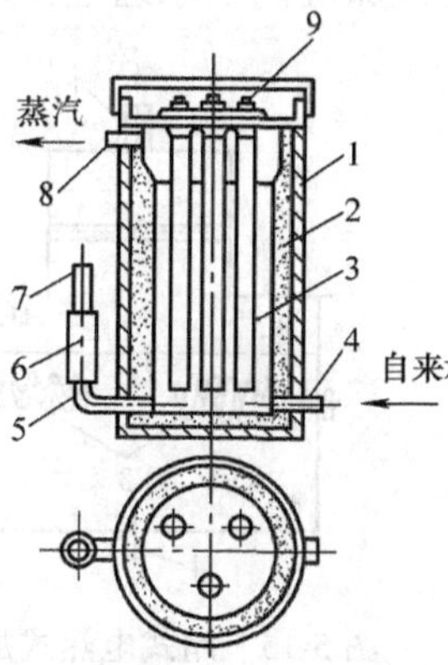

图5-13　电极式加湿器的结构

1—外壳　2—保温层　3—电极　4—进水管　5—溢水管　6—橡皮管　7—溢水嘴　8—水蒸气管　9—接线柱

电极式加湿器具有结构紧凑、加湿量容易控制、安装占地面积小、安全性好等优点，因而被广泛地应用于缺少水蒸气源而有一定温、湿度要求的场所，如用于小型恒温恒湿空调室、小型空调系统和高温冷库等场所的加湿。但电极式加湿器耗电量较大，电极表面容易结垢和腐蚀，水质要求高。

2）电热式加湿器。电热式加湿器是利用在水槽中的管状电热元件通电加热而产生水蒸气的加湿设备，主要由箱体、电热元件和补水控制器等组成。电热式加湿器的管状电热元件结构是将电阻丝装在特制的金属套管内，其间填充导热性好的电绝缘材料，如结晶氧化镁等。电热元件的容量、电压、尺寸和形状根据产品结构而确定。补水控制器分自力式和电动式。电热式加湿器的箱体分开式和闭式。开式电热式加湿器如图5-14所示，它采用与大气相通的箱体，蒸汽压力与大气压力相等。开式电热式加湿器结构简单、制造方便，但空调室内空气温度波动幅度较大，不易控制，容量小，因而常与小型恒温恒湿空调器配套使用。

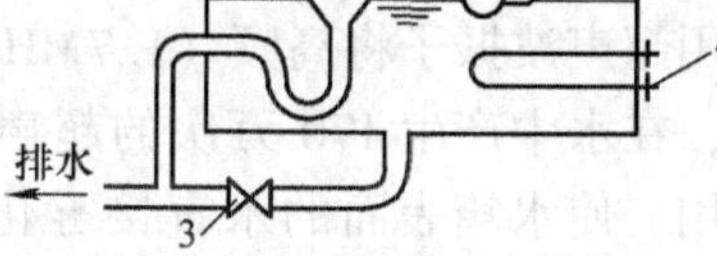

图5-14　开式电热式加湿器

1—浮球　2—溢水口　3—排污阀　4—电热元件

闭式电热式加湿器如图5-15所示，它采用密闭容器并使容器内蒸汽压力低于大气压力。闭式电热式加湿器的加热汽化时间短，空调室内的空气温度波动幅度小，常用于无蒸汽源并要求恒温恒湿的空调系统，如热、湿交变试验室等。

电热式加湿器主要设在集中空调系统的空气处理机（室）内。为减少加湿器的热量消耗和电能消耗，应对其外壳做好保温工作。

（3）喷水（雾）加湿器　喷水（雾）加湿器常用于某些余热量较大、余湿量较少，又要求保持较高湿度的房间的加湿，这类加湿器直接在房间内将常温水（或将常温水雾化）喷向空间，利用水雾吸收室内空气热量蒸发成水蒸气来加湿空气。其类型有离心式、超声波式、淋水层加湿器等。

1）离心式加湿器。离心式加湿器是靠离心力作用将水雾化成细微水滴，在空气中蒸发进行加湿的。离心式加湿器如图5-16所示，主要由圆筒形外壳、旋转圆盘（带固定式破碎梳）、电动机、水泵管、储水器和供水系统组成。封闭电动机驱动旋转圆盘和水泵管高速旋转。水泵管抽吸储水器内的水并送至旋转圆盘上面形成水膜，在离心力的作用下，水膜被甩向破碎梳并形成细微水滴。待加湿空气从圆盘下部进入，吸收雾化了的小水滴由于水滴吸热蒸发而被加湿。供水通过浮球阀进入储水器，并维持一定的水位。

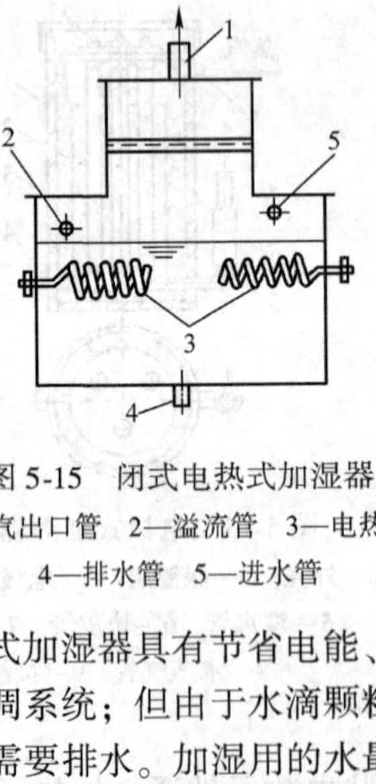

图5-15　闭式电热式加湿器

1—蒸汽出口管　2—溢流管　3—电热元件　4—排水管　5—进水管

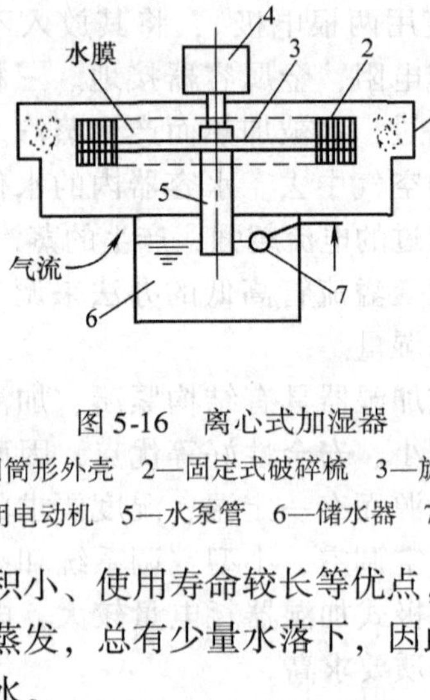

图5-16　离心式加湿器

1—圆筒形外壳　2—固定式破碎梳　3—旋转圆盘　4—封闭电动机　5—水泵管　6—储水器　7—浮球阀

离心式加湿器具有节省电能、安装维修方便、体积小、使用寿命较长等优点，可用于较大型的空调系统；但由于水滴颗粒较大，不可能完全蒸发，总有少量水落下，因此放置加湿器的地方需要排水。加湿用的水最好用软化水或纯净水。

国产离心式加湿器有多种不同规格，单台加湿量为2～5kg/h，电功率为75～550W，单台安装或多台组装可满足不同空调系统加湿的要求。

2）超声波式加湿器。超声波式加湿器（见图5-17）利用超声波振子将高频（1.7MHz）电能转化成超声波机械能，在水中产生170万次的超声波，造成剧烈的水滴撕裂作用，使水箱表面的水直接雾化成直径为3～5μm的细微水滴。这些水滴随气流扩散到周围空气中，吸收空气的显热蒸发成水蒸气，从而对空气进行加湿。在使水雾化的过

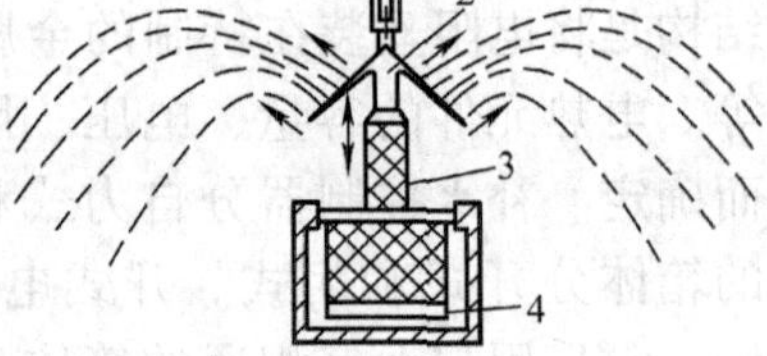

图5-17　超声波式加湿器

1—进水管　2—弯曲共振器　3—分级变压器　4—压电陶瓷

程中也伴随产生负氧离子。

超声波加湿器的优点是雾化效果好、水滴细微均匀、耗电较低、反应灵敏，整机结构紧凑、运行安静平稳、噪声低，即使在低温下也能对空气进行加湿；缺点是加湿器价格较高，振子的使用寿命较短。同时，对供水的水质要求很高，必须用洁净的软化水或去离子水，否则，一旦振子上结垢，极有可能因负荷过大而烧毁。此外，如果不使用软化水或去离子水，雾化后的细微水滴的水分蒸发后，会形成白色粉末附着于风管管壁、室内地面、墙面及物体表面。

超声波加湿器可安装在空调器、组合式空调机组内，也可以直接安装在送风风道内。

3）淋水层加湿器。淋水层加湿器是利用水蒸发吸热的原理，向某种加湿材料（简称湿帘，由吸水材料制成）上淋水，被处理空气通过湿帘时，水吸收空气的显热而蒸发成水蒸气并进入空气中。淋水层加湿器既能使空气加湿，又能使空气降温，所以又称为湿帘淋水加湿-降温器，其工作原理如图5-18所示。该加湿器由蒸发湿帘模块、布水器组件、输水管、水泵、水箱、进水管、排水管等组成。

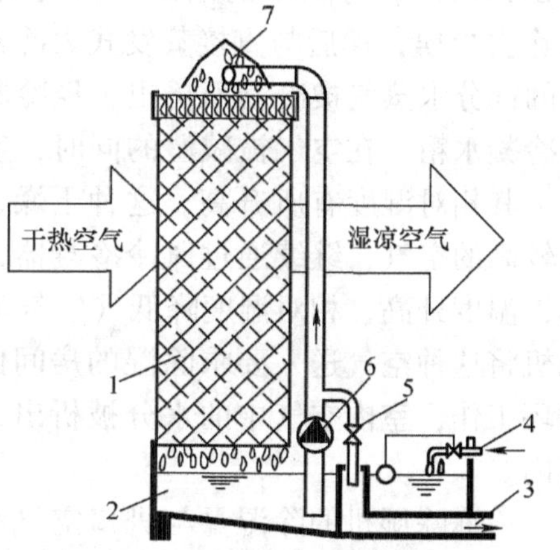

图5-18 淋水层加湿器工作原理
1—蒸发湿帘 2—水箱 3—排水管 4—进水管
5—排水阀 6—水泵 7—布水器

淋水层加湿器可安装在组合式空调机组同成为加湿段。它的主要优点是加湿效率较高、可实现洁净加湿、不需要水处理、维护简单、使用周期长，还可作为降温器使用。例如，可以对燃气轮机、风冷式冷凝器的进风进行降温，另外，也能用来吸收空气中的盐碱成分。

5.2.2 空气除湿设备

1. 除湿机的作用与类型

除湿机是除去空气中的水分，降低空气湿度的空调设备。根据其工作原理可分为以下几种：

（1）升温除湿机　是在不减少湿空气含湿量的前提下，对湿空气加热升温而降低其相对湿度的降湿设备，主要有升温除湿装置等。

（2）露点式除湿机　将湿空气通过低于其露点温度的冷却面而结露析出水分的除湿设备，亦称表面冷却式除湿机，有冷冻除湿机、调温除湿机等。

（3）吸附式除湿机　利用某些物质具有吸收或吸附水分以及具有再生能力的除湿设备。这一类设备具有吸湿和再生系统，有固体吸附剂除湿机和液体吸收剂除湿机等。

（4）综合式除湿机　利用多种除湿机原理工作的除湿设备。

各类除湿机装置可组合使用，如低露点除湿机就是综合利用冷冻除湿与吸附除湿的设备。

2. 常用除湿机的结构特点和工作原理

除湿机的形式较多，常用的除湿机有以下几种：

（1）加热通风式除湿装置　加热通风式除湿装置由通风机、加热器等组成。加热通风式除湿装置常将加热、通风、换气和除湿等空气处理工艺相结合，即将加热后相对湿度较小的室外空气或已进行除湿调节的空气送入室内，同时利用排风机将室内的高湿空气排出。

加热通风除湿装置结构简单、节省能源、投资少、运行费用低，但通风量大，工作时易受自然条件的限制，室内除湿可靠性差。

（2）露点式除湿机　露点式除湿机有冷冻除湿机和调温除湿机。

1）冷冻除湿机。冷冻除湿机是用制冷机作为冷源，以直接蒸发式表冷器作为冷却设备的除湿装置，一般由制冷压缩机、蒸发器（或称直接蒸发式表冷器）、风冷式冷凝器、毛细管、空气过滤器、凝结水盘和凝结水箱及通风机等组成。冷冻除湿机的工作原理如图5-19所示，待除湿的潮湿空气先经空气过滤器过滤除去尘埃，然后与直接蒸发式表冷器相接触，空气中的部分水蒸气被冷凝而析出，经冷凝水盘收集后流入冷凝水箱。在空气被减湿的同时，空气温度也已降低，其相对湿度有所升高。这种干燥、低温、相对湿度较高的空气，继续通过风冷冷凝器，并在其中被加热，温度升高、相对湿度降低（空气的含湿量不变）。风机将这种空气送入要求除湿的房间内。如此不断地循环工作，室内空气中的水分被析出，而流入冷凝水箱内。

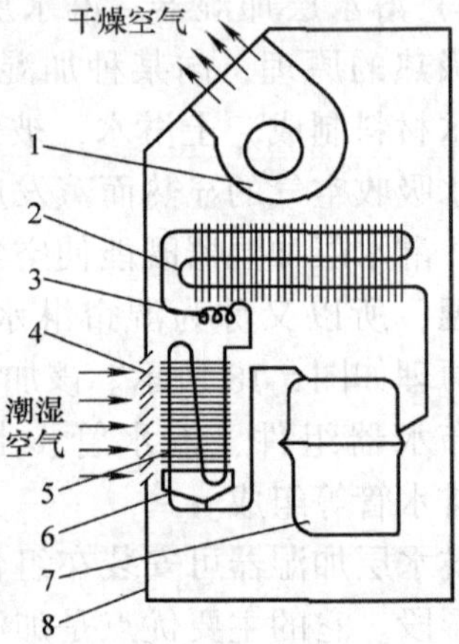

图5-19　冷冻除湿机的工作原理

1—风机　2—风冷冷凝器　3—毛细管
4—空气过滤器　5—蒸发器　6—冷凝水盘
7—制冷压缩机　8—机壳

冷冻除湿机的除湿量与进口空气温度、相对湿度及配备的风机有关。冷冻除湿机的性能在常温下较稳定，运行可靠，能连续除湿，不需要热源和水源，使用方便，因而冷冻除湿机常用于空气温度为15～35℃，相对湿度小于90%的既需除湿又需加热的场合，对空气温度、湿度高的地区效果好。但冷冻除湿机初期投资较高，耗用有色金属较多，运行费用较高；另外，在低温下运行性能较差，当空气温度低于15℃时性能逐渐降低，空气露点低于4℃时制冷压缩机可能产生湿冲程。

普通冷冻除湿机采用单一的风冷冷凝器，出风温度较高（接近冷凝温度），不能根据实际情况进行调节，使其在应用上受到一定限制，尤其对于有不同空气温度、湿度要求的场合更难适应。

2）调温除湿机。调温除湿机也属于露点式除湿机，同样采用制冷系统来进行除湿。调温除湿机与普通冷冻除湿机不同的是它同时配有水冷式冷凝器和风冷式冷凝器，这两个冷凝器在除湿系统中既可串联使用又可单独使用。调温冷冻除湿机具有升温除湿、降温除湿和调温除湿的功能，其基本组成及工作原理如图5-20所示。

若按升温除湿过程运行时，水冷冷凝器停用（即停止向冷凝器供给冷却水），关闭直通截止阀13，打开直通截止阀6和7。若按降温除湿过程运行时，停用风冷冷凝器，关闭直通截止阀6和7，打开直通截止阀13，让水冷冷凝器投入工作。若按调温除湿过程运行时，则让高温高压的氟利昂蒸气部分由水冷冷凝器进行冷凝，部分由风冷冷凝器进行冷凝。也就是说，进入风冷冷凝器的只是一部分氟利昂蒸气，所以它放给空气的只是一部分冷凝热，空气升温不大，借以达到调节除湿机出口的空气温度的目的。

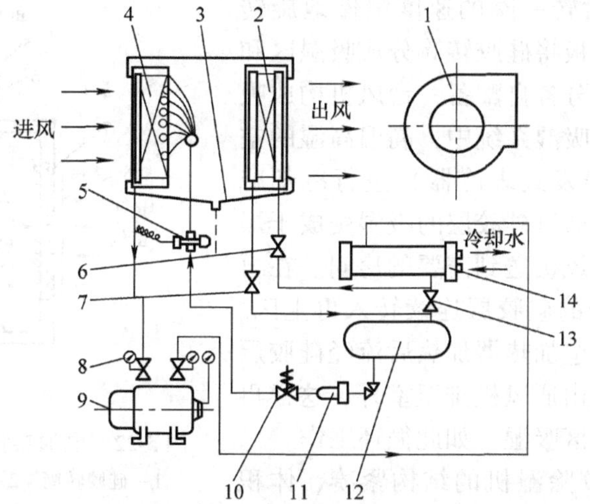

图5-20 调温冷冻除湿机的基本组成及工作原理

1—离心风机 2—风冷冷凝器 3—凝结水盘 4—蒸发器 5—热力膨胀阀 6、7、13—直通截止阀 8—压力表 9—制冷压缩机 10—电磁阀 11—干燥过滤器 12—储液器 14—水冷冷凝器

（3）吸收或吸附式除湿装置 在工程中，空气露点低于4℃时应选用吸收或吸附式除湿装置。这类除湿装置的除湿剂有固体和液体两类。

1）固体除湿装置。固体除湿装置是利用某些固体材料具有吸收或吸附水分并能再生的特性来除湿的设备。

固体除湿装置有静态空气法和动态空气法两种。静态空气法是将吸湿剂放置在筛盘或箱体内吸湿；动态空气法是用通风机强制湿空气通过吸湿剂吸湿。常用的固体除湿装置有如下几种：

① 硅胶除湿装置。硅胶除湿装置有抽屉式和电加热转筒式。

图5-21所示为抽屉式硅胶除湿机。工作时，在风机的作用下空气由分风隔板的敞口进入硅胶除湿层，除湿后的干燥空气由风道送入房间。抽屉式硅胶除湿装置本身不具有再生能力，硅胶吸湿失效后需取出抽屉，更换新硅胶。抽屉式硅胶除湿装置适用于小风量空调系统。

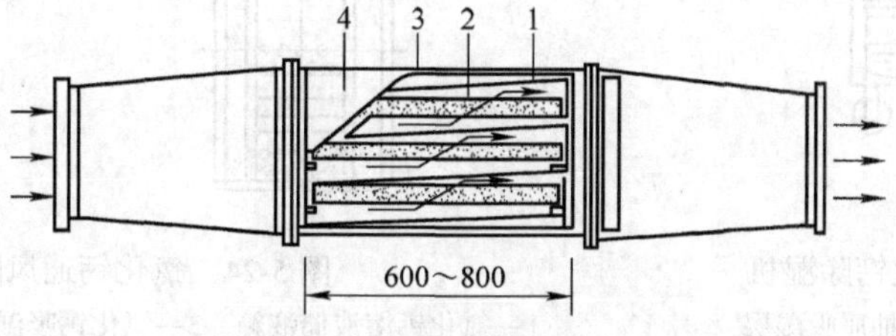

图5-21 抽屉式硅胶除湿机

1—分风隔板 2—抽屉式吸湿层 3—外壳 4—密闭门

图5-22所示为冷冻除湿和硅胶吸湿联合使用的电加热转筒式硅胶除湿机原理图。该除湿机由箱体、电加热器、硅胶转筒、制冷机蒸发器等部件组成。硅胶转筒由两层金属多孔板（内衬铜丝网）做成夹层，筒体直径为800mm，长度为380mm，硅胶层厚度为50mm，夹层

内放硅胶，并以半小时转一圈的速度缓慢地旋转着。箱体内用密闭隔风板将硅胶转筒分成吸湿区和再生区两部分，每一部分各自配备一台风机构成吸湿和再生两个系统。在吸湿系统中，高温高湿的空气经蒸发器（即直接蒸发式表冷器）进行冷却减湿处理后进入吸湿区，通过硅胶层的吸湿变成干燥空气，干燥空气则由通风机送到需要的房间。在再生系统中，吸附了水分的硅胶层连续转入再生区。在该区内，再生空气经电加热器加热后流经硅胶层将硅胶再生，潮湿空气由通风机排至室外。这样再生后的硅胶又转入吸湿区吸湿，如此循环工作。

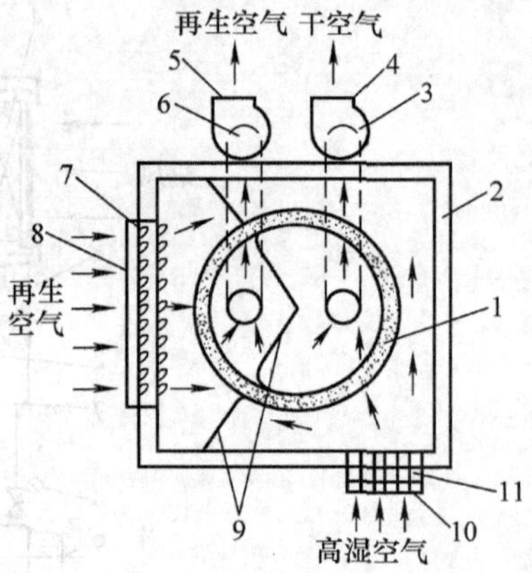

图 5-22 电加热转筒式硅胶除湿机原理图

1—硅胶转筒 2—箱体 3、6—离心风机 4—干空气出风口 5—再生空气出口 7—电加热器 8—再生空气进口 9—密闭隔风板 10—高湿空气入口 11—蒸发器

电加热转筒式硅胶除湿机的结构紧凑、体积小、除湿性能稳定，特别是将冷冻除湿作为硅胶吸湿的预处理，可使硅胶吸湿不受夏季高温高湿空气的影响，可以消除硅胶吸湿后所放出的潜热（吸附热）和从再生区带去的热量，使送到房间的温度不致太高，同时降低了吸湿区硅胶层的温度，有助于提高其吸湿能力。

② 氯化钙除湿装置。用于氯化钙除湿装置的除湿剂有工业纯氯化钙与无水氯化钙。氯化钙除湿装置有抽屉式（见图 5-23）和通风除湿箱（见图 5-24）两种。

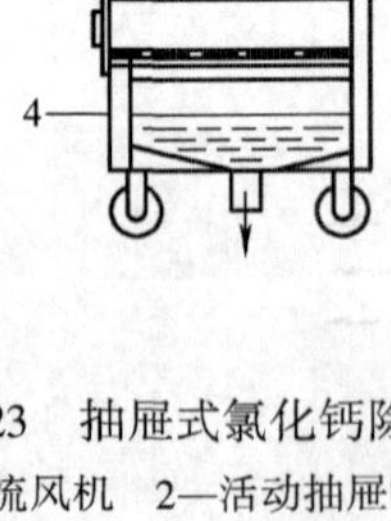

图 5-23 抽屉式氯化钙除湿机

1—轴流风机 2—活动抽屉吸湿层 3—进风口 4—主体骨架

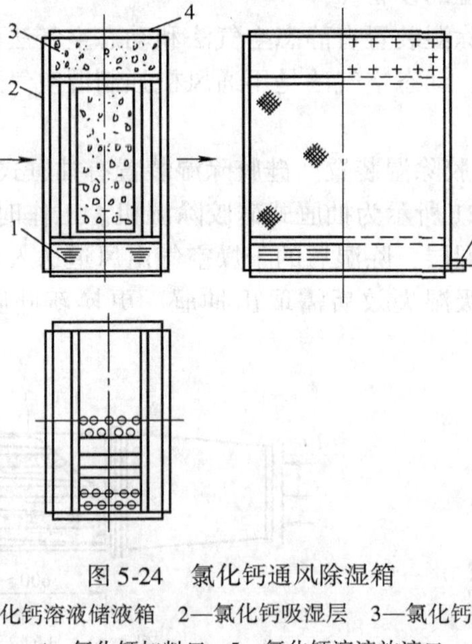

图 5-24 氯化钙通风除湿箱

1—氯化钙溶液储液箱 2—氯化钙吸湿层 3—氯化钙存料箱 4—氯化钙加料口 5—氯化钙溶液放液口

抽屉式除湿机为移动式，通风除湿箱为固定式。两种设备的结构基本相同，都是由箱体、氯化钙放置器和风机等组成。工作时，湿空气在通风机的作用下进入氯化钙放置器除湿，再送入空调室使用。

氯化钙除湿后会潮解成溶液，可用锅敖煮法、煤气还原法和燃油还原法等使其再生。

③ 转轮除湿机。为了使固体吸附剂除湿装置能够连续地工作，可以采用转轮式除湿机。图5-25所示为转轮除湿机的工作原理图。它的主体结构和吸湿部件是不断转动着的蜂窝状干燥转轮。该转轮由特殊复合耐热材料制成的波纹状介质构成，波纹状介质中载有吸附干燥剂。按照干燥剂的种类不同，干燥转轮有氯化锂转轮、高效硅胶转轮和分子筛转轮3种，其中以氯化锂转轮和硅胶转轮使用得最多。就强度而言，氯化锂转轮不如硅胶转轮。每种转轮均能提供巨大的吸湿表面积（每立方米体积大约有$300m^2$），所以除湿能力强。

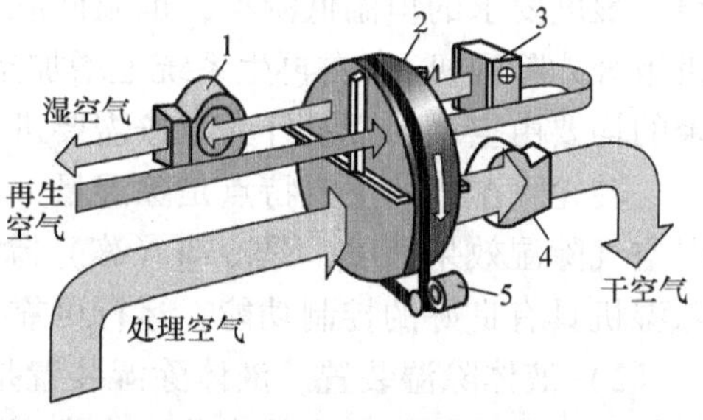

图5-25 转轮除湿机的工作原理图

1—再生空气风机 2—转轮 3—再生加热器 4—处理空气风机 5—转轮电动机

转轮除湿机主要由除湿系统、再生系统和控制系统三部分组成。除湿系统由干燥（吸湿）转轮、减速传动装置、风机和空气过滤器等组成。再生系统除转轮箱体外，还有加热器、风机、过滤器和调风阀门等。加热器有蒸气加热和电加热两种。控制系统由电器设备、再生空气温度的控制装置和电热设备的保护装置组成。

含有高度密封填料的固定隔板将干燥转轮划分为两个区：一个是处理空气用的270°扇形区域，占总面积的3/4；另一个是再生空气通过的90°扇形区域，占总面积的1/4。干燥转轮以8～50r/h的速度缓慢地转动着。

当待除湿的潮湿空气（称为处理空气）进入转轮270°扇形区域时，空气中的水分被嵌固在转轮内的吸湿剂吸附，干燥后的空气则由风机送至待除湿的房间或空间。与此同时，另一部分再生空气（一般为室外空气）经过加热器加热后成为120℃的热空气进入90°扇形区域，将原先吸附的水分带出，湿空气则由再生空气风机排至室外。由于转轮一直在缓慢地旋转，所以吸湿和再生可以连续进行。

图5-26所示为一整体型转轮除湿机的结构及流程图。整体型转轮除湿机将风机、干燥

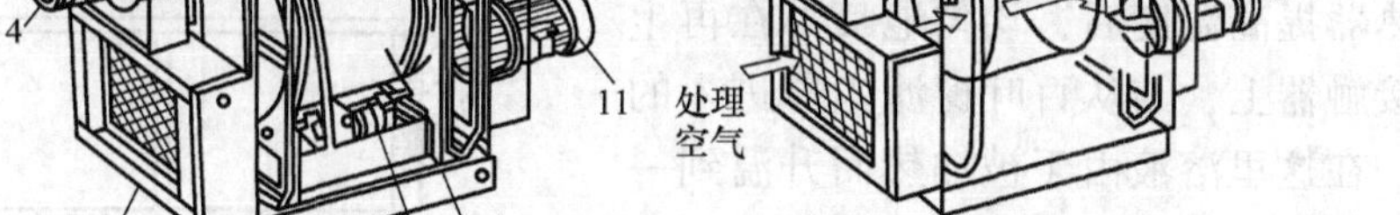

图5-26 整体型转轮除湿机的结构及流程图

a）结构 b）流程

1—干燥转轮 2—转轮驱动电动机 3—处理空气过滤器 4—再生风机及电动机 5—再生空气过滤器 6—散热风扇 7—再生空气加热器 8—键盘及数字显示板 9—电气控制盘 10—主电源关断开关 11—处理风机及电动机

转轮、再生用空气加热器等部件，安装在一个钢板制作的箱体内，箱体的顶板和两侧的面板是可以拆卸的，可方便对机组内部组件进行检修。

转轮除湿机既可作为潮湿房间单纯除湿装置用，也可与其他空气处理设备（如表冷器等）组装在一起使用。按照使用功能的不同，转轮除湿机可分为单纯除湿用的基本型，有温、湿度要求的恒温低湿型，恒温低湿净化型，某些特殊干燥工艺用的大湿差型（采用多级组合式除湿机），在再生系统上增加空气—空气热回收装置的节能型等。除基本型外，其余的均要由空调工程设计人员按需要进行组配，才能满足对不同送风参数的要求。

转轮除湿机的主要特点是除湿量大、湿度可调，容易控制处理后空气的湿度；对低温低湿空气除湿效果显著，是冷却（冻）除湿法难以达到的；吸湿转轮性能稳定，使用寿命长；除湿机具有良好的控制功能，运行可靠、易于操作、维护简便；设备体积小、安装便捷等。

2）液体除湿装置。液体除湿装置是利用某些液体吸湿剂在常温常压下水蒸气分压力低的特性直接吸收空气中的水分，来实现除湿的目的的。用于液体除湿机的液体吸湿剂有氯化钙、氯化锂、三甘醇等的水溶液。由于氯化钙、氯化锂水溶液对金属有较强的腐蚀性，影响了它们的应用。三甘醇是无色液体，无毒无味，冰点低、沸点高，工作时不产生结晶，能以任意比例溶于水，化学稳定性好，对金属无腐蚀性。

常用的SC型三甘醇液体吸收剂除湿机是一种喷淋冷却接触塔式（空气再生式）空气除湿机，由吸湿装置、再生装置、螺旋板式换热器、溶液泵、风机和自控装置等附属设备组成。除湿机的管路系统包括溶液循环系统、冷却水及蒸气供应系统等。图5-27所示为三甘醇除湿机的吸湿装置，内有百叶窗滤尘器、浓溶液喷淋管、冷却接触器和除雾器等。待处理的潮湿空气经百叶窗滤尘器进入喷淋浓溶液的冷却接触器，空气与液膜层进行热湿交换，空气被减湿。干燥后的空气经除雾器除掉空气中夹带的雾滴，然后由风机送出。要向冷却接触器供给冷却水，它承担冷却与接触两个方面的任务。吸收了空气中水分后被稀释的溶液，流入底箱，等待再生。

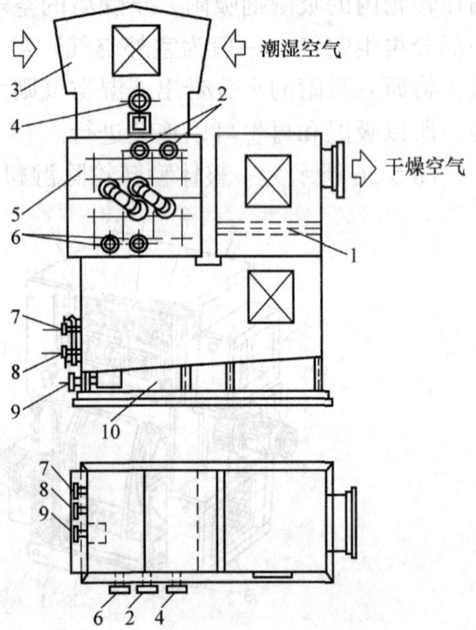

图5-27　三甘醇除湿机的吸湿装置
1—除雾器　2—冷却水出水管
3—百叶窗滤尘器　4—浓溶液喷淋管
5—冷却接触器　6—冷却水进水管
7—平衡管　8—回液管　9—出液管　10—底箱

图5-28所示为三甘醇除湿机的再生装置，内有百叶窗滤尘器、稀溶液喷淋管、加热接触器、除雾冷却器和除雾器等。利用设在机外的溶液泵抽吸来自吸湿装置底箱大约1/3的稀溶液，经螺旋板换热器提高温度后，均匀地喷淋在再生装置的加热接触器上，与从百叶窗滤尘器进入的空气相接触，在这里溶液由于被加热而升温到一定程度，稀溶液中的水分就会蒸发到空气中，从而得到浓缩和再生。为了减少溶液因蒸发被热湿空气夹带走的量，特设置除雾冷却器和除雾器。热湿空气由风机排出。

浓缩后的高温溶液集中到再生装置的底箱，然后用溶液泵加压，经螺旋板换热器冷却后汇集到吸湿装置储液底箱里，用泵加压并通过管路分别送往吸湿装置和再生装置上部喷淋，如此循环进行。

三甘醇除湿机的冷却水系统是吸湿装置冷却接触器要求提供的，根据具体情况，可分别采用冷却塔循环水、深井水或制冷水。再生装置内除雾冷却器所用冷却介质，一般采用进入再生装置喷淋之前（螺旋板换热器之前或之后）的三甘醇冷溶液，也可利用吸湿装置冷却接触器用过的冷却水。再生装置加热接触器采用 0.1 ~ 0.2MPa 的蒸气作为热媒。

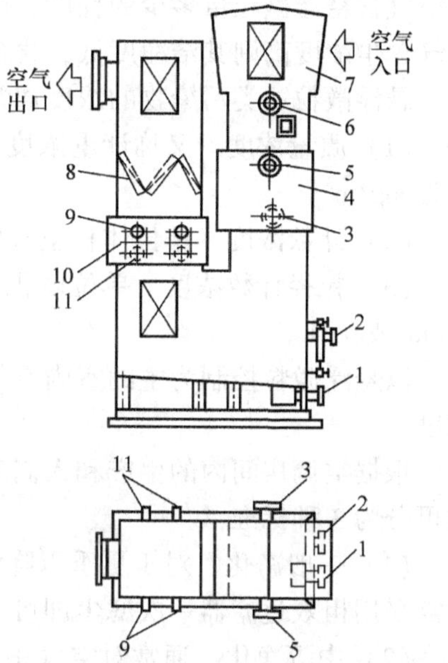

图 5-28　三甘醇除湿机的再生装置
1—出液管　2—平衡管　3—凝结水管
4—加热接触器　5—蒸气管　6—稀溶液喷淋管
7—百叶窗滤尘器　8—除雾器　9—进水管
10—除雾冷却器　11—出水管

三甘醇除湿机的优点是能连续处理大量空气，降（减）湿幅度大，在低温情况下有较好的除湿效果。经三甘醇溶液处理后的空气有害细菌被大量杀灭。该装置除泵、风机外，无转动部件、故障较少、运行平稳、维修简便。它的缺点是除必须具备电源外，尚需提供冷源和热源；再生时易引起聚合，产生树脂状物质；需要有较多的冷却水，使用时受冷却水条件的限制。

三甘醇除湿机一般用于大风量和要求常温低湿，或者需要低温条件下除湿的场合以及有病菌等需要消除并有除湿要求的场合。

5.3 空气净化设备

5.3.1 空气净化的目的和标准

1. 空气净化的目的

空气调节系统中所处理的空气一般是新风和回风。新风常因室外环境有尘埃而被污染；回风则因室内人的活动、工作和工艺过程而被污染。空气中的尘埃除对人体健康不利外，还会影响室内清洁和产品质量，以及恶化空调设备的处理效果，如加热器、冷却器的传热性能。所以，根据工艺要求应在空调系统中设置相应的空气净化设备。

空气净化的目的就是除掉上述两个方面的污染。舒适性空调的作用就是使人们有一个清新、舒适的工作和生活空间。随着现代科学实验和工业生产技术的飞速发展，对空气的洁净度提出了严格的要求，以保证科研、生产过程的顺利进行，获得产品质量的高精度、高纯度及高成品率。这类工艺性空调称为净化空调，这种空调房间已经远远超出人体卫生角度对空气净化的要求，因而称为工业洁净室。现代生物医学工程的发展，对空气中细菌数量的控制，也提出了同样严格的要求，以保证手术医疗和药品、制剂及食品的生产不受感染和污染，维护人体的健康，这类洁净房间称为生物洁净室。

2. 空气净化的标准

空气中悬浮微粒净化的标准通常用空气洁净度等级来衡量。空气洁净度是洁净空气环境中空气含悬浮微粒量多少的程度。单位体积空气中所含有的悬浮微粒量称为空气含尘浓度。空气含尘浓度高则其洁净度低，含尘浓度低则空气洁净度高。

悬浮微粒这类污染物的浓度通常采用以下三种表示方法：

(1) 质量浓度　又称计重浓度，是以单位体积空气中含有悬浮微粒的质量来表示，单位为 mg/m^3。

(2) 计数浓度　单位体积空气中含有各种粒径悬浮微粒的总数，单位为粒/m^3或粒/L。

(3) 粒径计数浓度　单位体积空气中含有某一粒径范围内的悬浮微粒的颗粒数单位为粒/m^3或粒/L。

以悬浮微粒控制为主的室内空气净化标准均采用质量浓度，而洁净室则多采用粒径计数浓度。

根据空调房间内的生产和人们工作生活对洁净度的要求不同，空气中悬浮微粒的净化要求可分为 3 种标准：

(1) 一般净化　对于夏季以降温为主要目的的一般空调系统，通常无确定的控制指标，只需采用粗效过滤器一次滤尘即可。

(2) 中等净化　通常对空气中悬浮微粒的质量浓度有一定要求。例如，对旅馆建筑的客房、餐厅、宴会厅、多功能厅和康乐设施等，其空气含尘浓度≤0.15mg/m^3。一般采用两级过滤，在粗效过滤器的下游安装中效过滤器。

(3) 超净净化　对空气中悬浮微粒的大小和数量均有严格要求。在洁净工艺中，空气中悬浮微粒的大小和数量对生产工艺有直接影响，所以超净净化级别均以粒径计数浓度来划分。对要求无菌的生物洁净室，还要严格控制空气中微生物的粒子数。为此，超净净化的实现需要在洁净室内进行，一般要采用粗、中、高效三种过滤器进行三级过滤。

空气洁净度等级是评价空气洁净环境的核心指标，国际标准 ISO 14644-1—1999 及我国国家标准 GB/T 25915.1—2010《洁净室及相关受控环境　第 1 部分：空气洁净度等级》把洁净室（区）划分为表 5-1 列出的 9 个洁净度等级。从表中可看出，空气洁净度主要控制两个对象：一是可能造成损害的空气中最小微粒直径；二是可能造成损害的空气中的微粒数量。

表 5-1　洁净室（区）空气洁净度等级

空气洁净度等级（N）	大于或等于表中粒径的最大浓度限值/(粒·m^{-3})					
	0.1μm	0.2μm	0.3μm	0.5μm	1.0μm	5.0μm
1	10	2				
2	100	24	10	4		
3	1000	237	102	35	8	
4	10000	2370	1020	352	83	
5	100000	23700	10200	3520	832	29
6	1000000	237000	102000	35200	8320	293
7				352000	83200	2930
8				3520000	832000	29300
9				35200000	8320000	293000

此外，要求无菌的生物洁净室还需要对空气中的微生物含量进行严格控制，如国家标准GB 50457—2008《医药工业洁净厂房设计规范》中对药品生产洁净室（区）的空气洁净度等级的划分就增加了微生物指标，见表5-2。

表5-2 医药洁净室（区）空气洁净度等级

空气洁净度等级	尘粒最大允许数/(粒·m^{-3})		微生物最大允许数	
	≥0.5μm	≥5.0μm	浮游菌/(个·m^{-3})	沉降菌/(个·m^{-3})
100级	3500	0	5	1
10000级	350000	2000	100	3
100000级	3500000	20000	500	10
300000级	10500000	60000	1000	15

室内空气环境洁净度等级应从保证生产过程和产品质量的可靠性及对人体的安全性考虑，经过实验研究或长期地统计分析或根据经验确定。虽然空气中悬浮微粒数越少，对保证加工精度和产品质量越有利，但同时初投资与运行费用却要大大提高。因此，洁净等级的选择需要综合考虑多种因素。

5.3.2 空气过滤器

空气过滤器是空调工程中广泛使用的、对空气进行净化处理的主要装置，也是创造室内优质空气环境质量不可缺少的重要装置，其主要作用是捕集空气中的悬浮微粒。

1. 空气过滤器的滤尘机理与过滤效率

（1）滤尘机理 空调系统中使用的空气过滤器主要是玻璃纤维和合成纤维，以及由这些材料制成的滤布和滤纸。空气过滤器的滤尘机理比较复杂，其主要机理如下：

1）惯性作用（撞击作用）。尘粒在惯性力作用下，来不及随气流绕弯而与滤料碰撞后被除掉。

2）拦截作用（接触阻留作用）。当尘粒粒径大于滤料的孔隙尺寸时被阻留下来（筛滤作用）；对于非常小的粒子（亚微米粒子）惯性可以忽略，它随着流线运动，当气流紧靠纤维表面时，尘粒与纤维表面接触而被截留下来。

3）扩散作用。尘粒（$d_g<1\mu m$）随气体分子作布朗运动时，接触纤维表面而附在表面上，尘粒越小，过滤速度越低，扩散作用越明显。

4）静电作用。含尘气流经过某些纤维时，由于气流的摩擦可能产生电荷，从而增加了吸附尘粒的能力。静电作用与纤维材料的物理性质有关。

以上各种滤尘作用，对某一微粒来说并非同时有效，起主导作用的往往只是其中的某一种或某二、三种作用。

（2）过滤效率 空气净化设备过滤掉的微粒量与进风中的微粒量之比，称为过滤效率。影响空气过滤器效率的因素主要有：

1）尘粒粒径。尘粒越大，惯性作用越明显，过滤效率越高；尘粒越小，布朗运动产生的过滤效果越明显。

2）滤料纤维的粗细和密实性的影响。在同样的密实条件下，纤维直径越小，接触面积越大，从而过滤效果越好；纤维越密实，过滤效率越高，但阻力越大。

3）过滤风速。风速越大时，惯性作用越大，但阻力也随之增大。风速过大时甚至可使附着的尘粒吹出。所以在高效过滤器中，为了充分利用扩散作用和减小阻力，都取极小过滤风速。

4）附尘影响。附着在纤维表面上的尘粒可以提高滤料的过滤效率，但阻力也有所上升。阻力过大，既不经济又使空调系统风量降低，而且阻力过大会使气流冲破滤料，所以过滤器需要经常清洗。

2. 常用空气过滤器的种类和结构

国家标准 GB/T 14295—2008《空气过滤器》和 GB/T 13554—2008《高效空气过滤器》将空气过滤器按其过滤效率分为粗效过滤器、中效过滤器、高中效过滤器、亚高效过滤器、高效过滤器和超高效过滤器 6 种。空调工程中常见的是粗效、中效和高效过滤器。

此外，根据结构形式的不同，空气过滤器可分为平板式、折褶式、袋式、卷绕式、筒式和静电式；按滤料更换方式的不同，可分为可清洗式、可更换式和一次性使用式；按使用的滤料不同可分为滤纸过滤器、纤维（层）过滤器、无纺布过滤器、泡沫材料过滤器等。

（1）粗效空气过滤器　粗效空气过滤器是以过滤 5μm 以上的微粒为主的空气过滤器，又称为初效空气过滤器。在空气净化系统中，粗效空气过滤器对含尘空气进行第一级过滤，同时也作为中效过滤器前的预过滤，对后级过滤器起到一定的保护作用。过滤材料可以是金属丝网、玻璃纤维布、无纺布和粗、中孔聚氨酯泡沫塑料等，结构形式可以是平板式、折褶式、袋式和卷绕式，如图 5-29 所示。平板式过滤器结构简单、价格便宜、过滤面积小、容尘量小。袋式过滤器过滤面积大、容尘量大、强度高，使用无纺布滤料，不掉毛，可以清洗。卷绕式结构稍显复杂，占用空间大，更换滤料不太方便，在集中空调系统中一般不用。目前国产的粗效空气过滤器大多采用粗效无纺布为滤料，制成平板式、袋式的居多。

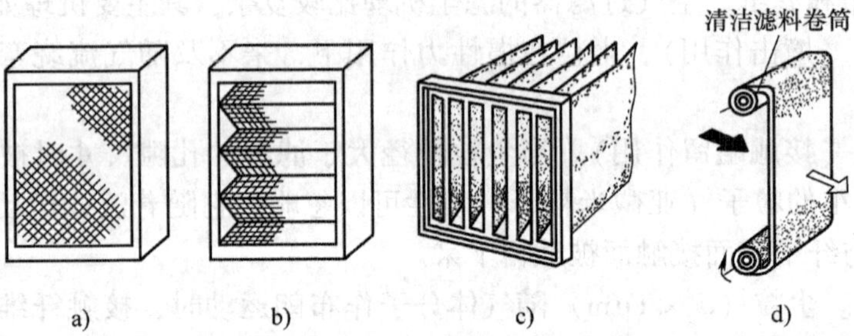

图 5-29　粗效空气过滤器的结构形式
a）平板式　b）折褶式　c）袋式　d）卷绕式

（2）中效空气过滤器　中效空气过滤器（包括高、中效空气过滤器）主要用于除去直径 1μm 以上的微粒，在净化系统中用作高效空气过滤器的前级预过滤，对高效空气过滤器起保护作用。中效空气过滤器在一些要求较高的空调系统中也可单独使用，以提高空气的清洁度。它的滤料为玻璃纤维布（比粗效空气过滤器采用的玻璃纤维直径小，约 10μm）、细孔泡沫塑料和中效无纺布等。玻璃纤维过滤器（见图 5-30）一般制成抽屉式的，沿空气流向竖直布置，以便于清洗或更换。玻璃纤维过滤器可用于温度高达 80℃、湿度高达 80% 的场合，它的优点是风量大、阻力小、结构牢固，特制适用于空调系统的中级过滤。细孔泡沫塑料过滤器（见图 5-31）一般制成袋式的，以增大过滤面积和便于更换滤料。

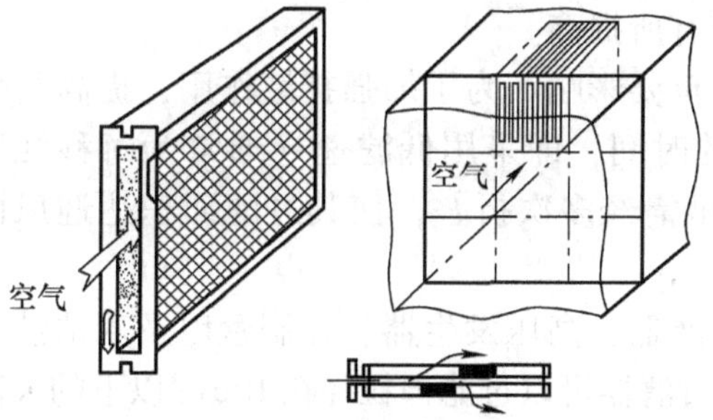

图 5-30 玻璃纤维过滤器

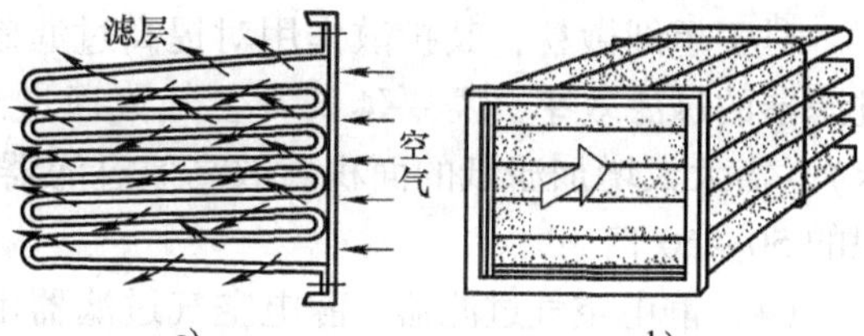

a) b)

图 5-31 泡沫塑料过滤器

a）断面形状 b）外形

目前，国产的中效空气过滤器大多采用复合型无纺布作为滤料，有一次性使用和可清洗两种，其结构形式有折褶式、袋式和楔形组合式，如图 5-32 所示。此外，还有一种高、中效空气过滤器以无纺布或丙纶滤布为滤料，制成如图 5-33 所示的结构形式，其阻力和过滤效率要高于中效空气过滤器。

a) b)

图 5-32 无纺布中效空气过滤器

a）袋式 b）楔形组合式

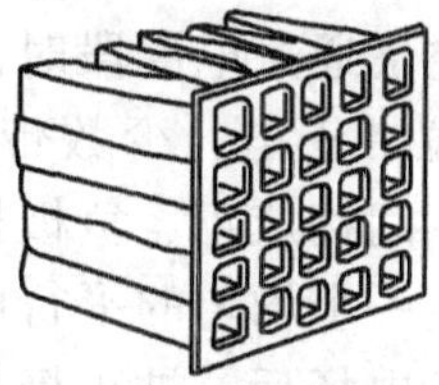

图 5-33 高、中效空气过滤器

（3）高效空气过滤器 高效空气过滤器是指在额定风量下，对粒径不小于 0.3μm 微粒的捕集效率在 99.97% 以上及气流阻力在 245Pa 以下的空气过滤器。高效空气过滤器在净化系统中作为三级过滤器的末级过滤器，滤料一般是超细玻璃纤维或合成纤维加工而成的滤纸。按过滤器滤芯结构的不同，高效空气过滤器分为有隔板式和无隔板式两类，如图 5-34

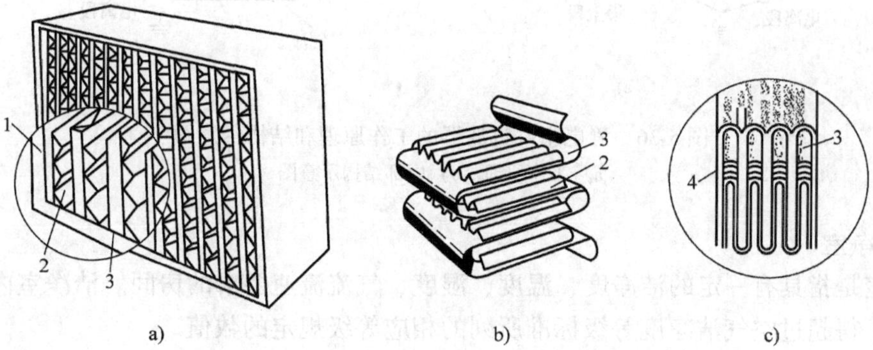

a) b) c)

图 5-34 高效空气过滤器

a）过滤器外形 b）隔板多折式结构 c）无隔板多折式结构

1—木外框 2—隔板 3—滤料 4—贴线

所示。无隔板过滤器体积小，性能较有隔板过滤器有所提高。

对于超细微粒，其扩散作用对提高过滤效率有重要影响。为了加强扩散作用，提高高效过滤器的过滤效率，需要延长含尘气流通过滤料的时间，即采用低滤速（通常为每秒几厘米），需大大增加滤纸的面积。故高效过滤器的滤纸需经多次折叠，使其过滤面积达迎风面积的 50 ~60 倍。

（4）静电空气过滤器　静电空气过滤器由电过滤器、高压发生器、控制盒以及水清洗系统等组成。JKG—2A 外形如图 5-35 所示。静电空气过滤器可以过滤掉粒径在 10μm 以下的大部分尘粒，一般属于中效或亚高效空气过滤器。由于静电空气过滤器积尘增加到一定程度会产生逆电离现象，而使沉积的灰尘重新返回气流中；由某种原因静电过滤器断电而系统仍在运行时，也会使沉积的灰尘重新返回到气流中。因此，静电空气过滤器一般仅作为中间过滤器使用。

静电空气过滤器的滤尘机理是利用滤料纤维本身带电，通过荷电纤维的库仑力实现对微粒的捕获。空调上用的静电空气过滤器通常为二段式结构，其工作原理和结构示意图如图 5-36 所示。第一段为电离段，使尘粒带电；第二段为集尘段，使尘粒沉积。当含有尘粒的空气通过电离段时，在高压电场的作用下，多数尘粒带正电，少数带负电。在集尘段，由平行金属板相间构成正、负极板，在正极板上加有高电压，产生一个均匀的平行电场。带正电尘粒的气流进入平行电场后，被正极板排斥、被负极板吸引，尘粒被捕集，而带负电的尘粒与此相反，被正极板所捕集。沉积在极板上的尘粒需定期清洗掉，弄湿的极板需烘干后再用。

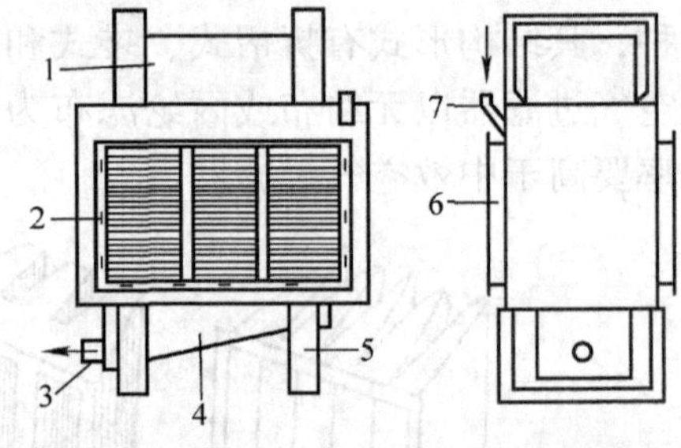

图 5-35　JKG—2A 静电空气过滤器的外形
1—高压发生器　2—电过滤器　3—排水管　4—排水槽　5—支架　6—接风管法兰　7—进水管

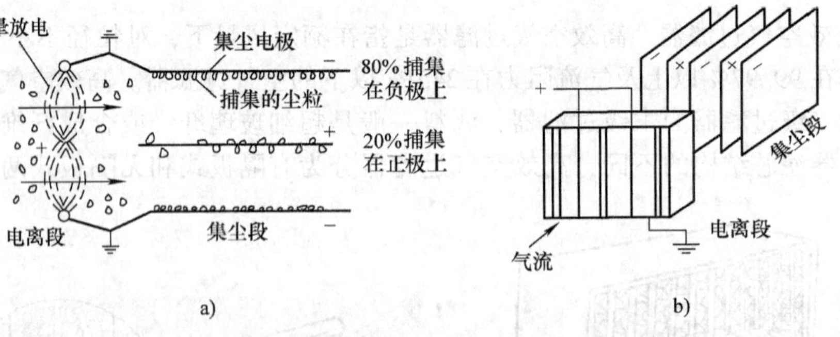

图 5-36　静电空气过滤器的工作原理和结构示意图
a）工作原理　b）内部结构示意图

5.3.3　洁净室

洁净室是指具有一定的洁净度、温度、湿度、气流流速要求的房间。洁净室内空气中的尘粒个数不得超过空气洁净度等级标准所列的相应等级规定的数值。

洁净室的出现，是伴随近代科学技术的飞速发展而产生的，它主要适合于航空技术、微电子技术、计算机、精密仪器、医院的手术室与白血病房、抗生素封装室、制药行业等部门使用。洁净室可提供一个无菌、无尘、恒温、恒湿的空气环境。

洁净室按气流流动方式的不同可分为层流式和湍流式两类。

1. 层流式洁净室

（1）垂直层流式洁净室 图5-37a所示为典型垂直层流式洁净室的基本结构。在洁净室的顶棚上布满高效空气过滤器，地板作为回风口，地板下部的地坑作为回风静压箱。回风气流经地板格栅和地坑，通过回风管道形成系统的循环。送入房间的气流沿垂直方向充满整个洁净室的断面，气流的方向与尘粒的重力沉降方向相一致，并且从送风口到回风口，气流的断面几乎不变，即气流的流线几乎呈平行状态，没有涡流。此外，由于送风静压箱和高效空气过滤器的均压均流作用，使气流断面上的流速均匀，送入房间的气流像“活塞”那样把室内随时产生的尘粒迅速由回风口处的回风带走。由于层流形式要求室内断面上具有一定的风速，所以室内的换气次数一般都高达每小时数百次，从而可以使空内达到非常高的洁净度。此外，洁净室的自净时间（自系统起动直至室内含尘浓度达到稳定值时所需的时间）短，大约需要1~2min。

（2）水平层流式洁净室 图5-37b所示为典型水平层流式洁净室的基本结构。它与垂直式层流洁净室的结构相似，所不同的是在洁净室的一面侧墙上满布高效空气过滤器，而在相对应的另一面侧墙上布置回风口，气流沿水平方向通过洁净室。由于水平层流洁净室的气流方向与尘粒的重力沉降方向不一致，所以室内断面风速要求略大于垂直层流洁净室内的断面风速，以避免出现尘粒向下沉降的现象。此外，水平层流沿着气流方向的洁净度逐渐降低，在工艺布置时应加以注意。

层流洁净室构造复杂，施工麻烦，投资和运行费用较高，只有在十分必要时才采用。

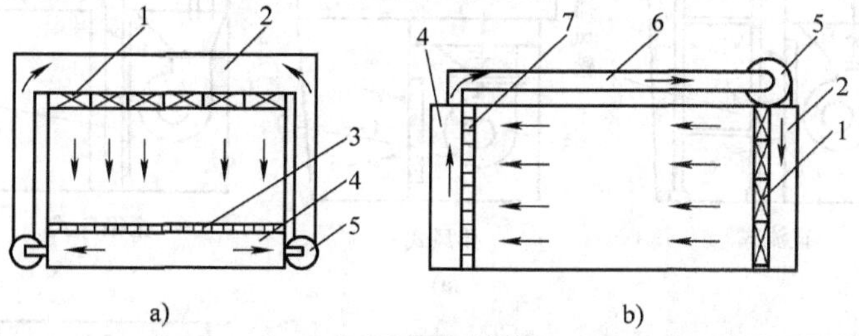

图5-37 典型水平层流式洁净室的基本结构

a）垂直层流式 b）水平层流式

1—高效空气过滤器 2—送风静压箱 3—格栅地板及中效空气过滤器 4—回风静压箱 5—循环风机 6—循环风道 7—中效空气过滤器

2. 湍流式洁净室

湍流式洁净室的基本结构如图5-38所示。其顶棚上装有高效空气过滤器，气流通过带扩散板（或无扩散板）的高效过滤器送风口和局部孔板出风口，自上而下地吹出。其流向与尘粒的重力沉降方向一致，使室内的尘粒均匀扩散而被“稀释”，并经回风口流出排走，以达到室内洁净度的要求。在洁净度要求不高的场合也可采用上侧送风、下侧回风的方式。

湍流洁净室由于受到送风口形式和布置的限制，室内换气次数与层流式相比不可能太多，同时室内还会出现涡流，因此室内工作区的洁净度通常仅能维持在6~8级的水平。

湍流洁净室结构简单、施工方便、投资和运行费用较小，所以应用比较广泛。

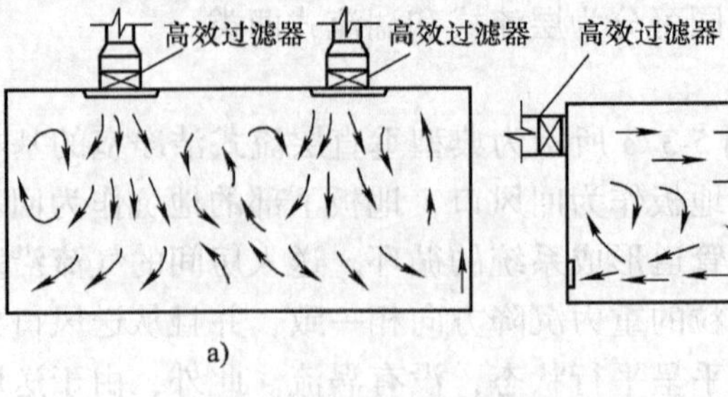

图 5-38 湍流式洁净室的基本结构

5.3.4 局部净化设备

仅使室内局部工作区域成为有特定空气洁净度要求的做法称为局部净化。局部净化设备是在一定区域内形成洁净空气环境的装置，如洁净工作台、空气自净器、洁净烘箱和空气吹淋室等。

1. 洁净工作台

洁净工作台是指能够保持操作空间所需洁净度的工作台，主要由预过滤器、高效空气过滤器、风机机组、静压箱、外壳、台面和配套的电气元件组成，如图 5-39 所示。新风或回

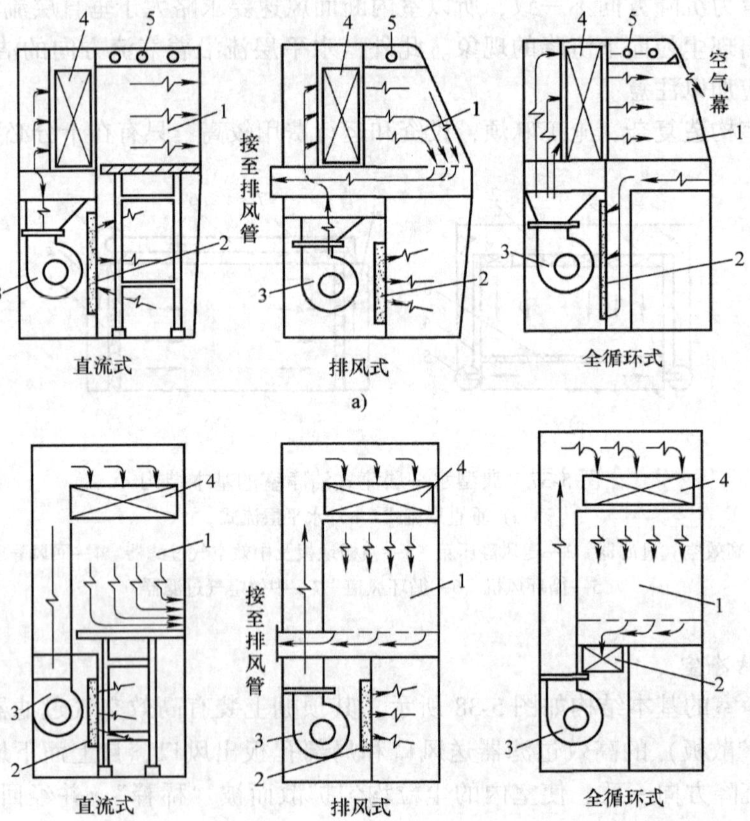

图 5-39 洁净工作台

a）水平层流式 b）垂直层流式

1—操作区 2—预过滤器 3—风机 4—高效过滤器 5—灯管

风由新风口或台面回风口经预过滤器过滤吸入，空气由风机加压，经高效过滤器过滤的洁净空气送到操作区，然后排到室内或室外。从气流形式分，洁净工作台通常有垂直单向流型和水平单向流型；从气流再循环角度分，洁净工作台可分为由室内吸入空气并将空气排至室内的直流式洁净工作台，由室内吸入空气并将空气排至室外的排风式洁净工作台，空气在内部循环的全循环式洁净工作台。各种不同形式的工作台都必须配合不同用途选择使用。

2. 空气自净器

空气自净器是由风机和过滤器等组成的，可使洁净室内空气循环、净化的设备。在洁净室内安设空气自净器是提高洁净度的有效方法，自净器能使局部气流在其中经过反复循环而得到净化处理。如果在自净器中加一层活性炭过滤层，还可用于医院手术室、会议室等场所，以消除空气中的细菌和烟雾。目前，国内生产的空气自净器分为高效型空气自净器和静电空气自净器两类。

高效型空气自净器由预过滤器、高效过滤器和风机等组成，具有过滤效率高、使用灵活等特点，有移动式、悬挂式、风口式或窗式等型式。图5-40所示为SZ—01型高效型移动式空气自净器的结构。它是由箱体、风机、空气过滤器、电器系统等组成，箱体下部装有4个轮子，能自由移动。出口处装有百叶窗式导流片组，可小幅度调节出口气流的方向。空气从两侧进风口送入，经预过滤器过滤，由风机加压后送入正压箱，再经过高效空气过滤器、均压层、导流片后，以水平层流状态送出。

图5-41所示为静电空气自净器的原理图。它由箱体、粗效空气过滤器、电离极、风机和电器部分组成。在静电空气自净器中，含尘空气由下部进入，经粗效空气过滤器过滤后在电离极电离而使尘粒带电，并附于集尘极上。这样，被净化的空气由风机加压后送出。

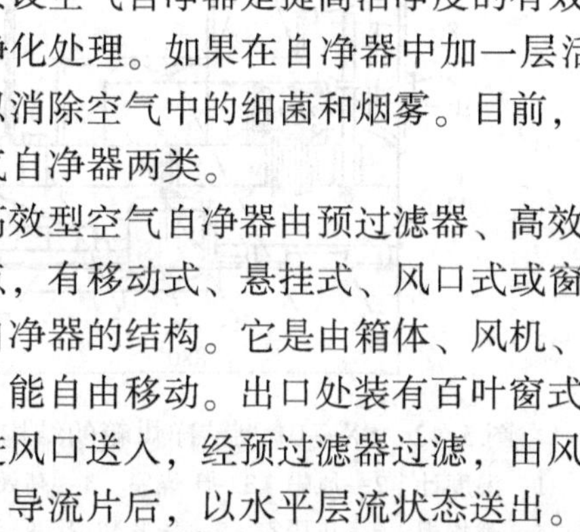

图5-40　SZ—01型高效型移动式空气自净器的结构
1—预过滤器　2—电动机　3—风机
4—高效过滤器　5—脚轮

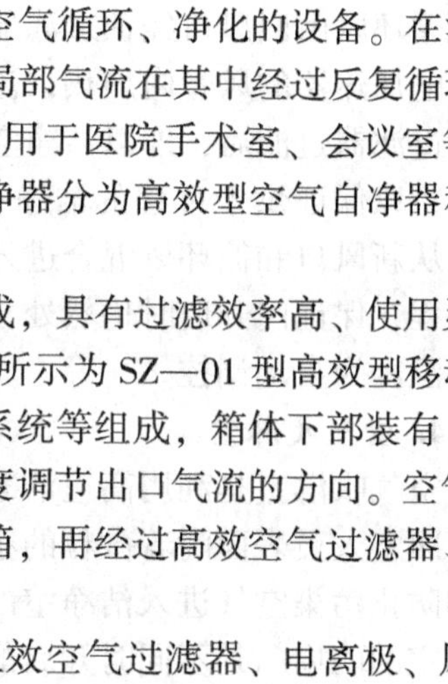

图5-41　静电空气自净器的原理图
1—风机　2—阴极板　3—阳极板　4—带电尘粒
5—电离极　6—粗效空气过滤器

静电空气自净器小巧灵活、使用方便、阻力小（与高效空气过滤器比较）、噪声低，是一种较理想的空气自净器。

3. 洁净烘箱

洁净烘箱是内部设有高效净化送风装置的电热烘箱，也称为净化干燥箱。洁净烘箱用于对物品的净化、烘干和储存。洁净烘箱内可产生具有一定温度和一定洁净度的空气环境。图5-42所示为SX—01型洁净烘箱的结构图。它主要由过滤器（中、高效空气过滤器）、通风机、电加热器和温度控制器等组成。

SX—01型洁净烘箱是可移动的两极除尘循环式净化烘干设备。其工作原理是：当烘箱门关闭时，循环风由回风口经预过滤器进入通风机，并在设有电加热器的风管内加热，流入静压箱再经高效空气过滤器过滤后，即以洁净空气水平单向流过干燥区，以保证烘干过程的洁净；当烘箱门打开时，新风从新风口和循环风混合进入预过滤器，重复上述过程，保证门开启时仍然处于洁净状态。操作过程的温度为自动调控。

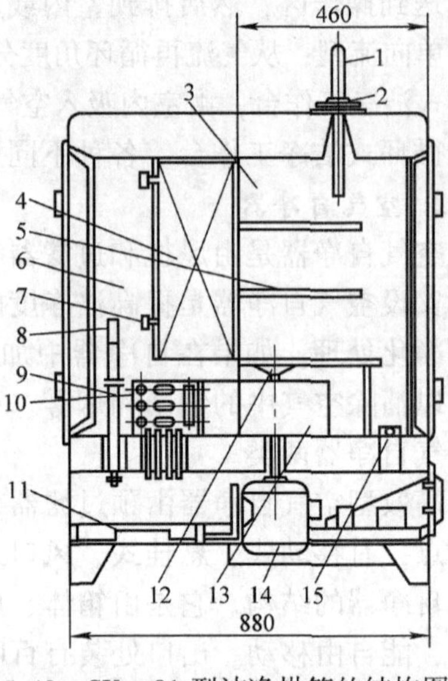

图5-42　SX—01型洁净烘箱的结构图

1—温度计　2—风帽　3—干燥室　4—高效过滤器　5—载物板　6—正压室　7—压紧装置　8—铂电阻　9—温度控制器　10—电加热器　11—消声过滤器　12—调风板　13—通风机　14—电动机　15—新风调节阀

4. 空气吹淋室

空气吹淋室是利用高速洁净气流吹落并清除进入洁净室人员表面附着微粒的小室，是进行人身净化和防止污染空气进入洁净室的装置。同时，由于洁净室的两扇门是不同时开启的，可以兼起气闸作用，控制外部污染空气进入洁净室。

空气吹淋室一般分为小室式和通道式（或通过式）两类。小室式吹淋过程是间歇的，即一个人或几个人进入吹淋室进行吹淋，完了之后才能进行第二个人（或第二批人）的吹淋。通道式吹淋过程是连续的，进入洁净室的人员只要以正常的步行速度通过吹淋室，即完成吹淋过程。一般认为小室式吹淋效果较好。目前国内多数单位采用“单人”或“双人”小室式吹淋室，一部分单位采用“多人”小室式吹淋室，极少数单位采用通道式吹淋室。

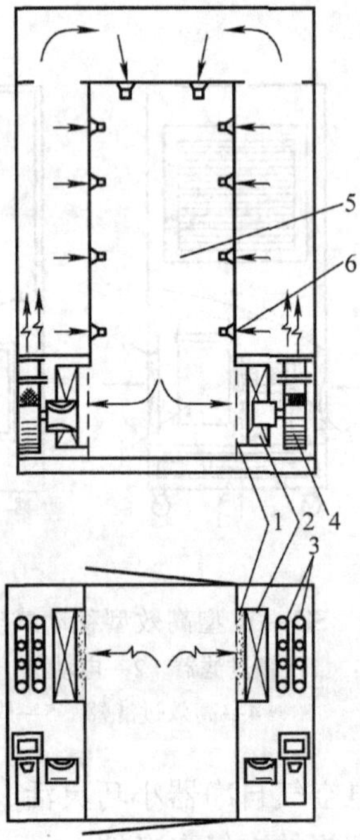

图5-43　空气吹淋室结构示意图

1—预过滤器　2—高效空气过滤器　3—电加热器　4—风机　5—喷嘴　6—吹淋区

目前，国内多数工厂生产的空气吹淋室是双风机的，如图5-43所示；有的工厂制造的空气吹淋室为单风机的，并把电加热器和高效过滤器安装在风机的正压段。它们均为“单人”或“双人”小室式吹淋室，但可根据需要将几个串联起来成为“多人”小室式或通道式吹淋室。亦可参照上述性能要求，自行设计各式吹淋室。

目前，国内多数单位按以下方式选用吹淋室：一个吹淋室最大班次通过人员在30人以内时，采用“单人”小室式吹淋室；当人员超过30人时，采用“单人”小室式并联或“多人”小室式。

5.3.5 空气特殊净化设备

1. 活性炭空气除臭过滤器

活性炭空气除臭过滤器是利用活性炭的吸附作用将空气中有毒、有臭味的气体除去的空气过滤器，其结构如图5-44所示。活性炭主要采用有机物（如木材、果核、椰子壳等）专门加工而成。1g约$2cm^3$的活性炭其有效接触面积为$1000m^2$，每升活性炭重485g，在正常情况下能使吸附的物质为本身质量的15%~20%。

近年来，国内、外推出了一种新型高效空气净化用光催化剂材料。光催化剂是经过光敏剂严格处理的活性炭。光催化剂吸附就是利用涂敷了光敏剂的活性炭微孔来吸附（包括物理变化和化学变化）有害气体，能有限吸附空气中的氨、甲醛、苯和H_2S等有害气体。光催化剂一般可连续使用0.5~1年，达到一定饱和后，只需将其放在太阳光下暴晒6~8h，或者在室外晾晒8~16h，就可利用大气中的紫外线通过光敏剂将被吸附的有害气体进行催化和分解，成为无毒和无味的气体；也可将光催化剂置于人工紫外线光源下，照射4~6h，达到同样的效果，使其功能得到再生。光催化剂除臭和除去有害成分的性能均大大超过单纯的活性炭，而且通常能够再生而重复使用6~7次。

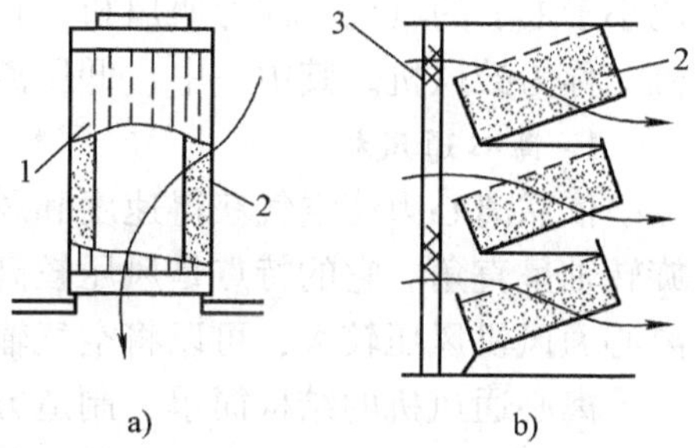

图5-44 活性炭空气除臭过滤器

1—多孔筒 2—活性炭滤料 3—过滤网

2. 负离子发生器

利用气体电离可以改善空气质量，保护人体健康。大气中的离子有三类：

（1）轻离子 它是由带有一个电荷，并和若干中性气体分子组成的集合物。带负电荷的轻离子称为负离子，带正电荷的轻离子称为正离子。

（2）中离子 它是一个很小的带电微粒，包含有100个左右的气体分子。

（3）重离子 它是带电的颗粒，比轻离子约大1000倍。

空调要求室内空气应有适当的轻离子，最好是负离子。负离子对人体有良好的生理作用，可降低血压、抑制哮喘，对神经系统有镇静作用，并有利于消除疲劳。空调系统对空气中的轻离子有重要的影响，当空气经过过滤器、金属管道等部件时，轻离子浓度会大大下降，而在用喷雾室处理空气时，轻离子浓度则明显提高，这说明水在雾化时产生的雾电效应会产生轻离子。为了提高室内空气质量，在空调装置内可设负离子发生器。负离子发生器是利用电晕放电法使空气离子化，其工作原理如图5-45所示。它利用针状电极与金属网电极间在高压作用下产生不均匀电场，使空气电离。当针状电极上加上高电压脉冲，即将针状电极附近空气离子化，产生的正离子被吸附在针状电极上，而负离子则向金属网电极移动，并在风力作用下穿过金属网混入送风气流。负离子发生器电压约50kV，脉冲频率为50Hz，采用风速小于10m/s。

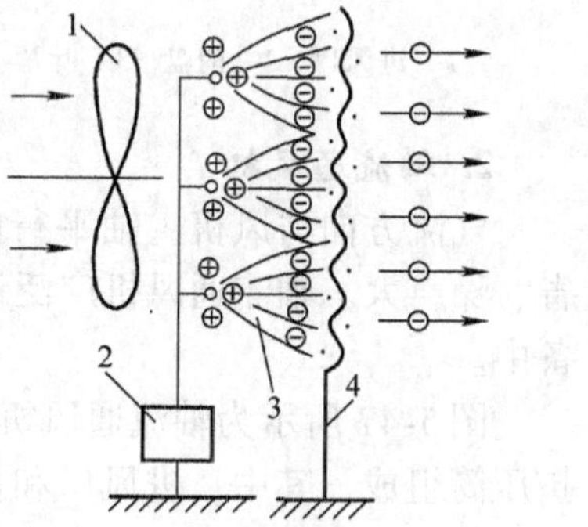

图5-45 负离子发生器工作原理

1—风机 2—脉冲发生器 3—针状片电极

4—金属网接地电极

5.4 空气调节通风设备

5.4.1 风机

在制冷与空调工程中，风机用来使空气按一定流速、流向强制流动，使制冷与空调设备达到更好的换热效果。风机按其工作原理的不同可分为离心式、轴流式和贯流式。根据产生风压的大小不同，风机可分为通风机和鼓风机两大类。产生的风压在14700Pa以下，或压力比小于1.1的风机，称为通风机。产生风压为14700~343000Pa，或压力比为1.1~4的风机，称为鼓风机。其中，中、低压离心式通风机和低压轴流式通风机使用得较多。

1. 离心通风机

依靠离心力使空气获得速度和风压的通风机称为离心通风机，其气流送出的方向与风机旋转轴呈直角。它的特点是风压较高，噪声相对较低。一般空调系统常用离心通风机。由于离心通风机风压较大，可以将空气输送到较远的地方。

离心通风机的结构简单、制造方便。图5-46所示为常见的离心通风机结构示意图。离心通风机一般由叶轮、机壳和传动部件等组成。叶轮固定在轴上由电动机带动旋转，叶轮上有一定数量的叶片。风机的机壳为一个对数螺旋线形蜗壳。当叶轮旋转时，叶片间的气体也随叶轮旋转而获得离心力。在离心力的作用下，气体经过叶片不断地流入与流出。叶片将外力传递给气体而做功，气体则获得动能和压力能。

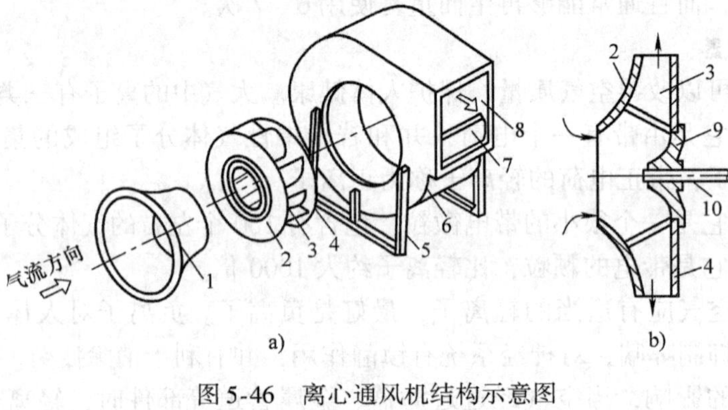

图5-46 离心通风机结构示意图

a）基本结构 b）叶轮

1—进风口 2—前盘 3—叶片 4—后盘 5—支架 6—机壳 7—蜗舌 8—出风口 9—轮毂 10—轴

2. 轴流通风机

气流方向与风机主轴平行的风机称为轴流通风机。它的特点是风量大、风压小、耗电省、噪声大。轴流通风机广泛地应用于制冷空调系统的冷风机、冷却塔、通风换气装置等设备中。

图5-47所示为轴流通风机的典型结构。它主要由进风口（也称集流器）、叶轮、导叶和扩压筒组成。其中，进风口和扩压筒组成了轴流通风机的外壳。轴流通风机的叶片与转轴中心线有一定的螺旋角，当电动机带动叶轮旋转时，空气一边随叶轮转动，一边沿轴向推进；当空气被推出后，原来占有的位置形成局部低压，促使外面的空气由进风口进入，在叶片的作用下，气体压力增加，并沿轴向流动，至排出口排出。

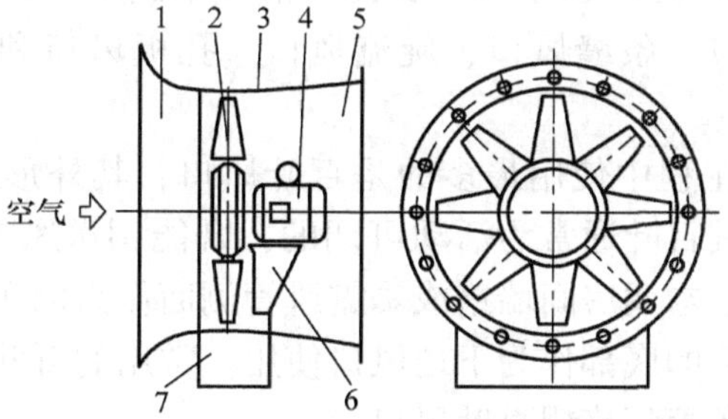

图 5-47 轴流通风机的典型结构

1—进风口 2—叶轮 3—圆筒形外壳 4—电动机 5—扩压筒 6—机架 7—支架

3. 贯流通风机

贯流通风机由叶轮和机壳等组成，如图 5-48 所示。叶轮两个端面是封闭的，叶轮的宽度根据需要确定，没有限制，风量随叶轮宽度的加大而增加。叶轮的轴与电动机直接连接。叶片可用钢板、塑料、尼龙等材料制作。为了便于和建筑物装配，进风口和出风口常制成矩形。

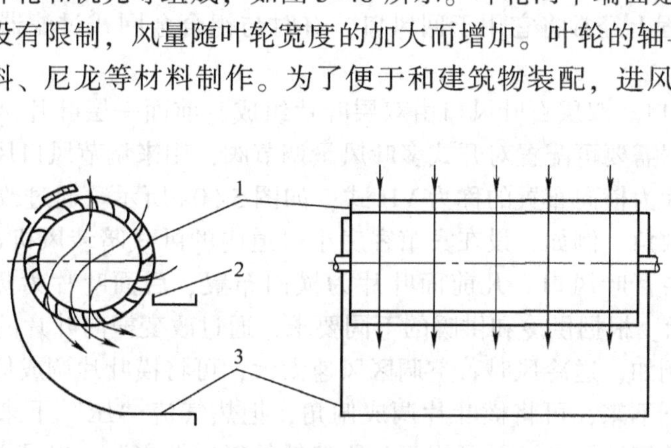

图 5-48 贯流通风机

1—叶轮 2—蜗舌 3—机壳

贯流通风机将机壳部分敞开，使气流直接径向进入风机，气流横穿叶片两次。某些贯流通风机在叶轮边缘加设不动的导流叶片，以改善气流状态。

贯流通风机由于结构简单，具有薄而细长的出口截面，不必改变流动的方向等特点，使它适于安装在各种扁平型或长方形的设备里。与其他风机相比，贯流通风机动压较高、气流不乱，可获得扁平而高速的气流，气流能到达较长的距离。贯流通风机的效率较低，一般为 35%~60%，其噪声等级一般处于离心通风机和轴流通风机之间。目前，贯流通风机广泛应用于低压通风换气机、空调、车辆、家用电器等设备上，以及制冷与空调房间的空气幕中。

5.4.2 空调送风口与回风口

在空调工程中，通常将各种类型的送风口、回风口（或排风口）统称为空气分布器。

1. 送风口

由于送风口的送风气流形成的气流流形、射程对空调房间的气流组织和空气参数控制影响最大，送风口通常又设置在顶棚或侧墙等目力所及的显著位置，而且外观还应达到与室内装饰艺术配合的要求，因此送风口的形式种类繁多。

根据国家建筑工业行业标准 JG/T 14—2010《通风空调风口》的规定，风口按形式分类有百叶风口、散流器、喷口、条缝风口、旋流风口、孔板风口和专用风口（如椅子风口、灯具风口等）。

（1）百叶风口　空调工程中使用最多的是百叶风口，其外形主要为方形和矩形。百叶风口作为送风口使用时，其百叶通常为活动可调的，既能调送风方向，又能调送风量大小。此外，百叶风口既可安装于空调房间墙壁或暴露风管侧面作为侧送风口使用，也可以安装在空调房间的顶棚或暴露风管的底部作为下送风口使用。常用的百叶送风口有单层活动百叶风口、双层活动百叶风口和条缝型格栅百叶风口。

1）单层百叶风口。单层百叶风口的叶片竖向布置为 V 式，横向布置为 H 式，如图 5-49 所示，通常均带有对开式多叶风量调节阀，用来调节风口风量。根据需要可改变叶片的安装角度。对于 H 式可调节竖向的仰角或俯角；对于 V 式则可调节水平扩散角。风口的规格用颈部尺寸 $W \times H$ 表示。单层百叶风口可作为侧送风口使用，但其空气动力性能比双层百叶风口差一些。工程上经常将它用于回风口，有时与铝合金网式过滤器或尼龙过滤网配套使用。

2）双层百叶风口。双层百叶风口由双层叶片组成，前面一层叶片是可调的，后面一层叶片是固定的，根据需要可配置对开式多叶风量调节阀，用来调节风口风量。凡前面叶片为竖向布置、后面叶片为横向布置的称为 VH 式，如图 5-50a 所示。通过改变竖叶片的安装角度可调整气流的扩散角。例如，设在宾馆客房小过道内的卧式暗装风机盘管机组的出风口，通常采用 VH 式双层百叶风口。凡前面叶片为横向布置、后面叶片为竖向布置的称为 HV 式，如图 5-50b 所示。根据供冷和供暖的不同要求，通过改变横向叶片的安装角度可调整气流的仰角或俯角。例如，送冷风时若空调区风速太大，可将横叶片调成仰角。送热风时若热气流浮在房间上部下不来，可将横叶片调成俯角，把热气流“压”下来。双层百叶风口用于全空气空调系统的侧送风口，既可用于公用建筑的舒适性空调，也可用于精度较高的工艺性空调，此外，也可与空气—水空调系统中的风机盘管机组配套使用，用于风机盘管（含新风）的送风口或独立新风系统的送风口。

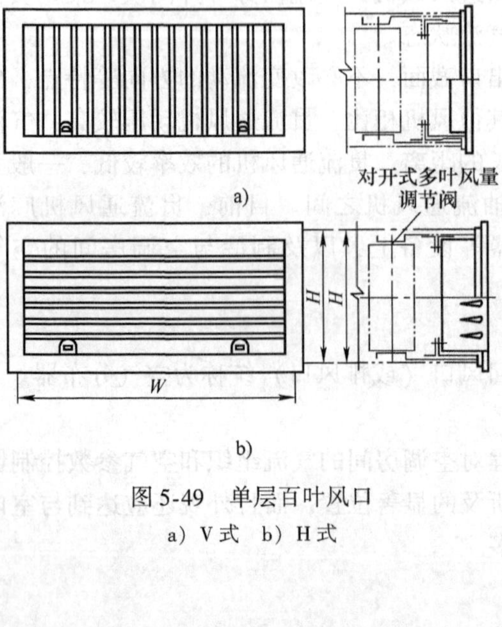

图 5-49　单层百叶风口
a）V 式　b）H 式

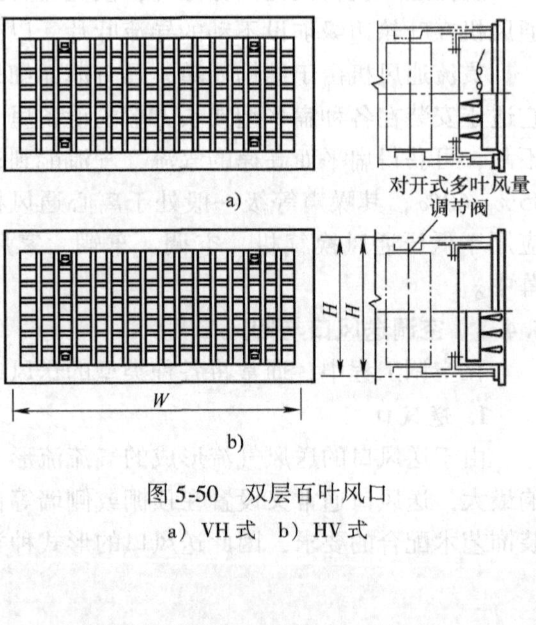

图 5-50　双层百叶风口
a）VH 式　b）HV 式

3）条缝型格栅百叶风口。条缝型格栅百叶风口是由固定直叶片组成的条缝型风口，通常安装在顶棚上，可平行于侧墙断续布置，也可连续布置或布置成环状，其结构如图5-51所示。该风口的最大连续长度为3m，根据安装需要可以制成单一段（两端有框）、中间段（两端无框）和角度段等多种形式。工程上如需要长度更长的风口时，可将两节或多节风口拼起来使用，接缝处要有插接板。固定直叶片条缝风口既可用于送风口，也可作为回风口，用于送风时，风口上方需设静压箱，以确保垂直向下送风气流分布均匀。这种条缝风口主要用于公共建筑的舒适性空调。

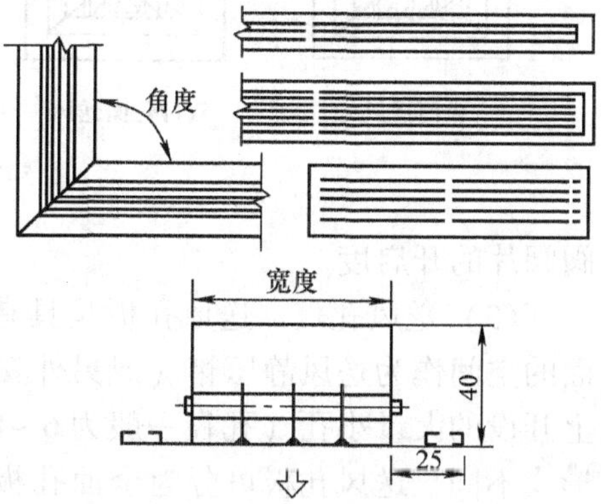

图5-51　条缝型格栅百叶风口

（2）散流器　散流器是一种安装在空调房间的顶棚或暴露风管的底部作为下送风口使用的风口，其造型美观，易与房间装饰要求配合，是使用最广泛的风口之一。按照形状分，散流器有圆形和方（矩）形两类；按送风气流的流型分，有平送贴附型和下送扩散型；按功能分，有普通型和送回（吸）两用型。

1）圆形散流器。圆形散流器的常见形式有三种，如图5-52所示，通常安装在顶棚上，多用于工业与公用建筑的空调工程中。图5-52a所示的普通圆形散流器，其扩散圈是由多层锥面组成的，将它挂在“上一挡”（即将扩散圈向上提）时，形成下送流型；挂在“下一挡”（即将扩散圈向下降）时，形成平送流型。图5-52b所示为圆盘形散流器，圆盘装在丝杠上可以上下移动。将圆盘向上提，形成下送流型；向下降时，则形成平送流型。图5-52c所示为凸形散流器，其多层锥面扩散圈位置固定，并伸出顶棚表面，形成平送贴附流型。

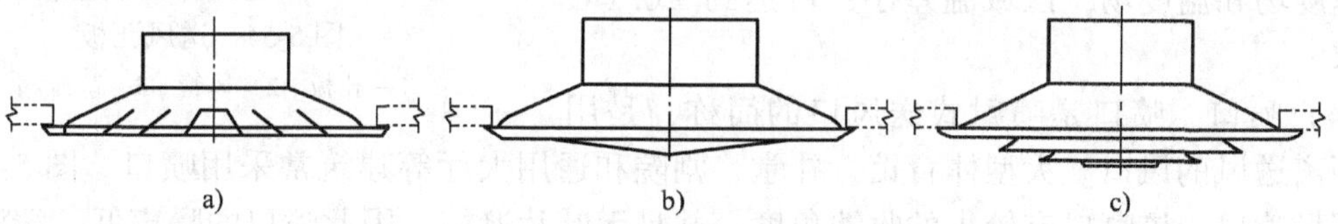

图5-52　圆形散流器的常见形式
a）普通圆形　b）圆盘形　c）凸形

圆形散流器的规格以颈部直径表示。该散流器可加装双开板式（或单开板式）风量调节阀，供调节风量用。只要卸下多层锥面扩散圈（或圆盘），用螺钉旋具调整阀板的开启度，就可达到调节风量的目的。

2）方（矩）形散流器。方（矩）形散流器安装在房间的顶棚上，送出的气流呈平送贴附型，广泛应用于各类工业与公用建筑的空调工程中。按照送风方向的不同，方形散流器可分为单面送风、双（两）面送风、三面送风和四面送风等，如图5-53所示，其中以四面送风的散流器用得最多。

需要调节风量时，可在散流器上加装对开式多叶风量调节阀。实验室测定表明：散流器安装多叶风量调节阀，不仅能调节风量，而且有助于使进入散流器的气流分布均匀，保证了气流流型。与不带多叶风量调节阀的散流器相比，基本上不增加阻力。散流器与多叶风量调节阀之间采用承插连接，用铆钉固定。只要将散流器的内扩散圈卸下后，可方便地调整调节

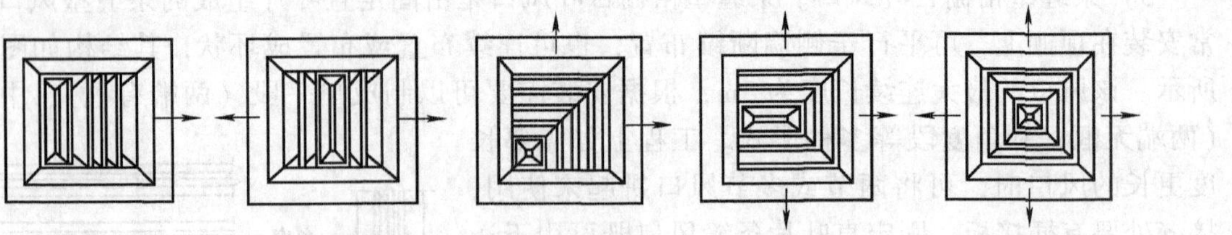

图5-53 方形散流器的送风方向

阀阀片的开启度。

(3) 送风孔板 送风孔板是具有规则排列孔眼的扩散板送风口。送风孔板利用顶棚上面的空间作为送风静压箱(或另外安装静压箱)。空气在箱内静压的作用下，通过在金属板上开设的大量小孔(孔径一般为6~8mm)大面积地向室内送风。根据孔板在顶棚上的布置形式不同，送风孔板可分为全面孔板和局部孔板。前者是指在空调房间的整个顶棚上(除布置照明灯具的面积外)均匀布置送风孔板，如图5-54所示；后者是指在顶棚的中间或两侧布置成带形、矩形和方形，以及按不同的格式交叉排列的孔板。

送风孔板在工艺性空调中(如恒温室、洁净室及某些实验环境等)应用得较多，此外在某些层高较低或净空较小的公共建筑中也有应用。送风孔板的特点是送风均匀、噪声小、射流的速度和温度都衰减很快，在直接控制的区域内，能够形成比较均匀的速度场和温度场，区域温差小，可达到±0.1℃的要求。

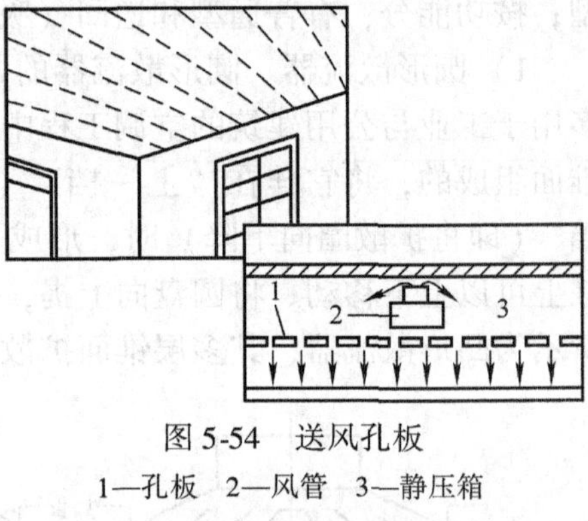

图5-54 送风孔板
1—孔板 2—风管 3—静压箱

(4) 喷口 喷口是喷射式送风口的简称，是用于远距离送风的风口。大型体育馆、礼堂、剧院和通用大厅等建筑常采用喷口。图5-55a所示为圆形喷口，该喷口有较小的收缩角度，并且无叶片遮挡，因此喷口的噪声低、湍流系数小、射程长。为了提高喷口使用的灵活性，可以做成图5-55b所示的既能调方向又能调风量的球形转动喷口。

(5) 旋流送风口 旋流送风口依靠起旋器或旋流叶片等部件，使轴向气流起旋形成旋转射流，由于旋转射流的中心处于负压区，它能诱导周围大量空气与之相混合，然后送至工作区。从送风方向上看，旋流送风口有地面上送风式和顶棚下送风式。

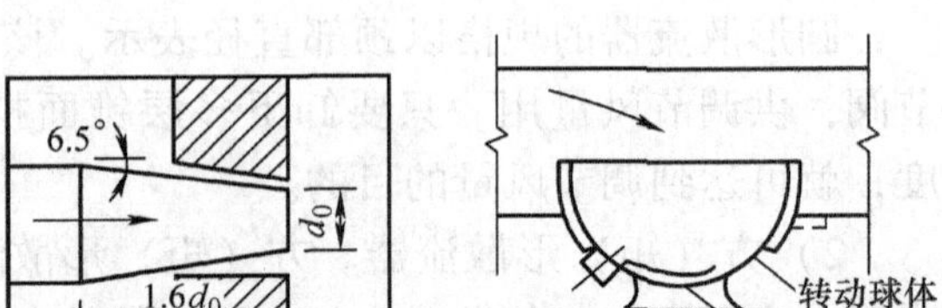

图5-55 喷口
a) 圆形喷口 b) 球形转动喷口

图5-56所示为一种地面式旋流送风口，它由出风格栅、集尘箱和旋流叶片组成。来自地板下送风风道的空调送风，经旋流叶片从切线方向进入集尘箱，形成旋转气流，由出口格栅送出，在此过程中诱导卷吸周围空气，使送风气流与室内空气充分混合，送风速度得到较大的衰减。出风格栅和集尘箱可以随时取

出进行清扫，特别适合于只需控制室内下部空气环境的高大空间，或者室内下部空调负荷大的场合。

图 5-57 所示为一种顶棚式旋流送风口，该风口由起旋器和圆壳体组成，主要用于高大空调房间（如体育馆、展览馆等）的下送风。由于其单个送风量大，因此与散流器相比，可减少送风口数量 30%～50%，相应地简化送风系统、降低系统造价。

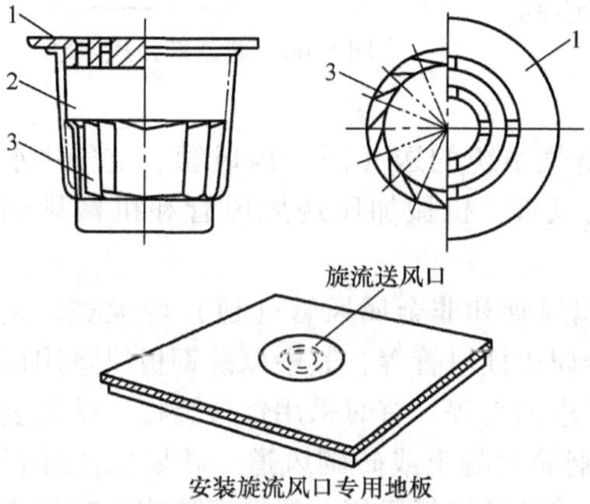

图 5-56　地面式旋流送风口

1—出口格栅　2—集尘箱　3—旋流叶片

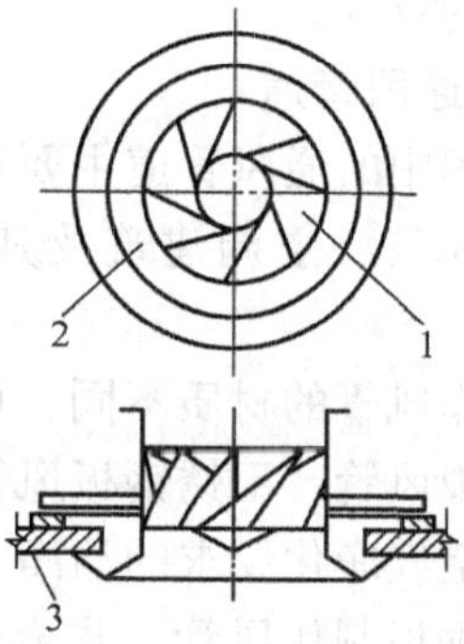

图 5-57　顶棚式旋流送风口

1—起旋器　2—凸缘扩散器　3—顶棚

2. 回风口

回风口附近区域内的气流速度衰减很快，因此回风对室内气流组织影响不大。此外，回风口的安装位置通常比较隐蔽，使得回风口对室内环境美化作用影响也不大。这些特点决定了回风口形式很少，构造也简单。常用的回风口有百叶式回风口、活动篦板式回风口和蘑菇形回风口。

（1）百叶式回风口　用作回风口的百叶风口，其叶片通常固定为某一角度，如图 5-58 所示，既可在房间的侧墙或风管的侧面垂直安装，也可在房间的顶棚或风管的底面水平安装。当回风量有调节要求时，也可采用有活动叶片的百叶风口。对于直接接风管且需要设过滤器的百叶风口，为了能方便地清洁过滤器，通常采用门铰式百叶风口（又称为可开式百叶风口）。该风口比固定百叶风口多一个边框，使百叶部分成为可脱离边框的“活门”，在“活门”后面加装能抽插的过滤器，实现了过滤器随意取出、清洁或更换的目的。

（2）活动篦板式回风口　图 5-59 所示的活动篦板式回风口由两层篦板叠合而成，两块篦板均开有相同的长条形孔洞，移动调节螺栓可使内层篦板左右移动，从而改变开口面积，达到调节回风量的目的。

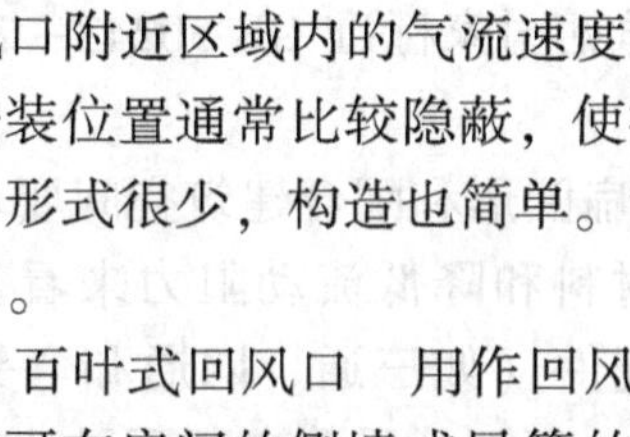

图 5-58　单层固定百叶式回风口

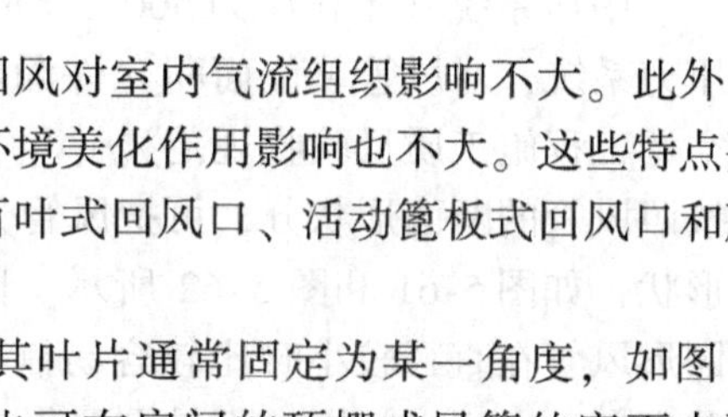

图 5-59　活动篦板式回风口

(3) 蘑菇形回风口　蘑菇形回风口如图 5-60 所示，是一种安装在地面上的回风口，主要用于影、剧院，通常布置在座椅下，直接插入地面的预留洞与地下回风管相接。蘑菇形的外罩起防止杂物直接进入回风口的作用，其离地面的高度一般可以通过支承螺杆调节，使回风口的空气吸入面积发生改变，从而达到调节回风量的目的。

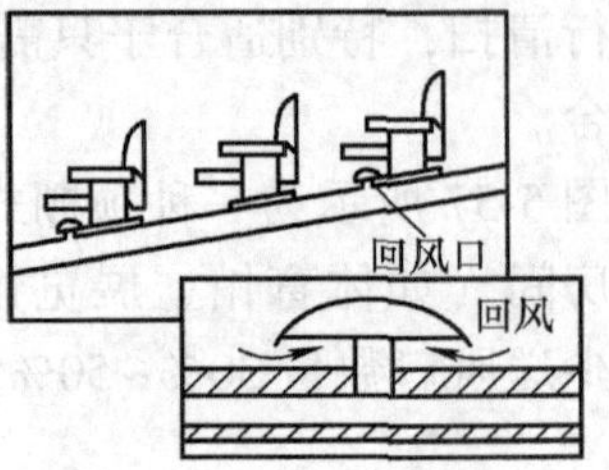

图 5-60　蘑菇形回风口

5.4.3　空调通风管道

空调工程中的通风管道主要包括：集中式全空气系统的送（回）风风管、空气—水式系统的新风风管、空调建筑及其附属设施的排风风管、机械加压送风风管和机械排烟风管等。

按照制作风管的材质不同，可将风管分为金属风管和非金属风管（道）两大类。金属风管有薄钢板风管、不锈钢板风管、铝板风管和金属柔性风管等，其中以薄钢板风管用得最多。对于有空气净化要求的洁净空调工程或特殊要求的工程，有时采用铝合金板、塑料复合钢板或不锈钢板制作风管。非金属风管（道）有钢筋混凝土或砖砌风道、硬聚氯乙烯板风管、玻璃钢风管和复合材料风管，例如，铝箔复合玻璃纤维板风管、铝箔聚酯膜玻璃纤维柔性风管、铝箔聚氨酯保温风管等。

按照风管系统输送空气的工作压力不同，可将风管分为：低压系统（工作压力 $p \leqslant 500\text{Pa}$）、中压系统（工作压力 $500\text{Pa} < p \leqslant 1500\text{Pa}$）和高压系统（工作压力 $p > 1500\text{Pa}$）。每一种压力系统，对风管单位面积允许漏风量均有规定，详见国家标准 GB 50243—2002《通风与空调工程施工质量验收规范》。

按照风管的断面形状分，可把风管分为圆形、矩形、扁圆形和配合建筑空间要求确定的其他形状，如图 5-61 和图 5-62 所示。圆形断面从节省材料和降低流动阻力来看，最为有利。圆形风管在直径较小时比较容易制作，但它的异形配件（如三通、四通和弯头等）加工工艺复杂，占用空间大，不易布置得美观，常用于暗装。而矩形风管在断面尺寸较大时比较容易制作，配件尺寸较圆形风管小，加工制作较方便，并且容易与建筑结构、室内装修相配合。所以，目前大多数空调工程的风管采用矩形断面。高速风管宜采用椭圆形螺旋风管，椭圆形螺旋风管具有圆形和矩形风管的优点，是一种理想的风管，但由于需要专门的设备加工，目前用得较少。

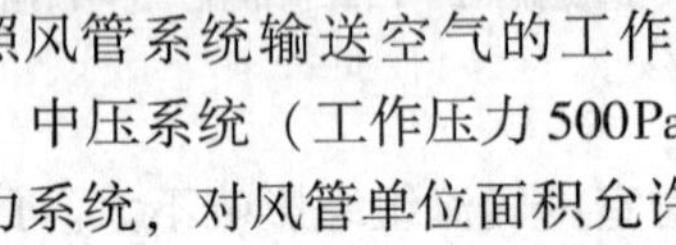
图 5-61　矩形风管

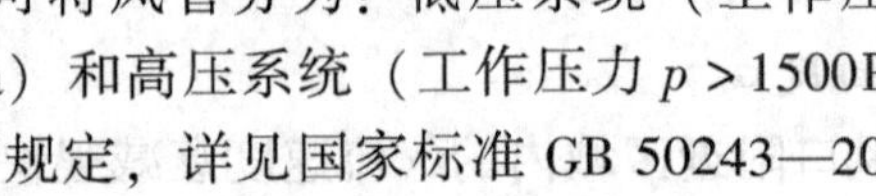
图 5-62　螺旋圆风管和扁圆风管

薄钢板风管是目前通风与空调工程中应用较普遍的风管，主要有普通薄钢板风管、镀锌薄钢板风管和塑料复合钢板风管，其中以镀锌钢板风管应用得最多。这种风管具有内壁光滑、防火不燃烧、易加工制作、承压高、气密性好等优点。20 世纪 70 年代以前，风管的加工制作多是手工操作，现在广泛使用专用机械在专业加工厂集中制作，然后运到现场安装，或者将加工机械运到施工现场，就地制作、安装，十分方便，能确保施工质量。

国外广泛采用的螺旋圆风管及其异形配件，采用专门的加工机械和生产流水线制作，加工质量好、内表面光滑，造型美观，强度高、气密性好，可快捷插入装配，是一种值得推荐的风管。若将这种圆风管压成扁圆形，可以节省安装空间。

5.4.4　空调通风管道用阀

1. 多叶调节阀

多叶调节阀用于调节空调系统送风、新风、回风及支管等风量。多叶调节阀由叶片、阀体及连杆机构等部件组成，通过连杆机构调节叶片位置来调节通风截面，即调节通风量。多叶调节阀分手动和电动两种形式，根据其叶片的形式及结构可分为平行式多叶调节阀、对开式多叶调节阀、菱形多叶调节阀和复式多叶调节阀，如图5-63所示。

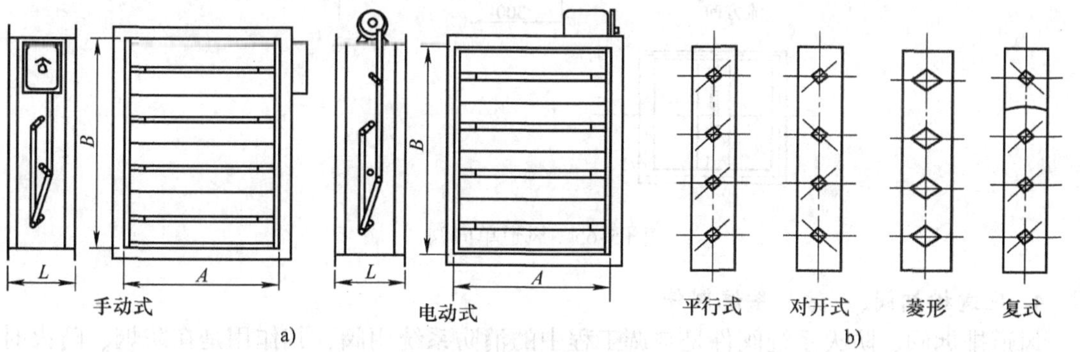

图5-63　多叶调节阀

a）结构　b）叶片形式

多叶调节阀结构简单、实用性强，其阀体需做保温设计。

2. 蝶阀

蝶阀是阀板绕与管道轴线垂直的轴转动的风量调节阀，用来调节空调系统支管风量。其结构主要由短管、阀板和调节装置三部分组成，有方形蝶阀、矩形蝶阀和圆形蝶阀等，如图5-64所示。蝶阀调节装置的手柄由3mm厚的钢板制成，其扇形部分开有1/4周圆弧形的月牙槽，圆弧中开有和轴相配的方孔，手柄可按需要开、关或调节阀板的位置，手柄通过焊在垫板上的螺钉和异型螺母来固定开关位置，垫板可焊在风管上固定。

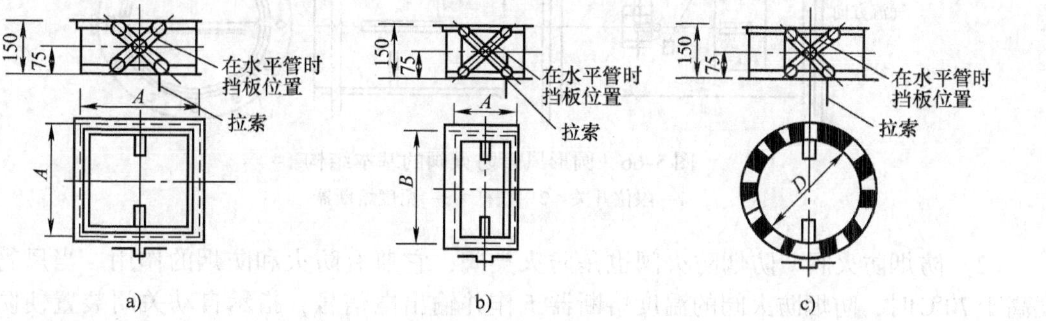

图5-64　蝶阀

a）方形　b）矩形　c）圆形

3. 风道单向阀

风道单向阀是用于风机停机时防止气体倒流的阀件。风道单向阀由阀体、转轴、上阀板、下阀板等组成，有圆形和方形两种，其基本结构如图 5-65 所示。顺流通风时，风道单向阀的上、下阀板在风压的作用下合拢开启，使用时要求风管中的风速不得小于 8m/s；而反向通风时，上、下阀板在风压作用下展开，阻断空气通路。在水平管的弯轴上装有可调整的坠锤，用以调节上阀板，使启闭灵活。

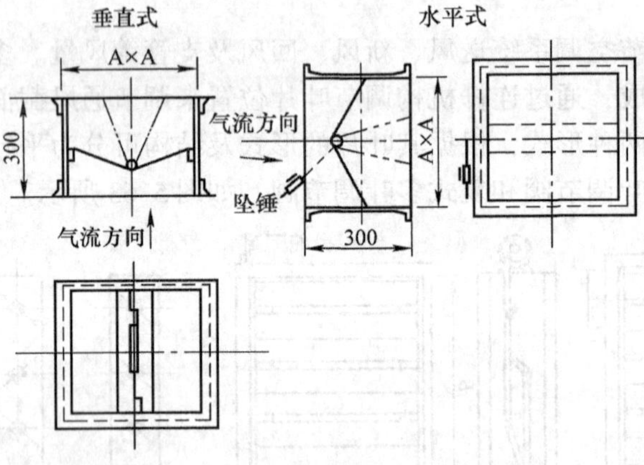

图 5-65 风道单向阀

4. 风道排烟阀、防火系统阀件

风道排烟阀、防火系统阀件是空调工程中的消防系统用阀，其作用是在防烟、防火时关闭或接通相应风管。风道排烟阀、防火系统阀件主要有防火阀、防烟防火阀、排烟阀和排烟防火阀。

（1）防火阀 通风空调系统的送风总管，在穿越机房、重要的或火灾危险性较大房间隔墙、楼板处，以及垂直风管与每层水平风管交接处的水平支管上，均应设防火阀。圆形风管防火阀的基本结构如图 5-66 所示。阀内有一套信号及联锁装置，当风管内温度高于 70℃时，防火阀的温度熔断器熔断，阀门即自行关闭，防止火势沿风管蔓延，风机停止运转并发出信号。防火阀通过复位手柄复位。

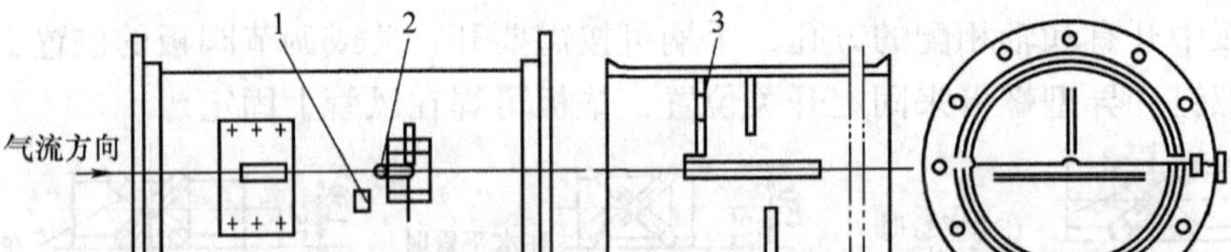

图 5-66 圆形风管防火阀的基本结构

1—限位开关 2—摆杆 3—温度熔断器

（2）防烟防火阀 防烟防火阀也是防火类阀，它兼有防火和防烟的作用。当风管内温度高于 70℃时，防烟防火阀的温度熔断器工作并输出电信号，指示自动关闭装置使防烟防火阀闭合；另外，当系统中有烟气时，通过烟感器控制动作，用电信号通过电磁铁使阀关闭。防烟防火阀的作用就是防止烟、火势沿风管蔓延。防烟防火阀可手动关闭和手动复位。

（3）排烟阀　排烟阀属于防烟类阀，用在空调排烟系统的风管道上。排烟阀的结构如图5-67所示。正常情况下，排烟系统不工作，排烟阀处于关闭状态。当室内出现烟气需要排烟时，烟感器工作，输出开启电信号，联动排烟风机开启排烟阀。排烟阀可远距离开启和远距离手动复位。

（4）排烟防火阀　排烟防火阀主要用于排烟风机的吸入口处的管道上，其结构如图5-68所示。正常情况下排烟防火阀处于关闭状态，当有烟感时，输出电信号开启排烟防火阀。但当排烟风道温度达到280℃时，温度熔断器工作输出动作电信号，重新关闭排烟防火阀。排烟防火阀需手动复位。

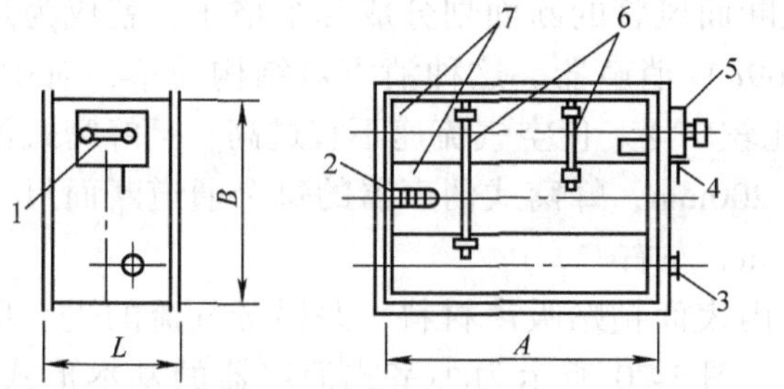

图5-67　排烟阀

1—复位手柄　2—反冲弹簧　3—检查口　4—手动开启钢绳　5—开启执行机构　6—连杆　7—叶片

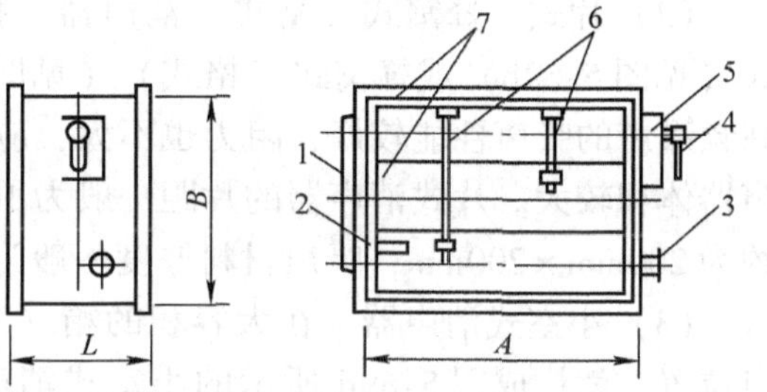

图5-68　排烟防火阀

1—弹簧机构　2—温度熔断器　3—检查口　4—复位手柄　5—开启执行机构　6—连杆　7—叶片

5.4.5　消声器

消声器是利用声的吸收、反射、干涉等原理，降低通风与空调系统中噪声的装置。它是消除噪声的一种辅助手段，一般设置在通风机房（或空调机房）和空调房间之间的管道中。通常消声器就是风管系统中的一个组成部分或者一个管件（如消声弯头、消声三通等）。

空调工程中实际使用的消声器结构形式各异，种类很多，一般依据消声原理的不同可分为阻性消声器、抗性消声器、阻抗复合式消声器和微穿孔板消声器四大类。

1. 阻性消声器

阻性消声器是利用吸声材料的吸声作用，使沿管道传播的噪声，在其中不断被吸收和逐渐衰减的消声装置。把吸声材料固定在管道内壁或按一定方式排列在管道和壳体内，就构成了阻性消声器。阻性消声器对中、高频噪声的消声效果显著，但对低频噪声消声效果差。通过改变吸声材料的厚度、密度和结构形式，可以提高消声量。

吸声材料大都是疏松或多孔性的，常用的吸声材料有超细玻璃棉、开孔型聚氨酯泡沫塑料、微孔吸声砖以及木丝板等。当声能入射到吸声材料上，一部分声能被反射，一部分声能透过吸声材料继续传播，其余部分声能则被吸声材料吸收。声能之所以被吸收，主要是由于声波进入松散多孔的吸声材料的空隙，引起空隙中空气和材料细微的振动，由于摩擦力和黏滞力使一部分声能转化为热能而被吸收。

常见的阻性消声器有管式、片式、蜂窝（格）式、小室式、折板式和声流式等，如图5-69所示。

（1）管式消声器　在管壁内表面贴上一层吸声材料就成为管式消声器，又称“管衬”，是一种最简单的阻性消声器，如图5-69a所示。管式消声器制作方便、阻力小，一般只适用

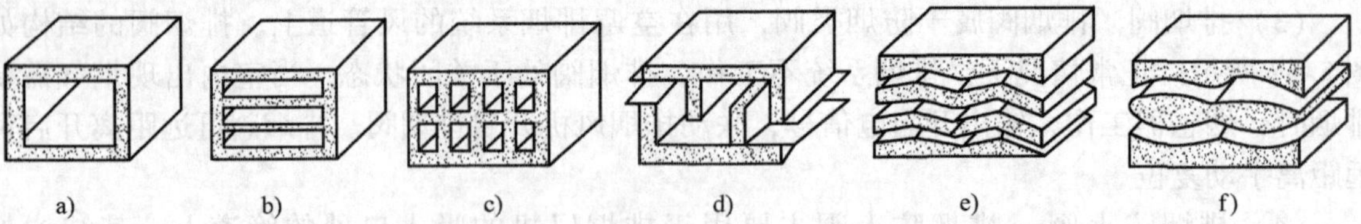

图 5-69 常见阻性消声器

a）管式 b）片式 c）蜂窝式 d）小室式 e）折板式 f）声流式

于直径不大于400mm 的较小断面的风管。

（2）片式、蜂窝式（格式）消声器 把大断面风管的断面划分成几个格子，就成为片式（见图 5-69b）或蜂窝式（格式）（见图 5-69c）消声器。这种消声器结构简单，对中、高频噪声的吸声性能较好，阻力也不大，应用比较广泛。但空气流速不宜过高，且蜂窝式消声器体积较大。片式消声器的片距一般为 100～200mm，蜂窝式消声器的每个通道断面尺寸约为 200mm×200mm，吸声材料厚度一般为 100mm 左右。

（3）小室式消声器 在大容积的箱（室）内表面粘贴吸声材料，并错开气流的进、出口位置，就构成图 5-69d 所示的小室式消声器。图 5-70 所示为小室式消声器的基本形式。其中，多室式消声器又称为迷宫式消声器。小室式消声器的消声原理主要为阻性消声作用，同时由于气流断面的变化还兼有一定的抗性消声作用。这种消声器吸声频程宽、安装维修方便，但阻力大、体积大。小室以设 2～3 个为宜，不宜超过 4 个。

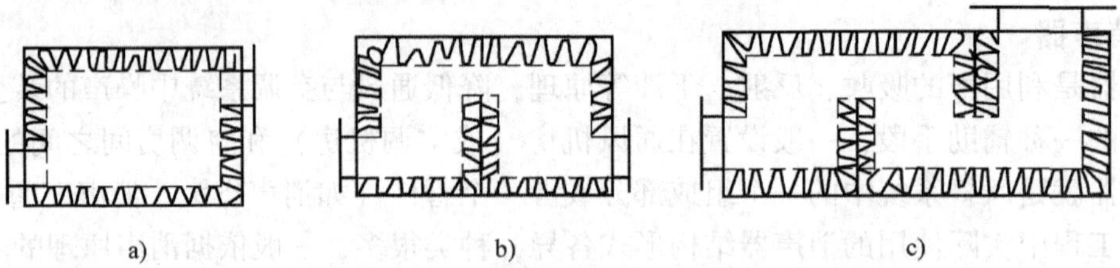

图 5-70 小室式消声器的基本形式

a）单室式 b）双室式 c）迷宫式

（4）折板式、声流式消声器 将片式消声器的吸声片改制成曲折形，就成为折板式消声器，如图 5-69e 所示。声波在折板内往复多次反射，增加了与吸声材料接触的机会，从而提高了中、高频的消声量，但阻力增大。

将消声器的吸声片横截面制成正弦波状或近似正弦波状，就成为声流式消声器，如图 5-69f所示。这种消声器既具有良好的吸声效果，又减小了空气阻力，但制作工艺麻烦。

2. 抗性消声器

抗性消声器是依靠管道截面面积的改变或旁接共振腔等，在声音传播过程中引起声阻抗的改变，产生声能的反射与消耗，从而达到消声目的的消声装置，主要有扩张室式和共振式两种。

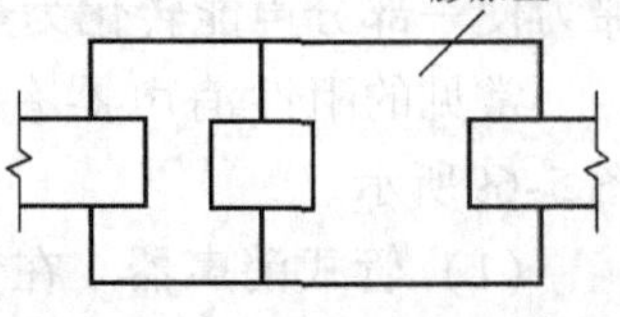

图 5-71 扩张室式消声器

（1）扩张室式消声器 扩张室式消声器由管和小室相连而成，如图 5-71 所示，主要是利用通道截面的突变，使沿通道传播的声波反射回声源方向，从而起到消声作用。这种抗性消声器消声频程较窄，对中、低频噪声有较好的消声效果，结构简单。由于不使用吸声材料，因此不受高温和腐蚀性气体的影响。为了保证一定的消声效果，消声器的膨胀比（大断面面积与小断面面积之比）应大于5，因此扩张室式消声器占用空间多，且空气阻力大，一般宜用于小尺寸的风管上。

（2）共振式消声器　在管道上开孔与共振腔相连就构成了共振式消声器，如图5-72a所示。在声波作用下，小孔孔颈处的空气像活塞似地往复运动，使共振腔内的空气也发生振动，穿孔板小孔处的空气柱与共振腔内的空气就构成了一个共振吸声结构，如图5-72b所示。它具有由孔颈直径 d、孔颈厚 t 和腔深 D 所决定的固有频率。当外界噪声频率与共振吸声结构的固有频率相同时，会引起小孔孔颈处空气柱强烈共振，空气柱与颈壁产生剧烈摩擦，从而消耗了声能，起到消声的作用。共振式消声器具有较强的频率选择性，消声频程很窄，一般用以消除低频噪声。

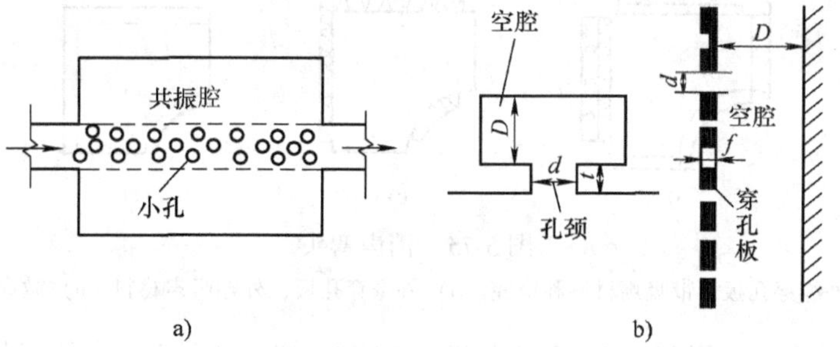

图5-72　共振式消声器
a）结构示意图　b）共振吸声结构

3. 阻抗复合式消声器

阻抗复合式消声器是指综合了阻性和抗性消声器的特点，既有吸声材料，又有共振腔、扩张室、穿孔板等滤波元件的消声装置。图5-73所示为由用吸声材料制成的阻性吸声片和若干个抗性膨胀室组成的阻抗复合式消声器。试验证明，它对低频消声性能有很大的改善。

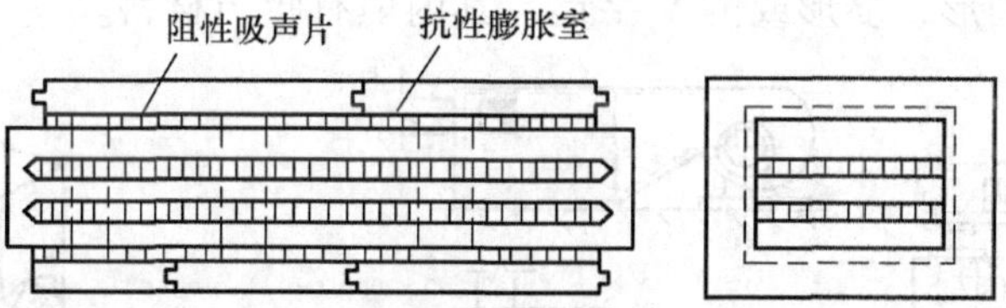

图5-73　阻抗复合式消声器

4. 微穿孔板消声器

微穿孔板消声器是指利用微穿孔板吸声结构制成的，具有阻抗复合式消声器的特点，有较宽消声频带的消声装置。微穿孔板消声器的结构如图5-74所示，微穿孔板一般采用热浸锌钢板制作，也可以用铝板或不锈钢板制作。微穿孔板厚度和微孔孔径均小于1mm，微孔有较大的声阻，吸声性能好。由于消声器边壁设置共振腔，微孔与共振腔组成一个共振系统。因此消声频程宽，而且气流阻力小，当风速

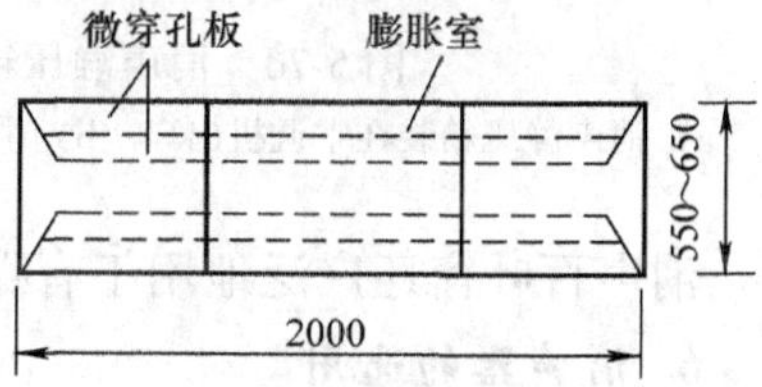

图5-74　微穿孔板消声器

小于 15m/s 时可以忽略阻力。又因这种消声器不使用吸声材料，因此不起尘，一般多用于有特殊要求的场合，如高温、高速管道以及净化空调系统。

5. 消声部件

消声部件是指内敷吸声材料的空调系统部件，例如消声弯头、消声静压箱、消声风口和消声百叶窗等。

（1）消声弯头　当空调机房面积窄小而难以设置消声器，或需对原有建筑物改善消声效果时，可采用消声弯头。消声弯头分为普通消声弯头和共振型消声弯头两类。前者将弯头内贴上吸声材料（玻璃棉）；后者的弯头外缘采用穿孔板、吸声材料和空腔（见图 5-75a）。除此之外，还有一种在外缘采用穿孔板、外贴吸声材料的（见图 5-75b）消声弯头，其制作较简单。近年来较多地采用微穿孔板消声弯头（见图 5-75c）。

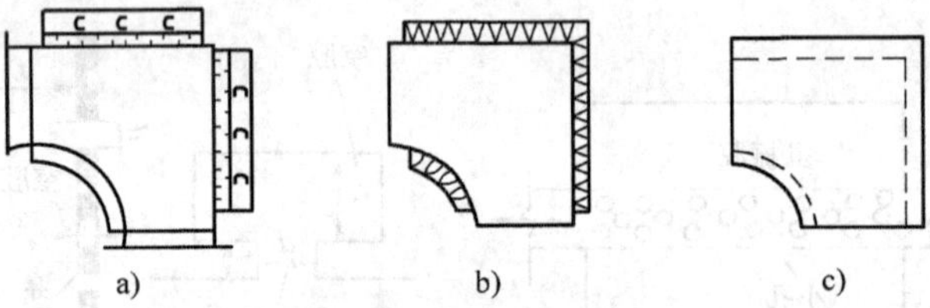

图 5-75　消声弯头

a）外缘穿孔板，带吸声材料和空腔　b）外缘穿孔板，外贴吸声材料　c）微穿孔板

（2）消声静压箱　在风机出口处或在送风口前设置静压箱并贴吸声材料，即构成消声静压箱，如图 5-76 所示。消声静压箱既可起到稳定气流的作用，又起到消声器的作用。其消声量与材料的吸声能力、箱内和出口侧风管的断面面积等因素有关。

（3）消声百叶窗　当空调机房布置在空调房间的隔壁或有走廊相通的相邻房间时，通常采用百叶窗作为集中回风口。为了减小空调机房内的噪声通过百叶窗的传出量，一般采用有消声功能的百叶窗，其结构形式如图 5-77 所示。消声百叶窗与普通百叶窗的主要不同点是前者的叶片为吸声叶片，由金属薄板（镀锌钢板、铝板和不锈钢板）做成，形状为空心的、表面有小孔的椭圆形、菱形或倒 V 字形，其内填有吸声材料。

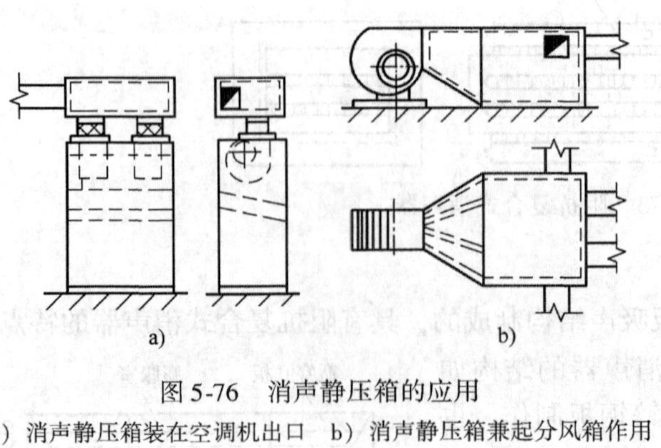

图 5-76　消声静压箱的应用

a）消声静压箱装在空调机出口　b）消声静压箱兼起分风箱作用

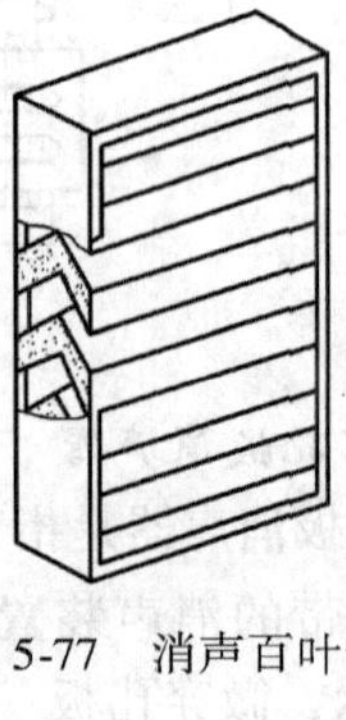

图 5-77　消声百叶窗

消声百叶窗还广泛地用于有噪声控制要求的空调机房新风入口。

6. 消声器的选用

当空调系统所需的消声量确定后，可根据具体情况选择消声器的形式，然后根据通风量、消声器的设计流速和消声量来确定消声器的型号和数量。

当一个通风系统带有多个对噪声有较高要求的房间时，宜在每个房间的送、回风支管上进行消声处理，以防止房间串声。声学要求高的房间宜设置独立的通风空调系统，送、回风支管做同样的消声处理；对于新风进风口、排风口，应注意防止风机噪声对环境的干扰。

消声器的选择应按以下原则进行：

1）消除高频噪声应采用阻性消声器。

2）消除中、低频噪声应采用抗性消声器。

3）要求消声频程较宽时，应采用复合式消声器。

4）高温、高湿、高速等环境应采用抗性消声器。

5）消声器选择还应考虑其防火、防飘散、防霉等性能。

6）消声器内空气流速宜小于6m/s，不应超过8m/s。

7）对于噪声控制要求高的房间，应计算消声器的气流噪声。

5.5 空调系统能量回收装置

节能对于我国现代化建筑，具有重大的意义。在空调系统中，由于新风冷（热）负荷在建筑物空调总负荷中所占比例较大，各种空气热能回收器就成为应用最多的能量回收装置。

5.5.1 空调系统能量回收装置的分类、组成及选用

1. 分类及组成

空调系统能量回收装置包括空气—空气热回收装置和制冷机冷凝热回收装置两类。

（1）空气—空气热回收装置 空调系统中的空气—空气热回收装置由空气侧的热回收器、送排风机、空气过滤器、冷热盘管、加湿器，液体循环与溶液吸收式热回收装置的循环水泵、管道和阀门，以及其他设备等组成。按空气侧的组成及功能不同，有以下两种常用形式：

1）空气—空气热回收通风装置（简称热回收通风装置，也称为新风换气机）由热回收器、送排风机和空气过滤器等组成，通常配有简单的电控装置。

2）空气—空气组合式热回收机组（简称组合式热回收机组）由热回收器、送排风机、空气过滤器、冷热盘管、加湿器等组成，装配在组合式空调机组内。

（2）制冷机冷凝热回收装置（简称冷凝热回收装置） 制冷机冷凝热回收装置由制冷机、冷却塔、水泵、管道和阀门以及热用户等组成。

2. 选用

选用能量回收装置时，首先应进行必要的技术经济及合理性分析；其次，根据需处理的空气特性（特别是排风）选择适合的能量回收装置，以达到经济、合理的目的。

能量回收装置的选用应遵守如下原则：

1）当建筑物内设有集中排风系统，并且符合下列条件之一时，宜设置排风热回收装置，但选用的热回收装置的额定显热效率原则上不应低于60%，全热效率不应低于60%。

① 送风量大于或等于3000m^3/h的直流式空调系统，且新风与排风之间的温差大于8℃时。

② 设计新风量大于或等于 $4000m^3/h$ 的全空气空调系统，且新风与排风之间的温差大于8℃时。

③ 设有独立新风的排风系统。

2）有人员长期停留但未设置集中新风、排风系统的空调区域或房间，宜安装热回收换气装置。

3）当居住建筑设置全年性空调、采暖，并对室内空气品质要求较高时，宜在通风、空调系统中设置全热或显热热回收装置。

4）在设有四管制或冬季需供冷的空调系统中，制冷系统应优先选用带冷凝热回收装置的制冷机，以充分利用制冷机的冷凝热。

5.5.2 空调系统常用的能量回收装置

1. 转轮式热回收装置

转轮式热回收器是一种利用空调房间的排风，在夏季对新风进行预冷减湿，在冬季对新风进行预热加湿的空调节能设备。它分金属制和非金属制两种型式。转轮式热回收器的特点是结构紧凑、设备体积小；在旋转过程中让排风与新风以相逆方向流过转轮，由于中间有清洗扇，本身有自净作用，可使排风几乎不会漏入新风；能同时进行热湿交换，热回收率高达70%以上。

转轮式热回收器由转轮、清洗扇、机体装置和自动控制装置等部件组成，其结构如图5-78a所示。蜂窝状的转轮是由喷涂氯化锂的铝箔及非金属膜、特殊纸等材质做成的，外形呈轮形并能转动。轮子上半部通过新风，下半部通过室内排风，如图5-78b所示。冬季，排风的温、湿度高于新风。排风经过转轮时，使转芯材质的温度升高，水分含量增多。当转芯材质经过清洗扇转至与新风接触时，转芯便向新风放出热量与水分，使新风升温增湿。

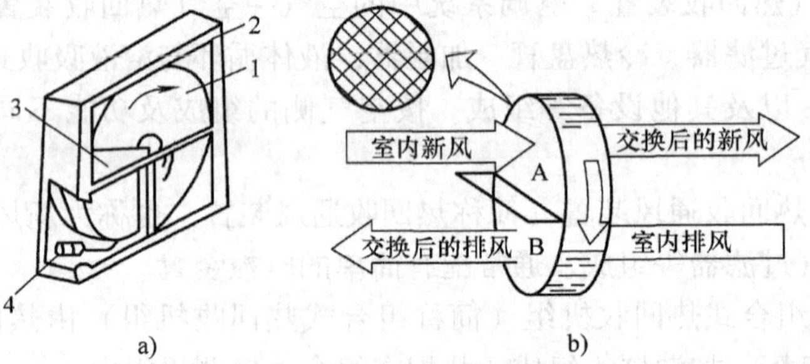

图5-78 转轮式热回收器

a）结构示意图 b）转轮工作示意图

1—转轮 2—角铁架子 3—清洗扇 4—电动机传动装置

根据所用芯材的不同，转轮式热回收器可做成显热回收型和全热回收型。如果是全热回收型，其芯材由不燃性吸湿材料或带吸湿性涂层的材料制成。当夏季温度和湿度较低的室内排风空气通过相应部分的芯材时，芯材一方面受到冷却，另一方面由于水蒸气分压力差，放出其中所含的部分水分，及至下一瞬间，刚与排风空气相接触，被冷却去湿后的芯材便轮转到新风区，与进入的新鲜空气相接触。于是高温高湿的新鲜空气便降温去湿，即在进行其他热湿处理之前先进行预冷却和预去湿。如果是显热回收型，则芯材是由铝合金之类的金属薄片层层紧密盘卷堆砌而成的，芯材不具有吸湿能力，所以它与排风气流或新风气流之间只有显热交换而无湿传递。

2. 板式和板翅式热回收器

板式或板翅式热回收器是应用板式换热器原理工作的空气−空气换热器，其结构和工作原理如图5-79所示。这类热回收器由换热元件和外壳组成。换热元件由难燃或不燃的传热和传质性能较好的薄材料做成平板状或经加工做成波纹皱褶状，交叉叠置形成垂直相交的两股流道。外壳一般由薄钢板制成，其上有4个风管接口，可分别与新风管、送风管、回风管和排风管连接。为了便于换热元件的定位安装和取出、清洁或更换，在壳体的内侧壁上设有定位导轨，并衬有密封填料以防止两股气流的短路混合而造成交叉污染。

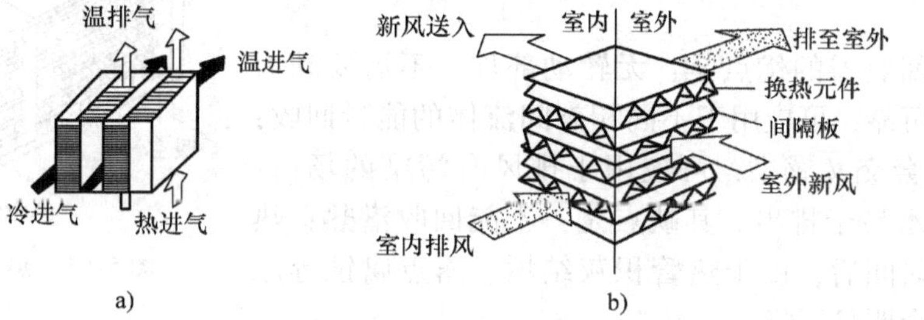

图5-79　板式和板翅式热回收器

a）平板式显热回收器　b）板翅式全热回收器

板式或板翅式热回收器分显热回收型和全热回收型。显热回收型一般用铝箔做成平板状，平板间距4～8mm，阻力为200～300Pa，热回收效率为40%～60%。全热回收型则是采用不燃性矿物纤维作为基材，经加工制成吸湿、透湿性能良好的纸状波形皱褶层。当温度和湿度不同的两股气流相间通过各自的流道时，通过传导进行显热交换，同时，也在水蒸气分压力差的作用下透过薄的纸状层进行质交换（湿交换）。板翅式全热回收器的热湿交换效率随通过换热元件的风量的增大而减小，随风量比的增大而增大。一般显热回收效率可达75%，潜热回收效率为60%左右。在推荐的迎面风速下的阻力为200～300Pa。

目前，这类热回收器在空调工程中应用得最多的是全热回收型通风换气机。它是由相应容量的换热单元，配置必要的排风机和新风机，组成一个整体式通风换气机组，具有热回收功能，可吊挂或落地安装在空调房间内、外，能以较小的能耗实现密闭空调房间充分的通风换气。

3. 热管式热回收器

热管式热回收器是由热管组成的换热装置，排风与进风分别经热管的蒸发段、冷凝段而进行间接热回收。

在一根已抽除不凝性气体的密闭金属管内充以一定量的某种工作液体构成了热管，其结构如图5-80所示。工作液体在热端（蒸发段）吸收热量而沸腾汽化，产生的蒸汽流到冷端（冷凝段）放出潜热而凝结为液体，凝结液回至热端，再次吸热沸腾汽化。如此反复循环，热量不断地由热端传递到冷端。凝结液的回流可以通过不同的方法来实现，如毛细管作用或重力等。热管的工作液体可

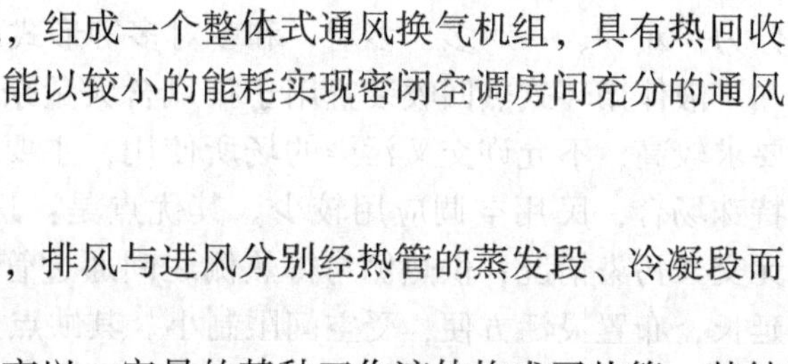

图5-80　热管

以是氨、水、丙酮、汞等。采用不同的工作液体，有不同的工作温度范围。

热管传导热量的能力很强，是最优导热性能金属导热能力的 $10^3 \sim 10^4$ 倍。因充分利用了沸腾和凝结表面传热系数大的特点，通过管外翅片增大传热面积，且巧妙地将管内、外流体间的传热转变为隔热层两侧管外流体的传热，使热管成为高效且结构简单、投资少的换热设备。

在空调工程中，一般采用多根热管来组成热管式热回收器，如图 5-81 所示。为了增大传热面积，管外加有翅片，肋化系数一般为 10 ~ 25，沿气流方向的热管排数通常为 4 ~ 10 排。

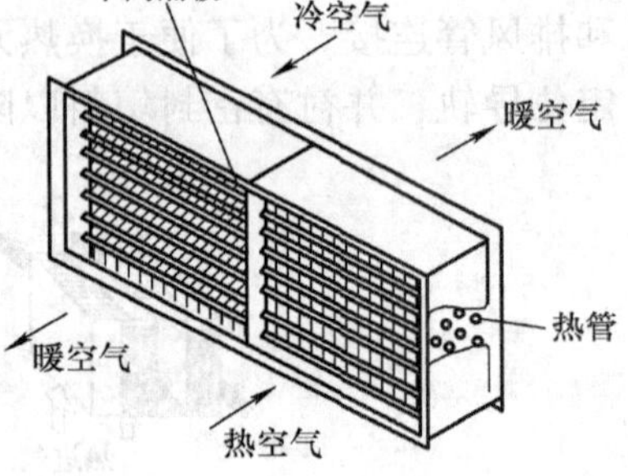

图 5-81　热管式热回收器

热管式热回收器的优点是：无转动部件、不需要动力源、运行安全可靠；可应用于不同相态间流体的能量回收；新排风部分不会交叉感染，可应用于排风有污染的场所；风阻低，冷凝水易于排出。其缺点是：不能回收潜热；热管在使用一段时间后，由于热管积灰结垢、露点腐蚀等原因，传热效率会明显下降。

4. 液体循环式热回收装置

液体循环式热回收装置是在空调系统的排风和新风管上分别设置水—空气换热器，通过液体循环将热量传递给新风或排风，从而预热或预冷新风的装置，又称为中间冷媒式热回收器。其工作原理如图 5-82 所示。

液体循环式热回收装置由循环泵、排风换热器、新风换热器和密闭式膨胀罐组成。换热器的结构与换热机理与一般水—空气换热器相同。循环液体通常为水。为了降低水的冰点，一般在水中加入一定比例的乙二醇溶液。

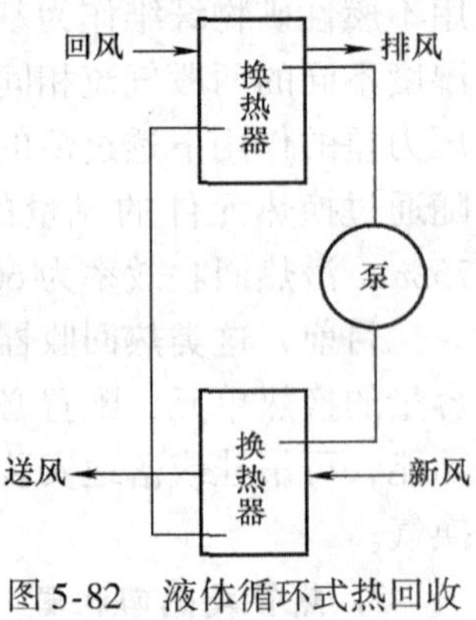

图 5-82　液体循环式热回收装置的工作原理

液体循环式热回收装置按调节方式划分有带水量调节装置和带风量调节装置两种，按排风换热器与新风换热器的配套关系可分为一对一、一对多、多对一和多对多等形式。

液体循环式热回收装置用于排风含大量余热，又对新风质量要求较高，不允许交叉污染的场所使用，主要用于工业和医院等特殊场合，民用空调应用较少。其优点是：送、排风完全隔离，无交叉污染情况；供热侧与得热侧之间通过管道连接，管道可以延长，布置灵活方便，受空间限制小。其缺点是：须配备循环水泵，存在动力消耗；通过中间热媒输送，温差损失大，换热效率较低，在 30%~40% 左右。

5. 溶液吸收式热回收装置

当溶液表面的蒸气压力与直接接触空气的水蒸气分压力存在压差时，相互间既有热量传递又有质量传递。溶液与空气进行热质交换时，将吸收或放出相应的热量，使两者的温度发生变化。溶液吸收式热回收装置即利用此原理，在新风和排风侧分别设置溶液填料塔，利用一定的溶液（溴化锂、氯化锂、乙二醇等）在两个塔间循环。夏季溶液在新风侧吸热吸湿，在排风侧放热放湿；冬季溶液在排风侧吸热吸湿，在新风侧放热放湿，从而实现对空气的全热回收。其基本结构如图 5-83 所示。

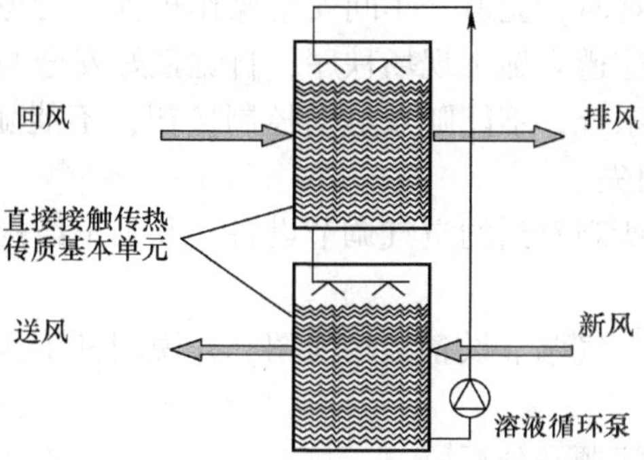

图 5-83　溶液吸收式热回收装置的基本结构

溶液吸收式热回收装置的优点是：冬季无需考虑防冻措施；溶液兼有杀菌、除尘的功能。其缺点是：系统须配备循环水泵，存在动力消耗；溶液开式循环，有交叉感染的可能；在空气中含有有毒有害气体、能与溶液反应或易挥发、可溶于溶液的气体的场合不可使用；单级回收效率较低，一般采用多级处理，设备体积较大。

6. 制冷机冷凝热回收装置

制冷机在制冷的同时又放出冷凝热，通常这部分热量由冷却系统的冷却塔散发至室外大气中，应当通过增加换热器等技术手段使此冷凝热回收得以利用，这就是制冷机冷凝热回收的基本原理。在以空气调节为主的制冷系统中，将制冷机制冷时排出的冷凝热予以有效利用的装置，通常称为空气调节的制冷机冷凝热回收装置，简称冷凝热回收装置。

冷凝热回收装置由三部分组成：热回收制冷机（即制冷系统）、冷却水系统以及热用户系统。用于热回收的制冷机，一般采用常规的标准型制冷机和附加冷凝器（辅助冷凝器或双冷凝器）的热回收型制冷机两种形式。对于设置辅助冷凝器（部分热回收）的制冷机，制冷性能系数通常高于常规制冷机；设置双冷凝器（全部热回收）的制冷机，制冷性能系数通常低于常规制冷机，但该制冷机热回收性能系数却远大于辅助冷凝器型制冷机。

实训4　空气调节设备的结构认识

1. 实训目的

熟悉喷水室、表面式空气换热器、加湿器、空气过滤器、送风口、回风口、风阀、风机、消声器等主要空气调节设备的工作原理、基本结构、性能特点及适用范围。

2. 实训方法

1）观看主要空气调节设备的实物或模型。

2）参观空气调节设备生产厂家陈列展品，查看产品样本。

3）到空气调节设备生产车间实地参观各设备制造过程、方法及手段，参与一些简单制造工序的工作。

4）到空调工程施工现场观察空气调节设备在空调系统中的位置及安装情况。

5）参观运行中的空调系统，了解空气调节设备的使用状况。

3. 实训注意事项

1）遵守实训纪律，服从指导老师的安排。

2）到生产车间实地参观时，应遵守车间安全操作规程，避免发生安全事故。

3）到施工现场参观，应遵守施工现场秩序，自觉戴好安全帽，注意安全。

4）参观运行中的空调系统，不能随意触动控制按钮，不能随意调节阀门，以免影响系统正常运行，给生产带来损失。

5）实训中应随时记录所观看到的空气调节设备，并画出结构草图。

4. 实训报告

1）绘制出所观看到的空气调节设备结构简图，并说明其工作原理及性能特点。

2）填写实训记录。

3）实训过程中出现的问题及分析。

4）收获和体会。

思考与练习

1. 喷水室有哪些主要类型？
2. 组成喷水室的主要部件有哪些？它们的作用是什么？
3. 表面式换热器主要有哪些种类？各有什么特点？
4. 电加热器有什么特点？
5. 常用的热回收设备有哪些？其工作原理分别是什么？各有什么特点？
6. 等温加湿和等焓加湿空气加湿器有哪些？各适用于什么场所？
7. 常用的除湿设备有哪几种？各适用于什么场合？
8. 与普通冷冻除湿机相比，调温型除湿机在功能上有何改进？
9. 空气过滤器有哪些主要类型，各自有什么特点，它们各自适用于什么场合？
10. 常见的局部净化设备有哪些？各有什么特点？
11. 空调系统中，常用的风机有哪些？各有什么特点？
12. 常见的送风口和回风口有哪些？
13. 空调系统通风管道可分为哪几种？
14. 空调通风管道常用阀门有哪些？
15. 空调系统中常用的消声器有哪些？

第6章　空气调节机组

学习导引

空气调节机组就是将多种空气调节设备组合在一起，可以对空气进行加热、冷却、加湿、除湿等多种处理过程，在集中式和半集中式空调系统中普遍使用的空气处理设备。

目前，工程上集中式空调系统中常用的空气调节机组有两类：一类是组合式空调机组，另一类是整体式空调机组。半集中式空调系统中常用的空气调节机组有风机盘管机组和诱导器机组。本章主要介绍这几种空气调节机组。

1. 学习要求

本章的重点是组合式空调机组、整体式空调机组和风机盘管机组的种类、工作原理、基本结构、性能特点及适用范围。通过本章的学习应达到以下要求：

1）掌握组合式空调机组的结构形式和种类；了解组合式空调机组的基本参数、型号表示方法。

2）掌握常用组合式空调机组的工作流程、基本结构、性能特点及适用范围。

3）了解整体式空调机组的结构特点。

4）了解立式空调机组的工作原理、基本结构、性能特点及适用范围。

5）掌握柜式空调机组的常用结构形式、工作原理、基本结构、性能特点及适用范围。

6）掌握风机盘管式空调机组的基本结构和工作原理；了解风机盘管式空调机组的结构形式和基本参数。

7）掌握风机盘管式空调机组常用类型的结构特点、适用范围。

8）了解诱导器及诱导器空调系统的组成、工作原理；了解诱导器机组的基本参数、优缺点和适用范围。

2. 本章难点

1）空气调节机组结构形式多样，结构较为复杂，仅通过看结构简图而掌握其基本结构有一定难度，应结合实训，通过观察空气调节机组的具体实物或模型帮助理解。

2）组合式空调机组和整体式空调机组在结构和适用范围上有一些相似之处，学习时应注意两者的区别。

6.1　组合式空调机组

组合式空调机组也称为装配式空调机，是集中式水冷空调系统中的主要设备，它由风机和其他必要设备组成不含冷、热源的预制单元箱体，并具有空气循环、净化、加热、冷却、加湿、除湿、消声、混合等多种功能的空气处理设备。这种机组应能用于风管阻力大于100Pa的空调系统。对空气具有特定的处理功能的单元箱体称为功能段。组合式空调机组由各种空气处理功能段组装而成，机组功能段可包括：空气混合、均流、过滤、冷却、一次和二次加热、去湿、加湿、送风机、回风机、喷水、消声、热回收等单元体。

当组合式空调机组带有高、中效或亚高效空气过滤功能段时，被称为净化机组；当组合式空调机组风机风量可以调节时，被称为变风量机组；当被处理的空气全部是室外空气（新风）时，被称为新风机组。

组合式空调机组结构紧凑，可以满足多种功能使用要求，现场直接安装，简便、省工，使用中调节灵活，广泛应用于空调系统中。

6.1.1 组合式空调机组的分类与基本参数

1. 分类

组合式空调机组有多种形式，常用的分类方法如下：

1）按结构形式的不同，可分为卧式、立式、吊顶式及其他形式。功能段立式顺序排列的为立式机组，水平顺序排列的为卧式机组；采用吊顶安装的卧式机组为吊顶式机组。

2）按用途特征的不同，可分为通用机组、新风机组、净化机组和专用机组（如屋顶机组、烟草用机组、地铁用机组、计算机房专用机组等）。通用机组用于民用建筑中，是保障人体舒适要求的舒适性空调系统。净化机组用于电子技术、药品生产、医用动物饲养、手术室、食品无菌封装等对空气的洁净度要求高的工艺性空调系统，一般带有中效和亚高效过滤器。

2. 型号表示方法

我国国家标准 GB/T 14294—2008《组合式空调机组》规定的组合式空调机组的型号表示方法如下：

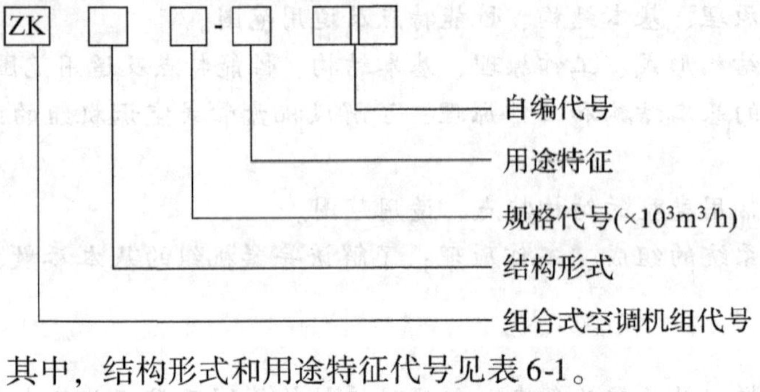

其中，结构形式和用途特征代号见表 6-1。

表 6-1 组合式空调机组的分类、代号

分类方式	分类	代号
结构形式	立式	L
	卧式	W
	吊顶式	D
	其他	Q
用途特征	通用机组	T
	新风机组	X
	净化机组	J
	专用机组	Z

型号标记示例：

示例1　ZKL 5-X，表示立式新风机组，额定风量为5000m^3/h。

示例2　ZKW 10-T，表示卧式通用机组，额定风量为10000m^3/h。

示例3　ZKD 20-X，表示吊顶式新风机组，额定风量为20000m^3/h。

3. 基本参数

组合式空调机组的基本参数有额定风量、额定供冷量、额定供热量、机外静压、机组全静压等。

（1）额定风量　指在标准空气状态下，单位时间内通过机组的空气体积流量，单位为m^3/h或m^3/s。标准空气状态是指温度为20℃、相对湿度为65%、压力为101.3kPa、密度为1.2kg/m^3时的空气状态。

（2）额定供冷量　指机组在规定试验工况下的总除热量，即显热和潜热除热量之和，单位为kW或W。机组的规定试验工况可查阅国家标准GB/T 14294—2008《组合式空调机组》。

（3）额定供热量　指机组在规定试验工况下供给的总显热量，单位为kW或W。

（4）机外静压　指机组在额定风量时克服自身阻力后，机组进、出风口静压差，单位为Pa。

（5）机组全静压　指机组自身阻力和机外静压之和，单位为Pa。

我国国家标准GB/T 14294—2008《组合式空调机组》规定，组合式空调机组的基本规格用额定风量表示，按分段等差级数排列，见表6-2。

表6-2　组合式空调机组的基本规格

规格代号	2	3	4	5	6	7	8	10	15	20	25
额定风量/($m^3 \cdot h^{-1}$)	2000	3000	4000	5000	6000	7000	8000	10000	15000	20000	25000
规格代号	30	40	50	60	80	100	120	140	160	200	
额定风量/($m^3 \cdot h^{-1}$)	30000	40000	50000	60000	80000	100000	120000	140000	160000	200000	

6.1.2　常用组合式空调机组

1. 使用表冷器处理空气的一次回风式单风机组合式空调机组

图6-1a所示为采用夏、冬季兼用的表冷加热段和喷蒸汽加湿段处理空气的一次回风式、单风机、表冷器处理空气的组合式空调机组。中间段内部不装任何空气调节设备，仅为某些功能段提供内部检修空间而设置。如果冬季采用离心式加湿器，则将喷蒸汽加湿段取消，在表冷加热段之前、新回风混合粗效过滤段之后增加离心加湿段即可。在我国南方地区，如果冬季空气处理过程不需要加湿，则可取消加湿段。

当空调房间对空气净化要求较高时，在送风机段之后应设中效过滤段（一般的净化要求时，可以不设）。为防止消声器在运行过程中产生尘埃，应将送风消声段设在中效空气过滤器之前。如果空调机房面积紧张，也可取消送风消声段，改在送风风道上安装消声器或消声弯头予以解决。

对于北方寒冷地区，甚至温和地区，特别是按全新风运行的直流式系统，不应采用冷却加热器，应将预热器和表冷器分开设置，如图6-1b所示；否则，冬季空气冷却器极易被冻裂，导致系统无法运行。

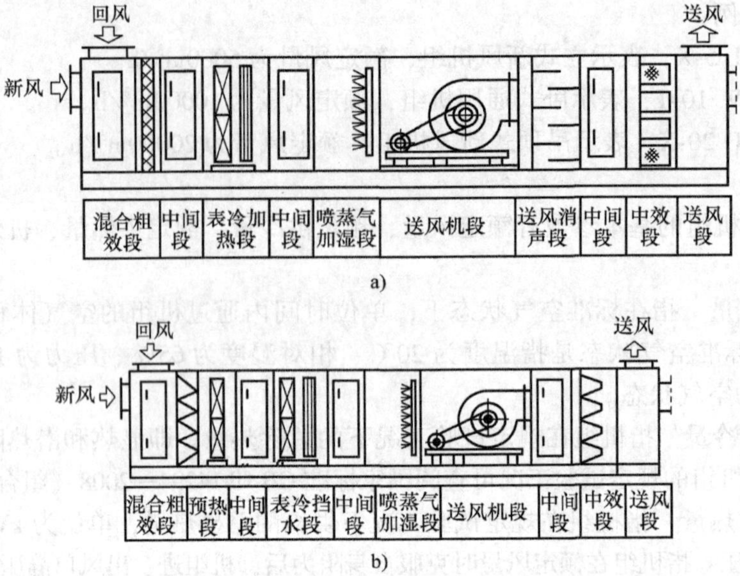

图 6-1　一次回风式、单风机、表冷器处理空气的组合式空调机组

a）设置表冷加热段　b）将预热器和表冷器分开设置

对于北方严寒地区，应将新风先预热 5℃后，再与回风相混合，然后经由粗效空气过滤器过滤，进入后续的处理。因此，将预热段设在新风进入之后。

2. 使用喷水室处理空气的一次回风式单风机组合式空调机组

图 6-2 所示为具有预热段、喷水段和再热段的一次回风式单风机组合式空调机组。对于我国南方地区，预热段可以取消。若对空气净化无特殊要求，可不设中效过滤段，送风段也随之取消。送风机段上应有上送风（或上侧送风）出口。

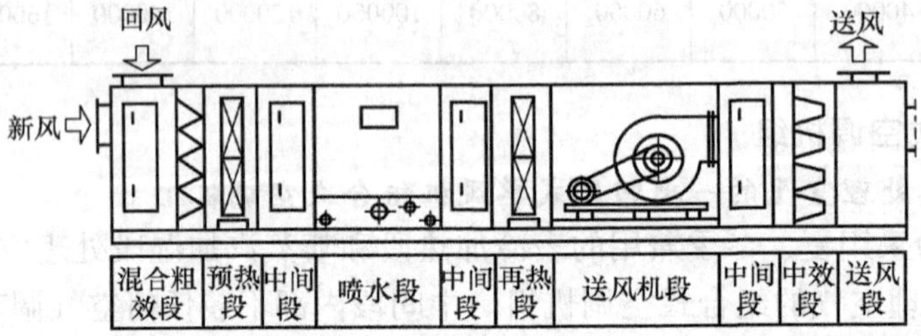

图 6-2　具有预热段、喷水段和再热段的一次回风式单风机组合式空调机组

3. 具有表冷器、再热器、喷蒸气加湿的一次回风式双风机组合式空调机组

图 6-3 所示为具有冷却挡水段、再热段和喷蒸气加湿段的重叠式组合式空调机组。它适用于空调机房面积紧张但机房高度较高的场合。采用双风机系统在过渡季节可以最大限度地按全新风运行，充分利用室外空气的冷量，同时有助于降低风机的噪声水平。

对于双风机系统，在进行各功能段组合时，一定要使排风口处于回风机的压出段，而新风入口处于送风机的吸入段。系统运行时，应使送风机、回风机的压力零点置于一次回风风阀处，才能完成排出部分回风、吸入新风的功能。回风机的压头不能过高，要通过风系统阻力计算后确定，否则新风吸不进来。

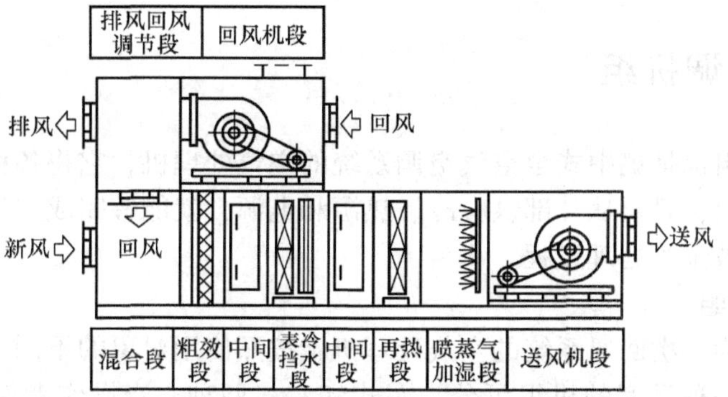

图 6-3 具有冷却挡水段、再热段和喷蒸气加湿段的重叠式组合式空调机组

按全新风系统运行时，应关闭一次回风风阀，同时全部打开排风阀及新风风阀。

4. 使用预热器、表冷器、干蒸气加湿器和再热器处理空气的二次回风式单风机组合式空调机组

对于北方严寒地区，冬季如果将新风和回风直接混合，混合空气中有可能出现结露现象，这对粗效空气过滤器的工作极为不利。此时，应将新风用预热器预热后再与一次回风相混合，如图 6-4 所示，该空调机组主要适用于北方寒冷地区有恒温净化要求的工艺性空调。

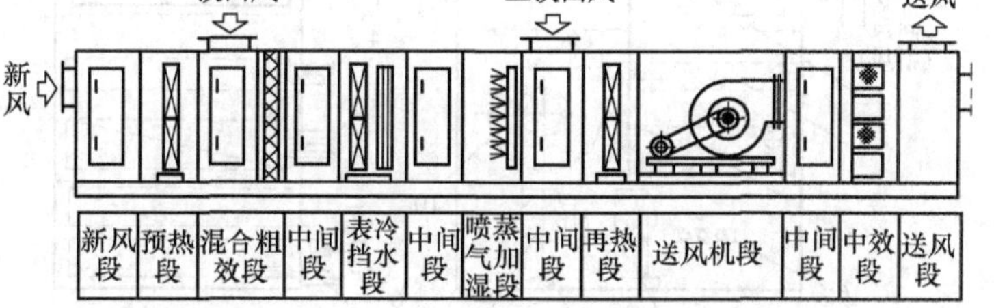

图 6-4 具有预热段、冷却挡水段、喷蒸气加湿段和再热段的组合式空调机组

5. 使用喷水段和再热段的二次回风式双风机组合式空调机组

图 6-5 所示为具有喷水段和再热段的组合式空调机组。该空调机组主要适用于南方地区的工艺性空调。

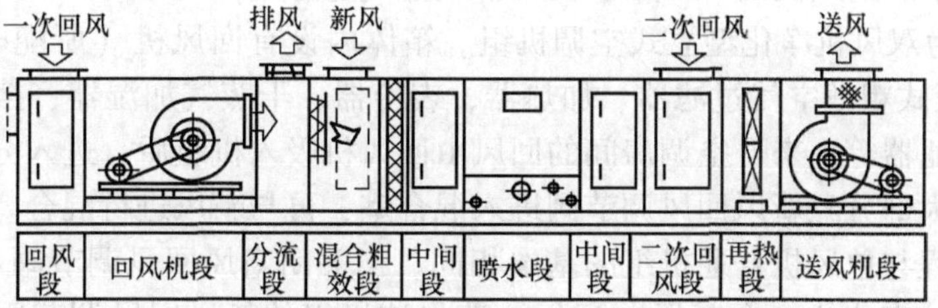

图 6-5 具有喷水段和再热段的组合式空调机组

以上介绍了几种工程上常见的有代表性的组合式空调机组。由于我国幅员辽阔，各地的气候条件千差万别，加之空调的对象不同，空调机组的组合方式也不一样。对于集中式全空气空调系统，机组采用何种组合方式，主要由空调设计人员根据空调方案和夏、冬季空气的处理过程，并结合空调机房的具体条件来确定。

6.2 整体式空调机组

整体式空调机组也是集中式全空气空调系统的空气处理机，它将各种空气处理设备和风机组装在一个箱体内，只要从外部供应冷、热源和电源，就能够完成空气的混合、过滤、加热、冷却、加湿、减湿等处理过程。

6.2.1 立式空调机组

立式空调机组为一次回风系统的空气处理机，按照使用对象的不同，可分为普通机组和净化机组两类。每一种类型的机组可分为左式和右式两种，当操作者面向空调机组的正面(即有检修门的一面)时，机组内气流由左侧进风、右侧出风者为右式，反之为左式。

图6-6所示为单风机普通型立式空调机组。箱体内设有板式粗效空气过滤器、加热器、表冷器、干蒸气加湿器、挡水器和送风机（双进风离心风机）等。加热器所用的热媒可以是热水，也可以是蒸汽。挡水器是为防止经表冷器处理后的空气夹带水滴而设置的。

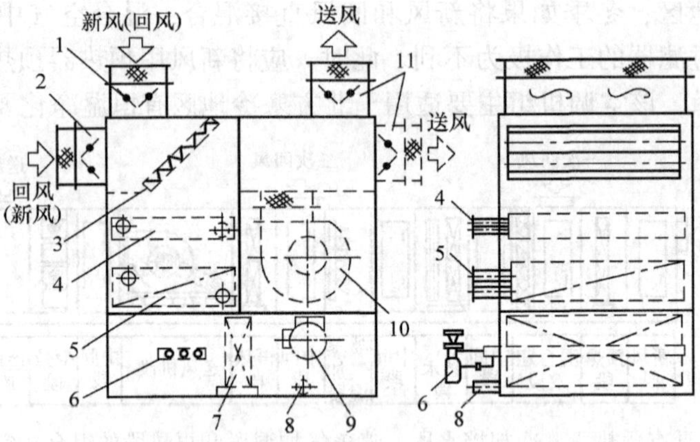

图6-6 单风机普通型立式空调机组

1—新风阀（回风阀） 2—回风阀（新风阀） 3—板式粗效空气过滤器 4—加热器 5—表冷器 6—干蒸气加湿器 7—挡水器 8—冷凝水排水管 9—送风机的电动机 10—送风机 11—送风阀

若在图6-6中的送风机出口处加装板式中效空气过滤器，则可变为单风机净化机组。

图6-7所示为双风机净化型立式空调机组。箱体内设有回风机（所配电动机为外置式，在箱体顶部)、板式粗效空气过滤器、加热器、表冷器、干蒸气加湿器、挡水器、送风机和板式中效空气过滤器等。来自空调房间的回风由回风机吸入机组后，进入分流室，少部分经排风风阀排出，大部分经新风回风调节阀进入混合室，再与新风进行混合。该机组夏季、冬季的空气处理流程与单风机普通机组的基本相同。当关闭新风回风调节阀4、全开排风阀3时，即可将系统按直流式（全新风）运行。若将该机组的新风回风调节阀、新风阀和排风阀各装上电动（或气动）执行器，即可实现新风、回风和排风按比例自动控制。

立式空调机组的箱体由冷弯异型框架、双层保温壁板组装而成，框架采用冷轧钢板冷弯成形，其面板有镀锌钢板、静电粉末喷塑的冷轧钢板和玻璃钢彩色复合保温板3种。该机组形同组合家具，是由数只小箱体组合重叠而成的，便于运输和在施工现场搬运。在机房就位后再进行组装。机组在机房内的布置以方便安装、使用和维修为原则，其操作面一侧距墙面

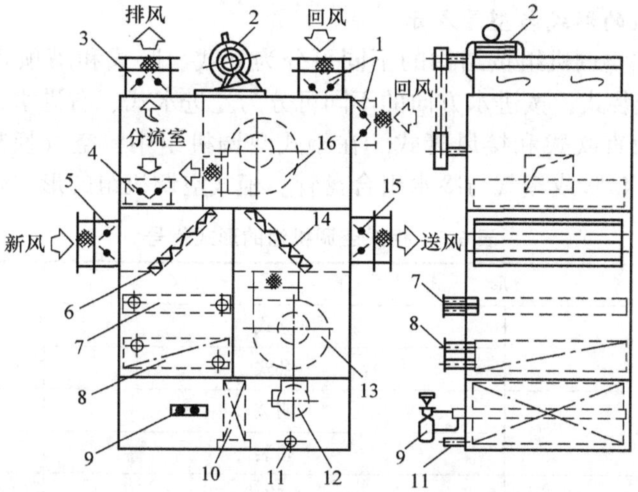

图6-7 双风机净化型立式空调机组

1—回风阀 2—回风机的电动机 3—排风阀 4—新风回风调节阀 5—新风阀 6—板式粗效空气过滤器 7—加热器 8—表冷器 9—干蒸气加湿器 10—挡水器 11—冷凝水排水管 12—送风机的电动机 13—送风机 14—板式中效空气过滤器 15—送风阀 16—回风机

的距离应不小于机组宽度的1.2倍为宜，接水管一侧离墙面最小距离不小于700mm，最好大于1000mm。

对于某些公用建筑，例如高层宾馆的公用部分中的大堂、购物中心、多功能厅、餐厅、宴会厅等，由于机房面积紧张不便用组合式空调机组，而房间的层高又足够高时，也可采用立式空调机组作为全空气系统的空气处理机，但需处理好消声减振问题。对有净化要求而房间面积不大的工艺性空调，则可采用立式净化机组。

6.2.2 柜式空调机组

柜式空调机组是由一台或几台离心风机与空气过滤器、空气换热器等组装在一个箱体内构成的空气处理机。柜式空调机组本身不带冷、热源，它可以用冷水、热水或蒸汽作为载冷（热）剂在空气换热器内循环流动，室外空气或按一定比例混合的新、回风，由风机导流横掠空气换热器而被冷却或减湿或加热成所需的送风状态，再由风机送入室内。有时根据需要，在冷热交换器之后设有干蒸气加湿器或电极式加湿器，以满足冬季加湿空气的要求。当柜式空调机组全部处理室外空气时，称为新风机组；当柜式空调机组的风量可以调节时，称为变风量机组。

该机组的空气过滤器大多采用锦纶凹凸网或铝板叠网为滤料，以方便拆卸、更换和清洗，也有采用粗效无纺布的。空气换热器通常采用铜管串套铝片结构，多数厂家提供的是4排或6排的，也有提供8排的。夏季时该换热器用于表冷器，对空气进行冷却减湿处理，冬季时用于加热器，对空气进行等湿加热处理（此时热媒的供水温度为60℃，回水温度为50℃）。集水盘设在换热器下方，由冷凝水排出管接至机外。所采用的风机大部分是低噪声、定风量的离心风机，也可外接调压、调速控制器，可实现无级调速，成为变风量风机。

该机组的箱体采用型钢或高强度铝合金框架，双层面板之间为高性能阻燃保温材料，框架与面板间采取密封措施。

1. 柜式空调机组的形式与型号表示

(1) 形式　柜式空调机组按结构的不同可分为立式、卧式和吊顶式；按安装方式的不同可分为明装式和暗装式；按进水方向的不同可分为左进水式、右进水式和后进水式；按送风方式的不同可分为直吹式和接风管式。在柜式空调机组中，空气换热器可以是冷（热）水盘管、冷热水组合盘管或蒸气与冷水组合盘管。柜式空调机组的形式代号见表6-3。

表6-3　柜式空调机组的形式代号

形　式		代　号
结构形式	立式	—
	卧式	W
安装形式	明装	—
	暗装	A
送风形式	直吹式	—
	接风管式	F
盘管组成形式	蒸汽与冷水结合盘管	Q
	冷（热）水盘管	—
	冷热水组合盘管	Z
进水（汽）方向①	左进水	—
	右进水	Y
	后进水	H
加湿形式	电加湿	D
	蒸汽加湿	—

① 进水（汽）方向的规定，面对正面出风口为基准。

(2) 型号表示方法　柜式空调机组的型号由大写汉语拼音字母和阿拉伯数字组成，具体表示方法如下：

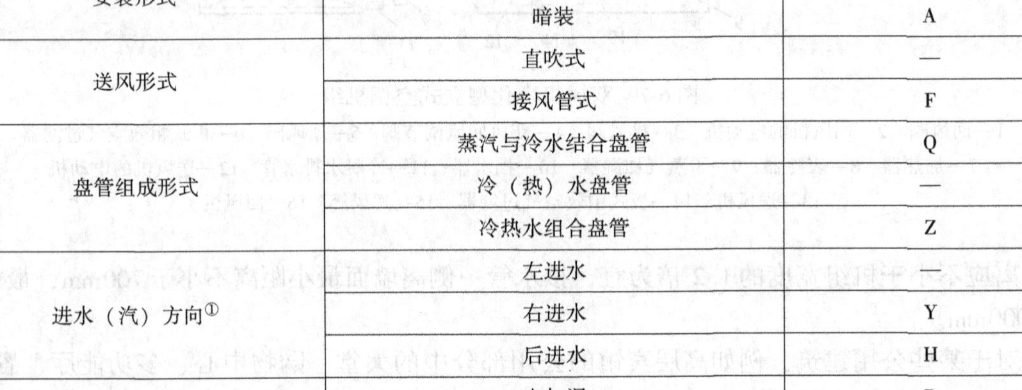

型号标记示例：

示例1　G-3.5-D，表示额定风量为3500m³/h的立式、明装、直吹式、冷（热）水盘管、左进水、电加湿型柜式空调机组。

示例2　G-18WAF-ZY，表示额定风量为18000m³/h的卧式、暗装、接风管式、冷热水组合盘管、右进水、蒸气加湿柜式空调机组。

2. 常用柜式空调机组

（1）卧式柜式空调机组　卧式柜式空调机组落地安装在机房地面上，它有压出式和吸入式之分。出风方向有水平出风和上部出风；进风口位置有轴向进风、上进风和下进风。图6-8所示为常见的卧式柜式空调机组系列简图。根据风量大小，机组内有设置1台风机、设置2台风机和设置3台风机（见图6-9），最多的有设置4台风机的。

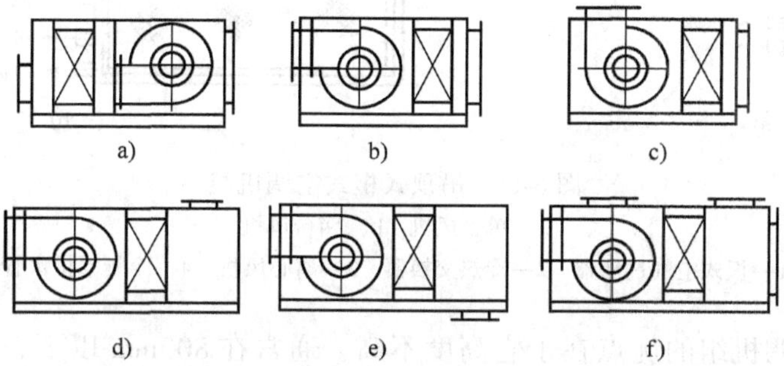

图6-8　卧式柜式空调机组系列简图

a）压出式水平出风、轴向进风　b）吸入式水平出风、轴向进风　c）吸入式上部出风、轴向进风

d）吸入式水平出风、上进风　e）吸入式水平出风、下进风

f）为吸入式水平出风，带新、回风混合

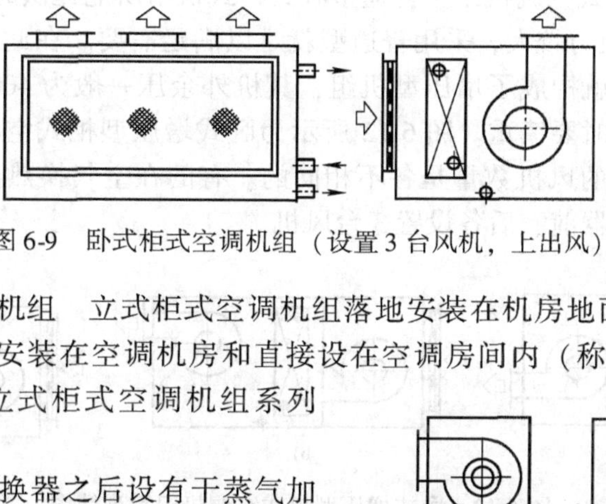

图6-9　卧式柜式空调机组（设置3台风机，上出风）

（2）立式柜式空调机组　立式柜式空调机组落地安装在机房地面上，它有水平出风和上部出风两种形式；有安装在空调机房和直接设在空调房间内（称为明装）的两类机型。图6-10所示为常见的立式柜式空调机组系列简图。

在机组下部冷热交换器之后设有干蒸气加湿器或电极式加湿器，冬季时用来加湿空气。与卧式柜式空调机组类似，根据风量大小，机组内有设置1台风机、设置2台风机和设置3台风机等机型，最多有设置4台风机的。若与两种不同出风位置相匹配，可以派生出更多的机型供用户选择。直接设在空调房间内的机组，机外余压很小。

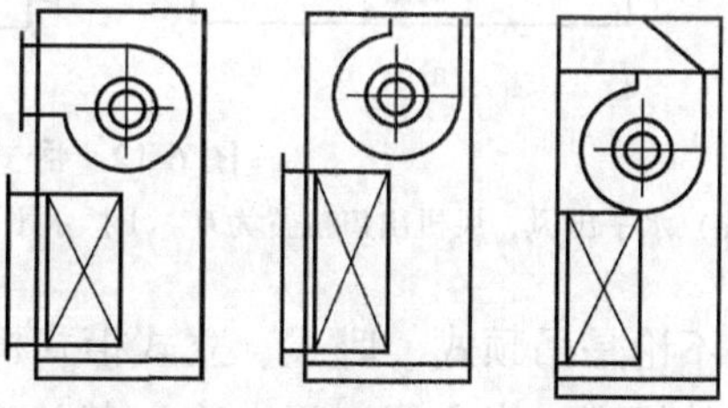

图6-10　立式柜式空调机组系列简图

a）水平出风　b）上部出风　c）明装水平出风

（3）吊顶式柜式空调机组　如图6-11所示，吊顶式柜式空调机组通常做成卧式、薄型的，整体吊挂在房间的顶板下面，不占用地面面积。为有效利用吊顶空间，风机出口位置为0°。风量小的设置一台风机（见图6-11a），风量大的设置两台风机并联使用（见图6-11b）。

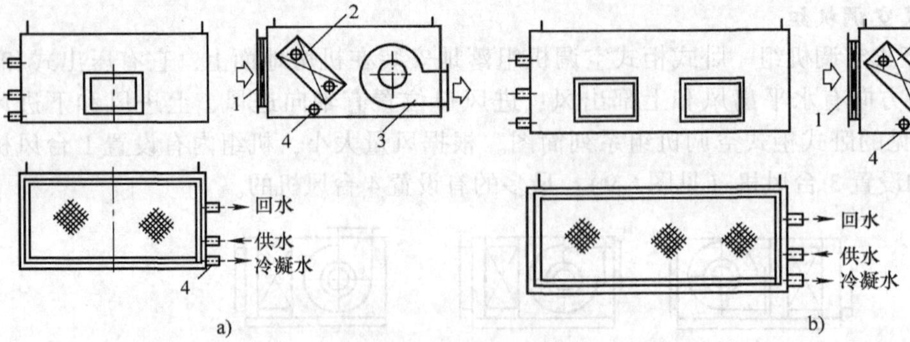

图 6-11　吊顶式柜式空调机组

a）单台风机　b）两台风机

1—板式空气过滤器　2—冷热交换器　3—离心风机　4—冷凝水排水管

吊顶式柜式空调机组的优点在于它高度不高，通常在 800mm 以下，属于薄型或超薄型的，这样可以将机组吊挂在两根梁之间的顶板下面，占用吊顶空间较小。若机组高度超过 1000mm，作为吊挂式的优点就显示不出来了。

吊顶式柜式空调机组可吊装在吊顶中，用于餐厅、商场等对噪声要求不高的场所，可完全不考虑机房占用面积的问题，这一优势在本身造价很高的高层建筑中显得尤为明显。

（4）卧式增压型柜式空调机组　普通型卧式柜式机组所能提供的机外余压一般为 200 ~ 400Pa，若空调系统的阻力较大，采用普通型就难以满足需要。在此基础上，在空气换热器前、后各设 1 组风机，就构成了增压型机组，其机外余压一般为 400 ~ 700Pa，但是其机组噪声也相应增大，选用时要慎重。图 6-12 所示为卧式增压型柜式空调机组系列简图。根据风量的大小，机组配备的风机数量是各不相同的。有的在空气换热器前、后各设置 2 台风机，也有的在空气换热器前、后各设置 3 台风机。

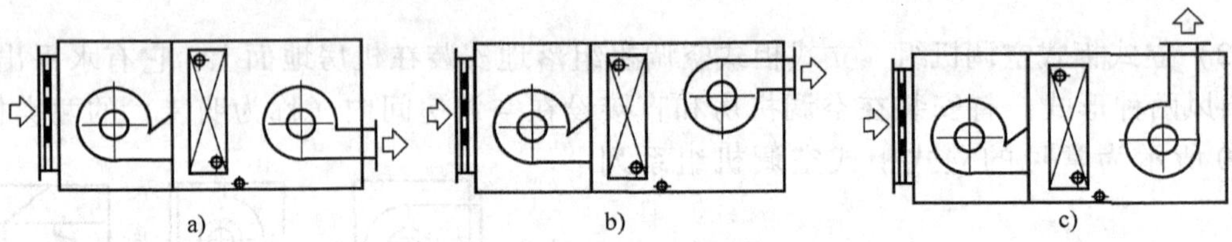

图 6-12　卧式增压型柜式空调机组系列简图

a）水平出风，风机出口位置为 0°　b）水平出风，风机出口位置为 180°　c）上部出风，风机出口位置为 90°

不论是吊顶式、卧式、立式柜式机组还是卧式增压型机组，根据用户的需要都可提供变风量的机型。当空调房间内冷（热）负荷发生变化时，就可手动或自动地调整电动机的转速，从而调节风机的风量，达到节能的目的。

柜式空调机组是我国当前生产的整体式空调机组中的一大类，型号规格繁多。由于它结构紧凑、安装方便，处理空气的功能虽然不如组合式空调机组、立式空调机组那样全面，但在夏季以降温为主、对空气温湿度或洁净度无严格要求的工艺性空调及空调面积不太大的公用建筑的舒适性空调工程中仍获得广泛的应用。

柜式空调机组广泛应用于宾馆、商场、机场、医院、写字楼等大、中型公共建筑的舒适性空调，及电子、纺织、化工、制药、食品等行业的工艺性空调。

此外，柜式空调机组常被作为风机盘管加新风系统的新风处理机，广泛应用于高层宾馆、饭店、办公楼和医院等公共建筑中。

6.3 风机盘管机组

风机盘管机组简称风机盘管，它是由风机、换热器及过滤器等组成一体的空气调节设备，是空气—水空调系统的末端装置。风机盘管加新风空调系统是目前我国多层或高层民用建筑中采用最多的一种空调方式。它具有噪声较小、可以个别控制、容易进行系统分区调节控制、布置安装方便、占建筑空间小等优点，目前在国内、外主要应用于宾馆、公寓、医院、办公楼等高层建筑物中，而且其应用越来越广泛。

6.3.1 风机盘管机组的基本构造和工作原理

风机盘管机组由风机、风机电动机、盘管（换热器）、空气过滤器、凝水盘和箱体等组成，如图6-13所示。

（1）风机　风机盘管机组采用的风机一般有两种形式，即离心多叶风机和贯流式风机，风机的风量为250～2500m³/h。风机叶轮材料有镀锌钢板、铝板或者ABS工程塑料等。从防火或受热变形方面考虑，目前使用金属叶轮的占大多数。其叶轮直径一般在150mm以下，静压在100Pa以下。风机盘管机组的风机多采用多叶离心风机。

（2）风机电动机　考虑到噪声应尽量小，电动机一般采用单向电容运转式电动机，运转时可以通过调节输入电压来改变风机电动机的转速，使风机具有高、中、低三挡风量，以实现风量调节的目的。国内FP系列机组采用含油轴承，在使用过程中不用加注润滑油，可连续运转一万小时以上。

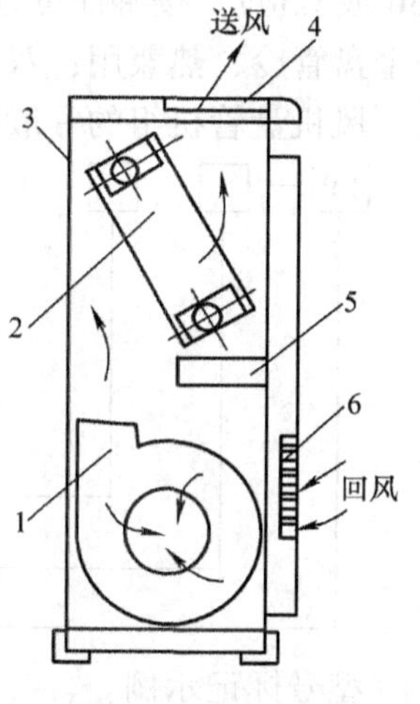

图6-13　风机盘管的结构示意图
1—风机　2—盘管　3—箱体
4—送风口　5—凝水盘
6—空气过滤器

（3）盘管　一般采用铜管串波纹或切口铝片制作而成，铜管外径多为10mm，管壁厚为0.5mm，铝片厚为0.15～0.2mm，片距为2～2.3mm。在工艺上，均采用胀管工序，保证管与肋片之间紧密接触，提高导热性能。盘管的排数有2排、3排和4排等。

（4）空气过滤器　过滤器材料一般采用粗孔泡沫塑料、纤维织物或尼龙编织物制作。空气过滤器不仅能改善房间的卫生条件，同时也可以保护盘管不被尘埃堵塞。空气过滤器应定期清洗或更换，一年应清洗1～2次。在机组结构上，应考虑更换方便。

（5）凝水盘　凝水盘与泄水管置于盘管底下，其作用是接纳盘管上不断凝结出来的水滴，由泄水管排出室外。

（6）送、回风口　送、回风口起着改变室内气流组织的作用。送风口可做成上下左右活动形式，增强舒适感。

从风机盘管机组的构造可以看出，风机盘管机组可分为水路和气路。水路由集中冷（热）源设备（如制冷机）供给冷（热）媒水，在水泵作用下，输送到盘管内循环流动。

气路是空气由风机经回风口吸入，然后横掠过盘管，与盘管内的冷（热）媒水换热后，降温除湿，再由送风口送入室内。如此反复循环，使室内温、湿度得以调节。

风机盘管在调节方式上，一般采用风量调节或水量调节等方法。所谓水量调节方法是指在其进、出水管上安装水量调节阀，并由室内温度控制器进行控制，使室内空气的温度和湿度控制在设定的范围内。而风量调节方式则是通过改变风机电动机的转速，来实现对室内温湿度的控制。

6.3.2 风机盘管机组的形式与基本参数

1. 形式与型号表示方法

按照结构形式的不同，风机盘管机组可以分为立式（代号为 L）、卧式（W）、壁挂式（B）、卡式（K）等类型，其中立式又分为柱式（LZ）和低矮式（LD）。不同结构形式的风机盘管机组按照安装形式的不同，又可分为明装型（M）和暗装型（A）。

对任何一种形式的风机盘管机组来说，供、回水管的接管方向有“左式”和“右式”之分。人面对机组的出风口，接管在左侧的称为左式（Z），在右侧的称为右式（Y）。

另外，风机盘管机组按出口静压可分为低静压型（代号省略）和高静压型（代号为 G30 或 G50）。按特征可分为单盘管机组（代号省略）和双盘管机组（ZH），单盘管机组内一个盘管冷、热兼用；双盘管机组内两个盘管，分别供冷和供热。

风机盘管机组的一般型号表示方法如下：

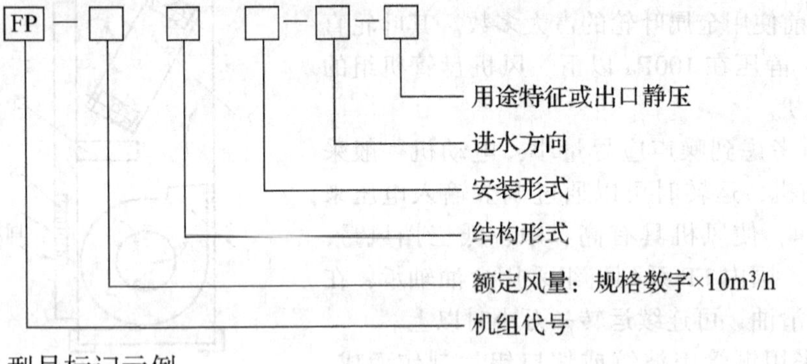

型号标记示例：

示例 1　FP-68LM-Z-ZH，表示额定风量为 680m³/h 的立式明装、左进水、低静压、双盘管机组。

示例 2　FP-51WA-Y-G30，表示额定风量为 510m³/h 的卧式暗装、右进水、高静压 30Pa、单盘管机组。

示例 3　FP-85K-Z，表示额定风量为 850m³/h 的卡式暗装、左进水、低静压、单盘管机组。

2. 风机盘管机组的基本参数

风机盘管机组的基本参数在风机盘管标准（GB/T 19232—2003《风机盘管机组》）中有明确的规定，主要包括额定风量、额定供冷量、额定供热量、名义输入功率、水压力损失、噪声等。

（1）额定风量　额定风量是指在标准空气状态下和规定的试验工况下，单位时间内进入机组的空气体积流量，单位为 m³/h 或 m³/s。

（2）额定供冷量　额定供冷量是指机组在规定的试验工况下的总除热量，即显热和潜热量之和，单位为 W 或 kW。

（3）额定供热量　额定供热量是指机组在规定的试验工况下供给的总显热量，单位为 W 或 kW。

风机盘管机组的基本规格见表 6-4。

表 6-4　风机盘管机组的基本规格

规　格	额定风量/($m^3 \cdot h^{-1}$)	额定供冷量/W	额定供热量/W
FP-34	340	1800	2700
FP-51	510	2700	4050
FP-68	680	3600	5400
FP-85	850	4500	6750
FP-102	1020	5400	8100
FP-136	1360	7200	10800
FP-170	1700	9000	13500
FP-204	2040	10800	16200
FP-238	2380	12600	18900

6.3.3　常用的风机盘管机组

1. 立式机组

图 6-14 所示为立式明装型上出风风机盘管机组。立式明装型机组通常设置在室内地面上，靠外墙窗台下，采用上出风、前出风或斜上出风。立式明装机组对外观质量要求较高，表面经过处理，机组面板用喷漆或塑料喷漆装饰，美观大方。立式明装机组安装方便、维护容易，可以直接拆下面板进行检修。

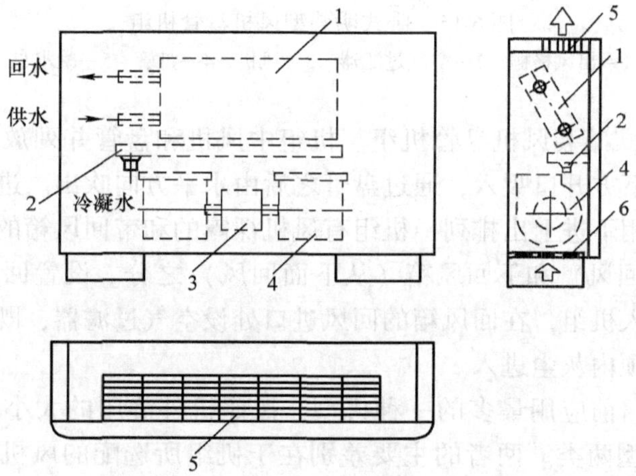

图 6-14　立式明装型上出风风机盘管机组

1—盘管　2—凝水盘　3—风机电动机　4—风机　5—出风格栅　6—空气过滤器

立式暗装型风机盘管机组在结构上与立式明装型风机盘管机组相似，安装于地面上，一般是靠墙安装，设在窗台下，外面做装修，机组被装饰材料所遮掩。立式暗装型机组美观要求低，维修工作量较明装机组大。装修设计时，应注意使气流通畅，减小阻力。

立式风机盘管机组的特点是可以省去吊顶，但需占用地面面积。明装的安装简单、维护方便，暗装的维护较麻烦。立式风机盘管机组主要应用于不设吊顶、要求地面安装或全玻璃结构的建筑物，一些公共场所及公共建筑的辅助房间。冬季以供暖为主的北方地区的中央空调，可用立式机组。对于既有建筑改造加装中央空调，并要求节省投资、施工周期短的场合，也可应用这种机组。

2. 卧式机组

图 6-15 所示所示为卧式明装型风机盘管机组。机组结构美观大方，一般安装于靠近管道竖井隔墙的楼板或吊顶下，安装方便、节省地面空间。卧式明装机组吊装在顶棚下，可作为建筑装饰品，机组的背面与墙要有一定的距离，以便接管和更换过滤器。卧式明装机组适用于楼层不高、不进行顶面修饰的办公楼，或其他既有建筑改造而加装中央空调的工程。

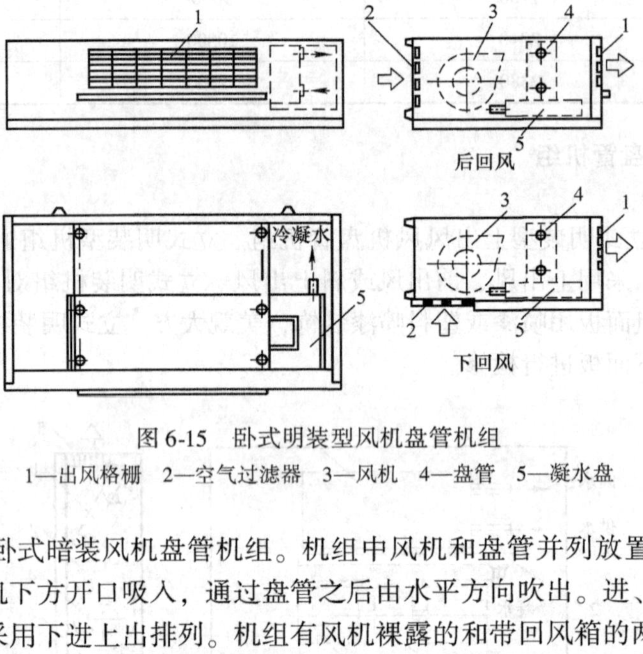

图 6-15 卧式明装型风机盘管机组

1—出风格栅 2—空气过滤器 3—风机 4—盘管 5—凝水盘

图 6-16 所示为卧式暗装风机盘管机组。机组中风机和盘管并列放置，凝水盘置于盘管正下方。回风从风机下方开口吸入，通过盘管之后由水平方向吹出。进、出水管安排在风机盘管的侧面，通常采用下进上出排列。机组有风机裸露的和带回风箱的两种机型。回风箱又有后回风箱（从后面回风）和下回风箱（从下面回风）之分。设置回风箱的好处是防止吊顶内的灰尘和脏物进入机组，在回风箱的回风进口处设空气过滤器，既可过滤来自室内回风的灰尘，又可防止吊顶内灰尘进入。

卧式暗装机组是目前应用最多的一种机型，按照机外静压的大小可分为标准型（机外静压为零）和高静压型两类。两者的主要差别在于机组所选配的风机不同，高静压型机组的噪声略大。

卧式暗装风机盘管机组吊顶安装，外面做装修，布置形式美观，节省地面空间。机组不占用房间有效面积，安装在吊顶内，通过送风管及风口把处理后的空气送入室内，目前广泛应用于宾馆客房、办公楼、餐饮娱乐行业的包间等场合，但它的维修比其他机型麻烦。另外，若冷凝水排放系统处理不好，容易造成吊顶滴水。

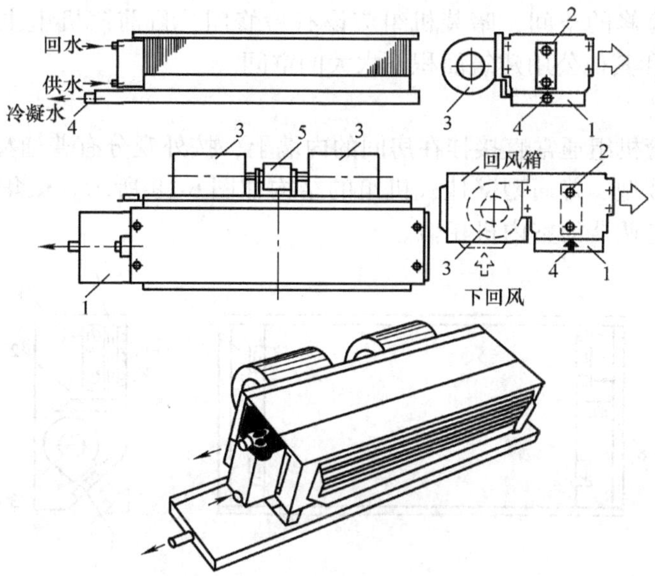

图 6-16　卧式暗装风机盘管机组

1—凝水盘　2—盘管　3—风机　4—冷凝水排出管　5—风机电动机

3. 立柱式机组

图 6-17 所示为立柱式风机盘管机组。立柱式风机盘管机组也有明装和暗装两种机型，其高度为 1800～2100mm。明装机组在外观上与分体式立柜型空调器相似。暗装机组的面板装饰简单，由室内装饰工程公司统一装潢，但回风口与出风口位置及尺寸必须与机组相一致。

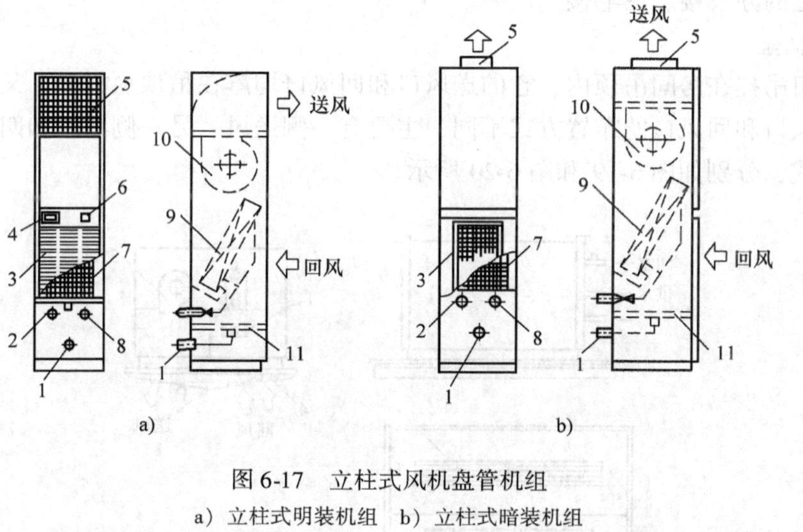

图 6-17　立柱式风机盘管机组

a）立柱式明装机组　b）立柱式暗装机组

1—冷凝水排出管　2—进水管　3—回风口　4—调速开关　5—出风格栅　6—指示灯

7—空气过滤器　8—出水管　9—盘管　10—风机　11—凝水盘

立柱式机组占地面积小，安装、维护、管理方便。在北方地区使用时，冬季可停开风机，将它当作对流式散热器使用，节省电能。进行立柱式机组布置时，机组背面与墙应留有足够的管道安装和检修的空间，暗装机组应设有检修门。目前该机组主要用于宾馆的客房（暗装机型）、医院和其他公用建筑面积不太大的空间。

4. 壁挂式机组

壁挂式风机盘管机组通常直接挂在房间的内墙上，按外观分有普通型和豪华型两种，只有明装型，没有暗装型。普通型壁挂式机组的结构如图6-18所示。豪华型壁挂式机组在外观上与分体式房间空调器的室内机相似。

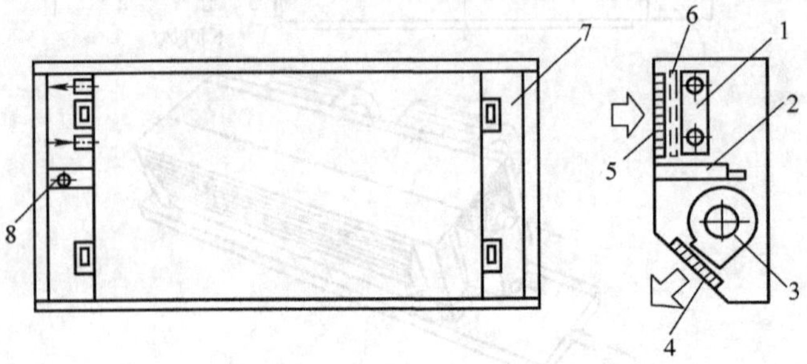

图6-18 普通型壁挂式机组

1—盘管 2—凝水盘 3—风机 4—送风口 5—回风口 6—空气过滤器 7—挂板 8—冷凝水排出管

壁挂式风机盘管外形小巧美观，一般使用遥控器进行控制，控制简单、功能齐全、安装方便，但是由于供回水管需要从墙的背面穿出，使用条件受到限制。它广泛应用于宾馆、饭店、工厂、医院、展览馆、商场以及办公楼等多房间或大空间工业和民用建筑的空调场合。

壁挂式机组安装维护方便、不占用房间的有效面积，可适用于既有建筑加装中央空调工程或其他新建的办公楼、住宅楼。

5. 卡式机组

卡式机组吊挂在房间吊顶内，它的送风口和回风口均露在吊顶顶板上，又称为顶棚式机组。按照送风口和回风口的布置方式不同，主要有一侧送风、另一侧回风和四面送风、中间回风两种形式，分别如图6-19和图6-20所示。

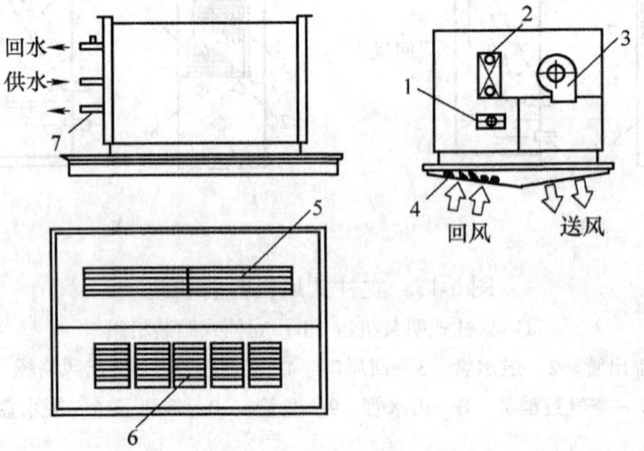

图6-19 卡式风组盘管机组（一侧送风、另一侧回风）

1—凝水盘 2—盘管 3—风机 4—空气过滤器 5—出风口 6—回风口 7—冷凝水排出管

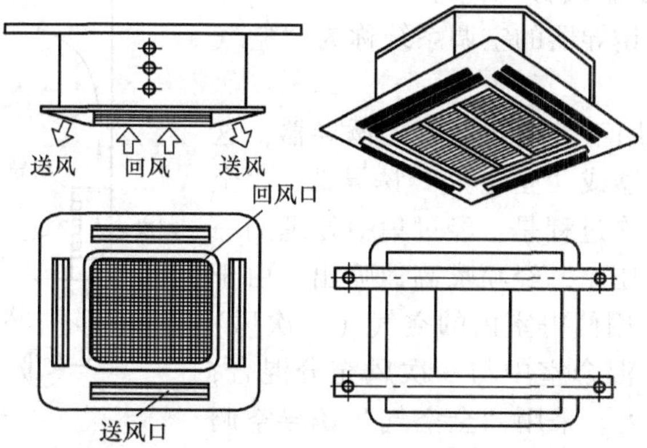

图 6-20 卡式风组盘管机组（四面送风、中间回风）

该机组集主机和送、回风口于一体，施工安装容易，不占用房间的有效面积，可与室内建筑装饰相协调。但必须处理好冷凝水及时排放的问题，否则，冷凝水会滴到吊顶上。同时，维护检修不如立式、立柱式方便。

6.4 诱导式空调机组

6.4.1 诱导器及诱导式空调系统

诱导器是依靠喷嘴将经过处理的空气（一次风）形成的射流，与混合室内空气（二次风）混合后构成房间送风的空调设备，是空气—水空调系统的末端装置。它由静压箱、喷嘴、换热器（盘管）、混合室等组成，如图 6-21 所示。

诱导式空调系统由一次空气处理室、送风末端装置——诱导器、风管和水系统等组成。它与一般的集中式空调系统的最大区别是：用诱导器代替了送风口，实行就地回风。

静压箱有两个作用，一是保证进入的被调空气均匀地分配给各个喷嘴，二是减少系统中产生的噪声。

喷嘴是一次风的出口，它提供动力诱入穿过换热盘管的二次风（室内空气），诱入的二次风量的大小取决于喷嘴的压力。

换热盘管的作用是对二次风进行冷却或加热处理。

混合室是一次风和二次风的混合空间。

图 6-21 诱导器的结构示意图

1—静压箱 2—一次风连接管
3—喷嘴 4—换热盘管
5—混合室

诱导器的工作原理是：由经过处理的一次空气（新风或主要是新风）在诱导器内通过喷嘴高速喷射造成混合室内的负压，从而诱导入室内空气（称为二次空气）；二次空气在进入诱导器时与安装于诱导器内的换热盘管（相当于风机盘管机组中的盘管，有时也称二次盘管）进行热交换，从而实现冷却或加热；在混合室内一、二次空气进行混合后进入空调房间，从而达到调节房间温、湿度的目的。诱导器空调系统的工作原理如图 6-22 所示。

诱导器本身带有换热盘管的，可以由外部供给冷（热）水对二次空气进行热、湿处理的诱导器称为冷热诱导器或称为“空气—水”诱导器，使用“空气—水”诱导器的空调系统称为“空气—水”诱导器系统。

在工程上有时也使用不带换热盘管的诱导器，这种诱导器称作简易诱导器或“全空气”诱导器。“全空气”诱导器系统的工作过程是：经过集中处理的一次风进入到诱导器的静压箱，经喷嘴高速喷出。由于高速喷射气流的引射作用使得室内的空气（二次风）被诱导到诱导器中，在混合室中与一次风充分混合，然后经出风口送入到室内。采用“全空气”诱导空调系统时，室内冷负荷全部由空气（一次风）负担。“全空气”诱导器不能对二次风进行冷热处理，但可以减小送风温差，加大房间换气次数，新风量充足，人体的舒适感和室内的空气质量较高。

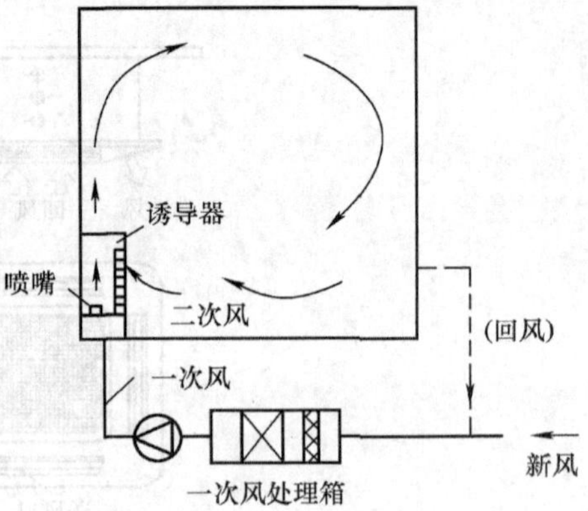

图 6-22　诱导器空调系统的工作原理

6.4.2　诱导器的基本参数及诱导器空调系统的优缺点

1. 诱导器的基本参数

（1）诱导比　诱导比等于诱导器工作时吸入的二次风量与供给的一次风量的比值。当从诱导器喷出的一次风量相同时，使用诱导比大的诱导器送风量也大，使用诱导比小的诱导器送风量也小。如果送风量要求相同，使用诱导比大的诱导器就可以用较少的一次风，反之，则需要较大的一次风。

（2）工作压力　一定的一次风量送入诱导器中，为了克服一次风调节阀、连接管、静压箱、喷嘴的局部阻力，需要保证一定的压力，这个压力称为工作压力，又称为喷嘴压力。

（3）送风量和额定风量　一定的一次风量，要求诱导器有一个相应的工作压力，工作压力过大，需要提高输送一次风的风机风压，这样不仅不经济，而且也造成较大的噪声；若工作压力过低，则诱导比显著下降。因此，一定型号的诱导器只适用于一定的一次风量范围，即适用风。某个标准工作压力下的一次风量称为其额定风量。

2. 诱导器空调系统的优缺点及适用条件

由于诱导器空调系统能在房间内就地回风，不需要再把回风抽到集中处理室处理，这就使得需要集中处理和来回输送的空气量减少了很多，并且可采用高速送风，因而具有风道断面小、空气处理室小、空调机房占地少、风机耗电量少的优点。当一次风全都是室外新风时，能保证每个房间有必要的新风量，且回风只经过诱导器，不经过风机，因而在防爆和卫生方面都有优越性。此外，使用立式诱导器的系统，冬季不送一次风，只送热水便成了自然对流的供暖系统，显然它要比另设一套供暖系统节省投资。从这个意义上讲，诱导器系统更适于夏季需要空调、冬季需要供暖的建筑物。

诱导器空调系统可用于既有建筑物加设空调或多层、多房间且是同时使用的公共建筑，如办公楼、宾馆、医院、商场等。全空气诱导器空调系统特别适用于低温送风方式（如采用冰蓄冷供冷时）。室内局部排风量大和房间同时使用性小时不宜采用诱导器系统。

诱导器空调系统的缺点是：初投资高、管道复杂，即使在过渡季节也不能大量使用新风，并且空气输送动力消耗大，个别调节不灵活，末端装置噪声不易控制。故从20世纪70年代中期起，大多被风机盘管系统所代替。但随着对室内空气质量问题的重视，欧洲、北美有些国家又有恢复使用的倾向。

实训5 空气调节机组的结构认识

1. 实训目的

认识各种空气调节机组，熟悉它们的基本构造、工作原理、结构形式及适用范围。

2. 实训方法

1）观看空气调节机组的实物或模型。

2）观看录像。

3）参观空气调节机组生产厂家陈列展品。

4）到空气调节机组生产车间实地参观各设备制造过程、方法及手段。

5）参与一些简单制造工序的工作。

3. 实训注意事项

1）遵守实训纪律，服从指导老师的安排。

2）到生产车间实地参观时，应遵守车间安全操作规程，避免发生安全事故。

3）实训中应随时记录所观看到的空气调节机组，并画出系统原理草图。

4. 实训报告

1）绘制出所观看到的空气调节机组系统原理简图。

2）填写实训记录。

3）实训过程中出现的问题及分析。

4）收获和体会。

思考与练习

1. 什么是组合式空调机组？
2. 组合式空调机组主要由哪些功能段组成？
3. 按照结构形式的不同，可以将组合式空调机组分为哪几类？其中最常见的是哪一类？
4. 组合式空调机组的基本参数有哪些？
5. 工程上常用的组合式空调机组有哪些形式？使用上各有什么特点？
6. 什么是整体式空调机组？与组合式空调机组有什么区别？
7. 整体式空调机组常用的有哪些类型？
8. 立式空调机组的主要结构是什么？
9. 柜式空调机组可分为哪些类型？各有什么特点？
10. 柜式空调机组的基本参数是什么？
11. 风机盘管空调机组的基本结构是怎样的？
12. 风机盘管空调机组的基本参数有哪些？
13. 风机盘管空调机组可分为哪些类型？结构上各有什么特点？
14. 简述诱导器空调系统的工作原理。
15. 诱导器的基本参数包括哪些？什么是诱导比？

第 7 章 冷媒水和冷却水系统设备

学习导引

在制冷与空调系统中，常常通过水作为载冷剂或冷却剂来实现热量的传递，因此水系统是制冷与空调系统一个重要的组成部分。本章的内容包括：冷媒水系统和冷却水系统的组成与形式；离心式水泵的基本结构、特点、工作原理及工作性能；冷却塔和其他辅助设备，如集水器、分水器、膨胀水箱及其他管路附件的结构及工作原理。

1. 学习要求

本章的重点是离心泵和冷却塔的基本结构及工作原理。通过本章的学习应达到以下要求：

1）了解冷媒水系统和冷却水系统的组成与形式。

2）了解水泵的分类和性能参数，掌握离心泵的基本结构、工作原理及其工作性能。

3）了解冷却塔的作用和分类，掌握常用冷却塔的基本结构及工作原理。

4）了解其他辅助设备，如集水器、分水器、膨胀水箱、放气装置及其他管路附件的结构及工作原理。

5）能看懂冷媒水和冷却水系统相关设备的结构图。

6）会查阅冷媒水和冷却水系统设备的相关资料、图表、标准、规范、手册等。

7）能够正确拆装离心泵。

2. 本章难点

1）离心泵的特性曲线、管路特性曲线、工作点及流量调节等内容理论性较强，掌握起来有一定难度，要与流体力学内容相结合，掌握其理论分析过程。

2）结合气蚀产生原理确定离心泵的安装高度，并计算许用气蚀余量、许用吸上真空高度等参数是常见的工程计算，有一定难度。进行这些计算时，首先应理解这些参数的含义，然后结合流体力学伯努利方程进行，因此是对以前所学理论基础的实际应用，如果能把握了伯努利方程的含义，这些计算就容易掌握了。

7.1 冷媒水和冷却水系统

制冷与空调水系统包括冷媒水系统和冷却水系统。

7.1.1 冷媒水系统

1. 冷媒水系统的组成

在空调用制冷系统中，除直接蒸发式制冷装置外，常以水作为载冷剂传递和输送冷量，称为冷媒水，简称冷水。冷媒水在制冷机的蒸发器中与制冷剂进行热交换，向制冷剂放出热量后，通过水泵和管道输送至各种空气调节处理装置中与被处理的空气进行热交换，释放出冷量后的冷媒水回水，又经泵和管道返回到制冷机的蒸发器中，如此循环构成冷媒水系统。

2. 冷媒水系统的形式

冷媒水系统可根据管路系统中循环的水是否与空气直接接触分为开式系统和闭式系统。

（1）开式系统 开式系统即开放式管路水循环系统的简称，通常为用喷水室处理空气的空调系统或设置蓄冷水池的空调系统。如图 7-1 所示，该系统不是封闭的，有喷水室或蓄冷水池与空（大）气相通，水在系统中循环流动时，要与被处理的空气或大气接触，并会引起水量变化。

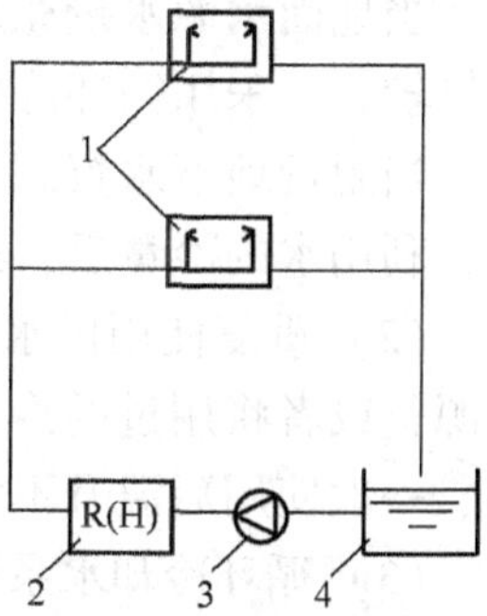

图 7-1 开式系统
1—喷水室 2—冷（热）源
3—水泵 4—回水池

开式系统的主要优点是用喷水室处理空气时适应范围比较大，采用蓄冷水池时可利用其蓄冷能力，减少冷热源设备的开启时间，削减负荷峰值，达到部分节能或减小设备装机容量的目的。其主要缺点是水易受污染，产生水垢影响换热效果；与空气接触过的水含氧量高，管道和设备易腐蚀，使用寿命降低；换热的末端装置与制冷机房或锅炉房高度相差较大时，水泵需克服高度差造成的静水压力，使水泵扬程增大，耗电较多；当回水不能自流回到制冷机房或锅炉房时需增加回水泵。

（2）闭式系统 闭式系统即密闭式管路水循环系统的简称。如图 7-2 所示，该系统中的水是封闭在管路中循环流动的，不与大气接触，不论水泵是否运行，管道中都充满了水。为此，闭式系统通常在系统的最高点以上设有开式膨胀水箱，或在循环水泵入口接膨胀水罐定压，一方面能使整个系统中保持充满水的状态，并保持一定的系统压力，另一方面能使系统中的水在温度变化时有体积膨胀的余地。

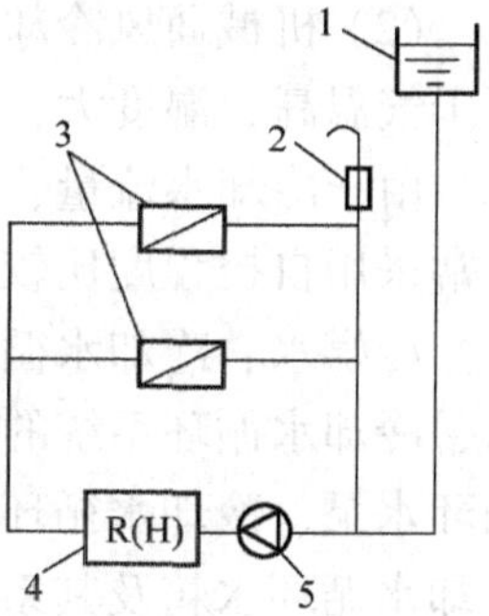

图 7-2 闭式系统
1—膨胀水箱 2—自动排气阀
3—空调设备 4—冷（热）源
5—水泵

闭式系统的主要优点是管路系统中不易产生污垢和腐蚀，水泵的扬程只需克服循环阻力，而不用考虑克服系统的静水压力，从而水泵扬程小、电动机功率配置小、耗电较少；不用储水池，回水不需另设水泵，因此系统简单，一次投资比较经济。其主要缺点是蓄能能力小，低负荷时，冷热源设备也需经常开动；膨胀水箱一定要装在系统的最高点，且补水有时需另加加压水泵；膨胀定压水罐的安装高度虽然不受限制，但必须配加压水泵。

空调系统采用的风机盘管、诱导器和水冷式表冷器起冷却作用时，冷媒水系统宜采用闭式系统，高层建筑也宜采用闭式系统。

7.1.2 冷却水系统

1. 冷却水系统的组成

冷却水循环系统的工作原理是进入到冷水机组冷凝器的冷却水吸收冷凝器内的制冷剂放出的热量而温度升高，然后进入室外冷却塔散热降温，通过冷却水循环水泵进行循环冷却，不断带走制冷剂冷凝时放出的热量，以保证冷水机组的制冷循环。

该系统由冷却塔、冷却水箱（池）、冷却水泵和冷水机组冷凝器等设备及其连接管路组成。

2. 冷却水系统的形式

按供水方式的不同可以将冷却水系统分为以下三种：

（1）直流供水系统　系统比较简单，冷却水经过冷凝器等用水设备后直接排入河道或下水道，或用于厂区综合用水以及农田灌溉；一般适用于水源水量比较充足的地方。目前全国水资源比较紧张，应该尽可能综合利用，达到节水的目的。

当地面水源水量充足（例如江、河、湖泊），水温、水质也比较合适，且大型冷冻站用水量较大，采用循环冷却水系统耗资较大时，可以采用河水直排冷却系统。

当附近地下水资源丰富、地下水水温比较低（一般为 13～20℃），可考虑水的综合利用，利用水的冷量后，进入全厂管网系统，作为生产、生活用水。

（2）重复使用供水系统　系统结构也比较简单，即用其他冷却设备使用过的回水作为水源，或者将用过的冷却水重复用于其他地方。该系统一般在以深井水作为水源、水温较低、一次使用后温升不大的情况下使用。

（3）循环冷却水系统　循环冷却水系统在空调工程中大量使用，只需要补充少量补给水，但需要增加循环泵和冷却设备等，系统比较复杂，常在水源水量较小、水温较高时使用。

循环冷却水系统按通风方式可以分为以下两种：

（1）自然通风冷却循环系统　采用冷却塔或冷却喷水池等设备，用自来水补充，适用于当地气候条件适宜的小型冷冻机组。

（2）机械通风冷却循环系统　采用机械通风冷却塔或喷射式冷却塔，用自来水补充，适用于气温高、湿度大，自然通风冷却塔不能够达到冷却效果的系统。

由于冷却水流量、温度、压力等参数直接影响制冷机的运行工况，尤其目前空调工程中通常采用自控程度比较高的制冷机，因此，机械通风冷却循环系统得到广泛的应用。

冷媒水、冷却水循环系统中的主要设备一般与冷水机组设置在同一机房内。空调冷媒水、冷却水循环系统的工艺流程如图 7-3 所示。空调冷媒水、冷却水循环系统主要由冷媒水循环水泵、冷却水循环水泵、分（集）水器、水过滤器、水处理设备、膨胀水箱、冷却塔、冷却水循环水箱及其系统连接管道等组成。

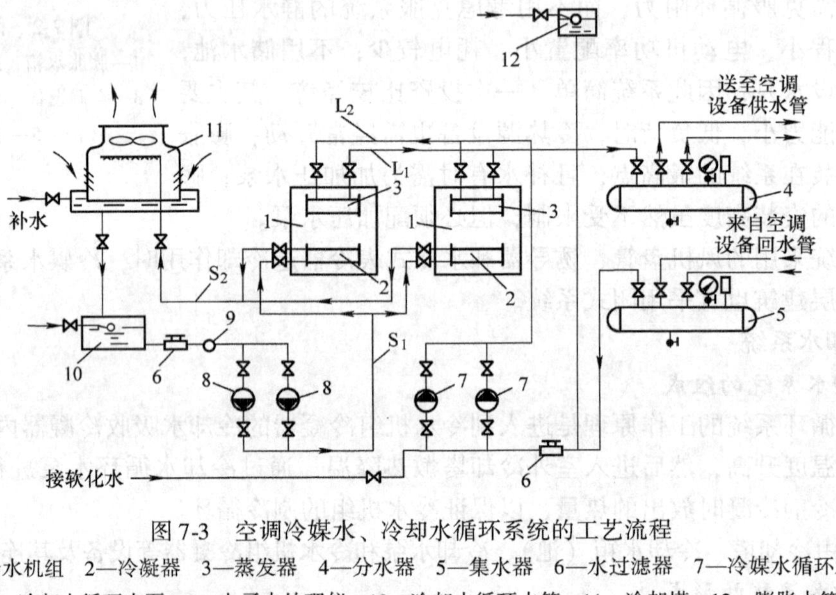

图 7-3　空调冷媒水、冷却水循环系统的工艺流程

1—冷水机组　2—冷凝器　3—蒸发器　4—分水器　5—集水器　6—水过滤器　7—冷媒水循环水泵　8—冷却水循环水泵　9—电子水处理仪　10—冷却水循环水箱　11—冷却塔　12—膨胀水箱

（L_1、L_2 为冷媒水供回水管，S_1、S_2 为冷却水管）

7.2 离心式水泵

与风机一样，泵是将原动机的机械能转换成流体的压力能和动能的一种动力设备。泵输送的是液体，风机输送的是气体，它们同属流体机械。水泵常用在集中式空调及采暖系统和供水、回水系统中输送冷、热媒水和冷却水。

7.2.1 泵的分类和主要性能参数

1. 泵的分类

泵的种类很多，按其工作原理和结构特征可分为三大类：

（1）容积式泵　它利用泵内工作室的容积作周期性地变化而提高液体压力，达到输送液体的目的，如活塞泵、柱塞泵、隔膜泵、齿轮泵、螺杆泵等。

（2）叶片式泵　它是一种依靠泵内作高速旋转的叶轮把能量传给液体，进行液体输送的机械，如离心泵、混流泵、轴流泵等。

叶片式泵具有效率高、起动方便、工作稳定、性能可靠、容易调节等优点，用途最为广泛。

（3）其他类型的泵　指除上述两类水泵以外的其他泵，如利用螺旋推进原理工作的螺旋泵，利用高速流体工作的射流泵和气升泵，利用有压管道水击原理工作的水锤泵等。

2. 泵的主要性能参数

表示泵工作性能的参数称为泵的性能参数，主要有流量、能头、功率、效率及转速等。

（1）流量　泵在单位时间内所输送的流体量，称为流量，可用体积流量 q_V 表示，单位为 m^3/s、m^3/h 或 L/s；也可用质量流量 q_m 表示，单位为 kg/s 或 kg/h。

质量流量和体积流量之间的关系为

$$q_m = \rho q_V \tag{7-1}$$

式中　ρ ——输送温度下的液体的密度，单位为 kg/m^3。

（2）能头　泵的能头（或能量头）是单位质量液体从泵进口处（泵进口法兰）到泵出口处（泵出口法兰）能量的增加值除以重力加速度，也就是单位质量液体通过泵以后获得的有效能量除以重力加速度，以符号 h 表示，单为 J/kg。

过去在工程单位制中，使用扬程来表示单位质量液体通过泵以后获得的有效能量，用符号 H 表示，单位为 m。

能头 h 和扬程 H 之间的关系为

$$h = Hg \tag{7-2}$$

式中　g ——重力加速度，其值取 $9.81m/s^2$。

在本书中，实际应用方面仍按使用习惯沿用扬程 H。

（3）功率与效率　泵的功率通常是指输入功率，即原动机传递到转轴上的轴功率，以符号 P_e 表示，单位是 W 或 kW。泵的输出功率（即液体单位时间内获得的能量）称为有效功率 P。

$$P = q_m h = \rho g q_V H \tag{7-3}$$

式中，有效功率 P 的单位为 W，质量流量 q_m 的单位为 kg/s，体积流量 q_V 的单位为 m^3/s。

由于泵在工作时存在各种损失，所以不可能将驱动机输入的功率全部转变为液体的有效

功率。轴功率和有效功率之差为泵的损失功率，其大小用泵的效率 η 来衡量，其值等于有效功率和轴功率之比，即

$$\eta=\frac{P}{P_e} \tag{7-4}$$

泵的效率表示了泵输入的轴功率被液体利用的程度。

（4）转速　泵轴每分钟的转数称为转速，用符号 n 表示，单位为 r/min。在国际标准单位制（SI）中转速的单位为 1/s，即 Hz。转速发生变化时，会引起流量、能头、功率等的变化。

（5）气蚀余量　气蚀余量是标志泵气蚀性能的重要参数。用 Δh 表示。气蚀余量又称为净正吸入水头［NPSH］，它也是确定泵的几何安装高度的一个重要参数。

性能参数反映了泵的整体性能，在铭牌上标有额定工况下的各参数。

7.2.2　离心泵的工作原理和分类

离心泵属于叶片式泵的一种。在制冷系统中，主要用于输送制冷剂、冷媒水、冷却水、盐水、热媒水等液体。

1. 离心泵的工作原理

为了使离心泵正常工作，离心泵必须配备一定的管路和管件，这种配备有一定管路系统的离心泵称为离心泵装置。图 7-4 所示为离心泵的一般装置，主要有吸入管路、底阀、排出管路、排出阀等。离心泵在起动前，泵体和吸入管路内应灌满液体，此过程称为灌泵。起动电动机后，泵的主轴带动叶轮高速旋转，叶轮中的叶片驱使液体一起旋转，在离心力的作用下，叶轮中的液体沿叶片流道被甩向叶轮出口，并提高了压力。液体经压液室流至泵出口，再沿排出管路送到需要的地方。泵壳内的液体排出后，叶轮入口处形成局部真空，此时吸液池内的液体在大气压力作用下，经底阀沿吸入管路进入泵内。这样，叶轮在旋转过程中，一面不断地吸入液体，一面又不断地给予吸入的液体一定的能头，将液体排出。由此可见，离心泵能输送液体是依靠高速旋转的叶轮使液体受到离心力作用，故名离心泵。

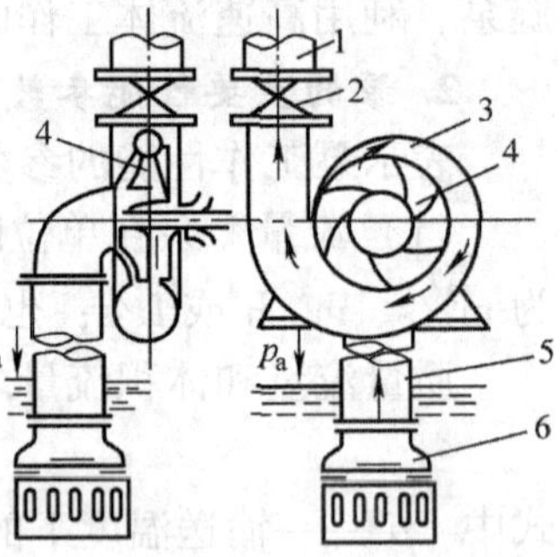

图 7-4　离心泵的一般装置
1—排出管路　2—排出阀　3—泵壳
4—叶轮　5—吸入管路　6—底阀

离心泵吸入管路上的底阀是单向阀，在泵起动前此阀关闭，保证泵体及吸入管路内能灌满液体。离心泵起动后此阀开启，液体便可以连续流入泵内。底阀下部装有滤网，可防止杂物进入泵内堵塞流道。

在离心泵运转过程中，必须注意防止空气漏入泵内造成“汽缚”，使泵不能正常工作。因为空气比液体的密度小得多，在叶轮旋转时产生的离心作用很小，不能将空气抛到压液室中去，使吸液室不能形成足够的真空，离心泵便没有抽吸液体的能力。

对于大功率泵，为了减少阻力损失，常不装底阀不灌泵，而采用真空泵抽吸气体然后起动。

2. 离心泵的分类

离心泵的分类方法很多，一般可按以下几种方法分类。

（1）按叶轮数目分类　按叶轮数目可分为单级泵和多级泵。泵内只有一个叶轮的称为单级泵，如图 7-5 所示。单级泵所产生的压力不高，一般不超过 1.5MPa。

液体经过一个叶轮所提高的扬程不能满足要求时，就使液体依次进入几个串联的叶轮来连续提高其扬程。这种在同一根泵轴上装有串联的两个以上叶轮的离心泵称为多级泵。图7-6所示为一台4个叶轮串联成的多级泵。

图7-5　单级离心泵

1—排出口　2—叶轮　3—泵壳　4—吸入口

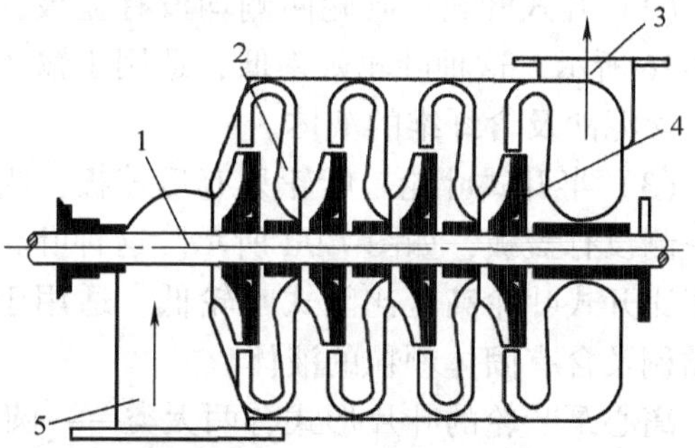

图7-6　多级离心泵

1—泵轴　2—导轮　3—排出口　4—叶轮　5—吸入口

（2）按叶轮吸入方式分类　按叶轮吸入方式可分为单吸泵和双吸泵。在单吸泵中液体从一侧流入叶轮，即泵只有一个吸液口（见图7-5）。这种泵的叶轮制造容易，液体在其间流动情况较好，但缺点是叶轮两侧所受到的液体压力不同，使叶轮承受轴向力的作用。

在双吸泵中，液体从两侧同时流入叶轮，即泵具有两个吸液口，如图7-7所示。这种叶轮及泵壳的制造比较复杂，两股液体在叶轮的出口汇合时稍有冲击，会影响泵的效率，但叶轮的两侧液体压力相等、没有轴向力存在，而且泵的流量几乎比单吸泵增加一倍。

此外，离心泵还可按其转轴的位置分为立式和卧式两种；按泵的用途和输送液体的性质分为水泵、氨泵、氟泵、油泵、耐腐泵和屏蔽泵等。

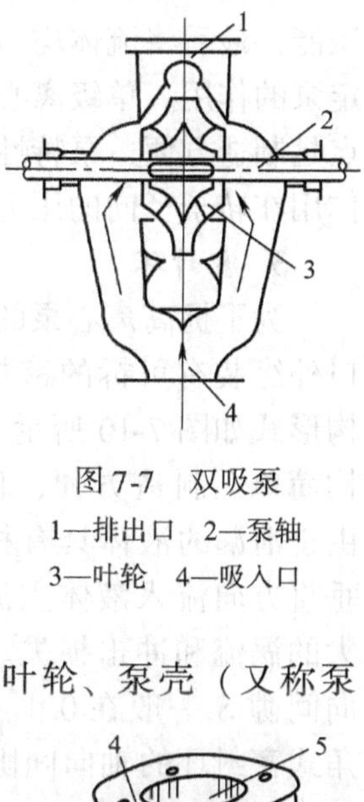

图7-7　双吸泵

1—排出口　2—泵轴
3—叶轮　4—吸入口

7.2.3　离心泵的基本结构

离心泵品种很多，结构各有差异，但其基本结构相似，主要由叶轮、泵壳（又称泵体）、泵盖、转轴、密封部件和轴承部件等构成。典型的单级单吸离心泵的结构如图7-8所示。

1. 叶轮

叶轮是离心泵中传递能量的部件，可通过它将原动机传来的机械能转变为液体的静压能和动能，所以叶轮是离心泵中的重要部件。叶轮的尺寸、形状和制造精度对泵的性能有很大影响。叶轮按其结构形式可分为以下几种。

（1）闭式叶轮　叶轮的两侧分别有前、后盖板，两盖板间有6～12片后弯式叶片，叶轮内形成密闭的流道，如图7-9a、b所示。这种

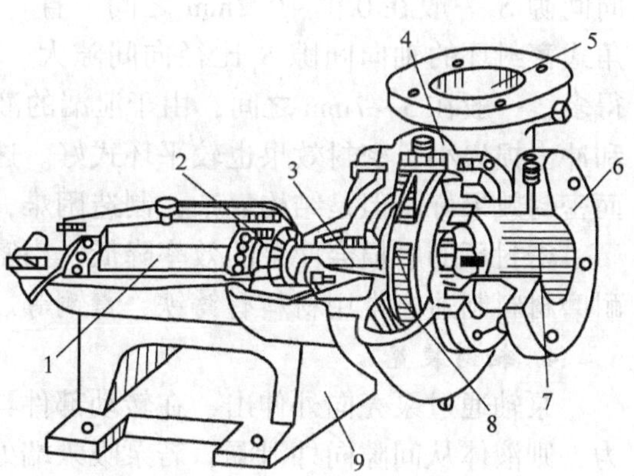

图7-8　典型的单级单吸离心泵的结构

1—泵轴　2—轴承　3—轴封　4—泵壳　5—排出口
6—泵盖　7—吸入口　8—叶轮　9—托架

叶轮效率较高，应用最多，它适用于输送洁净的液体。闭式叶轮有单吸和双吸两种类型，双吸叶轮比单吸叶轮输送液量大。

（2）开式叶轮　叶轮两侧均没有盖板，如图 7-9c 所示。这种叶轮效率低，适用于输送污水、含泥沙及含纤维的液体。

（3）半开式叶轮　叶轮只有后盖板，吸入口一侧没有盖板，如图 7-9d 所示。这种叶轮的效率比开式叶轮高，比闭式叶轮低，适用于输送黏稠及含有固体颗粒的液体。

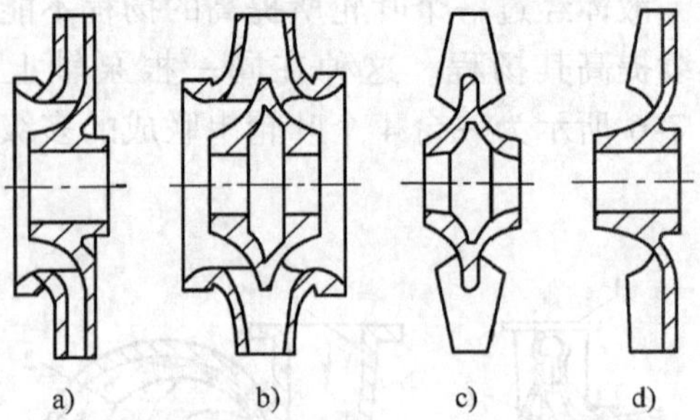

图 7-9　叶轮形式

a）单吸闭式　b）双吸闭式　c）开式　d）半开式

离心泵叶轮的叶片形式有两大类——圆柱形叶片和扭曲叶片。在一般情况下，制冷行业中所用的离心泵多数为圆柱形叶片，它的叶片是垂直于轮盖和轮盘的，制造较容易。

2. 泵壳

泵壳的作用是将叶轮封闭在一定空间中，汇集来自叶轮的液体，使其部分动能转换为静压能，最后将流体均匀地引向次级叶轮或导向排出口。另外，泵壳还起到支承运动部件、固定泵的作用。单级离心泵的泵壳一般均为螺旋形蜗壳式，如图 7-5、图 7-8 所示。蜗壳的优点是制造方便，泵特性曲线的高效率区域比较宽；缺点是蜗壳形状不对称，在使用单蜗壳时作用在转子径向的压力不均匀，易使轴弯曲。

3. 密封环

为了提高离心泵的容积效率、减少叶轮与泵壳之间的液体漏损和磨损，在泵壳与叶轮入口外缘装有可拆的密封环。密封环的结构形式如图 7-10 所示。平环式密封环结构简单，制造方便，但是密封效果差。由于泄漏的液体具有相当大的速度并以垂直方向流入液体主流，因而会产生较大的涡流和冲击损失。这种密封环的径向间隙 S 一般在 0.1～0.2mm 之间。直角式密封环的轴向间隙 S_1 比径向间隙大得多，一般在 3～7mm 之间，由于泄漏的液体在转 90°之后其速度降低了，因此造成的涡流和冲击损失小，密封效果也较平环式好。迷宫式密封环由于增加了密封间隙的沿程阻力，因而密封效果好，但是结构复杂，制造困难，在一般离心泵中很少采用。

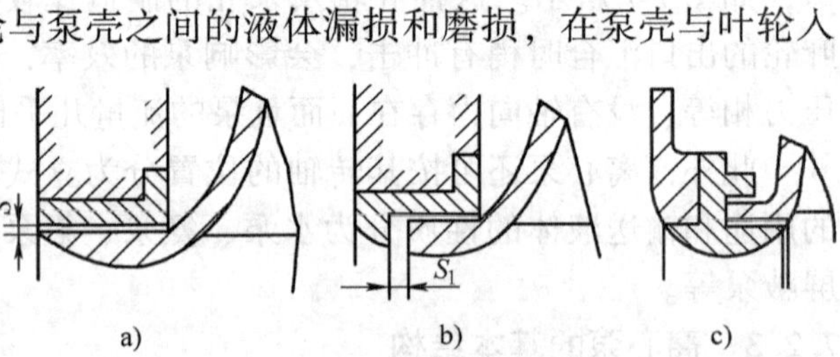

图 7-10　密封环的结构形式

a）平环式　b）直角式　c）迷宫式

密封环的磨损会使泵的效率降低，当密封间隙超过规定值时应及时更换。密封环应采用耐磨材料制造，常用材料有铸铁、青铜等。

4. 轴封装置

泵轴通过泵壳向外伸出，在转动部件与静止部件之间存在间隙。若泵内压力大于外界压力，则液体从间隙向外泄漏；若泵吸入端处于真空状态，则空气通过间隙流入泵内，严重影响泵的工作。为防止泵内高压液体的泄漏，以及外界空气吸入泵内，在间隙处装有轴封装置。常用的轴封装置有软填料密封和机械密封。

（1）软填料密封　软填料密封又称为压盖填料密封，俗称盘根（Packing）。它是一种填塞环缝的压紧式密封，是世界上使用最早的一种密封装置。图 7-11 所示为典型结构的软填料密封装置。软填料 2 装在填料箱 1 内，压盖 4 通过螺栓 5 轴向预紧力的作用使软填料产生轴向压缩变形，同时引起填料产生径向膨胀的趋势，而填料的膨胀又受到填料箱内壁与轴表面的阻碍作用，使其与两表面之间产生紧贴，间隙被填塞而达到密封。软填料在变形时依靠合适的径向力紧贴轴和填料箱内壁表面，以保证可靠的密封。

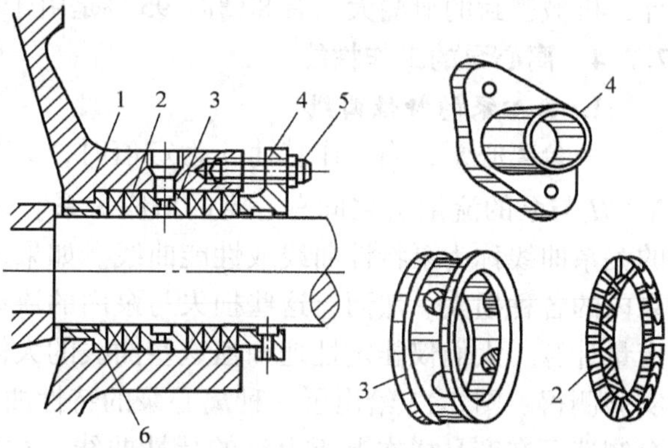

图 7-11　典型结构的软填料密封装置
1—填料箱　2—软填料　3—水封环
4—压盖　5—螺栓　6—底衬套

底衬套 6 的作用是防止软填料被挤入泵内，水封环 3 通过水封管与泵的压液室相通，引入压力水形成水封，并冷却润滑填料。为了避免泵工作时软填料与泵轴摩擦过于剧烈，软填料不应压得过紧，注意松紧要适度，允许液体呈滴状漏出，以每分钟 10～60 滴为宜。软填料密封装置结构简单、安装检修方便，但使用寿命短、易磨损泵轴且密封性较差，广泛应用于中、低压水泵上。

（2）机械密封　机械密封又称端面密封，由于它具有泄漏量小、使用寿命长、功率损耗小、不需要经常维修等优点，获得了迅速的发展和广泛的应用。

机械密封一般主要由四部分组成：① 由静止环（静环）和旋转环（动环）组成的一对密封端面，该密封端面有时也称为摩擦副，是机械密封的核心；② 以弹性元件（或磁性元件）为主的补偿缓冲机构；③ 辅助密封机构；④ 使动环和轴一起旋转的传动机构。

机械密封的结构多种多样，其基本结构如图 7-12 所示。机械密封安装在旋转轴上，密封腔内有紧定螺钉 1、弹簧座 2、弹簧 3、动环辅助密封圈 4、动环 5，它们随轴一起旋转。机械密封的其他零件，包括静环 6、静环辅助密封圈 7 和防转销 8 安装在端盖内，端盖与密封腔体用螺栓联接。轴通过紧定螺钉、弹簧座、弹簧带动动环旋转，而静环由于防转销的作用而静止于端盖内。动环在弹簧力和介质压力的作用下，与静环的端面紧密贴合，并发生相对滑动，阻止了介质沿端面间的径向泄漏（泄漏点 1），构成了机械密封的主密封。摩擦副磨损后在弹簧和密封流体压力的推动下实现补偿，始终保持两密封端面的紧密接触。动环辅助密封圈阻止了介质可能沿动环与轴之间间隙的泄漏（泄漏点 2）；而静环辅助密封圈阻止了介质可能沿静环与端盖之间间隙的泄漏（泄漏点 3）。工作时，辅助密封圈无明显的相对运动，基本上属于静密封。端盖与密封腔体连接处的泄漏点 4 为静密封，常用 O 形圈或垫片来密封。

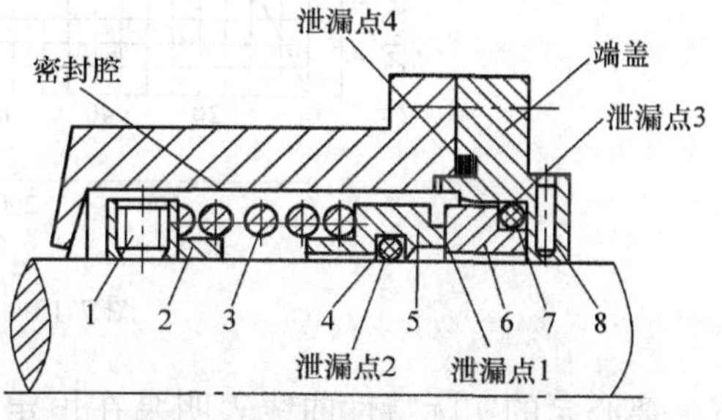

图 7-12　机械密封的基本结构
1—紧定螺钉　2—弹簧座　3—弹簧　4—动环辅助密封圈
5—动环　6—静环　7—静环辅助密封圈　8—防转销

从结构上看，机械密封主要是将极易泄漏的轴向密封变为不易泄漏的端面密封。由动环端面与静环端面相互贴合而构成的动密封，是决定机械密封性能和使用寿命的关键。据统计，机械密封的泄漏大约有 80 %～95 %是由于密封端面摩擦副造成的。

7.2.4 离心泵的工作性能

1. 离心泵的特性曲线

一台离心泵，当工作转速 n 为定值时，其扬程 H、轴功率 P_e、效率 η 及必须气蚀余量 $NPSH_r$ 与泵的流量 q_V 之间有一定的对应关系。这种表示 $H—q_V$、$\eta—q_V$、$P_e—q_V$ 和 $NPSH_r—q_V$ 的关系曲线称为泵特性曲线或性能曲线。如果用理论分析法求离心泵的特性曲线，必须计算泵内的各种损失。然而，这些损失与泵内的流动有着十分复杂的关系，目前还很难作精确的定量计算，人们仅能定性地知道这些曲线的大体形状。各种类型泵准确的特性曲线只能通过实验测得。图 7-13 给出了一种离心泵的特性曲线。应当注意，由于实验条件的限制等原因，泵制造厂在产品样本上所提供的特性曲线，往往都是用清水在 20℃（$\rho = 1000 kg/m^3$）条件下实验测出的。当泵输送液体的密度、黏度等参数与 20℃清水不同时，还需要进行性能换算。

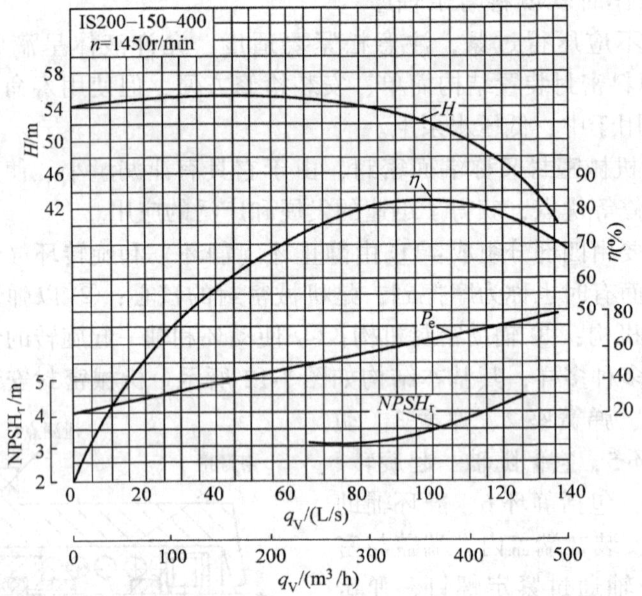

图 7-13 离心泵的特性曲线

离心泵的实际特性曲线表明泵在恒定转速下工作时，对应于泵的每一个流量值 q_V，必相应地有一个确定的扬程 H、轴功率 P_e、效率 η 等。从实际应用出发，每条特性曲线都有它各自的用途。

$H—q_V$ 曲线是选择和操作使用泵的主要依据。

$P_e—q_V$ 曲线是合理选择原动机功率和操作起动泵的依据。通常应按所需流量变化范围中的最大功率再加上一定的安全裕量来确定原动机的输出功率。泵起动时，应选在耗功最小的工况下进行，以减小起动电流，保护电动机。一般离心泵在 $q_V = 0$ 工况下功率最小，故起动时应关闭排出管上的调节阀门，待起动之后再将阀门打开。

$\eta—q_V$ 曲线是检查泵工作经济性的依据。泵应尽可能在高效区工作。工程上将泵的最高效率点定为额定点，它一般是泵的设计工况点。与该点相对应的参数称为额定流量、额定扬程和额定功率。通常规定对应于最高效率以下 7% 的工况范围为高效工作区。有的泵在样本上只给出高效区段的特性曲线。

$NPSH_r$—q_V 曲线是检查泵是否发生气蚀的依据。泵的安装位置与使用应留有足够的有效气蚀余量，以尽量防止泵发生气蚀。

2. 离心泵的管路特性曲线

泵的特性曲线只能说明泵本身的性能。但泵在管路中工作时，其工况不仅取决于其本身的性能，还取决于管路系统的性能，即管路特性曲线。由这两条曲线的交点来决定泵在管路系统中的运行工况。

所谓管路特性曲线是指在管路情况一定，即管路进口液体压力、出口液体压力、输液高度、管路长度及管径、管件数目及尺寸，以及阀门开启度等都一定的情况下，单位质量液体流过该管路时所必需的外加扬程 H_c 与单位时间流经该管路的液体量 q_V 之间的关系曲线。它可根据具体的管路装置情况按流体力学方法算出。

如图 7-14 所示的管路系统装置，离心泵从吸入容器水面 A-A 处抽水，经泵输送至压力容器 B-B。若管路中的流量为 q_V，由吸液池送往高处，现列 A 和 B 两截面的伯努利方程式：

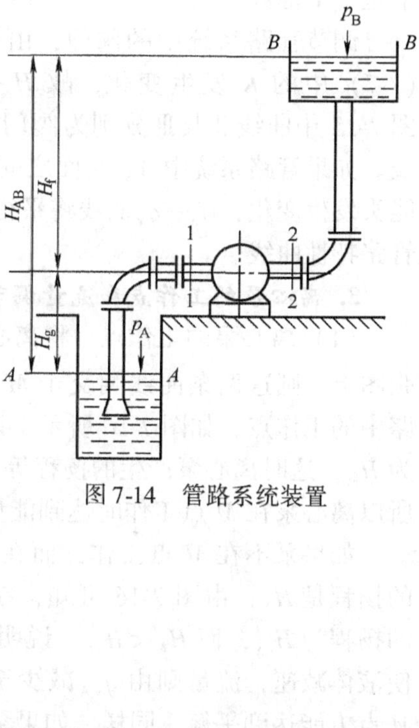

图 7-14　管路系统装置

$$H_c = H_{AB} + \frac{p_B - p_A}{\rho g} + \frac{c_B^2 - c_A^2}{2g} + \sum h_{AB} \qquad (7\text{-}5)$$

式中　H_{AB}——液体垂直升扬高度，单位为 m；

p_A、p_B——分别为 A、B 两截面上的压力，单位为 Pa；

ρ——被输送液体的密度，单位为 kg/m³；

c_A、c_B——液体在 A、B 两截面处之流速，单位为 m/s；

$\sum h_{AB}$——管路系统的流体阻力损失，单位为 m。

式（7-5）说明，外加扬程为各项能头增量和阻力损失能头之和，其中动能头一项可略去不计，除管路阻力损失能头 $\sum h_{AB}$ 外，其余各项皆与管路中的流量无关。管路阻力与流量的关系可由阻力计算公式求得：

$$\sum h_{AB} = \sum \zeta \frac{c^2}{2g} = Kq_V^2 \qquad (7\text{-}6)$$

式中　$\sum \zeta$——总阻力系数；

c——管路中液体速度，单位为 m/s，$c = \dfrac{q_V}{A}$；

A——管路的截面积，单位为 m²；

K——管路特性系数，$K = \sum \zeta \dfrac{1}{2gA^2}$。

式（7-6）表明管路系统的流动阻力与流量的平方成正比。代入 H_c 的计算式（7-5）中，

并略去动能头增量，则有

$$H_c = H_{AB} + \frac{p_B - p_A}{\rho_g} + Kq_V^2 \tag{7-7}$$

式（7-7）即为管路特性方程式。按此式可以在扬程和流量坐标图上绘出管路特性曲线 $H_c - q_V$，如图7-15中曲线Ⅰ所示。式（7-7）中的$\left(H_{AB} + \frac{p_B - p_A}{\rho_g}\right)$称为管路静能头，它与输液高度及进、出管路的压力有关；管路特性系数 K 与管路尺寸及阻力等有关。对一定的管路，如其中液体流动是湍流，则 K 几乎是一个常数。

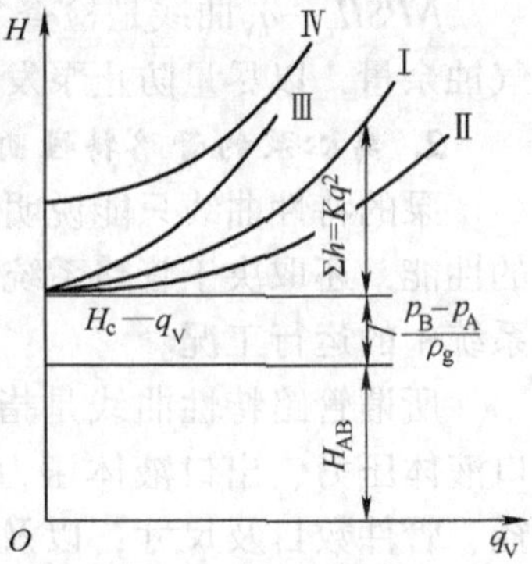

图7-15 管路特性曲线

调节管路系统中的阀门，由于阻力系数的改变，将使式（7-7）中的 K 发生变化，故 $H_c—q_V$ 曲线的斜率也会变化。图7-15中曲线Ⅱ及Ⅲ分别为阀门开大和关小时的管路特性曲线。如果管路系统中 A、B 面之间距离及压力改变，即管路静能头发生变化，$H_c—q_V$ 曲线将平行地上下移动。图7-15中曲线Ⅳ表示管路静能头增加后的管路特性曲线。

3. 离心泵的工作点和流量调节

（1）离心泵的工作点　将离心泵的 $H - q_V$ 曲线和管路的 $H_c - q_V$ 曲线按同一比例绘在同一张图上，则这两条曲线相交于 M 点，M 点即离心泵在管路中的工作点，如图7-16所示。该点的流量为 q_{VM}，扬程为 H_M，这时离心泵产生的扬程等于管路所需的外加扬程，所以离心泵在 M 点工作时达到能量平衡，工作稳定。

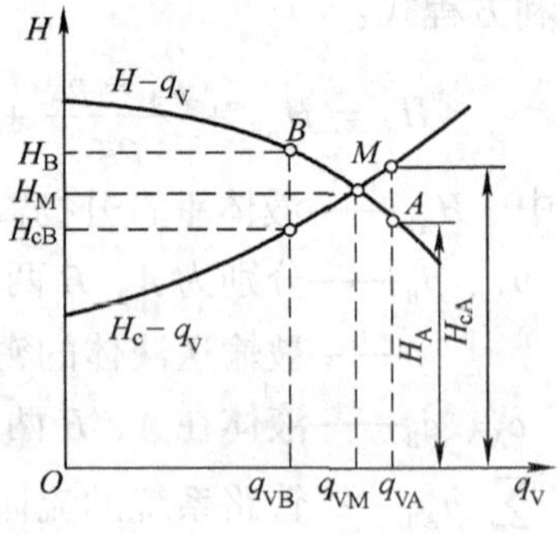

图7-16 离心泵在管路上的工作点

如果泵不在 M 点工作，而在 A 点工作，此时泵产生的扬程是 H_A，由图7-16可知，在 q_{VA} 流量下管路所需要的扬程为 H_{cA}，而 $H_A < H_{cA}$，说明泵产生的能量不足，致使液体减速，流量则由 q_{VA} 减少至 q_{VM}，工作点必然移到 M 点方能达到平衡。同样，如果泵在 B 点工作，则泵产生的扬程是 H_B，在 q_{VB} 流量下管路所需要的扬程为 H_{cB}，而 $H_B > H_{cB}$，液体的能量有富裕，此富裕能量将促使流体加速，流量则由 q_{VB} 增加到 q_{VM}，只能在 M 点重新达到平衡。由此可以看出，只有 M 点才是稳定工作点。

（2）离心泵的流量调节　如前所述，离心泵运行时其工作参数是由泵的特性曲线与管路的特性曲线所决定的。但是用户需要的流量经常变化，为了满足这种要求，必须进行调节。而要改变泵的流量，必须改变其工作点。改变工作点来调节流量的方法有两种，即改变管路特性曲线 $H_c - q_V$；改变离心泵的性能曲线 $H - q_V$。

1）改变管路特性曲线的流量调节。改变管路特性最常用的方法是节流法。它是利用改变排出管路上的调节阀的开度，来改变管路特性系数 K，而使 $H_c - q_V$ 曲线的位置改变以达到调节流量的目的。这种调节方法十分简单，但调节时会增大管路阻力损失，在能量利用方面不够经济。此种方法一般只用在小型离心泵的调节上。

2）改变离心泵特性曲线的流量调节。通过改变泵的转速或叶轮外径尺寸等可改变泵的特性曲线，这种调节方法没有节流损失，经济性较好。但调节时需要增加设备（如调速器等）或改变叶轮结构，所以在使用中受到一定的限制。

4. 离心泵的气蚀现象和安装高度

（1）气蚀现象　离心泵通过旋转的叶轮对液体做功，使液体能量增加。在相互作用的过程中，液体的速度和压力是变化的。根据研究，液体流过叶轮时，在叶片进口附近的非工作面上存在着某些局部低压区 k，如果此低压区的液体压力 p_k 等于或低于在该处相应温度下液体的饱和蒸汽压力 p_t 时，就会有汽化过程发生，蒸汽及溶解在液体中的气体从液体中大量逸出，而形成许多小气泡，如图7-17所示。当气泡随液体流到叶道内压力较高处时，气泡受压破裂，重新凝结为液体。在气泡凝结的瞬间，气泡周围的液体迅速冲入气泡凝结形成的空穴，液体质点相互撞击形成剧烈的局部水击。这种液体汽化又凝结，并因而产生水击的过程称为气蚀现象。

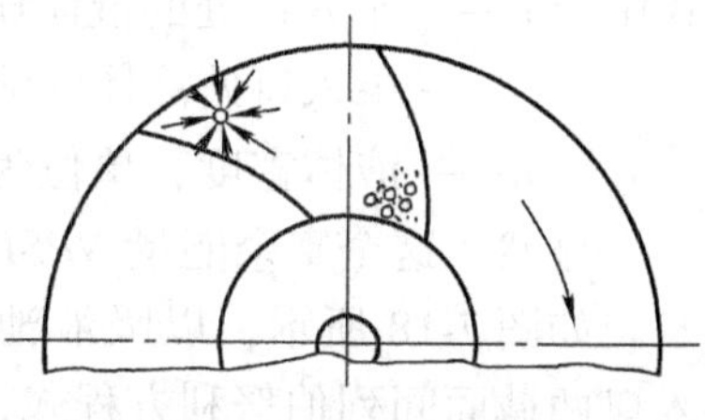
图7-17　气蚀现象

水击是气蚀现象的特征，据国外学者试验曾测得气蚀时水击频率可达25000次/s，局部压力高达30MPa（测压面积为1.5mm²），局部瞬时温度可达200~300℃。由此可见，气蚀时，水击的压力、频率很高，必然对泵产生较大的危害，其危害性主要表现在以下几个方面：

1）气蚀使过流部件的材料破坏。有些气泡在金属表面附近凝结，则由于水击作连续反复的敲击致使金属表面逐渐受疲劳而破坏，这种破坏称为机械剥蚀。如果液体气化时，产生的气泡中夹带有活性气体（如氧气等），则会借助水击时产生的热量对金属起化学腐蚀作用，更加快了金属的破坏速度。通常受气蚀破坏的部位多在叶轮出口附近和排液室的进口附近。起初是金属表面出现麻点，继而产生凹坑与剥落，严重时会使表面呈现蜂窝状或海绵状，甚至使叶片和盖板被穿透。

2）气蚀使泵的性能下降。泵发生气蚀时，叶轮与液体之间的能量传递受到干扰，流道不但受到气泡的堵塞，而且流动损失增大；当气蚀发展到一定程度时 $H-q_V$、P_e-q_V、$\eta-q_V$ 等性能曲线都突然下降；严重时，泵中液流中断，泵不能工作。

3）气蚀使泵产生振动和噪声。气蚀是一种反复冲击、凝结的过程，同时产生激烈的振动和噪声。当某一振动频率与机组固有频率相一致时，机组就会产生强烈的振动，直接影响泵的正常运转。

产生气蚀的原因很多，主要有：泵的安装位置高出吸液面的高度太多，即泵的几何安装高度过大；泵的安装地点的大气压较低，例如安装在高海拔地区；泵所输送的液体温度过高等。因而在泵的安装、使用时，要采取相应的措施以防止泵内气蚀现象的产生，达到延长泵的使用寿命、提高效率的目的。

（2）离心泵的气蚀余量和安装高度　一台泵在运行中发生气蚀，但在相同条件下，换上另一台泵就不发生气蚀；同一台泵在某一吸入装置下发生气蚀，但改变吸入装置及位置，则泵不发生气蚀。由此可见，泵是否发生气蚀是由泵本身和吸入装置两方面决定的。研究泵的气蚀条件，防止泵发生气蚀，应从这两方面同时加以考虑。

泵的吸入装置以泵吸入口法兰截面 S—S 为分界，如图7-18所示。泵内最低压力点通常位于叶轮叶片进口稍后的 k 点附近，当 $p_k \leqslant p_t$ 时，则泵发生气蚀，故 $p_k=p_t$ 是泵发生气蚀的界限。

1）有效气蚀余量。有效气蚀余量是指泵入口处单位质量液体所具有的高出饱和蒸汽压力的富余能量，我国以前常用 Δh_a 表示，国际上大多以 $NPSH_a$（又称为有效净正吸入压头，Net Positive Suction Head）表示。若以液柱高度 m 为单位，则

$$NPSH_a = \frac{p_s}{\rho g} + \frac{c_s^2}{2g} - \frac{p_t}{\rho g} \tag{7-8}$$

式中 p_s——泵入口处的液体压力，单位为 Pa；

c_s——泵入口处液体的流速，单位为 m/s；

ρ——液体密度，单位为 kg/m^3。

显然，这个富余能量 $NPSH_a$ 越大，泵越不会发生气蚀。

如图 7-18 所示，以吸液池液面为基准，从吸入液面到泵入口两截面间列伯努利方程式，可得

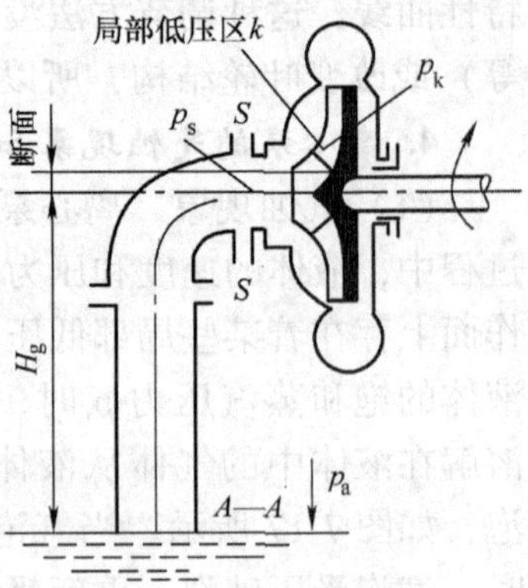

图 7-18 泵的吸入装置

$$\frac{p_A}{\rho g} + \frac{c_A^2}{2g} = \frac{p_s}{\rho g} + \frac{c_s^2}{2g} + H_g + \sum h_s \tag{7-9}$$

式中 p_A——吸入液面上的压力，单位为 Pa；

c_A——吸入液面上的液体流速，单位为 m/s，当吸入液面的面积足够大时，$c_A \approx 0$；

H_g——泵的几何安装高度，单位为 m；

$\sum h_s$——吸入管路的阻力损失能头，单位为 m。

将式（7-9）代入式（7-8）中，得

$$NPSH_a = \frac{p_A}{\rho g} - \frac{p_t}{\rho g} - H_g - \sum h_s \tag{7-10}$$

由式（7-10）可知，有效气蚀余量数值的大小与吸入装置的条件（如吸液池表面的压力、吸入管路的几何安装高度、阻力损失、液体的性质）和温度有关，而与泵本身的结构尺寸等无关，故又称为泵吸入装置的有效气蚀余量。

2）泵的必需气蚀余量和安装高度。由图 7-18 可知，泵吸入口 S 处的压力并不是泵内压力最低处，因为液体自泵吸入口流到叶轮的过程中还有能量损失。液流从泵入口到叶轮内最低压力点 k 处的全部能量损失，称为泵的必需气蚀余量，我国以前常用 Δh_r 表示，国际上大多以 $NPSH_r$ 表示。显然，必需气蚀余量越小，p_k 降低越少，泵越不易发生气蚀，则要求泵入口处的富余能量 $NPSH_a$ 也可小些。因为泵入口处的富余能量 $NPSH_a$ 若能克服这个能量损失 $NPSH_r$ 还有剩余，即 $NPSH_a > NPSH_r$，则表示液体流到叶轮最低压力点 k 处时，其压力还可高于液体的饱和蒸汽压力而不致汽化，所以就不会发生气蚀。反之，当 $NPSH_a < NPSH_r$，则表示泵吸入口的液体多余能量还不足以克服这个能量损失，所以液体流到叶轮最低压力点 k 处时，其压力已经降到比液体的饱和蒸汽压力还低，则液体就汽化，泵就已经发生气蚀了。影响 $NPSH_r$ 大小的因素是泵的结构，如吸入室与叶轮进口的几何形状，以及泵的转速和流量等，而与管路系统无关。所以 $NPSH_r$ 的大小在一定程度上表示一台泵本身抗气蚀性能的标志，也是离心泵的一个重要性能参数，$NPSH_r$ 越小表示该泵的耐气蚀性能越好。$NPSH_r$ 由离心泵试验测得，随流量的增加，$NPSH_r$ 也增加。在实际应用中为安全起见，通常采用的是许用气蚀余量［NPSH］，一般取许用气蚀余量的值为

$$[NPSH] = NPSH_r + K \tag{7-11}$$

式中　K——安全裕量，一般情况下取 $K=(0.3\sim0.5)$ m。

因此，防止离心泵发生气蚀的条件就是：有效气蚀余量应大于或等于泵的许用气蚀余量，即

$$NPSH_a \geqslant [NPSH] \tag{7-12}$$

要达到上式的要求，必须合理设计吸入管路，主要是正确选取泵的安装高度。由式（7-10）可求得泵的允许几何安装高度 $[H_g]$ 为

$$[H_g] = \frac{p_A}{\rho g} - \frac{p_t}{\rho g} - \sum h_s - [NPSH] \tag{7-13}$$

从式（7-13）可以看出，当泵的许用气蚀余量越大，或者吸入管路阻力损失越大时，吸液管的允许安装高度（也就是吸上真空高度）越小。为了安全起见，一般情况下，计算出允许几何安装高度 $[H_g]$ 后，再减去 0.5～1m 的安全量作为泵的实际安装高度。

（3）吸上真空高度　我国过去大多采用吸上真空高度这一参数作为离心泵的气蚀特性参数，现在也还在采用。如果吸液池液面上的压力为大气压力 p_a，令

$$H_s = \frac{p_a}{\rho g} - \frac{p_s}{\rho g} \tag{7-14}$$

H_s就称为吸上真空高度，单位为 m。它是泵入口处以液柱高度表示的真空度。它可用装在泵入口法兰处的真空表测量监控。由式（7-14）和式（7-8）可得

$$NPSH_a = \frac{p_a}{\rho g} - \frac{p_t}{\rho g} + \frac{c_s^2}{2g} - H_s \tag{7-15}$$

由式（7-15）可知，当吸上空真高度 H_s 值越大，泵入口处压力 p_s 就越小，$NPSH_a$ 也越小，说明泵越容易发生气蚀。

将式（7-15）代入式（7-10）可得

$$H_g = \frac{p_A}{\rho g} - \frac{p_a}{\rho g} + H_s - \sum h_s - \frac{c_s^2}{2g} \tag{7-16}$$

当吸液池液面压力是大气压，即 $p_A=p_a$时，吸上真空高度即为

$$H_s = H_g + \sum h_s + \frac{c_s^2}{2g} \tag{7-17}$$

由式（7-17）可以看出，流量一定时，吸上真空高度 H_s 随着泵的几何安装高度 H_g 的增大而逐渐增大。当 H_g 增大至某一数值时，泵就发生气蚀，测得此时的吸上真空高度便是泵可能达到的最大值，称为最大吸上真空高度，以 H_{smax} 表示。泵的耐气蚀性越好，H_{smax} 便越高。各种泵的 H_{smax} 值都是由试验得到的，且与必需气蚀余量 $NPSH_r$ 随着流量的增大而增大相对应，最大吸上真空高度 H_{smax} 则随着流量的增大而减小。为了确保泵在运行时不发生气蚀，且又能获得最合理的吸上真空高度，我国原机械工业部的标准规定留有 0.5m 的安全裕量，即从试验得出的 H_{smax} 减去 0.5m，作为允许吸上真空高度 $[H_s]$，即

$$[H_s] = H_{smax} - 0.5 \tag{7-18}$$

当吸液池液面压力为当地大气压时，由式（7-17）可求得泵的允许最大几何安装高度为

$$[H_g] = [H_s] - \frac{c_s^2}{2g} - \sum h_s \tag{7-19}$$

通常在泵样本或随泵附带的说明书上所规定的［H_s］值是在标准大气压（p_a = 101.3kPa）下，抽送20℃清水时所测得的。如果泵的运行条件与上述条件不同，则不能直接采用样本或说明书提供的［H_s］值，而应对其进行修正：

$$[H_s]' = [H_s] + \frac{p_a - p_t}{\rho g} - 10.33 + 0.24 \qquad (7\text{-}20)$$

式中 ［H_s］′——修正后的允许吸上真空高度，单位为m；

p_a——泵使用地点的大气压，单位为Pa；

p_t——泵使用地点温度下液体的饱和蒸汽压，单位为Pa；

10.33——一个标准大气压值，mH_2O；

0.24——20℃清水的饱和蒸汽压，mH_2O。

7.2.5 常用离心泵

1. 单级单吸式离心泵

（1）IS型离心泵 IS型泵是单级单吸悬臂式离心泵，适用于输送清水或物理及化学性质类似清水的液体之用，温度不高于80℃。IS型泵是根据国际标准ISO2858所规定的性能和尺寸设计的，该系列泵共有29个品种。这种泵的特点是扬程高、流量小、结构简单、经久耐用、维修方便，适用于工厂、矿山、城市给水等。IS型泵在制冷与空调工程中常用来输送冷却水和冷热媒用水。它的性能范围较大，流量范围为6.3～400m^3/h，扬程为5～125m，转速为1450r/min和2900r/min。

如图7-19所示，IS型泵是由泵壳1、叶轮5、泵盖6、托架11和泵轴12等组成的。泵壳内腔制成截面逐渐扩大的蜗壳形流道，吸水室与泵壳铸成一体；排出管与泵的轴线成90°角。泵轴左端装有叶轮，右端通过联轴器与电动机相连。叶轮前、后盖和泵壳之间采用平环式密封环4，并开有平衡孔，以平衡轴向力。

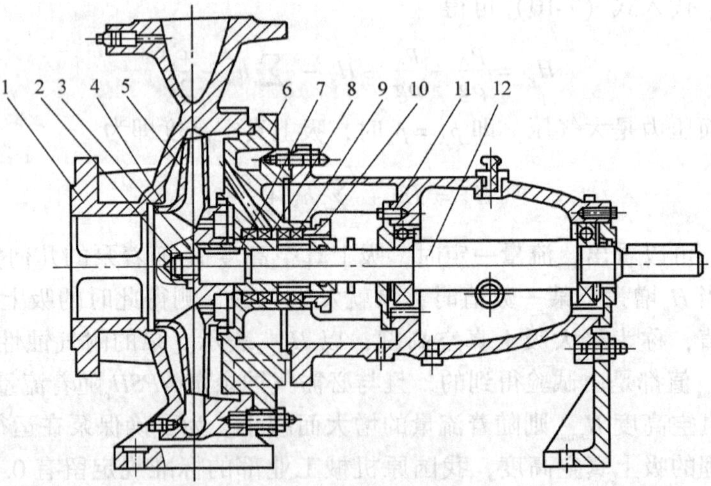

图7-19 IS型离心泵结构图

1—泵壳 2—叶轮螺母 3—制动垫圈 4—密封环 5—叶轮 6—泵盖
7—轴套 8—水封环 9—软填料 10—压盖 11—托架 12—泵轴

IS型泵的泵壳和泵盖为后开门结构形式，其优点是检修方便，即不用拆卸泵壳、管路和电动机，只需拆下加长联轴器的中间连接件，就可退出转子部件进行检修。叶轮、轴和滚动轴承等为泵的转子，托架支承着泵的转子部件。滚动轴承承受泵的径向力和未平衡的轴向力。

泵的轴向密封由压盖10、水封环8和软填料9等组成，以防止进气或大量漏水。为避免轴磨损，在轴通过填料腔的部位装有轴套保护。轴套与轴之间装有O形密封圈，以防沿着配合表面进气或漏水。

IS型泵型号示例：IS80—65—160（A）。IS——单级单吸悬臂式离心清水泵；80——泵吸入口直径（mm）；65——泵排出口直径（mm）；160——叶轮名义直径（mm）；A——叶轮外径经第一次切割。

（2）SG型管道泵　SG型管道泵是单级单吸立式离心泵，输送低于80℃的清水。这种泵的特点是结构简单、质量小、尺寸小、价格低、能直接装在管路系统中。这种泵的流量为1.5～140m^3/h，扬程为6～50m，适用于高层建筑管道加压送水，冷却塔、制冷设备、采暖系统、锅炉给水等。如图7-20所示，该泵由泵壳7、叶轮4、机械密封3等组成。叶轮直接装在电动机1的主轴端。泵与电动机之间用机械密封以防止漏水，确保电动机安全。SG型管道泵的型号表示方法与IS型泵相同。

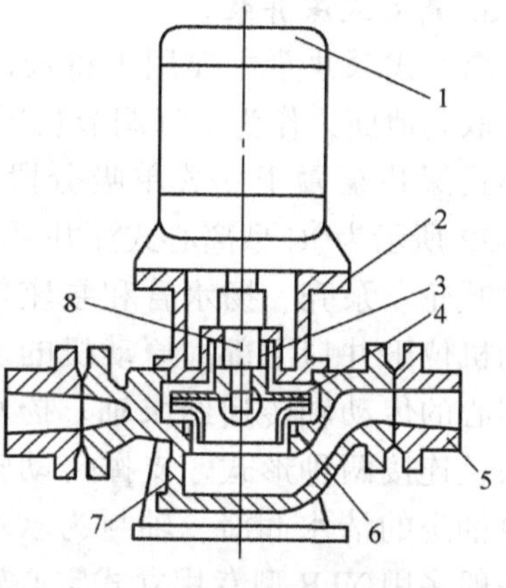

图7-20　SG型管道泵

1—电动机　2—连接座　3—机械密封　4—叶轮　5—进口接管　6—密封环　7—泵壳　8—泵轴

2. 单级双吸式离心泵

图7-21所示的S型泵是典型的单级双吸式离心泵，适用于输送温度不超过80℃的清水或类似于水的液体。这种泵的流量为140～12500 m^3/h，扬程为10～140m。它的特点是流量大、扬程高、结构简单、装拆方便。S型泵的叶轮为双吸叶轮，水从叶轮的左、右两侧流入叶轮，经过叶轮后汇集到同一泵壳中。转轴为两端支承，泵壳为水平剖分的蜗壳形。泵吸入口和排出口均在泵壳的下部，水平地布置在两侧，而与轴线成垂直方向的同一直线上。泵盖用双头螺柱及圆锥定位销固定在泵壳上，以便不需要拆卸进水、出水管路的情况下就能打开泵盖检查内部零件，给检修带来极大方便。泵壳与泵盖共同构成螺旋形吸水室和压出室。泵壳最低处有放水螺孔，泵壳两端有轴承支架。泵盖上安装有放气管的螺孔和供拆卸泵盖用的两个起吊钩。轴封装置多采用软填料密封，填料函由泵壳和泵盖共同拼合而成，由压盖压紧软填料起密封作用。因为双吸泵的轴封是在泵内液体的低压区（叶轮进口位置），所以在一般情况（即入口压力有真空度时）下，它的轴封作用不在于阻挡泵内液体外漏，而在于防

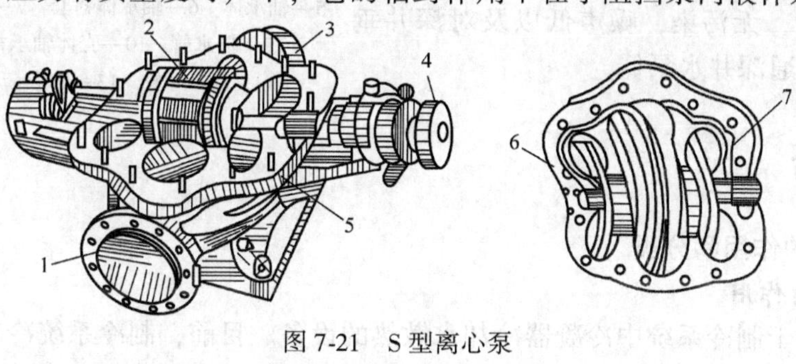

图7-21　S型离心泵

1—吸入口　2—叶轮　3—排出口　4—联轴器　5—泵壳　6—泵盖　7—水封槽

止外界空气漏入，这与单级单吸型泵是不同的，不能误认为没有漏出而过分放松压盖，从而使空气大量吸入影响泵的性能。双吸泵轴向力自身平衡，不必设置轴向力平衡装置。在相同流量下双吸泵比单吸泵的抗气蚀性能要好。

S 型泵型号示例：250S24。250——泵吸入口直径（mm）；S——单级双吸水平中开式离心清水泵；24——设计点扬程（m）。

3. 离心式深井泵

离心式深井泵主要用于将较深的地下水从井中抽取到地面，作为空气调节装置的冷源或热源。离心式深井泵属于立式单吸分段式多级离心泵。图 7-22 所示为 JC 型离心式深井泵。该泵由多个离心式叶轮、泵壳、扬水管和泵座等组成。泵座和原动机位于井口上部。原动机的动力通过与扬水管同心的传动轴传递给泵轴。扬水管有螺纹连接和法兰连接两种形式。支撑传动轴和泵轴的轴承用泵抽送的清水润滑，轴封为软填料密封。原动机一般多用 YLB 型专用立式空心轴电动机，也可用普通立式或卧式电动机或内燃机。

离心式深井泵的泵壳和叶轮直径都较小，扬程高。泵的第一级叶轮通常浸入动水位下 1m 处，所以起动前不用灌泵。离心式深井泵具有结构紧凑、性能稳定、效率较高、使用方便等优点，但结构较复杂、安装维修较麻烦、价格较高。

JC 型泵型号示例：100JC10-3.8×13。100——适用最小井筒内径（mm）；JC——离心式长轴深井泵；10——泵设计点流量值（m^3/h）；3.8——泵设计点单级扬程（m）；13——泵的级数。

将电动机与泵轴直连，并一起放置在动水位之下工作的深井水泵称为深井潜水泵。深井潜水泵的优点是：体积小、质量小、结构简单；无传动长轴、故障少、工作稳定、安装使用维护方便；电动机用水润滑，无污染，噪声低以及对深井垂直度的要求比普通深井水泵低。

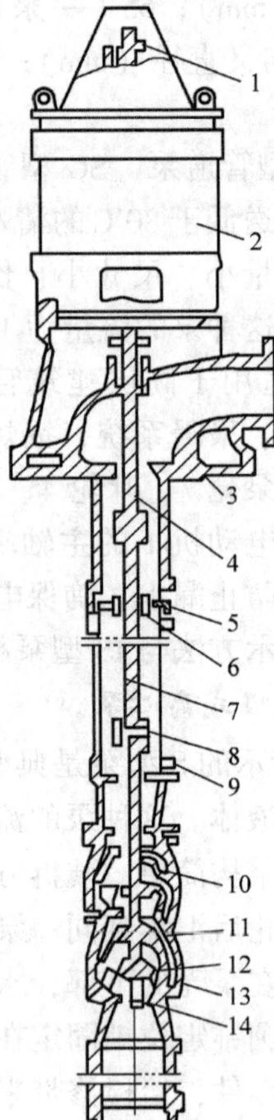

图 7-22 JC 型离心式深井泵

1—轴调节螺母 2—电动机 3—泵座 4—电动机轴 5—轴承体 6—轴承体衬套 7—传动轴 8—联轴器 9—扬水管 10—壳体轴承衬套 11—泵壳 12—叶轮 13—锥形套 14—泵轴

7.3 冷却塔

7.3.1 冷却塔的作用和分类

1. 冷却塔的作用

冷却塔是用于制冷系统中冷凝器冷却水散热的设备。目前，制冷系统冷凝器冷却方式使用最多的仍是水冷式，它需要大量的水来冷却冷凝器中的制冷剂蒸气。为减少水耗，水冷式冷凝器的冷却水通常循环使用。为此，需设置冷却塔，并将冷凝器的水通道与冷却塔、冷却水泵用管道串接组成冷却水循环系统。

2. 冷却塔的分类

按照冷却塔内空气流动的动力不同，冷却塔可分为自然通风式和机械通风式两类，后者是空调、冷藏制冷系统中常用的设备。

机械通风冷却塔按空气流向不同，可分为逆流式和横流式两种。通常前者有方形和圆形两种外形，后者的外形则以方形（或矩形）为主。

机械通风冷却塔按其热工性能又可分为三个系列，即标准系列，其进水温度为37℃，出水温度为32℃；中温系列，其进水温度为40℃，出水温度为32℃；高温系列，其进水温度为60℃，出水温度为32℃。

7.3.2 自然通风式冷却塔

自然通风式冷却塔是利用空气自然对流来使水冷却的，水流有喷淋、溅滴等多种运动形式。自然通风式冷却塔的基本结构如图7-23所示，主要由进水管、出水管、分配水管、喷头和通风百叶窗等组成。

用水泵将制冷装置的冷却回水经水冷却塔的进水管送往分配水管，分配水管上装有许多均匀分布的杯式喷嘴，水从喷嘴喷出，散成很多细小的水滴，增大水与从百叶窗进入的空气的接触面积及接触时间，以促进它们之间的热量交换，从而降低水温。最后，喷洒的水落入集水池中由出水管引出供冷凝器循环使用。

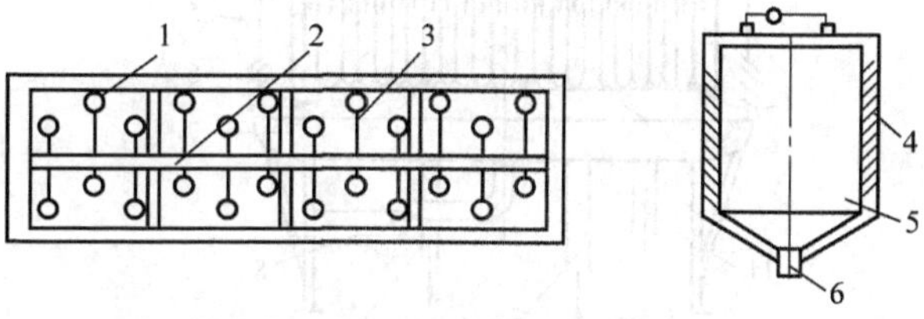

图7-23 自然通风式冷却塔的基本结构
1—喷头 2—进水管 3—分配水管 4—通风百叶窗
5—集水池 6—出水管

自然通风式冷却塔的优点是结构简单、设备投资少、运行维护方便；缺点是占地面积大、冷却效率低、冷却效果不稳定，易受风速和风向的影响，水被吹散的损失大。它只适用于空气温度较低、相对湿度较小地区的小型制冷装置。

7.3.3 机械通风式冷却塔

机械通风式冷却塔是依靠风机强迫通风使水冷却的冷却塔。机械通风式冷却塔是目前使用最为广泛的一种冷却塔。与自然通风冷却塔相比，机械通风冷却塔的优点是冷却效果好，比较稳定，布置紧凑；不受自然风速的影响，可设置在冷凝器附近；可用于气温、湿度较高的地区，以及对冷却后的水温及其稳定性要求严格、建筑物场地狭窄、通风条件不良的场合。其缺点是造价较自然通风式冷却塔高，耗电量大，机械设备维护比较复杂。另外，鼓风式冷却塔的冷却效果易受塔顶排出的湿热空气回流的影响。

1. 逆流式冷却塔

逆流式冷却塔塔内空气和水的流动方向是相逆的，空气从底部进入塔内，而热水从上而下淋洒，两者进行热交换。当处理水量在100t/h（单台）以上时，宜采用逆流式。图7-24所示为逆流式冷却塔的结构示意图。为增大水与空气的接触面积，在冷却塔内装满淋水填料层。填料一般是压成一定形状（如波纹状）的塑料薄板。水通过布水器淋在填料层上，空气由下部进入冷却塔，在填料层中与水逆流流动。这种冷却塔的优点是结构紧凑、冷却效率高，缺点是塔体较高、配水系统较复杂。逆流式冷却塔最常用的进风形式为多面进风。

目前，国内工厂生产的定型的机械通风式冷却塔产品大多用玻璃钢作外壳，故又称为玻璃钢冷却塔。它具有质量小、耐腐蚀、安装方便等一系列优点。图 7-25 所示为一种玻璃钢冷却塔的结构。它的淋水装置为薄膜式，通常是用 0.3 ~ 0.5mm 厚的硬质聚氨乙烯塑料板压制成双面凸凹的波纹形，分一层或数层放入塔体内。淋洒下的水沿塑料片表面自上而下呈薄膜流动。配水系统为一种旋转式的布水器。布水器各支管的侧面上开有许多小孔，水由水泵压入布水器的各支管中。当水从各支管的小孔中喷出时，所产生的反作用力使布水器旋转，从而达到均匀布水的目的。轴流式通风机布置在塔顶。空气由集水池上部四周的百叶窗吸入，经填料层后从塔体顶端排出，与水逆向流动。冷却后的水落入集水池，从出水管排出后循环使用。

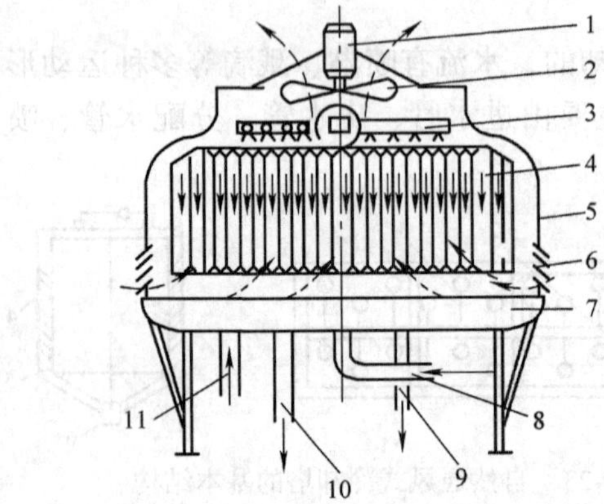

图 7-24 逆流式冷却塔的结构示意图

1—电动机 2—风机叶轮 3—布水器 4—填料
5—塔体 6—送风百叶 7—水槽 8—进水口
9—溢水管 10—出水管 11—补水管

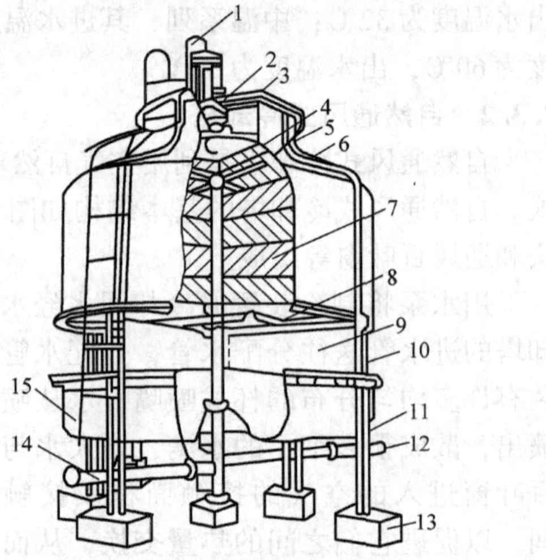

图 7-25 玻璃钢冷却塔的结构

1—扶梯 2—风机 3—风机支架 4—填料层及支架
5—布水器 6—上壳体 7—淋水填料层 8—填料层支架
9—挡风板 10—上立柱 11—下立柱 12—出水管
13—基础 14—进水管 15—集水池（下壳体）

2. 横流式冷却塔

横流式冷却塔的结构如图 7-26 所示。横流式冷却塔中空气通过填料层时是横向流动的，空气从横向进入塔内进行换热。其优点是体积小、高度低、结构和配水装置简单，空气进、出口方向可任意选择，有利于布置。当处理水量在 100t/h（单台）以下时，采用横流式较为合适。其缺点是这种冷却塔中空气和水热交换不如逆流式充分，其冷却效果较差。

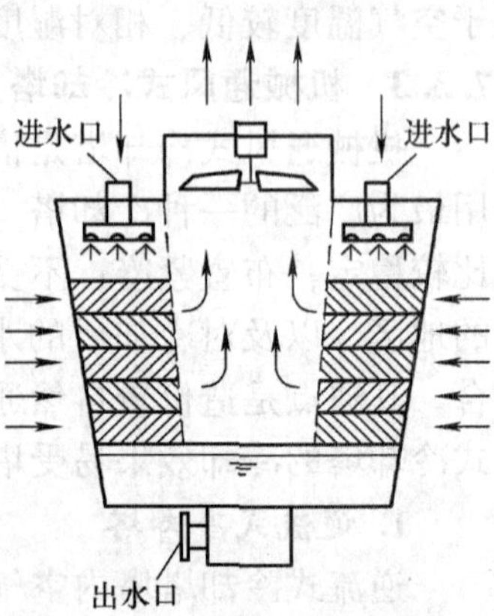

图 7-26 横流式冷却塔的结构

7.4 其他设备

7.4.1 分水器和集水器

在空调水系统中，为了便于连接通向各个空调分区的供水管和回水管，设置了分水器和集水器。它不仅有利于各空调分区的流量分配，而且便于调节和运行管理，同时在一定程度上也起到均压的作用。分水器用于冷（热）水的供水管路中，集水器用于回水管路中。

图 7-27 所示为分水器和集水器的结构示意图。分水器和集水器实际是一段大管径的管子，在其上按设计要求焊接若干不同管径的管接头。分水器和集水器为受压容器，应按压力容器进行加工制作，其两端应采用椭圆形的封头。各配管的间距应考虑阀门的手轮或扳手之间便于操作来确定（其尺寸详见国标图集）。在分水器和集水器的底部应设有排污管接口，一般选用 DN40mm。

分水器和集水器的筒身直径可按各个并联接管的总流量通过筒身时的断面流速（1.0～1.5m/s）确定，或按经验公式估算：即 $D=(1.5\sim3.0)d_{max}$，其中 d_{max} 为各支管中的最大管径。

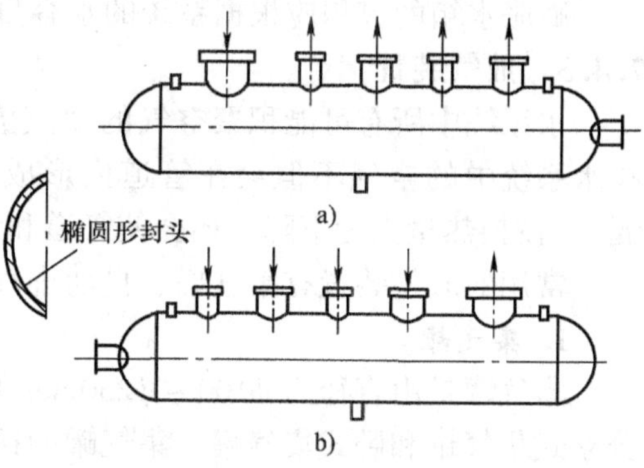

图 7-27　分水器和集水器的结构示意图
a）分水器　b）集水器

7.4.2　膨胀水箱

当空调水系统为闭式系统时，为使系统中的水因温度变化而引起的体积膨胀留有余地，并有利于系统中空气的排除和稳定系统压力，在管路系统中应连接膨胀水箱。为保证膨胀水箱和水系统的正常工作，在机械循环系统中，膨胀水箱的膨胀管应该接在水泵的吸入管段上。一般情况下，箱底的标高至少高出水管系统最高点 1m。膨胀管上严禁安装阀门。

膨胀水箱的配管主要包括膨胀管、信号管、补给水管、溢流管、排污管等，如图 7-28 所示。箱体应保温并加盖板，盖板上连接的通气管一般可以选用公称直径为 100mm 的钢管制作。膨胀管接在水泵的吸入端，用于系统中水因温度升高而体积增加后进入膨胀水箱；溢流管用于排出水箱内超过规定水位的多余水量；信号管用于监督水箱内的水位；补给水管用于补充系统水量，有手动和自动两种方式；排污管用于排污。当膨胀水箱兼用于供冷和供暖两种工况时，特别要注意膨胀水箱的安装位置，以防冬季供暖时水箱内的水结冰造成结构破坏，甚至酿成事故。工程上的另一种做法是在膨胀水箱上再接出一根循环管，如图 7-29 中虚线所示。循环管接在连接膨胀管的同一水平管路上，使膨胀水箱中的水在两连接管接点压差的作用下始终处于缓慢的流动状态，防止出现结冰现象。循环管和膨胀管的连接点间距可以由阻力计算确定，一般可以取 1.5～3.0m。要注意的是，这种连接循环管的做法在夏季使用时会增加系统的无效冷量损失。

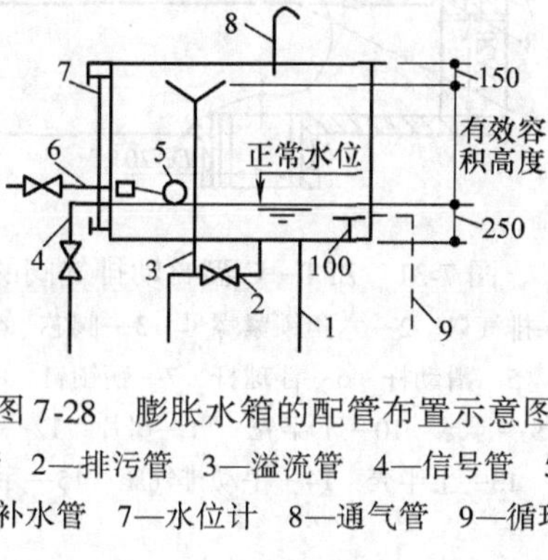

图 7-28　膨胀水箱的配管布置示意图
1—膨胀管　2—排污管　3—溢流管　4—信号管　5—浮球阀
6—补水管　7—水位计　8—通气管　9—循环管

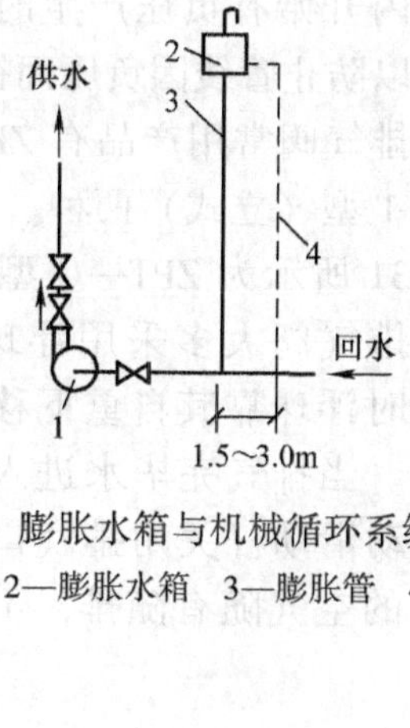

图 7-29　膨胀水箱与机械循环系统的连接
1—水泵　2—膨胀水箱　3—膨胀管　4—循环管

膨胀水箱的容积应根据系统的水容量和最大的水温变化幅度来确定。

7.4.3 放气装置

水系统中所有可能积聚空气的“气囊”顶点，都应设置自动放空气的放气装置。滞留在水系统中的空气不但会在管道内形成“气堵”影响正常水循环，在换热器内形成“气囊”，使换热量大为下降，还会使管道和设备的腐蚀加快。

常用的放气装置有集气罐、自动排气阀和手动排气阀。

1. 集气罐

集气罐是由直径为 $\phi100\sim\phi250$mm 的钢管焊接而成的，根据干管与顶棚的安装空间可分立式集气罐和卧式集气罐。集气罐的接管示意图如图 7-30 所示。

集气罐的工作原理是：当水在管道中流动时，水流动的速度一般大于气泡浮升速度，水中的空气可随着水一起流动。当水流至集气罐内时，因罐体直径突然增大（一般罐体直径大约是干管的 1.5~2 倍），水流速度减慢，此时气泡浮升速度大于水流动的速度，气泡就从水中游离出来并聚集在罐体的顶部。

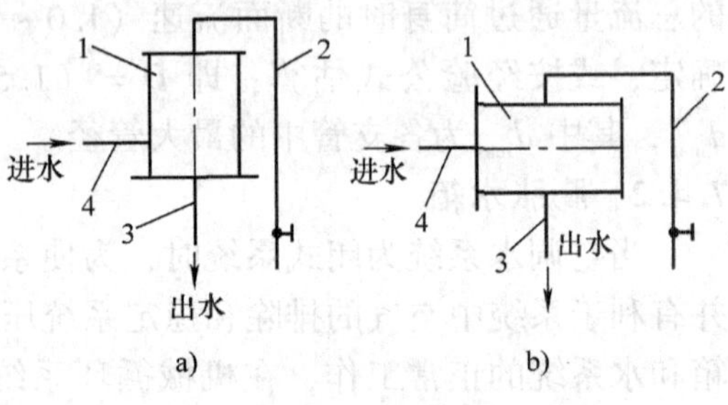

图 7-30 集气罐的接管示意图

a）立式 b）卧式

1—集气罐 2—放气管 3—出水管 4—进水管

集气罐顶部安装放气管及放气阀，将空气排出直至流出水来为止。在排除干管空气的同时，回水管、立支管等设备内的空气也会通过各立管浮升至供水干管中一起排除。

集气罐应安装在系统的最高位置处，为方便操作，排气管引至有排水设施处，距地面不宜过高。

集气罐的优点是制作简单、安装方便、运行安全可靠等；缺点是在系统初运行或间歇过长时，需人工操作排气，排气管阀门失灵易造成系统大量失水等。

2. 自动排气阀

自动排气阀一般安装在泵的出水口处或送配水管线中，用于大量排除管中集结的空气，或者将管线较高处集结的微量空气排放至大气中。当管内开始有负压产生时，阀迅速吸入外界空气，以防止管线因负压而被毁损。

自动排气阀常用产品有 ZPT—C 型（卧式）和 ZP88—1 型（立式）两种。

图 7-31 所示为 ZPT—C 型自动排气阀的结构。自动排气阀大多采用浮球式的启闭方式，即当排气时浮球靠其自重下移，带动滑动杆打开排气口。当排气完毕水进入时，浮球被托起上移，带动滑动杆关闭排气口。自动排气阀可使系统内的空气随有随排，不需人工操作，被

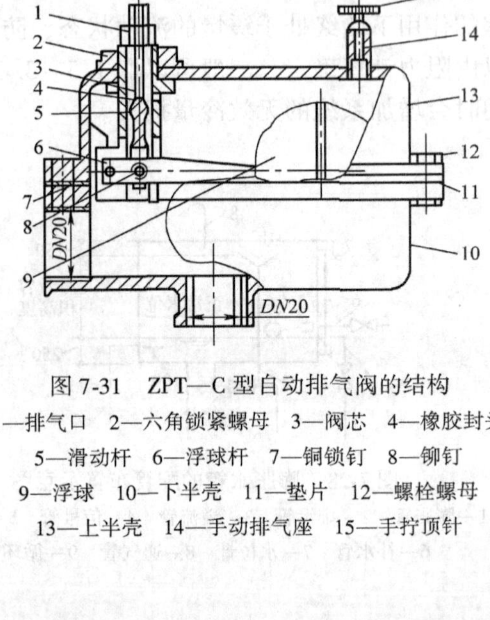

图 7-31 ZPT—C 型自动排气阀的结构

1—排气口 2—六角锁紧螺母 3—阀芯 4—橡胶封头 5—滑动杆 6—浮球杆 7—铜锁钉 8—铆钉 9—浮球 10—下半壳 11—垫片 12—螺栓螺母 13—上半壳 14—手动排气座 15—手拧顶针

广泛用在空调水系统中。

3. 手动排气阀

手动排气阀可排除局部残存的空气。当需排气时，拧开盖帽，带动针形阀芯离开阀座；排气完毕，拧紧阀芯即可。手动排气阀结构简单，使用、安装方便。

7.4.4　其他管路附件

1. 软接头

管道与设备的连接应在设备安装完毕后进行，与水泵、制冷机组的接管必须为柔性接口。风机盘管机组及其他空调设备与管道的连接宜采用弹性接管（金属或非金属软管）。用软接头连接设备与管道可大大降低管道系统的振动和噪声，可根本上解决各类管路的接口位移、轴向伸缩及不同心度等问题。

常用的软接头有橡胶软接头和金属软接头。

橡胶软接头有单球体、双球体、同心异径的橡胶挠性接头三种，其结构如图 7-32 所示。橡胶软接头可根据需要制成耐酸、耐碱、耐腐蚀、耐油、耐热等各个品种，以适应多种介质和环境。橡胶软接头密封性好、质量小、安装维修方便、使用寿命长，但应避免与锋利金属器械接触，以免被刺破球体。

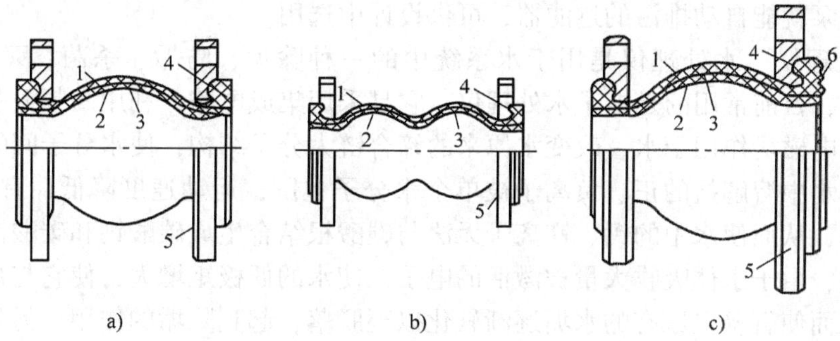

图 7-32　橡胶软接头

a）单球体　b）双球体　c）同心异径

1—外胶层　2—内胶层　3—骨架层　4—钢丝圈　5—法兰　6—止水环

金属软接头多用不锈钢材料制造，其性能可靠、柔软性好、使用寿命长，与橡胶软接头相比，承压能力更高，且外形美观、坚固耐用。

另外，还有保温型软接头，在软管外配不锈钢网套，增加了软管的承压能力，解决了制冷机组在运行中冷凝水对房间及设备的侵蚀问题。

2. 水过滤器及水处理仪

在机房水系统中必须安装水过滤器及水处理仪。水过滤器和水处理仪的作用是过滤清除水系统中的杂质，防止主机的蒸发器和冷凝器堵塞、积垢后影响主机的效率，甚至损坏主机；也可以防止损坏水泵及其他空调设备。

（1）水过滤器　在水泵入口、水系统各换热器及调节阀等入口处，均应安装水过滤设备，以防止杂物进入系统堵塞管道或污染设备。目前，常用的水过滤器类型有金属网状过滤器、尼龙网状过滤器、Y 形过滤器、角通式和直通式除污器等。

工程上应用较多的是 Y 形过滤器，其结构如图 7-33 所示。Y 形过滤器利用过滤网阻留杂物和污垢。过滤网为不锈钢金属网，过滤面积约为进口管面积的 2～4 倍。Y 形过滤器通常安装在过滤器的不经常清洁的场合，它与管道的连接有螺纹联接和法兰联接两种，小口径过滤器为螺纹联接。Y 形过滤器有多种规格（*DN*15～450mm）。

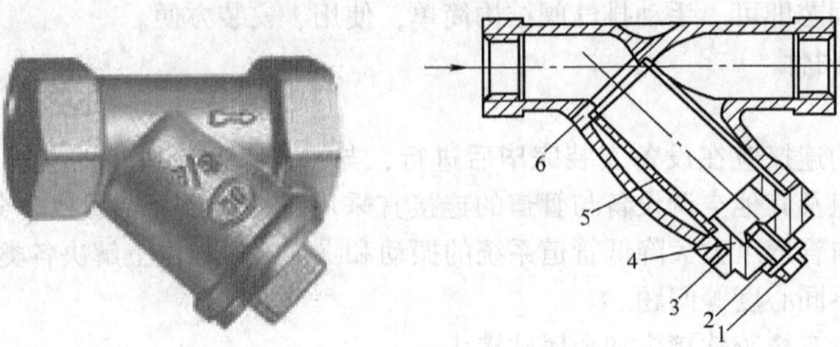

图 7-33 Y 形水过滤器

1—螺栓 2、3—垫片 4—封盖 5—滤网 6—阀体

Y 形过滤器具有外形尺寸小、质量小、可在多种方位的管路上安装、阻力小等优点，其缺点是如果不安装旁通管和阀，就只能在水系统停止运行时才能拆下清洗。目前，有许多厂家生产了不停泵就能自动排污的过滤器，可供设计中选用。

（2）水处理仪 水处理仪是用于水系统中的一种除垢、防垢、杀菌、灭藻、除铁锈、防腐蚀的设备，目前常用的是电子水处理仪。它是采用集成电路，利用高频振荡原理产生上万赫兹的交变电磁场作用于水，改变水原来的缔合链大分子结构，使水分子间的氢键断裂形成单个分子；水中溶解盐的正、负离子被单个水分子包围，运动速度降低，有效碰撞减少，静电引力下降，从而使水中的钙、镁离子无法与碳酸根结合生成碳酸钙和碳酸镁，起到防垢的作用。同时，由于水体吸收大量被激活的电子，使水的偶极矩增大，使它与盐类离子的亲和力增加，从而使管壁上原有的水垢逐渐软化以至脱落，起到除垢的作用。另外，溶解在水中的氧分子被单个水分子包围，切断了金属腐蚀和微生物生成所需要的氧气的来源，起到了较好的阻锈、杀菌和灭藻的作用。

电子水处理仪由水处理器和电子电源两部分组成，如图 7-34 所示。水处理器的壳体为阴极，由钢管制成，壳体中心装有一根金属阳极，被处理的水通过金属电极和壳体之间的环状空间；电子电源把 220V、50Hz 的电流转变成低压的直流电，在水处理器中产生高频电磁场。

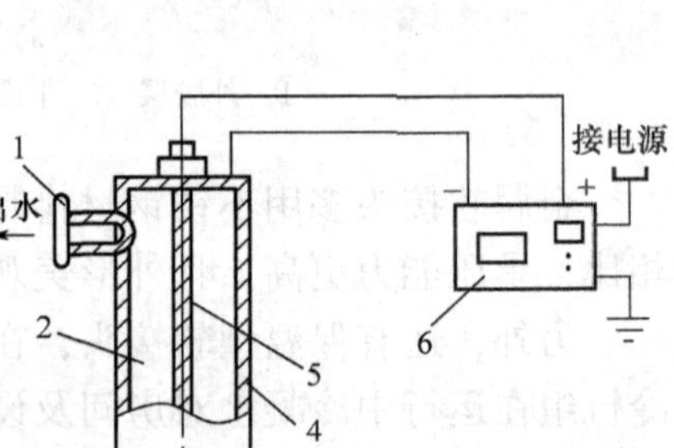

图 7-34 电子水处理仪

1—出水管 2—水 3—进水管 4—壳体 5—金属电极 6—直流电源

电子水处理仪应安装在主干管及主要设备的进水管段上，安装时应设旁通阀。当几台用水设备并联时，可在供水干管设置一台电子水处理仪；当几台用水设备串联时，则要在每台用水设备的进水管上分别设置一台电子水处理仪。

3. 水流量开关

水流量开关通过感受水流量的变化，根据已调定好的开关值自动切断或闭合电路的控制件，在水系统中是断水、缺水的保护装置。

在空调系统中，水流量开关主要应用于含水系统的机组产品上，包括水源机、冷热水机组。目前最常用的水流量开关是靶片式的，其工作原理是通过靶片去感应管道中水流量的变化，进而带动控制回路，对机器进行联锁式的控制，避免水系统管路中因缺水、断流而对机器造成破坏，起保护压缩机的作用。

目前用于空调系统的靶式流量开关主要有杠杆调节式和磁感应调节式两种。

（1）杠杆调节式　杠杆调节式属于常规型的靶式流量控制器，采用的是杠杆传动的结构原理，如图 7-35 所示。在水流的作用下，靶片及杠杆产生位移，促使波纹管前后摆动，通过克服弹簧力，再推动传动杠杆动作，最后推动微动开关的通断，从而达到报警或自控的目的。

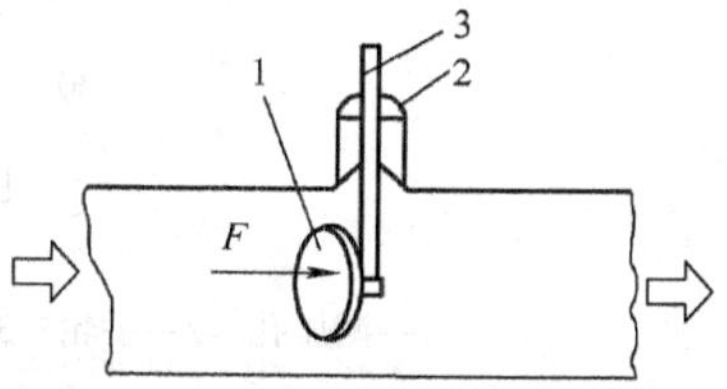

图 7-35　靶式流量控制器示意图

1—靶　2—输出轴密封片　3—输出杠杆

杠杆调节式靶式流量控制器最大的优点是适用面广。由于其制作上考虑了通用性，不同的水管管径可通过追加靶片规格的方式去满足要求。DN25 ~ 150mm 的管子在符合流量调节范围的情况下，不同管径的水管可以选用同一个型号的产品。其缺点是由于结构上采用了杠杆传动，要克服多个力才能达到控制的目的，从而降低了灵敏度和精确度。在液体介质中经过一段时间的使用后，由于水蒸气的产生及温度变化的影响，致使波纹管及传动杠杆机构被氧化腐蚀，导致传动机构动作失效，在使用过程中会不断出现频跳现象，从而影响控制的精确度。这样就不能准确地读出控制的流量参数。波纹管不断地伸缩摆动，容易造成破裂，缩短使用寿命；一旦出现故障，只能够整只进行更换。

（2）磁感应调节式　磁感应调节式利用磁感应代替常规式的复杂杠杆传动结构，磁感应头代替了常规式的微动开关。其工作原理为：在水流的推力作用下，靶片产生一定的位移，在磁场的作用下感应头直接接通或断开，从而达到报警或自动控制的目的。

它的优点是设计简单，结构上无须克服繁杂的力传动，不会因温度的变化及水蒸气的产生而导致动作失效，从而确保控制的精确度和灵敏度；在控制过程中不存在频跳现象，因此能快而准地读出控制的流量参数，而且设计结构使用寿命长；出现故障时只需更换磁感应头就可以了。其缺点是由于磁感应头为可换型的，所以在制作时一般只能按某一固定的要求制作，即与产品有一一对应的关系，很难做到通用化，致使制作成本上升，尤其是对于大管径的系统。

4. 水力平衡阀

工程中常用设置平衡阀的方法来解决空调水系统的水力平衡问题，特别是对于那些阻力不平衡的支管环路。为了确保系统中各个分区能分配到设计规定的水流量，对于规模较大的水系统，有条件时宜在各个分支管路处安装平衡阀。

图 7-36 所示为平衡阀及测量仪表示意图。平衡阀主要由阀体、阀杆、阀芯、阀座、手轮和测压孔等组成，根据阀门口径大小可分为小口径（ϕ15 ~ ϕ50mm）及大口径（ϕ65 ~ ϕ150mm）两类。

平衡阀的功能主要有以下 4 种：

（1）测量流量　通过测压孔测得水流经平衡阀时的压力差，将压差信号通过专用的压差变送器传递给专用智能仪表，可读出被测的流量值。

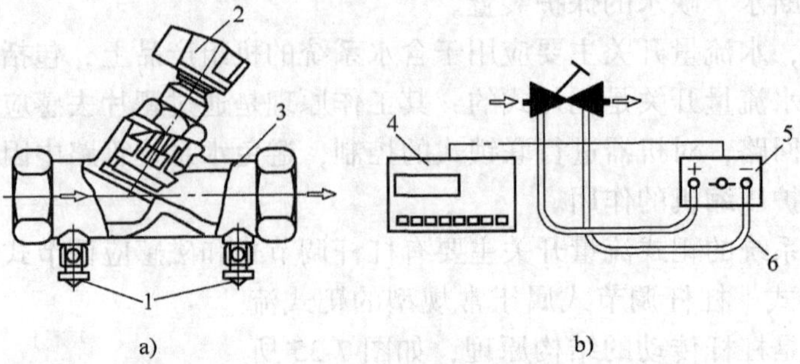

图 7-36 平衡阀及测量仪表示意图

a) 平衡阀 b) 测量仪表

1—测压孔 2—手轮 3—阀体 4—专用智能仪表 5—专用压力变送器 6—橡胶管

(2) 调节流量 通过旋转手轮，可读出阀门的开度值。设定阀门的开度后可以加以锁定。

(3) 隔断功能 阀门处于全关位置时，可以完全截断流量，相当于一个截止阀。

(4) 排污功能 对于小口径的阀门，一般接有排污短接管，可以通过排污口排除管段中的积水。

实训 6 单级悬臂式离心泵的拆装

1. 实训目的

通过对离心泵的拆装，掌握其工作原理、总体结构和主要零部件的结构，掌握离心泵拆卸与装配的方法，为离心泵维护与检修打下坚实的基础。

2. 实训相关技能及操作步骤

(1) 单级悬臂式离心泵的拆卸

1) 拆卸前的准备工作。

① 切断电源，确保拆卸时的安全。

② 关闭出、入口阀门，隔绝介质来源。

③ 打开放液阀，消除泵体内的残余压力，放净泵体内的残余介质。

④ 拆除两半联轴器的联接装置。

⑤ 拆下电动机机座螺栓，将电动机与泵体分离。

2) 拆卸顺序。

① 泵体的拆卸。拆下泵体的机座螺栓及泵后盖紧固螺栓即可拆下泵体。泵体机座螺栓位于离心泵最下方靠近联轴器一侧，它与机座上的螺孔联接，最易受酸、碱等介质的腐蚀和氧化锈蚀。长期的使用，会使机座螺栓难以拆卸，因而在拆卸时，应该用煤油或松动剂涂抹螺栓，使其浸润一段时间，或用锤子对螺母进行敲击振动，使锈蚀层脱离，以便于地脚螺栓的拆卸。

泵盖紧固螺栓位于泵体与泵盖联接处。将泵盖螺栓拆除后即可将泵盖从泵体上拆下。由于泵盖与泵体之间配合很紧，长时间的使用会发生锈蚀现象，使得泵盖的拆卸十分困难。这时，可对称均匀地拧紧泵盖上的两个顶丝，使泵盖退出。若泵盖上没有顶丝，可用锤子敲击通芯螺钉旋具，使螺钉旋具的刀口部分进入密封垫，将泵盖与泵体分离开来。这种方法会在泵盖和泵体结合面处造成损伤，一般不宜采用。

泵体及转子等部分拆下以后，应将其移放到平整宽敞的地方或工作台上，以便于进行解体。

② 叶轮及泵盖的拆卸。拆卸叶轮时，用专用扳手卡住叶轮前端的轴头螺母（又称叶轮背帽），沿离心泵叶轮的旋转方向旋下螺母，并用双手将叶轮从泵轴上拉出。将填料压盖的压紧螺母松开，拆出填料，以免拆下泵盖时增加滑动阻力。旋下连接泵盖与泵体的双头螺柱的螺母，沿泵轴方向将泵盖拉出。如果出现锈蚀，可将泵体竖起，泵盖置于下端并且悬空，用木槌沿四周敲击泵盖，将其取下。

③ 泵轴的拆卸。要把泵轴拆卸下来，必须先将轴组（包括泵轴、滚动轴承以及防松装置）从泵体上拆卸下来。为此，需按以下程序进行：

a. 拆下泵轴后端的大螺母，用顶拔器将离心泵的半联轴器拉下来，并且用通芯螺钉旋具或錾子将平键冲下来。

b. 拆轴承压盖螺栓，并把轴承压盖拆除，同时将润滑油倒出。

c. 用手将叶轮端的轴头螺母拧紧在轴上，并用锤子敲击螺母，使轴组沿轴向后端退出泵体。

d. 拆除防松垫片的锁紧装置，用锁紧扳手拆卸滚动轴承的圆形螺母，并取下防松垫片。

e. 用顶拔器（见图 7-37）或压力机（见图 7-38）将滚动轴承从泵轴上拆卸下来。

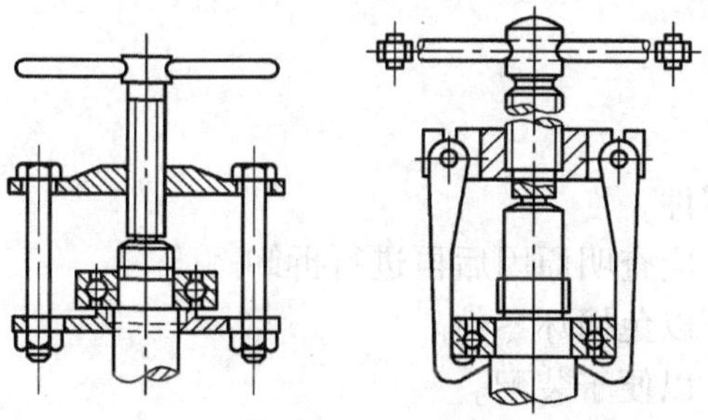

图 7-37　用顶拔器拆下滚动轴承

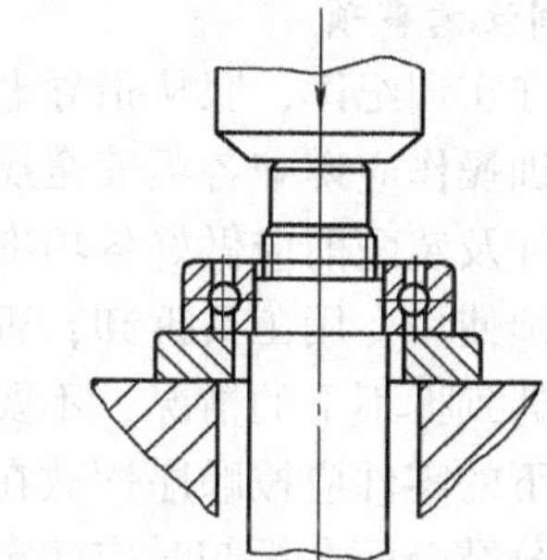

图 7-38　用压力机拆卸滚动轴承

有时滚动轴承的内环与泵轴配合时，由于过盈量太大会出现难以拆卸的情况。这时，可以采用热卸法来进行拆卸，如图 7-39 所示。拆卸时，先将滚动轴承附近的轴颈用隔热的石棉板包好，装上顶拔器，再将热机油浇在轴承内环上，使内环受热膨胀，借助于顶拔器即可把轴承从轴颈上拆卸下来。

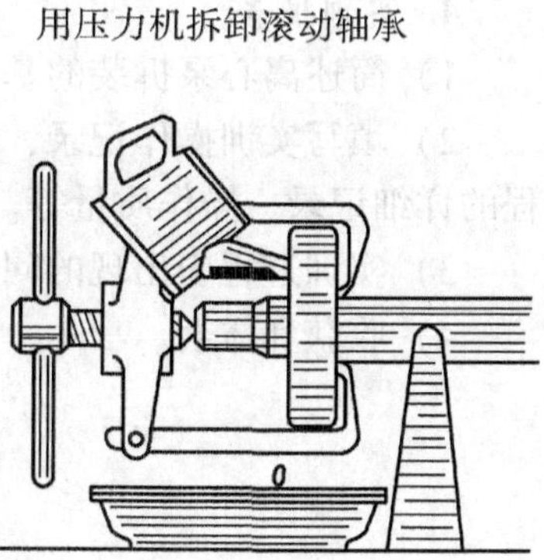

图 7-39　滚动轴承的热卸法

（2）单级悬臂式离心泵的装配

1）装配技术要求。

① 装配合格的离心泵应盘转轻快、无机械摩擦现象。

② 泵轴不应产生轴向窜动。

③ 离心泵半联轴器与电动机半联轴器的装配同轴度偏差符合技术要求。

④ 添加的润滑油、润滑脂应适量，并且牌号符合使用说明书的要求。

⑤ 设备清洁，外表无灰尘、油垢。

⑥ 基础及底座清洁，表面及周围无积水、废液，环境整齐、清洁。

2）装配前的准备工作。

① 仔细阅读泵的有关技术资料，如总图、零件图、使用说明书等。

② 熟悉泵的组装质量标准。

③ 检查泵的零件是否齐全、质量是否合格。

④ 备齐所使用的工具、量具等。

⑤ 准备好泵所需的消耗性物品，如润滑油等。

3）装配顺序。各种型号的离心泵由于其结构不同，装配顺序自然不会一致。以后开门式的 IS 型离心泵为例，装配应按下列顺序进行：

① 装配轴组，即把轴承装配在泵轴上。

② 将轴组装入泵体。

③ 将泵体安装在机座上。

④ 将泵盖套装在泵轴上，并安装叶轮。

⑤ 将泵盖安装在泵体上，把泵体安装在机座上。

⑥ 装轴封。

⑦ 联轴器找正。

3. 实训注意事项

1）遵守实训纪律，服从指导老师的安排。

2）实训操作应遵守各项安全操作规程。

3）拆卸及装配前应做好各项准备工作。

4）必须使用专用工具拆卸，否则易损坏零件。

5）如遇到拆不下的情况，不要强行拆卸，应查明原因后再进行拆卸。

6）拆下的零件应按顺序摆放在工作台上，以免损坏零件。

7）部分结合面在拆卸时应注意做好标记，以便于装配。

4. 实训报告

1）简述离心泵拆装的基本方法。

2）填写实训操作记录，包括离心泵的型号、所使用设备工具的规格型号、实训操作过程的详细记录、操作质量等。

3）实训过程中出现的问题及分析。

4）收获和体会。

思考与练习

1. 什么是冷媒水系统和冷却水系统？
2. 开式循环和闭式循环水系统各有什么优、缺点？
3. 泵按工作原理和结构特征的不同可分为哪几类？

4. 泵有哪些主要性能参数？什么是能头？什么是扬程？能头与扬程有何关系？

5. 试述离心泵的工作原理，并说明离心泵起动前为什么要灌泵。

6. 离心泵的分类有哪些？

7. 离心泵的主要零部件有哪些？各有何作用？

8. 轴封装置有哪几种形式？各有何优、缺点？

9. 离心泵的特性曲线有哪几条？它们各有什么用途？

10. 什么是离心泵的工作点？分析其稳定性。

11. 离心泵的流量调节有哪几种方法？

12. 试简述泵产生气蚀的原因。它对泵的工作有何危害？

13. 什么是有效气蚀余量、必需气蚀余量、吸上真空高度？

14. 什么是离心泵的允许安装高度？如何计算？如果泵的实际高度超过了允许安装高度，对泵的工作有何影响？

15. 有一台离心泵，安装在海拔 800m 的地区，当地夏季水温为 40 °C。已知泵的流量 $q_V = 120\text{L/s}$，吸入管径 $d_1 - 0.3\text{m}$，吸入管路阻力损失能头为 0. 75m，允许吸上真空高度 $[H_S] = 6.2\text{ m}$，为了不发生气蚀，水泵的安装高度不得超过多少米？

16. 有一冷凝水泵，必需气蚀余量 $NPSH_r = 2.4\text{m}$，输送水温为 80 °C，冷凝水箱内液面压力即为汽化压力，吸入管路阻力损失能头为 0. 6m。试求水泵的安装高度。

17. S 型泵的轴封工作情况与 IS 型泵有何不同？

18. 离心式深井泵主要由哪些部件组成？有何优、缺点？

19. 冷却塔的作用是什么？如何分类？

20. 简述逆流式冷却塔的工作原理。

21. 分水器和集水器的作用是什么？

22. 膨胀水箱有哪些配管？简述膨胀水箱在空调水系统中的作用。

23. 为什么要设置放气装置？常用的放气装置有哪些？

24. 简述电子水处理仪的工作原理。

25. 平衡阀有哪些功能？

参考文献

[1] 朱立．制冷压缩机与设备［M］．北京：机械工业出版社，2005.
[2] 李晓东．制冷原理与设备［M］．北京：机械工业出版社，2006.
[3] 马国远．制冷压缩机及其应用［M］．北京：中国建筑工业出版社，2008.
[4] 吴业正，李红旗，张华，等．制冷压缩机［M］．2版．北京：机械工业出版社，2011.
[5] 章建民．制冷机器［M］．北京：化学工业出版社，2000.
[6] 张华俊．制冷压缩机［M］．北京：科学出版社，1999.
[7] 缪道平．活塞式制冷压缩机［M］．2版．北京：机械工业出版社，1992.
[8] 魏龙．冷冻机油对压缩式制冷系统的影响及选择［J］．压缩机技术．2001（6）：18－20.
[9] 魏龙．制冷工（中级）［M］．北京：化学工业出版社，2006.
[10] 董天禄．离心式/螺杆式制冷机组及应用［M］．北京：机械工业出版社，2002.
[11] 张祉佑．制冷空调设备使用维修手册［M］．北京：机械工业出版社，1998.
[12] 韩宝琦，李树林．制冷空调原理及应用［M］．2版．北京：机械工业出版社，2002.
[13] 尉迟斌．实用制冷与空调工程手册［M］．北京：机械工业出版社，2002.
[14] 卜啸华．制冷与空调技术问答［M］．北京：冶金工业出版社，2000.
[15] 魏龙．密封技术［M］．2版．北京：化学工业出版社，2010.
[16] 邢子文．螺杆压缩机——理论、设计及应用［M］．北京：机械工业出版社，2000.
[17] 付小平．空调技术［M］．北京：机械工业出版社，2005.
[18] 黄翔．空调工程［M］．北京：机械工业出版社，2006.
[19] 魏龙．制冷设备维修工（实训）［M］．北京：化学工业出版社，2008.
[20] 王琪．制冷压缩机与设备实训［M］．北京：机械工业出版社，2008.
[21] 魏龙．冷库安装、运行与维修［M］．北京：化学工业出版社，2011.
[22] 崔建宁．制冷与空调设备［M］．北京：中国商业出版社，2001.
[23] 彦启森．制冷技术及其应用［M］．北京：中国建筑工业出版社，2006.
[24] 濮伟．制冷空调机器设备［M］．北京：机械工业出版社，2002.
[25] 姜守忠．制冷原理与设备［M］．北京：高等教育出版社，2005.
[26] 郑贤德．制冷原理与装置［M］．北京：机械工业出版社，2001.
[27] 王志远．制冷原理与应用［M］．北京：机械工业出版社，2009.
[28] 魏龙．热工与流体力学基础［M］．北京：化学工业出版社，2007.
[29] 曹德胜．制冷空调系统的安全运行、维护管理及节能环保［M］．北京：中国电力出版社，2003.
[30] 魏龙．泵维修手册［M］．北京：化学工业出版社，2010.
[31] 王天富，买宏金．空调设备［M］．北京：科学出版社，2003.
[32] 刘泽华，彭梦龙，周湘江．空调冷热源工程［M］．北京：机械工业出版社，2005.